Lebensräume der Natur

GEPFLÜGTES LAND IN KALIFORNIEN

SINGSCHWÄNE IM WINTER

David Attenborough

Lebensräume der Natur

Die faszinierende Welt der Tiere und Pflanzen

Verlag Das Beste Stuttgart · Zürich · Wien

Dieses Buch – eine erweiterte und vergrößerte Ausgabe von David Attenborough: THE LIVING PLANET – wurde von The Reader's Digest Association Limited, London, in Zusammenarbeit mit William Collins Sons & Co. Limited, London, und The British Broadcasting Corporation, London, entwickelt.

Printed in France

ISBN 3 87070 327 X

Übertragen aus dem Englischen von:
Angelika Feilhauer, Ingrid Frieling, Ingrid Hyland, Gisela I. Irrgang, Hans A. Werner

Projektredakteur: Ingrid Zeltwanger
Korrektur: Siglinde Huber, Karl Beer
Produktion: Hans-Peter Ullmann

Bücher und Neue Medien
Redaktionsdirektor: Ludwig R. Harms

Das Beste Sachbücher
Chefredakteur: Peter Holzwarth
Schlußredaktion: Mina Langheinrich

Produktgrafik
Art Director: Werner Kustermann
Art Editor: Rudi K. F. Schmidt

Produktion
Produktionsdirektor: Joachim Forster
Leitung Produktion Bücher: Alfred Wohlfart

SPRINGENDE STREIFENGNUS IN DER STEPPE SÜDAFRIKAS

Die Tierzeichnungen in diesem Buch stammen von Charles Pickard

ADONISLIBELLEN BEI DER PAARUNG

Inhalt

JAGENDER SEELÖWE

Vorwort

Dieses Buch basiert auf einer Fernsehserie der britischen Rundfunkgesellschaft BBC. Die Serie lief in Deutschland unter dem Titel *Die Erde lebt.* Das Buch wie auch die Sendungen knüpfen an die früher ausgestrahlte Serie *Das Leben auf unserer Erde* an, die in Buchform unter dem Titel *Wunder der Schöpfung* erschienen ist. In beiden Werken wurde der Versuch unternommen, die Entwicklungsgeschichte der Tier- und Pflanzenwelt auf unserem Planeten im Lauf der letzten drei Milliarden Jahre zu beschreiben und den Aufstieg verschiedener Tierklassen zu schildern, dessen Höhepunkte die Verbreitung der Säugetiere und schließlich das Auftreten des Menschen waren.

Lebensräume der Natur gibt einen Überblick über den heutigen Stand. Beschrieben wird, wie die Nachkommen früherer Tierklassen sowie die Vertreter der neu entstandenen Gattungen und Arten gemeinsam die Erde besiedelten und sich an die verschiedenartigsten Lebensräume anpaßten.

Bei der Darstellung habe ich mich bemüht, wissenschaftliche Fachausdrücke möglichst zu vermeiden und den Text nicht unnötig mit lateinischen Bezeichnungen zu belasten.

Diese Ausgabe ist eine Erweiterung der Originalfassung. Sie enthält wesentlich mehr Illustrationen sowie Sonderseiten über bestimmte Themen, die in der ursprünglichen Fassung nicht enthalten waren. Der Text entstand zur gleichen Zeit wie die Aufnahmen für die Fernsehsendungen. Das Buch und die Filme sind nicht miteinander identisch, doch stützen sich beide auf dieselben Forschungsergebnisse und auf jahrelange Reisen. Ich hoffe, daß das Buch und die Filme sich gegenseitig ergänzen.

Prolog

Der Kali Gandak fließt durch das tiefste Tal der Erde. Wenn man in Nepal an seinen milchig weißen, tosenden Wassermassen steht und zur höchsten Gebirgskette des Himalajas aufschaut, scheint der Fluß in einer Gruppe mächtiger, schneebedeckter, eisstarrender Bergriesen zu entspringen. Der gewaltige Dhaulagiri ist mit 8172 Metern einer der höchsten Berge der Erde. An ihn schließt sich im Osten das Annapurnamassiv an, das im Annapurna I eine Höhe von 8091 Metern erreicht. Zwischen den beiden Massiven fließt der Kali Gandak, dessen Bett an dieser Stelle gut 7000 Meter unterhalb der steilen Grate verläuft.

Die Bewohner Nepals wissen seit Jahrhunderten, daß das Tal durch den Himalaja hindurch bis nach Tibet führt. Den ganzen Sommer über ziehen tagtäglich Kolonnen von Maultieren mühsam über die steinigen, gewundenen Pfade. Büschel aus rotgefärbtem Roßhaar hüpfen bei jedem Schritt auf dem Widerrist, und von den Packsätteln baumeln Quasten an langen Kordeln. Die Tiere tragen ungeheure Lasten bis nach Tibet – Gerste und Buchweizen,

Das tiefste Tal der Erde
Der Gipfel des Dhaulagiris ragt 8172 Meter empor. Eiseskälte, schneidende Winde und Sauerstoffmangel lassen nicht zu, daß Tiere sich hier ansiedeln. 7000 Meter tiefer, an den Ufern des Kali Gandaks, singen Vögel in den Mandelbäumen, Wildschafe grasen, und die Menschen bauen Dörfer. In noch tiefer gelegenen Gebieten reicht die Vegetation aus, um Languren anzulocken (oben). Einen Kilometer weiter unten zieht der Fluß durch üppige Waldgebiete, in denen reiches Leben gedeiht.

Tee und Stoffe –, die gegen Wolle und Salz getauscht werden.

Das fruchtbare tiefere Tal

Die am tiefsten gelegenen Bereiche des Tals sind so warm und feucht, daß der Anbau von Bananen möglich ist. Der Wald wuchert in verschwenderischer Fülle. Panzernashörner genießen die üppig gedeihenden Pflanzen, und durch die Bambusdickichte streifen Tiger auf der Suche nach Beute. Wenn man in dem Tal hochsteigt, ändert sich die Vegetation. In etwa 1000 Metern wachsen bereits Rhododendren, etwa zehn Meter hohe Pflanzen mit festen, glänzenden Blättern. Im April sind sie über und über mit scharlachroten Blüten bedeckt. Winzige Nektarvögel suchen die prachtvollen Blüten auf, und ihr in allen Regenbogenfarben schillerndes Brustgefieder glitzert metallisch in der Sonne, wenn sie ihre gebogenen Schnäbel tief in die Blütenkelche tauchen, den Nektar aufsaugen und als Gegenleistung den Blütenstaub von Baum zu Baum tragen. Auch Languren finden sich ein, die die Blüten mit beiden Händen abreißen und sich ins Maul stopfen. Am Boden gedeihen Orchideen und Iris, Aronstabgewächse und Primeln. An Stellen, wo die Sonne das dichte Blätterdach durchdringt und warm auf die Felsen scheint, entdeckt man hier und da kleine Eidechsen, die sich in der Sonne rekeln, und tief in den Wäldern sieht man ab und zu auch einmal einen besonders prachtvollen Vogel, der auf dem Boden nach Nahrung sucht oder sich zur Nachtruhe auf einem Baum niederläßt. Es ist das Rot-Satyrhuhn, ein truthahngroßer Vogel mit ultramarinblauen Kehllappen und hochroten Federn, die herrlich mit dicht aneinandergereihten weißen Perlflecken gezeichnet sind.

Reichliche Niederschläge sorgen für das Gedeihen der üppigen Vegetation dieser Wälder.

Der spektakuläre Tanz des Rot-Satyrhuhns
An den Südflanken des Himalajas bis hinauf zur Schneegrenze sind mehrere Arten dieser Vögel beheimatet. Im Frühjahr blähen die Hähne ihre Kehlschilder auf, am Hinterkopf erheben sich zwei blaue stiftartige Schwellkörper: so tanzen sie vor den Weibchen.

Die Monsunwinde, die von Indien her wehen, treiben Wolken in das Tal. Beim Aufsteigen kühlen sich die Wolken ab. Sie können ihre feuchte Last nicht länger halten, und wie ein Sturzbach ergießt sich der Regen auf die tiefer gelegenen Regionen des Kali Gandaks, die zu den am besten bewässerten Gebieten der Erde gehören.

Doch auch dieser Wald hat seine Grenzen. Wenn man auf eine Höhe von 2500 Metern aufgestiegen ist, verschwinden allmählich auch die Rhododendrongehölze. Nur an geschützten Stellen können sie sich an den Hängen noch halten. Statt dessen findet man Koniferen: die Himalajatanne und die Bhutankiefer. Sie können sehr tiefe Temperaturen ertragen, und von ihren langen Nadeln fällt der Schnee leicht ab, während er auf den Rhododendronblättern meist liegenbleibt, so daß die Äste abbrechen. Mit etwas Glück erblickt man vielleicht zwischen den Bäumen einen Kleinen Panda, der auf der Suche nach Vogeleiern oder Beeren, Insekten oder Mäusen das Gebüsch durchstöbert. Er ist rostbraun, hat einen buschigen, schwarz geringelten Schwanz und eine weiße Schnauze und weiße Wangen. Sicher bewegt er sich über den von Schnee bedeckten Boden und über schlüpfrige, feuchte Äste, denn seine Hand- und Fußsohlen sind wollig behaart und geben ihm einen guten Halt.

Felsige Einöde oberhalb des Kiefernwalds

Nach einem weiteren halbtägigen Fußmarsch erreicht man die Waldgrenze. Mit dem Wald läßt man auch alle Vögel und Säugetiere hinter sich zurück, die auf der Suche nach Nahrung und Schutz unmittelbar oder indirekt auf Kiefern angewiesen sind. Es wächst kaum etwas auf den felsigen Hängen – nur ein paar Pflanzenbüschel und gelegentlich einige Kreuzdorngewächse oder ein Wacholderstrauch. Der Fluß selbst ist nun schmaler als zuvor. Er ist seicht geworden und fließt über eine öde, kiesbedeckte Fläche. Doch das Tal selbst hat noch gewaltige Ausmaße. Die Talsohle ist hier über einen Kilometer breit. Der Fluß ist in diesem Abschnitt das ganze Jahr über ungefähr gleich breit, denn in dieser Höhe wird er nur von geringen Regenfällen gespeist. Die meisten Niederschläge regnen sich an den tiefer gelegenen Hängen ab. Das ist das erste Rätsel des Kali Gandaks. Wie konnte ein so relativ schmaler Fluß sich so tief ins Gebirge einschneiden und ein breites Tal schaffen?

Wildlebende Tiere kommen in dieser Höhe selten vor. Für Eidechsen ist es zu kalt, und für die Languren reicht das Nahrungsangebot nicht aus. So kann man einen ganzen Tag lang wandern, ohne einem einzigen größeren Lebewesen zu begegnen. Gelegentlich sieht man vielleicht einen Schwarm Dohlen oder Gänsegeier hoch am Himmel bei einem Erkundungsflug über die Hänge segeln. Die Gegenwart der Gänsegeier deutet jedoch darauf hin, daß es mit Sicherheit irgendwo noch andere Tiere geben muß, denn sonst könnten sich die Geier nicht ernähren. Also müssen zwischen den Felsen Säugetiere leben – Murmeltiere und Pfeifhasen –, die an Grashalmen und Polsterpflanzen knabbern, welche hier und da auf den geröllbedeckten Halden wachsen. Aber die Möglichkeiten zum Äsen sind so kärglich, daß sich hier nur eine sehr geringe Zahl einzelner Tiere halten kann, und es gibt wenige Arten, die in dieser Umgebung überleben. Zu ihnen zählen die Tahrs, die der Unterfamilie der Ziegenartigen angehören. Noch seltener ist das Tier, das Jagd auf die Tahrs macht, der Schneeleopard. Er ist eine der schönsten Raubkatzen. Sein dichter, gelblicher Pelz ist grau gefleckt. An den Fußsohlen hat er Haarpolster, die ihn vor der Kälte schützen. Im Winter zieht er sich in die tiefer gelegenen Wälder zurück, im Sommer

Die Pandas des Himalajagebirges
Der kleine rote Panda, der durch sein dickes Fell und die kräftig behaarten Fußsohlen gut vor der Kälte geschützt ist, kommt überall in den Wäldern des Himalajas vor, von der Schneegrenze bis hinab zu den Rhododendronwäldern.

jedoch wandert er gelegentlich sogar bis in Höhen von 5000 Metern.

Zwar kommt es hier oben selten zu schweren Regenfällen, doch weht fast immer ein bitterkalter, kräftezehrender Wind. Wenn man nach mehreren Tagesmärschen aus den tieferen Regionen des Tals kommt und eine Höhe von fast 3000 Metern erreicht hat, macht sich auch die dünne Luft bemerkbar. Ein eisiger Hauch dringt in die Lungen, und obwohl sich die Brust heftig hebt und senkt, fühlt man sich schwach. Häufig treten Kopfweh und Übelkeit auf. Eine mehrtägige Rast erleichtert die Akklimatisierung, und die unangenehmsten Symptome verschwinden. Die körperliche Ausdauer der Maultiertreiber, die in großen Höhen zu Hause sind, erreicht man allerdings nie.

Selbst die Maultiere haben in diesen Lagen unter ihrer Last zu leiden. Die Dorfbewohner des Hochlands halten ein zäheres, stärkeres Lasttier, den Yak. Einst wanderten riesige Herden wilder Yaks über das Hochland von Tibet. Jetzt hält man sie als Haustiere. Sie tragen Lasten und werden vor den Pflug gespannt. Ihr wolliges, zottiges Fell ist so dicht und warm, daß es während der Sommermonate zum größten Teil abgeworfen wird, damit sich das Tier nicht überhitzt. Der Yak ist das einzige große Säugetier, das ständig in größeren Höhen leben kann.

Nun öffnet sich das Tal ganz überraschend. Die Gipfel des Annapurnas und des Dhaulagiris, die man noch vor ein paar Tagen nur ab und zu durch kleine Lücken im dichten Rhododendrondach als weiße, schimmernde, weit entfernte Pyramiden erblickte, liegen jetzt hinter der Kolonne. So weit das Auge reicht, fallen die Schneewälle zu einem braunen Streifen am Horizont, dem trockenen, kalten Hochland von Tibet, ab.

Der Weg des Flusses durch das Gebirge

Jetzt zeigt sich ein weiteres außerordentliches Merkmal des Kali Gandaks. Scheinbar fließt er in die falsche Richtung. Er entspringt in einer breiten Senke des Tibetischen Hochlands und fließt zunächst in Richtung auf das Gebirge zu. Auf seinem Weg nach unten schlängelt und windet er sich durch enge Felstäler. Die Berge, die sich zu beiden Seiten des Flusses erheben, werden immer höher. Nachdem er sich seinen Weg durch die Gebirgsmassive gebahnt hat, erreicht er die Ebene, wo er sich mit dem Ganges vereinigt und dann ins Meer fließt. Wenn man hoch auf der Steilwand über dem Flußtal nahe der Quelle des Kali Gandaks steht und seinen Lauf mit den Augen verfolgt, sieht man, wie er sich wie eine silberne Schlange in die fernen Berge windet. Man kann sich kaum vorstellen, daß sich der Fluß seinen Weg durch das Hochgebirge mit eigener Kraft gebahnt hat. Die Frage erhebt sich, wie es überhaupt zu diesem Verlauf gekommen ist.

Hinweise darauf finden sich überall im Geröll verteilt. Die Felsen in diesem Gebiet bestehen aus bröckligem, leicht spaltbarem Sandstein, der von Tausenden spiralig gewundener Gehäuse durchsetzt ist. Die meisten haben einen Durchmesser von kaum ein paar Zentimetern. Einige hingegen sind so groß wie Wagenräder. Es handelt sich um Ammoniten. Vor 200 Millionen Jahren, in der Jurazeit, gab es diese Kopffüßer in Hülle und Fülle. Aus ihrem Körperbau und den chemischen Bestandteilen des Gesteins, in dem man sie als versteinerte Überreste findet, läßt sich mit Gewißheit schließen, daß sie Meerestiere waren. Heute liegen die Fossilien in einer Höhe von 4000 Metern, weit vom Meer entfernt.

Wie es dazu kam, war bei Geologen und Geographen bis vor ein paar Jahrzehnten ein heftig umstrittenes Thema, doch schließlich fand man eine schlüssige Erklärung dafür. Einst erstreckte sich ein großes Meer zwischen Indien im Süden und Asien im Norden. In diesem Meer lebten die Ammoniten. Flüsse, die von den beiden Kontinenten ins Meer mündeten, führten zahlreiche Sinkstoffe mit. Die Gehäuse toter Ammoniten lagerten sich auf dem Meeresgrund ab und wurden ständig von Schlamm- und Sandschichten überdeckt. Im Lauf der Jahrtausende schrumpfte das Meer immer mehr, denn Indien wurde immer näher an den asiatischen Kontinent herangeschoben. Dabei wurden die Sedimente auf dem Meeresboden aufgefaltet. Sie wölbten sich empor, und das Meer wurde zunehmend seichter. Und noch immer rückte Indien näher heran. Die Sedimente, die sich inzwischen zu Sand- und Kalkstein verdichtet hatten, wurden zu Bergen aufgefaltet. Der Hebungsprozeß ging unendlich langsam vor sich. Einige von Asien nach Süden strömende Flüsse konnten ihren Lauf nicht beibehalten und wurden nach Osten abgelenkt. So umgingen sie die jungen Gebirgszüge des Himalajas und mündeten schließlich in den Brahmaputra. Doch der Kali Gandak besaß so viel Kraft, daß er sich während der Hebungsphase tief in das Gestein einschnitt.

Die Gebirgsbildung zog sich über Jahrmillionen hin. Tibet, das vor dem Aufeinanderstoßen der Kontinente eine wasserreiche Ebene am Südrand Asiens war, wurde nicht nur gehoben, sondern durch die Hebung der Gebirgsketten, die das Land nun umgaben, allmählich auch um seine Niederschläge gebracht. So verwandelte es sich in eine hoch gelegene kalte Wüste. In dem oberen Abschnitt des Kali Gandaks ging viel von den Regen- und Schneefällen verloren, die dem Fluß seine anfängliche Erosionskraft verliehen hatten. Wo sich früher einmal das Meer erstreckt hatte, ragte nun das höchste und jüngste Gebirge der Erde empor, dessen Gestein die Überreste der Ammoniten barg. Der Hebungsprozeß ist auch heute noch nicht abgeschlossen. Indien bewegt sich mit einer Geschwindigkeit von fünf Zentimetern im Jahr nach Norden, und jedes Jahr wachsen die felsigen Grate des Himalajagebirges um einen Millimeter.

Tiere besiedeln eine neue Welt

Diese Umwandlung des Meeres in Landgebiete setzte vor etwa 65 Millionen Jahren ein. Für uns Menschen, die wir erst vor eineinhalb Millionen Jahren in Erscheinung traten, ist das eine unvorstellbar lange Zeit. In geologischen Zeiträumen betrachtet, handelt es sich jedoch um ein vergleichsweise junges Ereignis. Vor etwa 700 Millionen Jahren schwammen die ersten Lebewesen in den Urmeeren, und vor mehr als 200 Millionen Jahren eroberten die Amphibien und die Reptilien das Festland. Bei den Vögeln bildeten sich Federn und Flügel, und einige Millionen Jahre später erhoben sie sich in die Luft. Etwa um die gleiche Zeit entwickelten sich bei den Säugetieren das Haarkleid und die Warmblütigkeit. Vor 65 Millionen Jahren setzte der

noch immer rätselhafte Niedergang der Reptilien ein, und die Säugetiere übernahmen die Vorherrschaft auf dem Festland. Vor etwa 50 Millionen Jahren, als sich der indische Subkontinent an die asiatische Landmasse heranschob, existierten bereits alle Tier- und Pflanzenklassen, die wir heute kennen, und es gab sogar auch schon fast alle Familien innerhalb dieser Gruppen. Jeder Kontinent hatte einen eigenen, vielfältigen Bestand an Bewohnern. Nur in Indien, das unmittelbar nach dem Niedergang der Reptilien als riesige Insel isoliert war, gab es wesentlich weniger höherstehende Tiergruppen als in Asien. Als die zwei Kontinente vor etwa 40 Millionen Jahren schließlich aufeinandertrafen und die Gebirge aufgefaltet wurden, verbreiteten sich die Tiere und Pflanzen beider Gebiete in den neuen, unbesiedelten Landstrichen.

Damals wie heute war ein Teil Asiens vom Dschungel überwachsen, und die Tiere und Pflanzen aus diesem Lebensraum fanden in den niedrigen Vorhügeln auf den Südflanken der neuen Landstriche gute Lebensbedingungen vor. Doch das neue Land oberhalb der Vorberge war höher gelegen als alle anderen Gebiete Asiens oder Indiens. Um diese unbewohnten Gebiete besiedeln zu können, mußten sich die Lebewesen umstellen. Manchmal waren nur geringe Anpassungen erforderlich. Die Languren aus den warmen Ebenen konnten mühelos den Lebensraum der kühlen Rhododendronwälder erobern und dort Blätter und Früchte sammeln. Sie brauchten nur einen etwas dichteren Pelz, um sich warm zu halten. Mit den Weidetieren, wie dem Yak, verhielt es sich ähnlich. Der Schneeleopard, der dieselben Vorfahren hat wie der im Tiefland lebende Leopard, bekam nicht nur einen dickeren Pelz, sondern das Haarkleid färbte sich auch heller, damit es sich nicht so stark von den grauen Abhängen und vom Schnee abhob. Statt von An-

Mit der Höhe ändert sich der Baumbestand
In 2500 Meter Höhe wachsen Weiden an den Ufern des Kali Gandaks. Noch weiter oben bestimmen Kiefern das Bild. Und an den Steilwänden des Flusses wird es selbst dieser Baumart zu kalt. In noch größerer Höhe gibt es außer ein paar Flechten kaum Leben.

tilopen und Wildrindern, die im Dschungel wahrscheinlich seine Nahrungsgrundlage gebildet hatten, ernährte er sich nun von kleineren Wildtieren, wie dem Tahr und dem Murmeltier. Für Vögel, wie die Gänsegeier, stellte die Meereshöhe kein Problem dar. Sie schwangen sich ohnehin gewöhnlich hoch in die Luft hinauf und hatten daher keine Schwierigkeiten, sich in den breiten Hochtälern niederzulassen, solange es auf dem Erdboden Lebewesen gab, von denen sie sich ernähren konnten.

Die neuen Wälder und ihre Bewohner bestanden schon lange, als der Mensch hier schließlich in Erscheinung trat. Der genaue Zeitpunkt ist nicht bekannt. Es dürfte jedoch mit einiger Sicherheit vor mehreren Zehntausenden von Jahren gewesen sein. Als die Menschen die Täler besiedelten, stellten auch sie sich auf die veränderten Umweltbedingungen ein. Im Gegensatz zu anderen Lebewesen brauchten sie nicht den Körper den neuen Gegebenheiten anzupassen, um sich vor der Kälte zu schützen. Mit dem Verstand und der Geschicklichkeit, die den Menschen eigen sind, waren sie in der Lage, warme Kleidung anzufertigen und Feuer zu machen. Gegen den Sauerstoffmangel der Luft freilich gab es keine Abhilfe. Diese Schwierigkeit konnte nur durch Veränderungen des menschlichen Körpers überwunden werden. Heute enthält das Blut der Hochlandbewohner einen 30 Prozent höheren Anteil an roten Blutkörperchen als das Blut der in Meereshöhe lebenden Menschen; das heißt, es kann mehr Sauerstoff transportieren. Der Brustkorb und die Lungen sind besonders groß ausgebildet. Folglich können sie mit einem einzigen Atemzug mehr Luft aufnehmen als die der Tieflandbewohner. Doch selbst diese Menschen haben sich noch nicht völlig an die höchsten Gebiete des Gebirges angepaßt. Oberhalb von 6000 Metern können Frauen keine Kinder austragen. Die Luft ist dort so dünn, daß ihr Blut sich nicht mit der Sauerstoffmenge anreichert, die nötig ist, um das Wachstum des Kindes im Mutterleib zu sichern.

Heilige Geschöpfe des Gottes Schiwa
Gläubige Hindus betrachten die Versteinerungen von Ammoniten am Quellgebiet des Kali Gandaks als Schöpfungen des Gottes Schiwa. Viele Pilger nehmen die lange Reise von Nordindien her auf sich, um sie hier zu sammeln.

Das ständig wechselnde Gesicht der Erde

Die Geschichte von der Entstehung des Himalajagebirges und der anschließenden Besiedlung durch Pflanzen und Tiere ist nur ein Beispiel für die zahlreichen Veränderungen, die sich fortwährend überall auf unserem Planeten vollziehen.

Gebirge türmen sich nicht nur auf, sondern werden auch gleichzeitig durch Gletscher und Flüsse abgetragen. Die Flüsse wiederum stoßen auf Hindernisse und ändern ihren Lauf. Seen füllen sich mit Ablagerungen, versumpfen und verlanden schließlich. Indien ist nicht der einzige Kontinent, der auf der Oberfläche der Erdkugel driftet. Alle Kontinente haben sich verschoben. Wenn sie ihre Lage ändern, sich auf den Äquator oder auf die Pole zu bewegen, kann sich der Regenwald in Tundra verwandeln, Grasland verdorrt und wird zur Wüste. Jede klimatische Abweichung, eine Veränderung der Sonnenscheindauer, der Niederschläge und der Temperatur, erfordert eine Reaktion der Lebensgemeinschaften von Pflanzen und Tieren, die diesem Wechsel unterworfen sind. Einige Organismen passen sich an und überleben, anderen gelingt die Anpassung nicht, und sie verschwinden.

Ähnlich geartete Lebensräume verlangen ähnliche Anpassungen. Sie bringen in unterschiedlichen Teilen der Erde Tiere hervor, die zwar von ganz verschiedenen Vorfahren abstammen, doch eine deutliche Ähnlichkeit miteinander aufweisen. So leben auf den Hängen der Anden kleine, prächtig gefärbte Vögel, die sich vom Nektar großer Blüten ernähren. Sie sehen den Nektarvögeln des Himalajas verblüffend ähnlich; trotzdem gehören sie einer ganz anderen Vogelfamilie an. Das Lama, das Lasttier der Andenbewohner, mit seinem dichten Fell und dem sicheren Tritt gehört zu den Kamelen und nicht zu den Rindern wie der im Himalaja beheimatete Yak.

Nur zwei größere Lebensräume blieben über lange Zeiträume äußerlich unverändert, der Regenwald und das Meer. Aber auch hier haben sich die biologischen Gegebenheiten allmählich verändert, als innerhalb oder außerhalb der Grenzen dieser Lebensräume im Lauf der Evolution neue Organismen entstanden, welche die alten Bewohner vor neue Überlebensprobleme stellten.

So hat fast jeder Winkel unseres Planeten, vom höchsten bis zum tiefsten Punkt, von den wärmsten bis zu den kältesten Regionen, über und unter Wasser, eine eigene Gesellschaft von Pflanzen und Tieren hervorgebracht, die voneinander abhängig sind. Die Art und Weise ihrer Anpassungen, welche die lebenden Organismen befähigt, sich überall auf unserem vielgestaltigen Planeten auszubreiten, ist das Thema des vorliegenden Buchs.

Ein winziger Fluß in einem mächtigen Tal
Wenn man im Tal des Kali Gandaks auf eine Höhe von 3000 Metern gestiegen ist, liegen die Bergriesen des Annapurnas I und des Dhaulagiris im Süden, und das Wasser, das von ihren Flanken abfließt, ergießt sich weiter unten in den Flußlauf. Im Norden erstreckt sich nur das öde, regenarme Hochland von Tibet, wo der Fluß entspringt. So ist der Oberlauf des Kali Gandaks hier schmal und flach. Ein derartig kleiner Fluß kann natürlich nicht die gewaltige Schlucht zwischen den Bergmassiven eingeschnitten haben, durch die er jetzt seinen Weg nimmt.

Die Schmelzöfen der Erde

Vulkanausbrüche verwüsten die Erde. Doch kaum sind sie vorüber, siedelt sich Leben auf dem neuen Land an.

Die gigantischen Kräfte des Erdinnern, die den Himalaja und alle anderen Gebirge auftürmten, wirken so langsam, daß das Auge des Menschen sie gewöhnlich nicht wahrnehmen kann. Hin und wieder aber brechen sie mit ungeheurer Gewalt los, und es kommt zu dramatischen Schauspielen. Die Erde bebt, und der Boden explodiert.

Die Gesteinsschmelzen, die aus der Erde hervorquellen, enthalten verschiedene geschmolzene Mineralien sowie einen mehr oder weniger großen Anteil von Gasen. Auch ihr Gehalt an Kieselsäure ist verschieden: Kieselsäurearme Laven sind dünnflüssig und fließen ruhig aus den Kratern, während kieselsäurereiche Laven dickflüssig sind und dazu neigen, als fester Pfropfen die Austrittsöffnungen zu verstopfen; dann kann es zu heftigen Explosionen kommen. Bei den Lavaeruptionen hört man unheimliche Geräusche: ein durchdringendes Knirschen, wenn sich der Lavastrom abkühlt und die feste Haut zersplittert, oder aber ein dumpfes Poltern, wenn noch glühende Lavabrocken von der Stirn des Stroms abbrechen.

Vulkanausbrüche sind auf Island keine Seltenheit. Lava quillt aus riesigen Erdspalten, die sich quer über die ganze Insel ziehen. Oft treiben Schlacken auf der glühendheißen Lava, die sich wie ein unaufhaltsamer Strom über die Erde wälzt. Dünnflüssige Lava schießt als orangerote Feuerfontäne mit gleißendgelber Mitte bis zu 50 Meter hoch in die Luft. Fetzen geschmolzenen Gesteins fliegen um den Schlot, Lavaschaum wird über die Fontäne hinausgeschleudert, der Wind erfaßt ihn, kühlt ihn ab, trägt ihn fort, und noch weit entfernt gelegene Gebiete werden mit grauen Aschenschichten bedeckt. Nähert man sich dem Schlot, den Wind im Rücken, wird ein großer Teil der Hitze und Asche von einem weggeblasen, so daß man nur 50 Meter vom Schlot entfernt einen Beobachtungsposten beziehen kann. Wenn sich der Wind aber dreht, steht man mitten in einem Aschenregen, und rotglühende Lavabrocken fallen zischend in den Schnee. Die Lavaströme breiten sich um den Schlot herum aus und erstarren dort langsam. Steigt man wenig später über die wulstige, poröse Oberfläche, kann man in den Spalten sehen, wie

Feuerfontänen
Der Kilauea auf der Insel Hawaii ist einer der aktivsten Vulkane der Erde. Immer wieder kommt es zu Ausbrüchen, bei denen Lava hoch in die Luft geschleudert wird und in mächtigen Strömen die Hänge hinabfließt. Weil der Kilauea fast ununterbrochen tätig ist, laufen die Eruptionen einigermaßen friedlich ab, denn der ständige Ausfluß von Lava verhindert, daß ein hoher Druck im Innern des Vulkans entsteht, der sich nur in einer verheerenden Explosion entladen kann.

die Lava in geringer Tiefe noch rot glüht. Hier und da hat vulkanisches Gas riesige Blasen gebildet, deren Erstarrungshaut so dünn ist, daß sie unter dem Tritt von Stiefeln leicht mit splitterndem Krachen zusammenfällt. Dies sind Warnzeichen! Dann sollte man nicht weitergehen. Doch vielleicht ist man schon so nahe herangekommen, daß man das gewaltige Schauspiel eines Lavastroms beobachten kann. Die Lava quillt oft so heftig aus dem Schlot, daß sie über der Öffnung eine Kuppel bildet. Nun stürzt die Lava in einem reißenden Strom den Berg hinab und erreicht dabei manchmal eine Geschwindigkeit von 60 Kilometern in der Stunde. Nachts ist alles um diesen außergewöhnlichen, scharlachroten Fluß in einen feurigen Schein getaucht. Aus der rotglühenden Oberfläche spritzen Gasblasen, und die Luft wabert vor Hitze. Kaum ein paar hundert Meter vom Ursprung des Lavastroms entfernt sind die Ränder so weit abgekühlt, daß sie fest geworden sind. Der scharlachrote Fluß ergießt sich nun zwischen Ufern aus schwarzem Gestein. Noch weiter hangabwärts bildet sich zusätzlich eine Kruste an der Oberfläche. Doch unter der Erstarrungshaut fließt die Lava oft noch viele Kilometer weiter. Das liegt nicht nur daran, daß sie sehr dünnflüssig ist, sondern sie wird nun auch von einer Isolierschicht aus erstarrter Schmelze umgeben, die die Hitze im Innern bewahrt und das Erstarren dort verzögert. Wenn schließlich keine Lava mehr austritt, fließt der Rest ab, bis die Röhre völlig entleert zurückbleibt. Solche Röhren oder Lavatunnels können einen Durchmesser von mehr als zehn Metern haben.

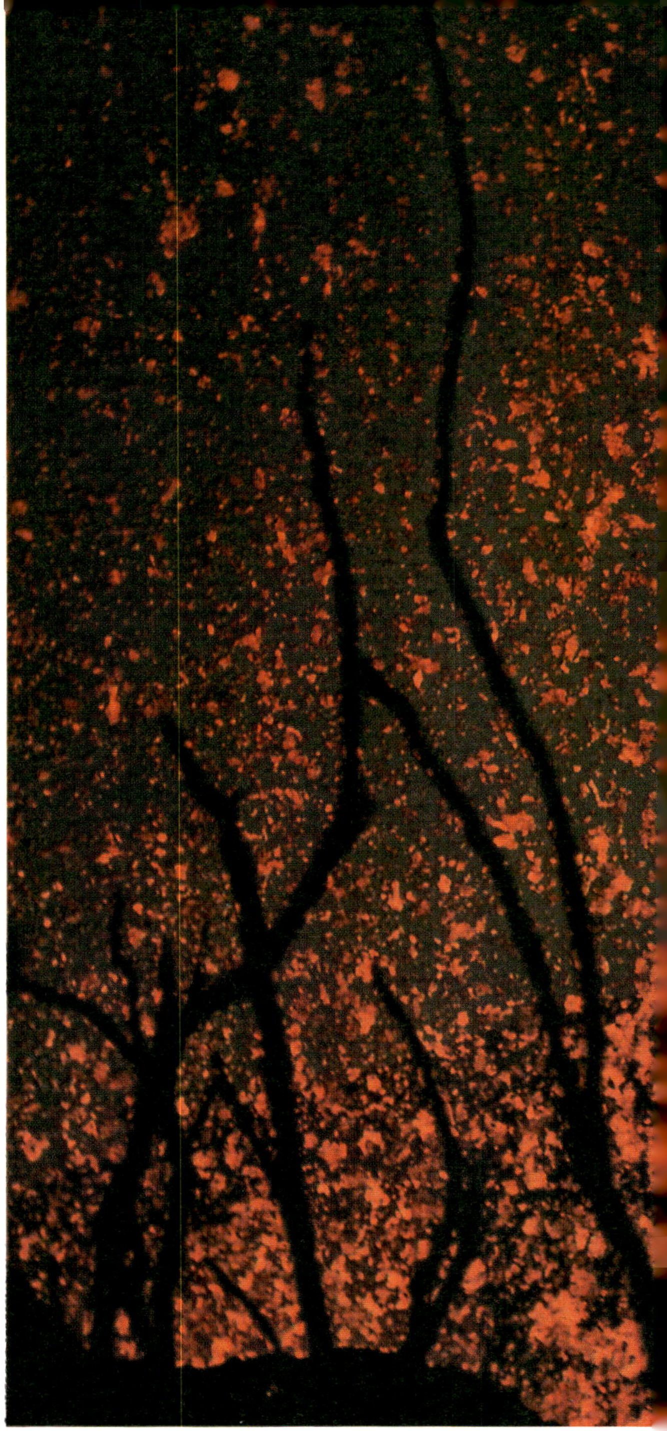

Lavaschaum

Wenn man eine Sektflasche öffnet, dehnt sich das im Sekt gelöste Gas plötzlich aus, und aus dem Flaschenhals sprudelt Schaum. Auf ähnliche Weise kann durch einen Spalt im Gestein glühender Lavaschaum herausspritzen, wie hier aus dem Piton de la Fournaise (links) auf der Insel Réunion, dem Nyamuragira in Zaire (Mitte) und dem Anak Krakatau (rechts).

Die Riesenvulkane Hawaiis

Vulkane, die eine dünnflüssige, basaltische Lava ausspeien, bauen gewaltige abgerundete Kuppen mit sanft abfallenden Flanken auf. Sie können riesige Ausmaße erreichen. Der Mauna Loa auf Hawaii ragt 4168 Meter über das Meer empor, und seine Basis hat einen Durchmesser von fast 100 Kilometern. Bei einem heftigen Ausbruch fördern solche Vulkane große Mengen Lava aus ihren Magmakammern zutage. Wenn eine solche Kammer leer ist, kann es vorkommen, daß ihr Dach die Last der darüberlagernden Gesteinsmassen nicht mehr tragen kann. Der unterirdische Hohlraum bricht dann in sich zusammen, und das Gestein darüber rutscht nach unten ab. Auf diese Weise entsteht oft ein gewaltiger Einsturzkessel, Caldera genannt. Die auf dem Gipfel des Mauna Loa hat einen Durchmesser von drei Kilometern. Fast alljährlich entstehen Risse in den Flanken des Bergs. Aus solchen Spalten können reihenweise Feuerfontänen emporschießen (unten).

Wo Lavaströme fließen

An manchen Stellen bilden Aschen und vulkanische Schlacken Kegel um die Krater (rechts). Wolken aus Wasserdampf, Schwefeldioxid und anderen Gasen wirbeln in die Luft, und mächtige Lavaströme fließen über die Flanken der Vulkane zum Meer.

Stricklava

Wenn dünnflüssige, basaltische Lava an der Luft abkühlt, verfestigt sich ihre Oberfläche. Durch den Lavastrom, der unter dieser Kruste weiterfließt, wird die Haut zu Stricken und Falten zusammengeschoben, bis schließlich der ganze Lavastrom erstarrt. Diesen Lavatyp nennt man Pahoehoe- oder Stricklava. Ihre erstarrte Oberfläche ist so fest, daß sie lange nicht verwittert. Darum können sich dort keine Pflanzen ansiedeln, und die Oberfläche bleibt oft jahrhundertelang in ihrem ursprünglichen Zustand erhalten. Der hier abgebildete Lavastrom ergießt sich aus dem Piton de la Fournaise auf der Insel Réunion im Indischen Ozean.

Brockenlava

Die dünnflüssige Pahoehoe-Lava ändert auf ihrem Weg hangabwärts oft ihre Beschaffenheit und wird zu einer Masse von Blöcken und Geröll, Aa- oder Brokkenlava genannt. Die Ursache für diese Umwandlung ist nicht ganz geklärt, doch hängt sie wahrscheinlich mit dem Entweichen von Gasen zusammen. Gelegentlich hat die Lava bereits beim Austreten aus der Schlotöffnung diese Beschaffenheit. Die Aa-Lava fließt nicht gleichmäßig, sondern stürzt polternd abwärts. Dabei knarrt und kracht es ab und zu, wenn Brocken aus der Stirnseite des Stroms herausbrechen und hinabstürzen. Einige Zentimeter unter der Oberfläche kann die Lava, wie hier abgebildet, durchaus noch rotglühend sein.

Ein europäischer Vulkan
Der Ätna in Sizilien ist mit einer Höhe von 3370 Metern der höchste tätige Vulkan Europas. Berichte über seine Aktivität – nahezu 150 große Ausbrüche fanden statt – reichen bis zu den Anfängen der 3000jährigen geschichtlichen Überlieferung Siziliens zurück. Diese Aufnahmen stammen aus dem Jahr 1971, als sich Lavamassen aus dem Krater ergossen und Straßen, Gebäude, Weinberge, kurzum alles, was ihnen im Weg stand, vernichteten.

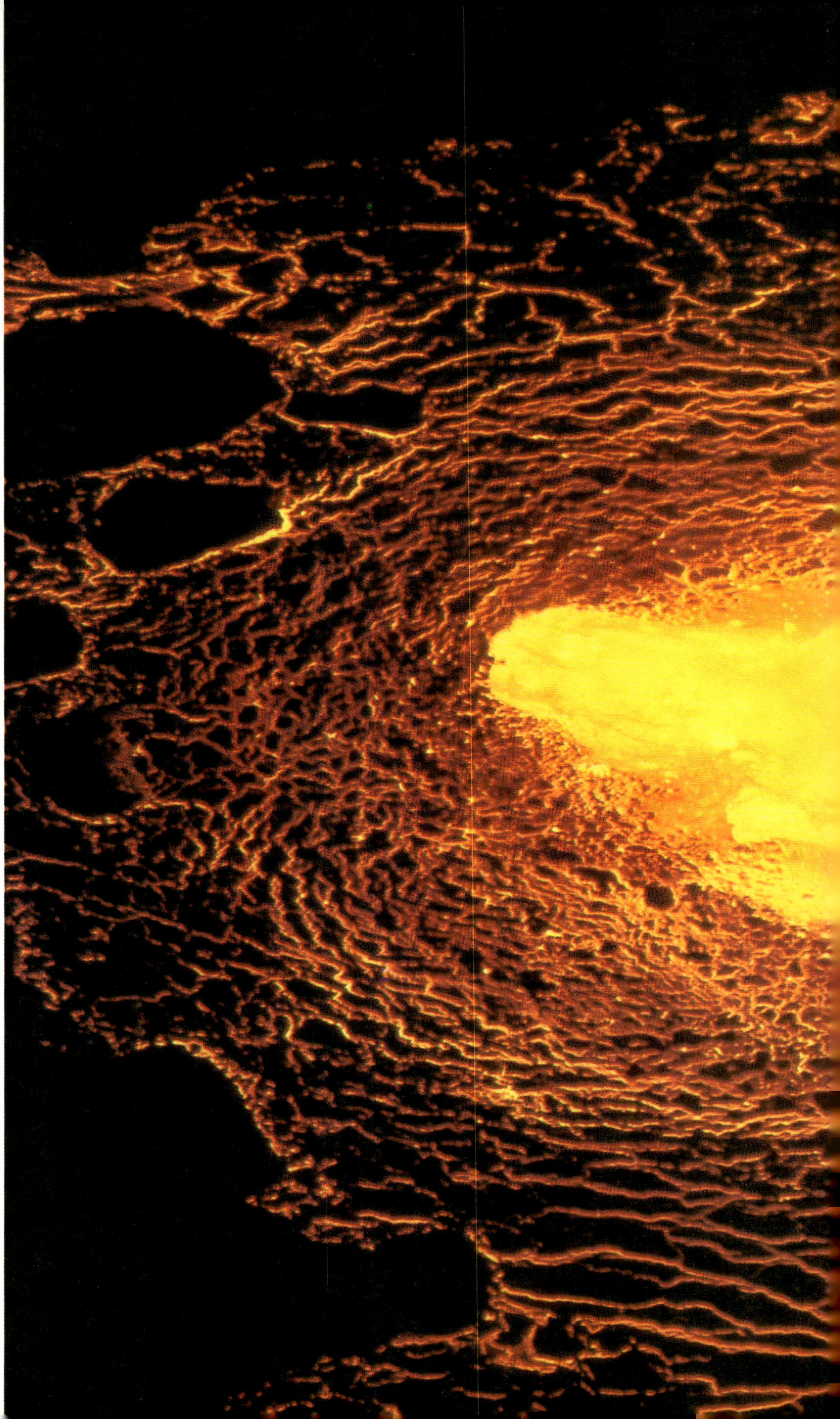

Ein Lavasee

Ab und zu quillt Lava in einem Krater auf, dessen Ränder so hoch sind, daß sie nicht abfließen kann. Dann kommt es zu einem imposanten Naturschauspiel: Es bildet sich ein großer See aus flüssiger Lava, wie hier im Krater des Nyiragongo in Zaire. Die Temperatur der Lava hielt sich auf über 1000 °C, ihre rotglühende Oberfläche erhellte wie ein gewaltiges Feuer die Nächte. Riesige Gasblasen, die manchmal einen Durchmesser von über 20 Metern hatten, barsten an der Oberfläche, und die glühende Lava kräuselte und wellte sich wie heißer Brei in einem Topf. Lavaseen dieser Art werden durch Kanäle im Krater gespeist, und ihr Spiegel steigt und fällt je nach der Höhe des unterirdischen Drucks. Dieser Lavasee im Krater des Nyiragongos wurde inzwischen durch eine Reihe heftiger Ausbrüche geleert, doch wahrscheinlich bildet er sich eines Tages wieder.

Erstarrungsformen der Stricklava
Da diese Lava dünnflüssig ist und bei hohen Temperaturen erstarrt, entsteht an der Oberfläche des Lavastroms eine Vielzahl von Formen. Die Erstarrungshaut auf der Oberfläche wird von der darunter fließenden Lava mitgeschleppt und zu runzligen, strickähnlichen Gebilden geformt. An manchen Stellen bricht die Kruste, und schmelzflüssige Lava sickert heraus. Gas, das die Lava in großen Mengen enthält, kann die Haut zu einer Blase aufblähen, oder es kann durch kleine Öffnungen entweichen. Dabei werden häufig auch Lavatropfen herausgeschleudert, die sich zu Schlackenkegeln auftürmen.

Untermeerische Vulkanausbrüche

Island gehört zu einer Kette vulkanischer Inseln, die mitten im Atlantischen Ozean verläuft. Im Norden dieser Inselkette liegt Jan Mayen, im Süden befinden sich die Azoren, Ascension, St. Helena und Tristan da Cunha. Die Glieder der Kette reihen sich dichter aneinander, als aus den meisten Landkarten hervorgeht, denn zwischen den einzelnen Inseln liegen zahlreiche untermeerische Vulkane, die noch tätig sind. Jene gehören zu einer mächtigen Schwelle aus vulkanischem Gestein, dem Mittelatlantischen Rücken, der sich etwa in der Mitte zwischen Europa und Nordamerika, Afrika und Südamerika hinzieht. Gesteinsproben, die man dem Meeresboden auf beiden Seiten des Mittelatlantischen Rückens entnommen hat, zeigen, daß der Untergrund unter einer dünnen Sedimentschicht aus Basalt, also einem vulkanischen Gestein, besteht. Das Alter des Basalts kann

ZUSAMMENGEFALLENE GASBLASE

NACHTRÄGLICH AUSGESICKERTE LAVA

GASAUSTRITTSÖFFNUNG

SCHLACKENKEGEL

man mit Hilfe chemischer und physikalischer Verfahren recht genau bestimmen. Inzwischen ist bekannt, daß das Alter der Gesteinsproben mit wachsender Entfernung vom Zentralgraben des Mittelatlantischen Rückens zunimmt. Offenbar bilden sich am Mittelatlantischen Rücken ständig neue ozeanische Krusten, die sich über den Meeresboden ausdehnen. Genaugenommen wird er von Strömungen im Erdinnern unter dem Mittelatlantischen Rücken zerrissen und in entgegengesetzte Richtungen getrieben.

Diese Strömungen beruhen auf den Temperaturunterschieden zwischen dem heißen Erdinnern und der kühlen Erdoberfläche. Heißes Material, Magma genannt, steigt langsam in kühlere Zonen des Erdmantels auf, kühlt sich dort ab, wird dadurch schwerer und sinkt wieder in die Tiefe. Wo sich die Strömungsäste gabeln, zerreißt die feste Erdrinde in Platten, die langsam auseinanderdriften. Die Fuge zwischen den Platten wird ständig mit frischem Magma ausgefüllt, und

RUNZLIGE ERSTARRUNGSHAUT

neuer Meeresboden entsteht. Wahrscheinlich ist die ganze Erdrinde aus solchen driftenden Platten zusammengesetzt. Die Kontinente bilden dabei die höchsten Teile.

Auch in den beiden anderen Weltmeeren der Erde gibt es ozeanische Rücken, die die Grenzen von Platten nachzeichnen.

Während sich die Platten der Erdrinde, von Strömungen im Erdinnern angetrieben, an vielen Stellen der Erde voneinander fortbewegen, werden sie an anderen Stellen gegeneinandergetrieben. Das geschieht vor allem an den Rändern der Ozeane, wo sich die schwerere ozeanische Kruste unter die leichtere kontinentale schiebt. Die ozeanische Kruste wird hier gewissermaßen verschluckt; deshalb heißen diese Zonen auch Verschluckungszonen. Am Meeresboden werden diese häufig durch Tiefseegräben vor der Küste und auf dem Festland durch hohe Faltengebirge sowie Vulkanketten am Rand der Kontinente markiert. Die West-

Driftende Platten

Die feste Erdrinde besteht aus einem Dutzend Platten, die sich wiederum in kleinere Krustenschollen gliedern. Ihre Ränder werden durch Vulkanketten und Erdbebenzonen markiert, denn die Platten verschieben sich ständig gegeneinander. Diejenigen, auf denen Kontinente liegen, zum Beispiel die Amerikanische, die Afrikanische und die Eurasische Platte, bewegen sich mit einer Geschwindigkeit von ein bis zwei Zentimetern im Jahr. Die unter dem Pazifik liegenden ozeanischen Platten verschieben sich vier- bis fünfmal schneller.

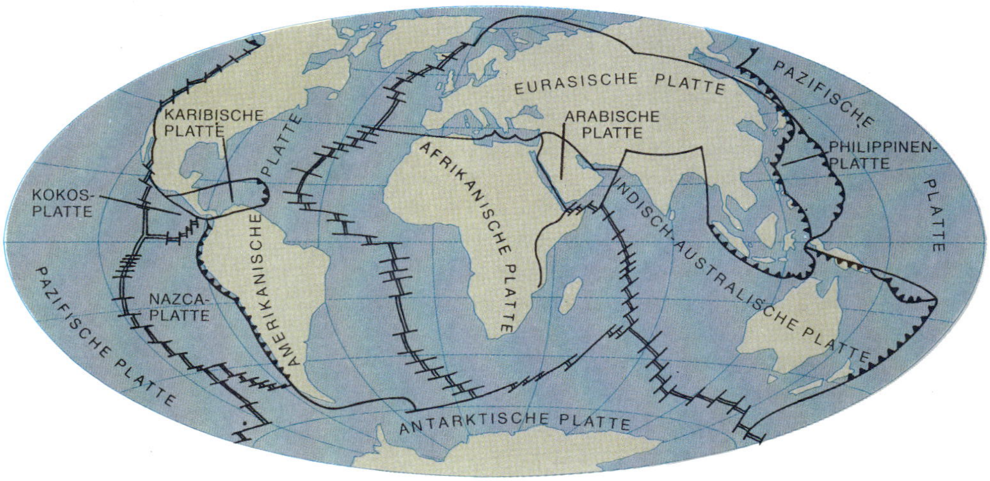

Bewegungen der Pazifischen Platte

In der Mitte der Pazifischen Platte liegen viele vulkanische Inseln. Sie entstanden wahrscheinlich, als die Platte über hot spots *– besonders heiße Zonen im oberen Erdmantel – driftete. Als sich die Ausbruchsstelle wieder von den „heißen Flecken“ entfernte, erlosch der Vulkan. Auf diese Weise entstand eine ganze Kette nacheinander erloschener Vulkane. Im Nordosten gleitet die Pazifische Platte in nördlicher Richtung an der Amerikanischen vorbei. An dieser Nahtstelle kommt es immer wieder zu starken Erdbeben. Im Nordwesten schiebt sich die Pazifische unter die Eurasische Platte. Ein großer Tiefseegraben markiert diese Verschluckungszone. Das im heißen Erdinnern aufgeschmolzene Material der Platte steigt als Magma auf und bildet weiter im Westen Vulkane.*

küste Südamerikas, unter der die Nazca-Platte unter die Amerikanische Platte abtaucht, ist dafür ein Lehrbuchbeispiel. Eine ähnliche Folge von Tiefseesenken, Faltengebirgen und Vulkanketten findet man zum Beispiel auch auf der entgegengesetzten Seite des Pazifischen Ozeans, nur mit dem Unterschied, daß dem Kontinent dort Ketten vulkanischer Inseln vorgelagert sind.

Die Verschluckung einer viele Kilometer dicken Platte kann natürlich nicht reibungslos vor sich gehen. Das beweisen schon die zahllosen Erdbeben, die sich im Bereich der Verschluckungszonen ereignen. Dazu kommen häufige Vulkanausbrüche, die weitaus gefährlicher sind als die Eruptionen auf den ozeanischen Vulkaninseln. Sie gehen fast immer mit gewaltigen Explosionen, verheerenden Glutlawinen, Aschen- und Schlammströmen einher. Die Vulkane über den Verschluckungszonen fördern keine ursprüngliche basaltische Lava, sondern Schmelzen, deren Zusammensetzung sich auf dem Weg vom Schmelzherd zur Erdoberfläche entscheidend verändert hat, beispielsweise durch das Aufschmelzen fremder Gesteine. Die Schmelzen enthalten meist wesentlich mehr Kieselsäure und sind daher, wie bereits erwähnt, zähflüssig. Sie bilden Pfropfen in den Krateröffnungen, die ab und zu von aufsteigenden Gasen herausgesprengt werden.

Ein ruhender Vulkan
Nach seinem vorletzten Ausbruch Mitte des 19. Jahrhunderts war der Mount St. Helens über 100 Jahre lang ein Kegel von fast vollkommener Symmetrie, einer der schönsten Berge des Kaskadengebirges in Nordamerika. Vom 20. März 1980 an kündigte eine Reihe von Erdstößen, deren Zentrum unter dem Berg lag, das bevorstehende Unheil an.

Wenn eine Insel explodiert . . .

Ein Vulkan der indonesischen Inselwelt verursachte eine der gewaltigsten Explosionen, die bisher überliefert wurden. Im Mai 1883 stieß der Vulkan auf der neun Kilometer langen und fünf Kilometer breiten Insel Krakatau in der Sundastraße Rauchwolken aus. Die Ausbrüche setzten sich in den folgenden Monaten mit zunehmender Heftigkeit fort. Schiffe, die in der Nähe vorbeifuhren, mußten sich ihren Weg durch riesige Bimssteinfelder bahnen, die auf dem Meer trieben. Ein Aschenregen ging auf die Schiffsdecks nieder, und elektrische Funken züngelten an der Takelage. Tagtäglich wurden gewaltige Mengen Asche, Bimsstein und Lavabrocken aus dem Krater geschleudert, begleitet von ohrenbetäubenden Explosionen. Am 26. August steigerte sich der Ausbruch zu nie gekannter Heftigkeit. Die unterirdische Kammer, aus der das Eruptionsmaterial kam, wurde regelrecht leer geblasen. Am folgenden Tag, dem 27. August, um zehn Uhr brach der Hohlraum unter der Last des Meeresbodens und der Wassermassen zusammen. Millionen Tonnen Wasser ergossen sich auf die schmelzflüssige Lava in der Kammer, und zwei Drittel der Insel stürzten hinterher. Das führte zu einer ungeheuren Explosion, die den gewaltigsten Knall hervorrief, von dem jemals berichtet worden ist. Er wurde noch 5000 Kilometer vom Explosionsort entfernt, auf der kleinen Insel Rodrigues im Indischen Ozean, vernommen. Dort hielt der Kommandeur der britischen Garnison den Lärm für Geschützdonner und stach in See. Eine gigantische Luftdruckwelle raste siebenmal um die Erde, bis sie schließlich abflaute. Die verheerendste Folge der Explosion war jedoch eine gewaltige Flutwelle. Als diese auf die Küste Javas zubrandete, erreichte die Wasserwand die Höhe eines vierstöckigen Hauses. Sie trug ein Kanonenboot der Marine fast zwei Kilometer landeinwärts und setzte es auf einem Hügel ab. Die Flutwelle verwü-

Mount St. Helens, 18. Mai 1980, 8.32 Uhr
Ein Erdbeben zerreißt die durch Magma aufgeblähte Flanke des Bergs (oben links). Zehn Sekunden später werden Felslawinen ausgelöst (oben rechts), und eine gewaltige Explosion erfolgt. Gas- und Aschenwolken schießen empor, Gesteinstrümmer fliegen durch die Luft (unten).

stete an der dichtbevölkerten Küste ein Dorf nach dem andern. Mehr als 36000 Menschen fanden den Tod.

Der heftigste explosionsartige Vulkanausbruch der letzten Jahre ereignete sich auf der anderen Seite des Pazifiks, wo die Juan-de-Fuca-Platte, ein Teilstück der Pazifischen Platte, nach Osten hin unter die Amerikanische Platte und ins heiße Erdinnere gezogen wird. Sie schmilzt dabei auf und liefert die Gesteinsschmelzen, die in den Vulkanen des Kaskadengebirges zutage treten. Die Laven sind hier besonders zähflüssig. Sie erstarren in der Nähe der Erdoberfläche zu festen Pfropfen, unter denen sich vulkanische Gase sammeln, bis der Druck so stark ist, daß der Pfropfen samt dem darüberliegenden Gesteinsmantel abgesprengt wird. Eine

Drohende Wolken am Himmel
Bei der Explosion des Mount St. Helens stieg eine gewaltige Wolke von Gas und feiner Asche 25 Kilometer hoch bis in die Stratosphäre auf. Höhenwinde trieben die Wolke nach Osten über Nordamerika hinweg. Monatelang rief sie besonders farbenprächtige Dämmerungserscheinungen hervor.

Der niedergewalzte Wald
Die Druckwelle, die bei der Explosion an der Flanke des Mount St. Helens entstand, raste den Berghang hinab und fegte durch einen dichten Wald von Nadelbäumen, von denen viele 60 Meter hoch waren. Von einigen der höchsten wurden zwar die Zweige abgerissen, aber die Bäume blieben stehen. Die meisten wurden jedoch umgeknickt. Die Fallrichtung der Baumstämme zeigt deutlich, in welcher Richtung sich der vernichtende Sturm ausgebreitet hatte.

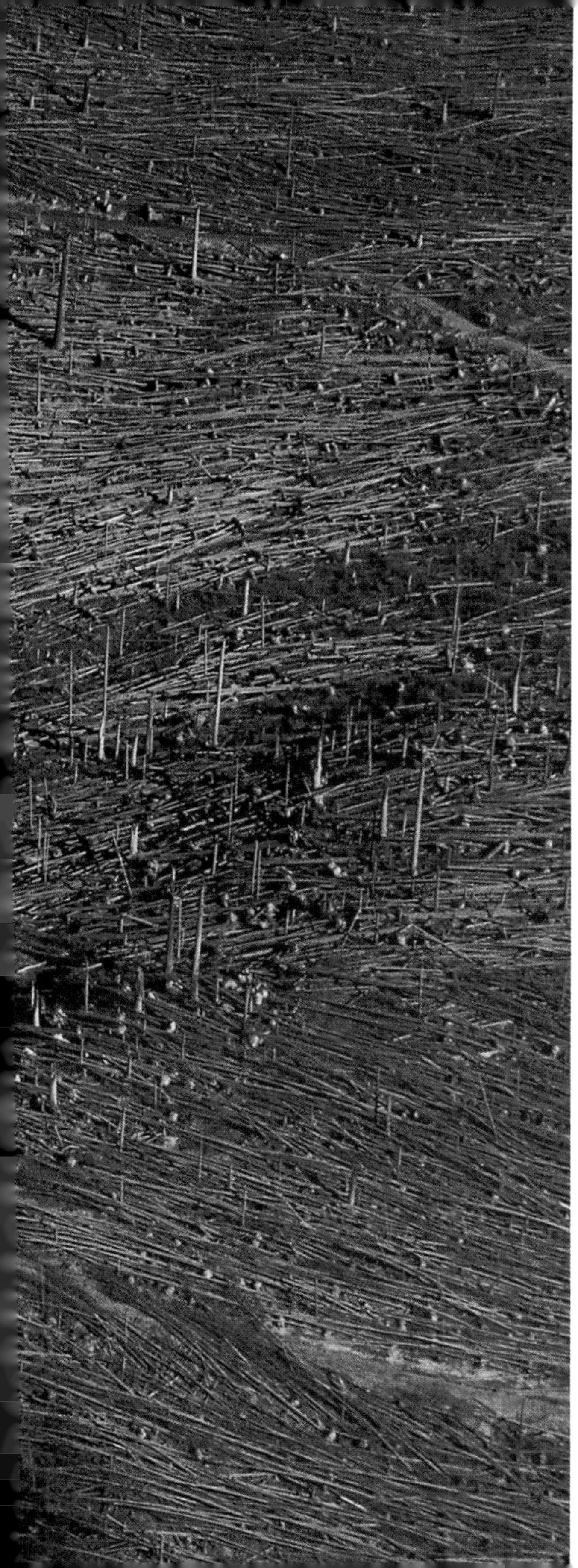

solche Explosion ereignete sich 1980 am Mount St. Helens, den die Indianer „Lady des Feuers" nennen.

Bis 1980 war der Berg berühmt für seine schöne, symmetrische Kegelform. Er ragte fast 3000 Meter empor und war das ganze Jahr hindurch von Schnee bedeckt. Im März 1980 setzte ein warnendes Grollen aus dem Berg ein. Wenige Tage danach brachen Wasserdampf und Aschenregen aus dem Gipfel und überzogen die Schneedecke mit schmutzigem Grau. Den ganzen April hindurch wuchs die Rauchsäule, die nun ständig über dem Berg stand, weiter an. Durch die aufsteigende Magmasäule wurde die Nordflanke des Bergs, etwa 1000 Meter unterhalb des Gipfels, aufgebläht. Sie wuchs täglich um etwa zwei Meter an. Tausende Tonnen Gestein wurden nach oben gedrückt, und die Eismassen eines großen Gletschers drohten dadurch herunterzubrechen. Am Morgen des 18. Mai, um 8.32 Uhr, explodierte der Berg.

Die Nordwestseite wurde buchstäblich herausgesprengt. Mehrere Kubikkilometer Asche und Gestein flogen durch die Luft. Die Nadelbäume, die auf einer Fläche von 200 Quadratkilometern die unteren Hänge des Bergs bedeckten, wurden wie Streichhölzer abgeknickt. Eine gewaltige schwarze Wolke stieg 25 Kilometer hoch in den Himmel. Zwar war das Gebiet um den Vulkan nur dünn besiedelt, und man hatte die Bevölkerung auch immer wieder auf die Gefahr aufmerksam gemacht. Trotzdem fanden mehr als 60 Menschen den Tod. Geologen schätzen, daß die Gewalt der Explosion 2500mal heftiger war als die Atombombenexplosion, die Hiroshima zerstörte.

Eine lebensfeindliche Umwelt

Unmittelbar nach einem Ausbruch gibt es in der Umgebung eines Vulkans auf den Lavaströmen und Aschefeldern kein Leben mehr. Nach einer Explosion quellen noch wochenlang Dämpfe, Rauch und giftige Gase aus den Gesteinstrümmern im Krater. Auch in der Nähe der Vulkane der Mittelozeanischen Rücken kann kein Organismus die Hitze, die bei den Eruptionen entsteht, überleben. Diese Gebiete gehören zu den unfruchtbarsten auf der Erde. Daher können auf ihnen keine Lebewesen existieren. Ist ein Vulkan jedoch am Erlöschen oder legt er eine Ruhepause zwischen zwei Ausbrüchen ein, so dringt aus ihm keine Lava mehr hervor. Er macht sich aber oft durch ausströmende Gase, Dampf und hervorsprudelndes, kochendheißes Wasser bemerkbar. Ein Teil dieses Wassers war bereits im Magma enthalten, ein anderer stammt aus dem Grundwasser. Es enthält zahlreiche gelöste chemische Substanzen. Einige von ihnen kommen, wie die Lava, tief aus dem Erdinnern, andere haben sich aus dem Gestein gelöst, durch welches sich das heiße Wasser den Weg an die Oberfläche bahnte. Dazu gehören auch Stickstoff- und Schwefelverbindungen, die oft in so starken Konzentrationen vorkommen, daß das Wasser sehr einfach gebauten Organismen als Nährstoff dienen kann. Es ist sogar möglich, daß die allerersten Formen des Lebens, die vor etwa drei Milliarden Jahren auf der Erde existierten, unter solchen Bedingungen entstanden sind.

In dieser unvorstellbar weit zurückliegenden Zeit besaß die Erde noch nicht ihre sauerstoffreiche Atmosphäre; auch die Lage und die Gestalt der Kontinente waren völlig anders als heute. Damals gab es wahrscheinlich sehr viel mehr Vulkane auf der Erde als heute. Die Gaswolken, die aus den Kratern drangen, enthielten große Mengen von Wasserdampf, der in der kühleren Atmosphäre kondensierte und als Regen niederging. Das Regenwasser sammelte sich in Senken der Erdoberfläche und bildete dort die Vorläufer der heutigen Meere. Mit

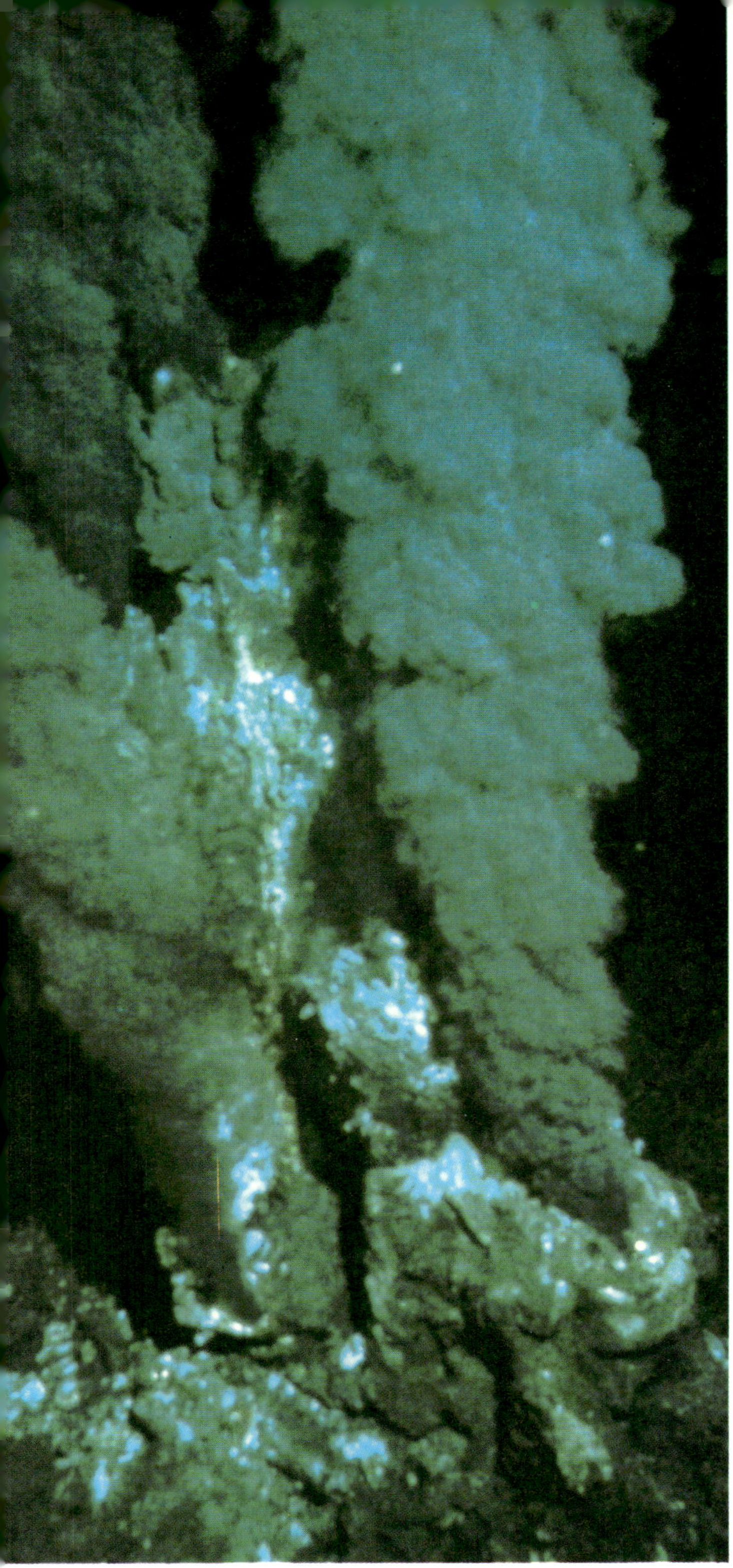

dem Regen gelangten wahrscheinlich einfach gebaute organische Moleküle, die in der Atmosphäre unter dem Einfluß der energiereichen ultravioletten Strahlung der Sonne und elektrischer Entladungen entstanden waren, in die Meere und reicherten sich dort zur sogenannten Ursuppe an. Aus ihr entwickelte sich wahrscheinlich alles Leben auf unserem Planeten. Zunächst erschienen sehr primitive Organismen, dann aber auch Blaualgen und Bakterien.

Im Jahr 1977 führte ein amerikanisches Tiefseeforschungsschiff Untersuchungen an untermeerischen Vulkanen durch, die auf einem Rücken südlich der Galápagosinseln liegen. In einer Tiefe von zweieinhalb Kilometern unter dem Meeresspiegel fanden sie Kamine auf dem Meeresboden, aus denen heißes, mineralstoffreiches Wasser ins Meer schoß. In diesen Strömen und in den Gesteinsspalten um die Kamine entdeckten die Wissenschaftler große Ansammlungen von Bakterien, die von den im Wasser gelösten chemischen Stoffen lebten. Diese Mikroorganismen wiederum bildeten die Nahrungsgrundlage für riesige Würmer. Sie waren bis zu dreieinhalb Meter lang, und ihr Umfang betrug durchschnittlich zehn Zentimeter. Diese niederen Tiere hatten weder Mundöffnungen noch einen Darmkanal, sondern nahmen die Bakterien über die dünne Haut der blutgefäßreichen Tentakel auf, die an ihrer Vorderseite wuchsen.

Neben den Würmern leben riesige, 30 Zentimeter große Muscheln, die sich

Muscheln an heißen Quellen
Lava, die in einer Tiefe von 2500 Metern aus dem Boden des Pazifiks quillt, wird vom Meerwasser abgekühlt, und es entstehen kissenförmige Gebilde (rechts). Wasser, das in den Tiefen des darunterliegenden Gesteins aufgeheizt wird, sprudelt aus Spalten hervor (links) und führt Wolken schwarzer Sulfidteilchen mit sich. Von den Sulfiden ernähren sich Bakterien, die wiederum riesigen Muscheln als Nahrung dienen. Sie leben zusammen mit kleinen weißen Krabben zwischen den Lavakissen (oben).

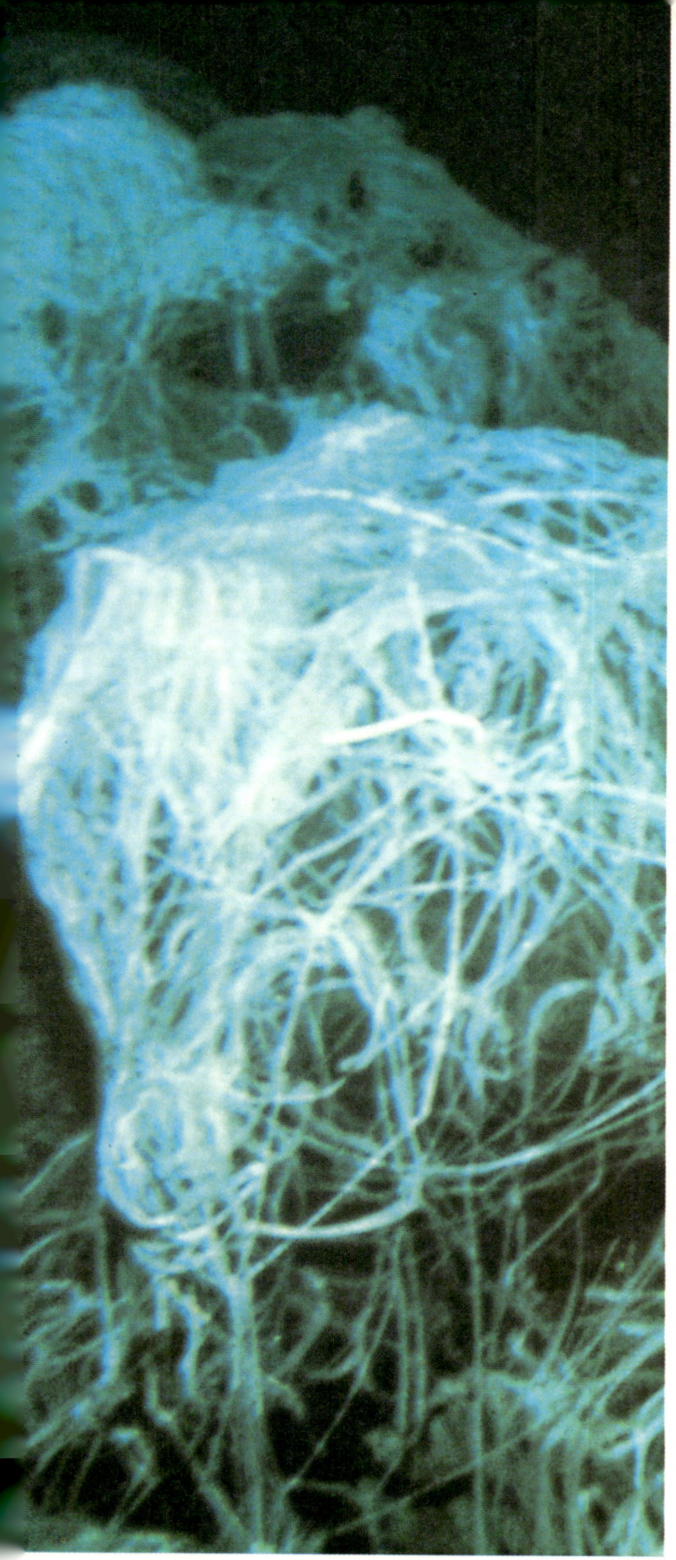

Leben in lichtlosen Tiefen
Bei der Erforschung der Tiefsee entdeckt man immer wieder neue Lebewesen, etwa nudelähnliche Organismen (oben) oder Röhrenwürmer (rechts).

ebenfalls von Bakterien ernähren. Durch das emporschießende heiße Wasser entstehen Strömungen, die über den Meeresboden zu den Schlotöffnungen führen und organische Teilchen aufwirbeln, welche anderen Organismen als Nahrung dienen. So gedeiht im Umkreis dieser untermeerischen, vulkanischen Quellen eine dichte, vielgestaltige Welt der Lebewesen in tiefer Dunkelheit.

Viele heiße Quellen entspringen auf dem Festland. Das Wasser stammt zu einem geringen Teil aus weit unter der Erdoberfläche liegenden Magmakammern, größtenteils jedoch ist es Regenwasser, das tief in den Boden eingesickert ist. Es erhitzt sich über einem Magmaherd in der Tiefe und entweicht dann durch Gesteinsspalten nach oben wie kochendes Wasser aus dem Sicherheitsventil eines Dampfkessels. Manchmal schießt das überhitzte Wasser als Geysirfontäne aus dem Boden, meist fließt es jedoch ruhig an der Erdoberfläche aus. Dann bilden sich dampfende, überlaufende Tümpel. Doch selbst bei den dort herrschenden Temperaturen gedeihen Bakterien und sogar noch höher entwickelte Organismen: Blaualgen. Ihr innerer Aufbau ist zwar ebenso einfach wie der der Bakterien, doch enthalten sie Chlorophyll, den Stoff, der es ihnen ermöglicht, mit Hilfe von Sonnenenergie chemische Substanzen in organische Verbindungen umzuwandeln. Organismen dieser Art finden sich zum Beispiel in den heißen Quellen des Yellowstone-Nationalparks in Nordamerika. Hier bilden Algen und Bakterien zusammen schleimige grüne und braune Matten, die den Grund am Rand der Tümpel bedecken. Diese gedeihen an Stellen, die so heiß sind, daß dort keine anderen Organismen überleben können. Doch in den Abflüssen der Tümpel kühlt sich das Wasser etwas ab und ermöglicht es auch anderen Organismen, sich dort anzusiedeln.

Zufluchtsorte in einer Welt aus Eis

In den kälteren Gebieten der Erde kann die abklingende vulkanische Hitze nicht nur Gefahrenzonen, sondern auch Zufluchtsstätten schaffen. Im Südpolarmeer, wo die Amerikanische und die Antarktische Platte zusammenstoßen, entstanden mehrere bogenförmig angeordnete Eilande: die Süd-Sandwich-Inseln. Eine davon ist die Bellingshausen-Insel.

Der rauhe Wellengang der antarktischen Gewässer hat den Sockel kräftig ange-

(Forts. S. 46)

Bunte heiße Quelle
Das kochendheiße Wasser der vulkanischen Quellen des Yellowstone-Nationalparks in den Vereinigten Staaten ist reich an gelösten Mineralien. Sie verleihen den Teichen nicht nur eine ganze Palette verschiedener Farbtöne wie in den Grand Prismatic Springs (links), sondern lassen auch Algen und Bakterien üppig gedeihen. Die Matten, die von diesen Kleinlebewesen gebildet werden, sind ebenfalls bunt gefärbt und wachsen an den Rändern und kleinen Abflußrinnen (rechts), wo sich das Wasser bereits abgekühlt hat.

DIE ERLÖSCHENDEN KRÄFTE EINES VULKANS

Vulkane bleiben nicht für alle Zeiten tätig. In der Erdkruste können sich Gesteinsschichten verschieben, der Hitzeherd verlagert sich, und die gewaltigen Eruptionen lassen nach. Doch selbst während sich die Masse heißen Magmas in der Tiefe abkühlt, kann sich der Vulkanismus noch an der Erdoberfläche bemerkbar machen.

Bei heftigen Vulkanausbrüchen werden auch große Mengen Gase und Wasserdampf ausgestoßen. Noch lange, nachdem der letzte Lavastrom ausgetreten ist, kann sich ein erlöschender Vulkan durch Dampfquellen bemerkbar machen. Diese kontinuierlich aus der Magmakammer nach oben steigenden Dämpfe nennt man Fumarolen. Ist der Gehalt an freigesetzten Schwefelverbindungen sehr groß, spricht man von Solfataren. Wo sie zutage treten, setzen sich oft leuchtendgelbe Schwefelkristalle ab. Regenwasser, das in die Nähe des Magmaherds hinabgesickert ist, wird ebenfalls erhitzt und steigt zusammen mit dem Wasser, das vom Magma abgeschieden wurde, nach oben. Es entstehen aber nicht nur heiße Quellen: Manchmal schießt das Wasser in mehr oder weniger regelmäßigen Abständen als Fontäne empor. Die bekannteste Springquelle, von der der Name Geysir abgeleitet wurde, war Stóri-Geysir í Haukadalur in Südisland. Sie war nie regelmäßig aktiv, und zu Beginn unseres Jahrhunderts stellte sie ihre Tätigkeit ganz ein. Die höchste Springquelle, die bisher beobachtet wurde, war der Geysir von Waimangu in Neuseeland, der zwischen 1889 und 1904 alle 36 Stunden eine bis zu 490 Meter hohe Fontäne in die Luft schleuderte. Danach wurden seine Aktivitäten unregelmäßiger und seltener, bis er schließlich im Jahr 1917 für immer einschlief.

Die Gegend von Waimangu war im 19. Jahrhundert auch für ihre weißen und rosaroten Sinterterrassen berühmt. Sie bestanden aus Mineralien, die sich beim Abkühlen aus dem heißen Wasser ausgeschieden hatten. Am 10. Juni 1886 explodierte völlig unerwartet der benachbarte Vulkan Tarawera und zerstörte die Terrassen von Waimangu.

Ein isländischer Geysir kurz vor dem Ausbruch
Eine riesige blubbernde Wasserblase kündigt an, daß bald eine Fontäne aufsteigen wird. Das Wasser, das in unterirdischen Kammern weit über 100°C erhitzt wurde, verwandelt sich, wenn es in Bereiche geringeren Drucks gelangt, in Dampf und schießt empor.

Der Atem eines verlöschenden Vulkans
An einer Austrittsöffnung lagert sich Schwefel als feste Kruste ab. An den heißesten Stellen ist er rot gefärbt (ganz rechts), sonst ist er gelb, oder er kristallisiert in gelben Nadeln aus (rechts).

Heißer, brodelnder Schlamm *Das heiße vulkanische Wasser enthält oft viel Kohlensäure, die das Gestein, durch das es aufsteigt, angreift und Mineralien herauslöst; diese werden dann mit an die Oberfläche getragen. Die Mineralien bestimmen die Farbe des Schlamms. Schwefelhaltiges Gestein kann den Schlamm gelb färben, stark eisenhaltiges ruft eine rote, braune oder schwarze Tönung hervor. Da die verschiedenen Mineralien im Gestein in unterschiedlichen Mengen auftreten, entsteht oft eine so reiche Farbpalette, daß man die Tümpel aus kochendem Schlamm auch vulkanische Farbtöpfe nennen kann.*

Die Minervaterrassen im Yellowstone-Nationalpark *Heißes, kohlensäurehaltiges Wasser löst Kalziumkarbonat aus Kalkstein. Wenn sich das Wasser abkühlt, wird diese Verbindung ausgeschieden. Das dann entstehende Gestein nennt man Travertin oder Kalksinter. In reiner Form ist er weiß, doch Bakterien und Algen färben ihn in verschiedenen Braun- und Rottönen. Beim Austrocknen sterben diese Organismen ab, und der Travertin nimmt eine graue oder gelbe Färbung an.*

Ein Schlammvulkan im Yellowstone-Nationalpark *Wenn die flüssige Masse an den Rändern eines Schlammvulkans austrocknet, wird sie hart und bildet einen Wulst, so daß es aussieht, als brodelte und blubberte sie in einem gewaltigen Kessel.*

(Forts. von S. 43)

nagt. Auf der einen Seite der Insel entstand ein Kliff, an dem man die wechselnden Aschen- und Lavaschichten deutlich erkennen kann. Eisschollen umgeben die Insel, und Schnee breitet sich an den Hängen aus. Riesige Scharen von Adeliepinguinen finden sich auf den großen weißen Flächen in der Nähe des Meeres ein. Wenn man durch die Reihen der Pinguine bis zum Gipfel des Vulkans aufsteigt, stößt man dort auf einen großen, klaffenden Krater von einem halben Kilometer Durchmesser. Sein Boden ist schneebedeckt, Eiszapfen hängen von den Felsvorsprüngen im Innern des Schlunds, und anmutige, weiße Vögel nisten in den Klippen dicht unter dem Kraterrand. Doch das vulkanische Feuer ist noch nicht völlig erloschen. An einer oder zwei Stellen am Rand des Kraters entweichen noch immer Dampf und Gas aus den Spalten, der Geruch von Schwefelwasserstoff erfüllt die Luft, und die Felsen ringsum sind mit leuchtendgelben Schwefelablagerungen überzogen. Der Boden um die Schlotöffnung fühlt sich warm an, und angesichts der beißendkalten Polarwinde duckt man sich trotz des unangenehmen Geruchs an dieser Stelle gern nieder. Auf dem Gestein entdeckt man mitten im Schnee üppige Polster von Laub- und Lebermoosen.

Diese wenigen kleinen Flecken sind die einzigen Stellen auf der ganzen Insel, wo es so warm ist, daß Pflanzen wachsen können. Kaum ein anderer Ort auf der Erde liegt so abgeschieden wie die Süd-Sandwich-Inseln. Der antarktische Kontinent ist etwa 1500 Kilometer, die Spitze Südamerikas etwa 1000 Kilometer entfernt. Doch der Wind verbreitet die Sporen der niederen Pflanzen über die ganze Erde, so daß selbst solche winzigen, isoliert liegenden Stellen auf dieser lebensfeindlichen Insel besiedelt werden konnten.

Doch nicht nur in den bitterkalten Landstrichen der Erde nutzen Lebewesen die vulkanische Wärme. Die Großfußhühner, eine Familie, deren Verbreitungsgebiet von Indonesien bis nach Ozeanien reicht, haben eine besondere Methode für das Ausbrüten ihrer Eier entwickelt. Sie bedienen sich dabei nicht der eigenen Körperwärme, sondern anderer Wärmequellen. Ein typischer Vertreter ist das in Australien beheimatete Thermometerhuhn. Bereits im Winter scharrt der Hahn eine tiefe Grube aus, die er mit Laub und Zweigen füllt und – nachdem es etwas geregnet hat – mit Sand abdeckt. Erst vier Monate nachdem der Hahn mit dem Nestbau begonnen hat, kann die Henne ihre Eier in einer Kammer innerhalb des Bruthaufens ablegen. Das modernde Laub erzeugt die für das Brüten notwendige Wärme. Der Hahn übernimmt auch die weitere Brutpflege, denn die Temperatur des Geleges darf kaum von 33 °C abweichen. Mehrmals täglich kehrt er deshalb zu seinem Haufen zurück und steckt den Schnabel in den Sand. Man vermutet, daß Großfußhühner an der Zunge oder am Gaumen Sinnesorgane für die Bestimmung der Temperatur haben und Schwankungen von nur einem Zehntelgrad wahrnehmen können. Wenn der Thermometerhahn nun feststellt, daß der Sand für die Eier zu heiß ist, gräbt er Löcher in den Bruthaufen oder wirft kühlere Erde auf den Bau. Ist die Temperatur zu niedrig, so scharrt er von der Mittagssonne

Spezialisiert auf die Algenernte

Aus den heißen vulkanischen Quellen im Gebiet des Ostafrikanischen Grabens sprudelt mineralhaltiges Wasser hervor, das sich in großen Salzseen sammelt. In diesem Wasser können sich vor allem Bakterien und Algen halten, die riesige Flamingoschwärme anlocken. Die größeren Arten sieben Schlamm mit ihren Schnäbeln aus und nehmen auf diese Weise verschiedenartige Nahrung auf, etwa kleine Krebse und Weichtiere. Zwergflamingos jedoch, wie hier an den heißen Quellen des Bogoriasees in Kenia, ernähren sich vorwiegend von winzigen Algen, die sie mit Hilfe einer Reihe von Hornlamellen in ihrem Schnabel aus dem Oberflächenwasser filtern.

erhitzten Sand auf das Gelege. Erst nach einer ungewöhnlich langen Brutzeit von mindestens sieben Monaten graben sich die frisch geschlüpften Küken einen Weg aus dem Hügel heraus.

Ein Verwandter des Thermometerhuhns auf der indonesischen Insel Sulawesi, das Hammerhuhn, hat es leichter: Es legt seine Eier in dem warmen Lavasand ab. Dessen dunkle Farbe bewirkt, daß die Sonnenwärme absorbiert wird. So stark erhitzt sich der Sand in der Sonne, daß die Eier ausgebrütet werden. Manche Hammerhühner sind von der Küste weggezogen und haben die Hänge eines Vulkans im Landesinnern besiedelt. Dort fanden sie Bereiche, die ständig von vulkanischem Dampf erwärmt werden, und dort legt eine ganze Kolonie regelmäßig ihre Eier ab. Ein erlöschender Vulkan ist zu einem Brutapparat geworden.

Pioniere erobern eine sich abkühlende Welt

Wenn die Platten der Erdkruste vom unterirdischen Hitzeherd wegdriften oder sich die Strömungen im Innern der Erde verlagern, erlöschen die Vulkane schließlich ganz. Der Boden kühlt sich ab, und Tiere und Pflanzen aus den umliegenden Gebieten besiedeln das verwüstete Land. Erstarrte Lavaströme stellen für die Pioniere beträchtliche Probleme dar. Die glasharte, von Blasen durchsetzte Oberfläche der Lava kann so glatt sein, daß das Wasser abläuft und es kaum Spalten gibt, wo Sämlinge Wurzeln schlagen könnten. Manche Lavaströme bleiben lange Zeit völlig kahl. Welche Blütenpflanzen sich schließlich als erste festsetzen, ist gebietsweise verschieden. Auf den Galápagosinseln, wo in der Flora südamerikanische Pflanzen vorherrschen, ist es häufig eine Kaktusart, die sich als Pionierpflanze behauptet. Da sie Spuren von Feuchtigkeit zu speichern vermag, gelingt es ihr, die Backofentemperaturen auf der dunklen Lava zu überleben. Auf Hawaii ist es der Eisenholzbaum, der auf diesem Gebiet besondere Eigenschaften entwikkelt hat. Seine Wurzeln dringen tief in den erstarrten Lavastrom ein und nehmen dort Feuchtigkeit auf. Oft stoßen sie bis zu einem Lavatunnel vor. Man nimmt inzwischen an, daß es in den meisten erstarrten Pahoehoe-Lavaströmen solche Höhlen gibt. In den Tunnels unten hängen die Wurzeln wie riesige, braune Glokkenseile von der Decke herab. Regenwasser, das von der Oberfläche über Risse einsickert, tröpfelt über die Wurzeln auf den Boden. Hier dringt kein Sonnenstrahl ein; das Wasser verdunstet deshalb nicht, sondern bildet Pfützen und macht die Luft in der Höhle feucht.

Ein Lavatunnel wirkt gespenstisch auf denjenigen, der ihn erkundet. Weder Regengüsse noch Frost können ihn erreichen; die Wände und der Boden zeigen kaum Spuren von Verwitterung. Er sieht wohl noch genauso aus wie zu dem Zeitpunkt, als das letzte Lavarinnsal abfloß und der Boden noch so heiß war, daß alles, was mit ihm in Berührung kam, in Flammen aufging. Erstarrte Lavatropfen hängen wie Stalaktiten von der Decke. Der Boden ist von einem erstarrten Lavastrom bedeckt, der wie dicker Haferbrei aussieht. An manchen Stellen, wo sich

Leben siedelt sich auf den Lavaströmen an

Erstarrte Lava enthält zwar zahlreiche Mineralien, doch Pflanzen können diese erst nutzen, wenn die harte Oberfläche durch Verwitterungsprozesse aufgelockert worden ist. In den Spalten sammelt sich allmählich etwas Staub an, der durch tote, vom Wind herbeigetragene Insekten angereichert wird. Schließlich ist eine so große Menge Material zusammengekommen, daß keimenden Pflanzen ausreichend Nährstoffe zur Verfügung stehen, und auf der schwarzen Lava erscheinen in kurzer Zeit leuchtendgrüne Farbtupfer.

Lavatunnels

Das Innere eines Pahoehoe-Lavastroms bleibt länger glutflüssig als die äußeren Teile, die rasch erstarren. Wenn eine Eruption abklingt, fließt die noch glutflüssige Lava allmählich ab und hinterläßt lange Gänge, die sich mitten durch den erstarrten Lavastrom ziehen. Solche Tunnels sind häufig am unteren Ende durch einen Pfropfen erstarrter Lava blockiert, und man entdeckt sie erst, wenn die Decke einstürzt. Früher galten solche Tunnels als Ausnahmeerscheinungen; inzwischen nimmt man jedoch an, daß sie in den meisten Pahoehoe-Strömen verborgen liegen.

Stalaktiten und Stalagmiten aus Lava
Nachdem die flüssige Lava abgeflossen ist, bleiben im Lavatunnel heiße Gase zurück. Die höchste Temperatur erreichen sie unmittelbar unter der Decke. Sie können so heiß sein, daß die gerade erstarrte Lava wieder schmilzt. Sie tropft dann nach unten und bildet an der Decke stalaktitenähnliche Formen. Auf dem Boden entstehen schlanke, nach oben wachsende stalagmitenartige Pfeiler. Da die Temperaturen in den Tunnels dann immer noch bei etwa 1000 °C liegen, konnten diese Vorgänge nie beobachtet werden.

die Lava über ein Hindernis ergoß, blieb eine erstarrte Kaskade zurück. Bei einem plötzlichen Aufwallen des Lavastroms stieg die Oberfläche der Lavamasse kurz an, kühlte sich rasch ab und hinterließ so eine Pegelmarke an den Wänden.

An diesen finsteren Orten haben sich verschiedene Lebewesen niedergelassen. In den feinen Härchen, die das herabhängende Wurzelwerk bedecken, finden mehrere Insektenarten ihre Nahrung: Grillen, Springschwänze und Käfer, die die Beute von Spinnen werden. Freilich unterscheiden sich die hier lebenden Tiere ein wenig von ihren nahen Verwandten, die an anderen Stellen der Insel im Freien leben. Viele haben Augen und Flügel eingebüßt. Im Lauf von Generationen verkümmern nutzlose Organe und verschwinden schließlich. In der Finsternis der Höhle ist es dagegen von Vorteil, lange Fühler und Beine zu haben, denn mit ihrer Hilfe kann ein Tier Hindernisse und Nahrung in seiner unmittelbaren Umgebung wahrnehmen.

Vulkanische Schlacken und anderes Lockermaterial, das vor allem bei explosionsartigen Ausbrüchen gefördert wird, bieten wesentlich bessere Startbedingungen für die Besiedlung durch Pflanzen als feste Lavaströme. In dem Gebiet, das verwüstet wurde, als die Flanke des Mount St. Helens aufbrach, breiteten sich bald wieder Pflanzen aus. In den Winkeln der Schlammwälle und unter Felsgestein findet man kleine Häufchen flaumiger Samen, die der Wind hergetragen hat. Ein Teil davon stammt vom Waldweidenröschen, einer Pflanze, die eine lockere Traube hübscher rosaroter Blüten hervorbringt. Die Samenkörner sind sehr leicht und hängen an einem Büschel aus langen, feinen Härchen. Sie können deshalb vom Wind über Hunderte von Kilometern getragen werden. In Europa erschienen Waldweidenröschen im Zweiten Weltkrieg innerhalb weniger Wochen auf zerbombten Grundstücken und überzogen die Trümmer mit Farbe. Auch auf Gebieten, die von einem Vulkanausbruch heimgesucht wurden, siedelt sich das Waldweidenröschen bald an.

Trotzdem wird es vielleicht noch mehrere Jahre dauern, bis es die kahlen Hänge des Mount St. Helens bedeckt. Das hängt mit den lockeren Schlamm- und Geröllschichten zusammen. Schon ein kräftiger Regenguß oder heftige Windstöße genügen, um alle Sämlinge zu entwurzeln. Obgleich sich dort bisher nur wenig Vegetation halten kann, findet man schon Tiere. Der Wind, der die Samen des Waldweidenröschens transportiert, trägt auch Motten, Fliegen und sogar Libellen her. Die Lebewesen, die es dorthin verschlägt, sind jedoch zu einem frühen Tod verurteilt, denn es gibt für sie praktisch keine Nahrung. Trotzdem bilden sie die Grundlage für eine dauerhaftere Besiedlung. Wenn sie sterben, werden ihre Überreste mit den Samenkörnern in Spalten und Winkel geweht. Dort verwesen sie und reichern die vulkanische Asche mit weiteren Nährstoffen an. Wenn die Samen keimen, finden sie einen nährstoffreichen Boden inmitten einer unbelebten Umgebung.

Der Krakatau ist ein Beispiel für die erstaunliche Regenerationsfähigkeit der Tier- und Pflanzenwelt. Im Jahr 1927, 44 Jahre nach der Katastrophe, setzte die vulkanische Tätigkeit wieder ein. Von 1928 an wuchs eine kleine Insel aus dem Meer, der Anak Krakatau. Zwar ist sie im wesentlichen immer noch kahl, doch wachsen an einigen Stellen schon Kasuarinensträucher und wildes Zuckerrohr. Die Berghänge des ursprünglichen Krakataus, die heutige Insel Rakata, auf denen vor mehr als einem Jahrhundert alles Leben ausgelöscht wurde, sind wieder von üppigem tropischem Wald bedeckt. Einige der Samen, aus denen er hervorging, müssen vom Meer angespült worden sein, andere brachte der Wind herbei, oder Vögel führten sie an den Füßen, im Gefieder oder im Magen mit. Hier leben nun auch schon zahlreiche geflügelte Tiere – Vögel, Schmetterlinge und andere

Insekten. Auch Pythons, Warane und Ratten leben auf der Insel. Möglicherweise wurden sie auf Pflanzenflößen angeschwemmt. Doch überall zeigt sich, wie jung der Wald ist, und die Spuren der vorangegangenen Katastrophe sind allgegenwärtig. Das Wurzelwerk der Bäume überzieht den Boden und hält das Erdreich zusammen. Hier und da stürzen Bäume um, weil ein Fluß ihre Wurzeln unterspülte. Der tropische Regenwald hat innerhalb eines Jahrhunderts Krakatau zurückerobert. So vernarben schließlich die Wunden, welche die Vulkane in die Erdoberfläche reißen. Zwar mögen Vulkanausbrüche zu den furchterregendsten und zerstörerischsten Naturgewalten zählen, doch langfristig gesehen, fördern sie die Entwicklung des Lebens auf der Erde. Sie schufen Inseln, wie etwa Island, die Kanarischen und die Galápagosinseln. Sie ließen imposante Berge entstehen, wie den Mount St. Helens, den Vesuv oder den Kilimandscharo.

Die Menschen, die in Gebieten mit aktiven Vulkanen leben, müssen zwar ständig um ihre Existenz bangen, doch sie werden von den Feuerbergen dafür auch reichlich entschädigt: Böden aus jungen vulkanischen Gesteinen enthalten meist sehr viele Pflanzennährstoffe und bringen unter günstigen Klimabedingungen ausgezeichnete Ernten hervor. Daher sind Vulkangebiete oft erstaunlich dicht besiedelt, vor allem in feuchtwarmen Klimagebieten, wo älteres Gestein tiefgründig verwittert und ausgelaugt ist. In kühleren Gegenden der Erde, etwa in Island oder in Japan, werden die Menschen von den heißen Quellen der Vulkangebiete angezogen.

In der Mitte eines alten Kraters entsteht eine neue Insel
Der Anak Krakatau (links), der von 1927 an über den Meeresspiegel hinauswuchs, hatte im Jahr 1946 bereits einen Durchmesser von einem Kilometer erreicht. Schweflige Dämpfe strömen aus seinem Krater, und über seine Flanken fließt ein Brockenlavastrom ins Meer. Die nahe gelegene Insel Rakata (oben) ist ein Überrest der ehemaligen Vulkaninsel Krakatau.

Das kostbare Erbe eines Vulkanausbruchs
Lava enthält viele wertvolle Pflanzennährstoffe, wie Kalium und Phosphor. Feste Lavaströme können wegen ihrer harten, glatten Oberfläche über sehr lange Zeiträume unverändert bleiben, doch Lava, die bei einem Vulkanausbruch als Lockermaterial ausgeworfen wird und sich in dicken Aschenteppichen auf dem umliegenden Land ablagert, verwittert wesentlich rascher und bringt einen nährstoffreichen Boden hervor. Er ist so fruchtbar, daß man in warmen Gegenden der Erde durch geschickte Anbaumethoden zwei oder drei Ernten im Jahr erzielen kann. Dies mag wohl der Grund dafür sein, daß viele Menschen in der Nähe von Vulkanen leben, obgleich sie wissen, daß jederzeit ein Ausbruch erfolgen kann, der ihre Felder und Häuser zerstört. Die Hänge des Gunung Agungs, des höchsten Bergs auf Bali (rechts), werden intensiv genutzt. Im März 1963 brach dieser Vulkan zuletzt aus. Mehr als 1500 Menschen kamen dabei um, und alle Bewohner der Umgebung mußten evakuiert werden. Inzwischen sind sie wieder zurückgekehrt und bestellen ihre Reisfelder in unmittelbarer Nachbarschaft des Vulkans.

Das Reich der Kälte

Kälte kann Pflanzen und Tiere töten. Doch einige Arten sind so gut vor niedrigen Temperaturen geschützt, daß es nur wenige Gebiete auf der Erde gibt, in denen sie nicht existieren können.

Auf den Höhen des Himalajas und auf anderen Berggipfeln der Erde gibt es keine Lebewesen, denn sie wären ständig schneidenden Winden ausgesetzt, die eine Geschwindigkeit von mehr als 300 Kilometern in der Stunde erreichen, und die große Kälte, die dort herrscht, wirkt tödlich.

Wenn sie in den Körper einer Pflanze oder eines Tiers so tief eindringt, daß die Gewebsflüssigkeit gefriert, zerreißen die Zellwände wie eingefrorene Leitungsrohre, und die lebenden Zellen werden zerstört. Tiere können an Kälte eingehen, noch ehe sie durch und durch gefroren sind. Die meisten von ihnen, vor allem Insekten, Amphibien und Reptilien, beziehen ihre Wärme direkt aus ihrer Umgebung. Viele Eidechsen lassen sich tagsüber so stark von der Sonne bescheinen, daß ihre Körpertemperatur höher ist als die des Menschen. Nachts jedoch kühlen sie stark ab. Daher nennt man sie wechselwarme Tiere. Sie halten zwar ein beträchtliches Absinken ihrer Körpertemperatur aus, doch sie sterben, lange bevor diese den Gefrierpunkt erreicht hat. Wenn die Körpertemperatur abfällt, laufen die chemischen Prozesse, die den Energiehaushalt des Körpers beeinflussen, langsamer ab, und die Tiere werden zunehmend träger. Schließlich, bei etwa 4 °C über dem Gefrierpunkt, verlieren die Nervenmembranen ihre halbflüssige Beschaffenheit, die notwendig ist, damit geringste elektrische Impulse weitergeleitet werden, und das Tier geht zugrunde.

Vögel und Säugetiere haben bei niederen Temperaturen bessere Überlebenschancen, weil sie ihre Körperwärme selbst erzeugen. Dafür bezahlen sie allerdings einen hohen Preis. Selbst an verhältnismäßig warmen Tagen verbraucht der Mensch etwa die Hälfte der aufgenommenen Nahrung für die Erhaltung der Körperwärme. Wenn er bei großer Kälte nur unzureichend bekleidet ist, kann er den Wärmeverlust nicht so rasch ersetzen, unabhängig davon, wieviel er zu sich nimmt. Die komplizierten Organe des menschlichen Körpers ertragen Temperaturschwankungen von nur wenigen Grad, und bereits bei einer Temperatur, die

Der weiße Mantel Europas
Der Montblanc mit 4807 Metern ist der höchste Berg Westeuropas. Obgleich sein Gipfel oberhalb der warmen, fruchtbaren Täler Italiens und Frankreichs liegt, ist die Luft in dieser Höhe so kalt, daß die Gipfel des Berges und der übrigen Spitzen des Montblancmassivs mit ewigem Schnee bedeckt sind. Kein größeres Tier und keine Pflanze kann dort gedeihen, ebensowenig wie der Mensch, der die Schneefelder vor 200 Jahren zum erstenmal betreten hat.

bei Reptilien lediglich einen Zustand der Schläfrigkeit hervorruft, stirbt der Mensch. So sind die höchsten Berggipfel, wo die Temperatur auf −40 °C sinken kann, unbelebt. Es finden sich dort nur Lebewesen, die der Wind zufällig hinaufgeweht hat, oder allenfalls ein paar unerschrockene Bergsteiger.

Der erste lebende Organismus

Ein Alpinist, der von einem dieser Gipfel absteigt, entdeckt mit einiger Sicherheit kein anderes Lebewesen zwischen den Graten aus Eis und Schnee, bis er sich etwa 1000 Meter unterhalb des Gipfels befindet. Der erste Organismus, den er erblickt – möglicherweise sogar schon in einer Höhe von 7000 Metern –, dürfte wohl ein dünnes, blasenartiges Gewebe auf dem Gestein sein: eine Flechte. Sie besteht aus zwei völlig verschiedenen Pflanzen, die jedoch in enger Gemeinschaft miteinander leben. Die eine ist eine Alge, die andere ein Pilz. Dieser bringt Säuren hervor, welche die Oberfläche des Gesteins aufrauhen und es der Pflanzengemeinschaft ermöglichen, auf der glatten Oberfläche Fuß zu fassen. Auch werden durch die Säuren mineralische Substanzen in Nährstoffe umgewandelt, die die Algen absorbieren. Der Pilz bildet überdies ein lockeres Flechtwerk, durch das die Kolonie Feuchtigkeit aus der Luft aufnimmt. Die Algen bauen mit Hilfe von Sonnenlicht, Wasser und dem Kohlendioxid der Luft organische Stoffe auf, die der Alge und dem Pilz als Nahrungsgrundlage dienen. Beide Pflanzen vermehren sich unabhängig voneinander, und die nachfolgenden Generationen müssen die Lebensgemeinschaft stets von neuem eingehen. Es handelt sich hierbei aber keineswegs um eine gleichberechtigte Partnerschaft. Manchmal werden die Algenzellen von den Pilzfäden umsponnen und aufgezehrt. Während die Alge auch ohne den Pilz auskommen kann, ist der Pilz ohne die Alge nicht lebensfähig. Er benötigt sie, und sie hilft ihm, die ihm sonst nicht zugänglichen Gebiete zu besiedeln. Viele Algen- und Pilzarten bilden eine solche Symbiose, doch manche treten so häufig auf, daß die daraus entstehenden Organismen als eine Art mit einer eigenen, charakteristischen Form, Farbe und einem bevorzugten Standort auf einem bestimmten Gestein betrachtet werden.

Es gibt auf der Erde etwa 16 000 Flechtenarten. Alle wachsen langsam. Ein besonders langsames Wachstum weisen jedoch die Krustenflechten auf Berggipfeln auf. In großen Höhen ist das Wachstum unter Umständen nur an ganz wenigen Tagen im Jahr möglich. So kann es durchaus 60 Jahre dauern, bis eine Flechte eine Fläche von einem Quadratzentimeter bedeckt. Tellergroße Flechten, die häufig vorkommen, sind deshalb möglicherweise Hunderte, wenn nicht sogar Tausende von Jahren alt.

Die Schneefelder, die die hoch gelegenen Bergflanken bedecken, scheinen noch weniger belebt zu sein als das sie umgebende Gestein. Doch nicht alle Schneefelder sind rein weiß. Im Himalaja und in den Anden, in den Alpen und den hoch gelegenen Gebieten der Antarktis finden sich manche Stellen, die so rötlich wie das Fleisch einer Wassermelone sind. Wenn man in diese Höhen aufsteigt, könnte man leicht meinen, die seltsam gefärbten Kleckse und Flecken auf den schneebedeckten Hängen seien Schatten oder eine optische Täuschung. Betrachtet man eine Handvoll dieses merkwürdigen Schnees mit bloßem Auge, erkennt man außer der eindeutig vorhandenen Rosafärbung nichts Ungewöhnliches. Erst unter dem Mikroskop entdeckt man zwischen den gefrorenen Teilchen, woher die Färbung rührt: von einer großen Zahl winziger, einzelliger Organismen. Auch diese sind Algen. Jede Art enthält grüne Partikel, mit denen die Photosynthese vollzogen wird. Diese Farbe ist jedoch von einem roten Pigment überdeckt, das bei der Alge

möglicherweise den gleichen Zweck erfüllt wie eine Schutzbrille beim Menschen: Es filtert die schädlichen UV-Strahlen des Sonnenlichts aus.

In einem bestimmten Abschnitt ihres Lebens hat jede dieser Algenzellen einen winzigen, beweglichen Faden, ein Flagellum, mit dessen Hilfe sie sich durch den Schnee bewegen kann, bis sie knapp unter der Oberfläche eine Stelle erreicht hat, an der sie genau die Lichtmenge erhält, die für sie am günstigsten ist. An diesem Platz, der durch den Schnee windgeschützt ist, sind die Temperaturen nicht so tief wie im Freien. Trotzdem brauchen auch die Schneealgen einen weiteren Schutz vor der Kälte. Ihre Zellen enthalten eine chemische Substanz, die bei Temperaturen von mehreren Minusgraden noch flüssig bleibt.

Diese winzigen Pflanzen brauchen nur Sonnenlicht und wenige Nährstoffe, die im Schnee gelöst sind. Sie leben von keinem anderen Organismus und dienen auch selbst keinem als Nahrung. In ihrer Umgebung bewirken sie kaum eine Veränderung, außer daß sie den Schnee rötlich färben. Sie existieren einfach als Zeugen für die Tatsache, daß Leben, auch auf einer sehr niedrigen Stufe, anscheinend nur um seiner selbst willen auftritt.

Auch andere, komplizierter gebaute Lebewesen besiedeln die Schneefelder. Dazu gehören winzig kleine Würmer und primitive Insekten, wie Felsspringer, Springschwänze und Grylloblattoiden. Oft gedeihen sie in solcher Zahl, daß auch sie den Schnee färben, jedoch nicht rosa, sondern schwarz. Die dunkle Färbung ist für sie von großem Nutzen, denn dunkle Farben absorbieren die Wärme, helle dagegen reflektieren sie. Obgleich sie diese günstige Eigenschaft besitzen, sind ihre Körper meist Temperaturen um den Gefrierpunkt ausgesetzt. Auch sie enthalten eine Art Frostschutzmittel, und ihre physiologischen Prozesse sind in einem solchen Maß dem Leben im niedrigen Temperaturbereich angepaßt, daß sie, wenn es wärmer wird, nicht mehr richtig funktionieren und die Tierchen eingehen. So reicht es beispielsweise schon, wenn man sie in die Hand nimmt. Im Gegensatz zu den Schneealgen sind sie nicht in der Lage, Nährstoffe durch Photosynthese zu erzeugen. Statt dessen ernähren sie sich von Pollenkörnchen und den Überresten toter Insekten, die zufällig vom Wind aus den Tälern heraufgetragen werden.

Es leuchtet ein, daß das Leben dieser Organismen in der Kälte sehr langsam abläuft. Das Ei eines Grylloblattoiden braucht ein Jahr bis zum Schlüpfen, und die Larve benötigt fünf Jahre, bis sie voll ausgewachsen ist. Alle diese Tiere haben keine Flügel. Das ist nicht verwunderlich, denn wenn Insektenflügel ihre Funktion erfüllen sollen, müssen sie sehr rasch bewegt werden, und die Muskeln, mit denen die Flügel bewegt werden, schaffen dies bei niedrigen Temperaturen nicht. Das Insekt kann nicht genügend Energie dafür erzeugen. Eines dieser seltsamen Lebewesen, eine flügellose Skorpionsfliege, hat eine eigene Methode entwickelt, ihre Flugunfähigkeit auszugleichen. Dabei ist keine schnelle Muskelreaktion erforderlich. Das Insekt hat ein winziges, elastisches Polster in den Beingelenken, das von Muskeln langsam zusammengepreßt und in dieser Position blockiert wird. Wenn sich das Insekt bedroht fühlt, läßt es das Polster los, das sich explosionsartig ausdehnt. So kann das Insekt einen Riesensatz durch die Luft machen.

Vielfarbige Flechten
Zahlreiche Flechten, so wie diese hier, die im Himalaja auf einer ungeschützten Felsfläche in einer Höhe von 4000 Metern wachsen, besitzen in den oberen Schichten leuchtende Pigmente. Sie schützen die Pflanzen vor den schädlichen Strahlen der Sonne, die sich in großen Höhen besonders stark bemerkbar machen.

Zwischen den Felsblöcken neben den Schneefeldern drängen sich Gletschernelken, Steinbrechgewächse, verschiedene Enzian- und Moosarten. Sie schmiegen sich dicht an den steilen Untergrund an, um sich vor dem Wind zu schützen. Ihre Wurzeln sind lang und reichen manchmal fast einen Meter tief in den Boden. Auf diese Weise können die Pflanzen die Windstöße überstehen und ihren Platz in dem lockeren Gestein behaupten. Stengel und Blätter wachsen in dem Polster eng beieinander. Die Pflanzen stützen sich gegenseitig und schützen sich dadurch auch vor der Kälte. Manche können sogar ihre Nahrungsreserven dazu benutzen, etwas Wärme zu erzeugen, so daß der Schnee in ihrer unmittelbaren Umgebung schmilzt. Alle Pflanzen wachsen extrem langsam. In einem ganzen Jahr bringt ein Exemplar oft nur ein oder zwei winzige Blättchen hervor, und es dauert unter Umständen ein Jahrzehnt, bis die gespeicherten Nährstoffe ausreichen, damit sich Blüten bilden.

Noch weiter unten, wo die Kälte nicht ganz so schneidend ist und wo Felsrükken, die sich vom Gipfel herabziehen, etwas mehr Schutz vor Winden bieten, wo der Boden weniger abschüssig ist und Felsblöcke sowie Gesteinsbrocken, die der Frost von den Berghängen abgespalten hat, einigermaßen fest liegen, können sich Pflanzen gut ansiedeln und ihre Triebe weiter über die Erdoberfläche hinausschieben. An besonders günstig gelegenen Standorten bilden sie sogar eine fast zusammenhängende grüne Pflanzendecke. Doch selbst in diesen verhältnismäßig tief liegenden Bereichen ist ein Schutz vor der Kälte in jedem Fall lebensnotwendig.

Im Hochgebirge von Kenia in Afrika wachsen einige der auffallendsten Gebirgspflanzen der Erde: das Riesenkreuzkraut und die Riesenlobelie. Das Riesenkreuzkraut oder Baumkreuzkraut kann einige Meter hoch werden. Wenn die huflattichähnlichen Blätter absterben, bleiben sie mit dem Stamm in Verbindung und bilden eine dichte Hülle, in der sich die Luft fängt und die Kälte zum Teil abhält. Eine der Riesenlobelienarten wächst zu einer acht Meter hohen Säule heran, an der zwischen haarigen, grauen Blättern kleine, blaue Blüten erscheinen. Die Blätter sind sehr lang und dünn, so daß man meinen könnte, die Säule sei mit einem Pelz bewachsen. Die Blätter fangen die Luft zwar nicht ein, doch sie verhindern, daß sie die Säule unmittelbar umstreicht, und bieten somit einen Schutz vor Frösten. Eine andere Lobelienart wächst dicht am Boden und bildet eine Rosette mit einem Durchmesser von einem halben Meter. Auf ihrer Mitte, die mit einer Flüssigkeit gefüllt ist, entsteht am Abend eine dünne Eisschicht. Diese verhindert, daß sich der darunterliegende Saft weiter abkühlt. So trägt die Pflanze einen feuchten Schutzmantel um die innere Knospe. Bei Sonnenaufgang schmilzt die Eisschicht, und nun muß die Lobelie ein ganz anderes Problem bewältigen. Da sie in der Nähe des Äquators wächst, besitzen die Sonnenstrahlen eine gewaltige Kraft. Es besteht die Gefahr, daß die Flüssigkeit im Kelch der Lobelie verdunstet und sie ohne Schutz läßt. Doch hier hat sich ja kein gewöhnliches Regenwasser gesammelt, das leicht verdampft, sondern die Pflanze hat den Saft selbst ausgeschieden. Er ist ein wenig schleimig und enthält eine gelatineähnliche Substanz, das Pektin, das dem Verdunstungsvorgang weitgehend entgegen-

Frostschutz am Mount Kenya
In einer Höhe von mehr als 3000 Metern herrschen auf dem Mount Kenya strenge Nachtfröste. Das Riesenkreuzkraut schützt den heranwachsenden Schößling und die Blütenknospen, indem es die Blätter um den Schopf zusammenschließt. Wenn die Pflanze weiterwächst, sterben diese Blätter ab, bleiben aber mit dem Stengel verbunden und bilden so eine schützende Umhüllung für den Stamm.

wirkt. So behält sie auch an den heißesten Tagen ihre flüssige Isolierung für die kalten Nächte.

Die ungewöhnliche Größe dieser afrikanischen Lobelien und Kreuzkrautgewächse steht in einem merkwürdigen Kontrast zu den Zwergformen, die sonst in höher gelegenen Gebirgsregionen vorkommen. Sie heben sich auch von den übrigen Lobelienarten und Kreuzkrautgewächsen der Erde ab, denn diese sind fast alle winzig klein. In den Anden haben sich ein paar Mitglieder der Ananasgewächse auf ähnliche Weise zu Riesenpflanzen entwickelt. Auch ihre Standorte liegen hoch im Gebirge und befinden sich in der Nähe des Äquators, so daß vielleicht das Zusammentreffen dieser beiden Umstände einen derartigen Riesenwuchs begünstigt.

Die Riesenlobelie Kenias
Die Oberfläche des Wassers, das sich in dieser Rosette (unten) sammelt, gefriert bei Nacht. Die Eisschicht schützt die darunterliegende Knospe.

Wärmeschutz der Riesenlobelie
Die schmalen, sich überlappenden Blätter (oben) dieser Riesenlobelie bilden nicht nur eine dichte, dicke Hülle um den säulenähnlichen Stamm, sondern jedes einzelne Blatt (rechts) ist außerdem noch von einer wärmenden Behaarung bedeckt.

Die kleinen Verwandten der Elefanten

Grüne Blätter, gleich welcher Art, die spärlich auf einem Berghang sprießen, üben eine starke Anziehungskraft auf Tiere aus. Kaum haben sich die Blätter entwickelt, finden sich dort die Tiere ein und knabbern sie ab. Diese müssen sich selbst vor der Kälte schützen. Auf dem Mount Kenya sind es die kaninchengroßen Klippschliefer, welche mit den Elefanten verwandt sind und sich von Lobelienblättern ernähren. Sie haben ein viel langhaarigeres Fell als ihre Verwandten in der Ebene. In den Anden nehmen die Chinchillas den entsprechenden Lebensraum ein. Sie sind etwa gleich groß, haben eine ähnliche Körperform, ähnliche Gewohnheiten und Ernährungsweisen, doch sie sind Nagetiere und mit den Klippschliefern nicht näher verwandt. Sie gehören zu den ganz wenigen Tierarten, die einen ungemein dichten, seidigen Pelz entwickelt haben. Ein anderer Andenbewohner, das Vikunja, eine wildlebende Lamaart, die in einer Höhe von 3800 bis 5500 Metern vorkommt, liefert eine der hochwertigsten Wollsorten. Das dicke, feine Fell wärmt das Tier so sehr, daß es Gefahr läuft, sich bei großer körperlicher Anstrengung zu überhitzen. Um einen Wärmeausgleich zu ermöglichen, ist es nicht am ganzen Körper mit Fell bedeckt. Kleine Stellen an den Innenseiten der Schenkel und in der Leistengegend sind fast nackt. Wenn das Tier stark erhitzt ist, nimmt es eine bestimmte Körperhaltung ein, damit diese Stellen der Luft ausgesetzt sind. Sie kühlen sich rasch ab. Ist es dagegen sehr kalt, preßt das Tier die unbehaarten Stellen aufeinander.

Dicke Pelze sind jedoch nicht die einzige Möglichkeit, die Körperwärme aufrechtzuerhalten. Auch die Körperproportionen können eine wichtige Rolle spielen. Lange, dünne Körperteile kühlen leicht aus. Das erklärt, warum Tiere, die im Gebirge leben, meist kleine Ohren und eher kurze als lange Gliedmaßen haben. Am besten hält die Kugel die Wärme. Je kugelförmiger ein Tier also ist, um so besser kann es seine Körperwärme erhalten. Auch die Größe spielt eine Rolle. Je kleiner die Oberfläche im Vergleich zum Volumen ist, desto besser kann der Körper seine Temperatur halten. Eine große Kugel bleibt länger warm als eine kleine. So ist es zu erklären, daß Tiere einer bestimmten Art, die in kaltem Klima leben, häufig größer sind als andere Tiere derselben Art, die in wärmeren Gebieten zu Hause sind. Den Puma zum Beispiel findet man überall in Nord- und Südamerika, von Alaska im Norden über die Rocky Mountains und die Anden bis zu den Urwäldern des Amazonas. Die Tieflandbewohner sind wesentlich kleiner als die im Gebirge lebenden Tiere.

Will man in den Anden im Gebiet des Äquators Vikunjas und Chinchillas finden, muß man bis zur Schneegrenze – etwa 5000 Meter über dem Meeresspiegel – aufsteigen. Wenn man jedoch entlang den Anden nach Süden reist, verlagert sich die Schneegrenze immer weiter nach unten. Hat man Patagonien und die Südspitze des Kontinents erreicht, trifft man bereits in einer Höhe von wenigen hundert Metern ewigen Schnee und Gletscher an, die direkt ins Meer abbrechen.

Die Ursache dafür ist recht einfach. Am Äquator treffen die Sonnenstrahlen nahezu senkrecht auf die Erdoberfläche auf. Je mehr man sich den Polen nähert, um so spitzwinkliger treffen sie auf. Die Sonnenstrahlen, die auf einen Quadratmeter ebenes Land am Äquator fallen, verteilen sich weiter südlich über ein viel größeres Gebiet. Auch sind die Sonnenstrahlen an den Polen nicht so warm, da sie spitzwinklig auf die Erdatmosphäre auftreffen. Ihr Weg durch die Atmosphäre ist bedeutend länger, und sie haben schon viel von ihrer Energie verloren, wenn sie schließlich die Erde erreichen. Darum sind die Meeresküsten der Antarktis so kalt und unwirtlich wie die höchsten Gipfel der äquatorialen Anden.

TIERE DER GEBIRGSWELT

Tiere, die sich allmählich ans Leben im Gebirge anpassen, ähneln einander, auch wenn sie nicht miteinander verwandt sind.

Alle im Hochgebirge vorkommenden Lebewesen müssen sich auf steilem, steinigem Boden halten und der Kälte widerstehen können. In der Tierwelt entwickeln sich Säuger mit warmen, wolligen Fellen und fast akrobatischer Geschicklichkeit. In der Pflanzenwelt führen Anpassungserscheinungen zu niedrigem Polsterwuchs. Manche Pflanzen suchen Schutz unter Felsblöcken und entwickeln flache Wurzeln.

Nagetiere der Bergwelt *Die in Afrika vorkommenden Schliefer haben keine nahen Verwandten. Ihre Zähne, Füße und andere anatomische Merkmale lassen auf eine entfernte Verwandtschaft mit den Elefanten schließen. Durch seine geringe Größe und seine bemerkenswerte Trittsicherheit ist der Bergwald-Baumschliefer für das Leben auf felsigen Berghängen gut ausgerüstet. Er hat ein viel dichteres Fell als seine Verwandten im warmen Tiefland. In den Anden Südamerikas lebt ein weiteres kleines Pelztier, das sich von Pflanzen ernährt: die Chinchilla. Obgleich sie Ähnlichkeit mit dem Schliefer hat, ist sie nicht mit ihm verwandt. Sie ist ein Nagetier und eng verwandt mit dem Meerschweinchen. Auch dieses hat einen langhaarigen Pelz, der noch dichter ist als das Fell des Klippschliefers. Darum kann es auch in extremen Höhen leben. Beide Arten, Schliefer und Chinchilla, leben gesellig. Auf der Suche nach Nahrung laufen sie behend über die Felsen, und ihre Höhlen liegen in tiefen Felsspalten unter Gesteinsblöcken, wo sie vor Raubtieren sicher sind.*

Vikunja

Argali

Weidetiere der Berge *Das Argali, ein unglaublich gewandtes Tier mit kräftigem Gehörn und einem wolligen Haarkleid, ist in den Gebirgen Zentralasiens zu Hause. Es gehört zu den Schafen. In anderen Gebieten der Erde haben weitere Arten dieser Familie, die ihm sehr ähnlich sehen, eine entsprechende Lebensweise angenommen: das Urial im Himalaja, das Mufflon Korsikas und Sardiniens, das Aoudad Nordafrikas und das Dickhornschaf Nordamerikas. In Südamerika freilich gibt es keine Wildschafe, denn dieser Subkontinent war während einer entscheidenden Phase der Evolution der Säugetiere eine Insel, und es sind keine Wildschafe je dorthin gelangt. Doch fanden sich frühe Verwandte des Kamels ein, und es entwickelte sich schließlich eine Tierart, das Vikunja, das dort die gleiche Rolle spielt wie das Schaf in fast allen anderen Gebirgsgegenden. Wie die Chinchilla hat auch das Vikunja ein Haarkleid aus ungewöhnlich feinem, seidigem Pelz, das es vor der Kälte der Bergwelt schützt. Beide Arten wurden wegen ihrer Pelze so intensiv vom Menschen gejagt, daß sie heute vom Aussterben bedroht sind.*

Die Fleischfresser der Berge *Großkatzen lauern den kleinen und großen Pflanzenfressern auf. Der Puma oder Berglöwe lebt in Nord- und Südamerika. Die in den Rocky Mountains und den Anden beheimateten Tiere sind bedeutend größer als die Tieflandbewohner. Das ist ein Merkmal der Anpassung an das Leben in den Bergen, denn die Größe trägt dazu bei, die Körperwärme zu erhalten. Der Schneeleopard, ein Tier, das ungefähr so groß ist wie ein Puma, ist in den Gebirgen Zentralasiens zu Hause. Er ist für das Leben in großen Höhen vielleicht noch besser ausgerüstet, denn ihm wächst jedes Jahr ein besonders dichter Winterpelz, und an den Fußsohlen hat er Haarbüschel, die nicht nur das Gewicht des Tieres auf dem weichen Schnee verteilen und ein zu tiefes Einsinken verhindern, sondern auch die Fußsohlen vor der Kälte schützen.*

Puma

Schneeleopard

WIE EIS UND SCHNEE DIE BERGE FORMEN

Die meisten großen Gebirgszüge der Erde türmten sich auf, indem mächtige Gesteinsschollen, sogenannte Platten, aufeinanderstießen. Diese wurden durch Strömungen aus dem Erdinnern in Bewegung gehalten.

Der Schnee, der die felsigen Grate der Berggipfel bedeckt, schmilzt tagsüber ein wenig ab, und das Schmelzwasser sickert in die Spalten ein. Bei Einbruch der Nacht gefriert das Schmelzwasser wieder und dehnt sich um etwa zehn Prozent seines Volumens aus. Das Eis sprengt kleine Gesteinsbrocken von den Felswänden ab und spaltet selbst ganze Felsblöcke. An steilen Abhängen, wo sich der Schnee als dichte Decke ausbreitet, verdichtet er sich durch sein Gewicht und beginnt langsam zu gleiten. Gesteinsschutt, der an der Schneedecke seitlich und unten festgefroren ist, wird mitgerissen. Manchmal wandert der Schnee so langsam, daß der Vorgang nur an den tiefen, sich erweiternden Spalten zu erkennen ist, die sich quer über die Schneefelder ziehen. Zuweilen jedoch rutscht der Schnee sehr rasch. Dieser Vorgang kann durch die Sonnenwärme ausgelöst werden, die die Verbindung zwischen dem Untergrund und dem Schnee auftaut. Auch Felsblöcke, die von einem Vorsprung nach unten stürzen, wirken zuweilen als Auslöser. Dann rast das Schneefeld als Lawine ins Tal. Auf diese Weise werden Bergspitzen allmählich abgetragen, und es bilden sich in den Flanken muldenähnliche Vertiefungen. Diese werden breiter und kommen einander näher. Schließlich entsteht zwischen den Talmulden ein scharfkantiger Grat, bis er sich in einzelne Gipfel auflöst. Weiter unten verdichten sich die Schneemassen noch stärker. Sie verwandeln sich in Eis und setzen ihre Reise als Gletscher fort. Die obersten Schichten dieses Eisstroms sind spröde, und es bilden sich leicht Risse.

Tief im Innern des Gletschers verhält sich das Eis ganz anders. Dort steht es unter großem Druck, wodurch es plastisch wird. Am Grund legt es sich fest um das Geröll, friert daran fest und reißt es beim langsamen Abgleiten aus dem Gletscherbett. Die eingefrorenen Felsstücke graben tiefe Rillen in das darunterliegende Gestein. So verbreitert und vertieft der Gletscher das Tal, wenn er sich vorwärts bewegt. Dabei schiebt er eine gewaltige Schuttmasse vor sich her. Die Geschwindigkeit, mit der er vorrückt, hängt vom Gefälle des Untergrunds und von der Schneemenge ab, die von den Bergen kommt. Das Wasser, das auf den Berggipfeln als Schneeflocken fällt und sich weiter unten in Eis verwandelt, schmilzt und setzt seine Erosionstätigkeit im Tal als Fluß fort.

Die zerklüfteten Alpen *Vor etwa 50 Millionen Jahren wurden die Alpen gehoben (oben). Seither schufen Frost und Schnee ein Relief, in dem muldenähnliche Täler und scharfkantige Grate miteinander abwechseln. Während der letzten Eiszeit flossen die Gletscher tiefer ins Tal als heute und schürften die weiten Täler aus.*

Gletscherschliff *Auf ihrem Weg nach unten schleifen die Gesteinstrümmer, die in der Sohle des Gletschers festgefroren sind, alle Unebenheiten im Untergrund ab und kratzen Schrammen in die Oberfläche. Aus diesen Streifen an einem Felsenhang im Yosemitetal in Kalifornien (rechts) läßt sich die Richtung erkennen, in welche sich der Gletscher einst bewegte.*

Streifen aus Gesteinsschutt *Wenn ein Gletscher talabwärts fließt, sammelt sich an seinen Rändern Geröll. Solche Geröllansammlungen nennt man Moränenmaterial. An Stellen, wo zwei Gletscher in einem breiten Tal zusammenfließen, wie hier in Alaska, vereinigen sich die Seitenmoränen mit dem Gesteinsschutt der Mittelmoräne (unten).*

Ein ehemaliges Gletschertal *Der Gletscher, der sich vor etwa 10 000 Jahren durch den Tenaya-Canyon im Gebiet des heutigen Yosemite-Nationalparks schob, schliff einen Teil der riesigen Granitkuppel von Half Dome ab und schürfte das gesamte Tal aus. Auf dem Gesteinsschutt, den der Gletscher im Tal hinterließ, wächst nun ein dichter Nadelbaumwald.*

Die Gletscherzunge *Dort, wo sich das Nähr- und das Zehrgebiet eines Gletschers die Waage halten, kommt er zum Stillstand. Vor dem Gletscher hat sich eine Moräne angesammelt, ein Wall aus Felstrümmern, Sanden und Lehmen, die der Gletscher aus dem Untergrund gerissen und vor sich hergeschoben hat. Unterhalb der Gletscherzunge ergießt sich ein kleiner Schmelzwasserbach, der durch pulverisiertes Gestein eine milchigtrübe Färbung hat. Er ist die Quelle des großen Flusses, der weiter unten das Tal durchzieht.*

Land der Dunkelheit und Kälte

Lebewesen, die in der Antarktis ihr Dasein führen, müssen nicht nur extreme Kälte, sondern auch längere Perioden der Dunkelheit überstehen. Flechten gehören zu den wenigen Organismen, welche mit diesen lebensfeindlichen Bedingungen fertig werden, und das gelingt ihnen auffallend gut. Über 400 Flechtenarten wachsen auf dem Felsgestein in der Antarktis. Manche breiten sich wie dünne Häute aus, andere ähneln Krusten oder sehen wie gewellte Streifen aus. Die am häufigsten vorkommende Art ist schwarz. So wie manche im Schnee lebende Insekten nehmen auch sie durch ihre Färbung ein Höchstmaß an Wärme aus dem spärlichen Licht auf. Viele Flechten bilden ein welliges Gespinst aus borstigen, sich verzweigenden Haaren. In diesen Wäldern im Kleinformat kommen bestimmte Lebensgemeinschaften winziger Tierchen vor. Springschwänze und Schwärme von Milben, die kaum größer sind als ein Stecknadelkopf, krabbeln gemächlich durch die Zweige und suchen nach Nahrung. Andere fleischfressende Milben verfolgen sie mit etwas lebhafteren Bewegungen, ergreifen sie mit den Kiefern, tragen sie fort und verzehren sie bei lebendigem Leib. Es gibt ein paar Moosarten, von denen es manche überleben, wochenlang gefroren zu sein. Eine Alge dringt auf schier unglaubliche Weise in die Risse und Spalten einiger Gesteinsarten ein und lebt dort mit Hilfe des Lichts, das durchscheinende Mineralien nach unten dringen lassen, und zwei Blütenpflanzenarten, ein Zwerggras und eine Nelkenart, sind ebenfalls an die Bedingungen in diesem Lebensraum angepaßt. Doch von keiner dieser Pflanzen gibt es so viele Exemplare, daß sie Tieren als Nahrung dienen könnten. Tiere, die an den Küsten oder auf den Eisfeldern der Antarktis leben, müssen ihren Nahrungsbedarf direkt oder indirekt mit Pflanzen decken, die nicht auf dem Festland, sondern im Meer wachsen.

Die Weltmeere im tiefsten Süden der Erde sind wärmer als die Antarktis, denn

Antarktische Weidegründe
Mikroskopisch kleine Algen (unten) treiben in den kalten antarktischen Gewässern. Sie wachsen selbst auf untergetauchten Eisflächen (rechts). Diese Algen bilden die Nahrungsgrundlage des Krills, der Hauptnahrungsquelle der Wale und Pinguine.

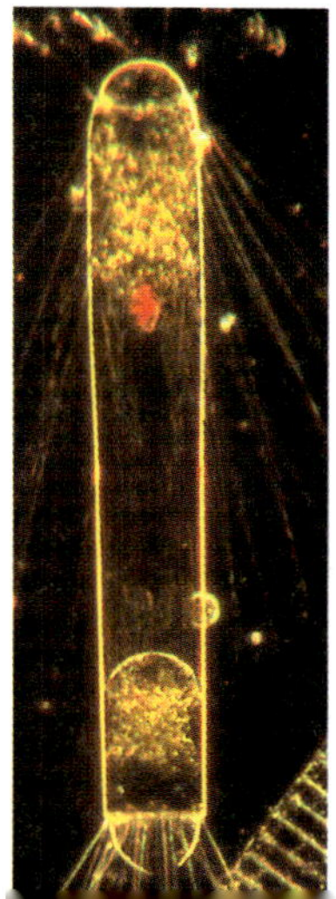

Eisbergreiter
Pinguine lassen sich gern auf Eisbergen nieder, die in den antarktischen Meeren treiben. So entgehen sie ihren schlimmsten Feinden.

sie sind ständig in Bewegung und nehmen die Wärme der weiter nördlich gelegenen Klimazonen auf. Da Salz im Wasser enthalten ist, gefriert es erst, wenn seine Temperatur auf −1 bis −2 °C sinkt. Kaltes Wasser enthält mehr gelösten Sauerstoff als warmes. Folglich gedeihen in den Meeren der Antarktis mehr Algen als in wärmeren Gewässern. Die Algen dienen riesigen Schwärmen schwimmender, krebsartiger Krustentiere, dem sogenannten Krill, als Nahrung. Er wiederum stellt zusammen mit kleinen Fischen die Hauptnahrung der Robben und Pinguine dar. Diese müssen zur Nahrungssuche ins Meer hinausschwimmen. Daher brauchen sie einen anderen Kälteschutz als die Landbewohner. Das Wasser nimmt mehr Wärme auf als die Luft und ist ein besserer Wärmeleiter; so kühlt der Körper im Wasser schneller aus. Hinzu kommt, daß die im Pelz gefangene Luft im Wasser nur eine begrenzte Isolierwirkung besitzt.

Seelöwen, Mitglieder der Familie der Hundsrobben und Seehunde, haben einen großen Teil des Haarkleids ihrer Vorfahren bewahrt, die einst auf dem Festland lebten. Das dicke Unterhaar, das den Pelz so weich macht, ist außerordentlich fein und hält auch dann die Luft fest, wenn das Tier im Wasser schwimmt. Tauchten Seelöwen jedoch in größere Tiefen, dann würde der Wasserdruck die Luft aus dem Fell herauspressen, und das Tier hätte nicht mehr den nötigen Kälteschutz. Deshalb bleiben Seelöwen auf Nahrungssuche meist in der Nähe der Oberfläche.

Der Seebär, ein Vertreter der Familie der Ohrenrobben, kann die Kälte besser

Mähne eines Seebären
Männliche Seebären besitzen eine prächtige Mähne aus langem Grannenhaar, welches das weiche Unterhaar bedeckt. Das Männchen ist zwei- bis dreimal größer als das Weibchen. Während der Paarungszeit sitzt es hoch aufgerichtet da und bewacht seinen Flecken Strand und seinen Harem.

Sehen unter Wasser
Robbenaugen sind besonders gut ans Leben im Wasser angepaßt. Die Pupille öffnet sich weit, damit möglichst viel Licht einfallen kann. Das Auge hat keinen Tränennasengang, durch den die Tränenflüssigkeit abgeleitet wird. Unter Wasser ist das nicht nötig. Wenn die Tiere an Land sind, quillt die Tränenflüssigkeit aus den Augen, weil der Tränennasengang fehlt.

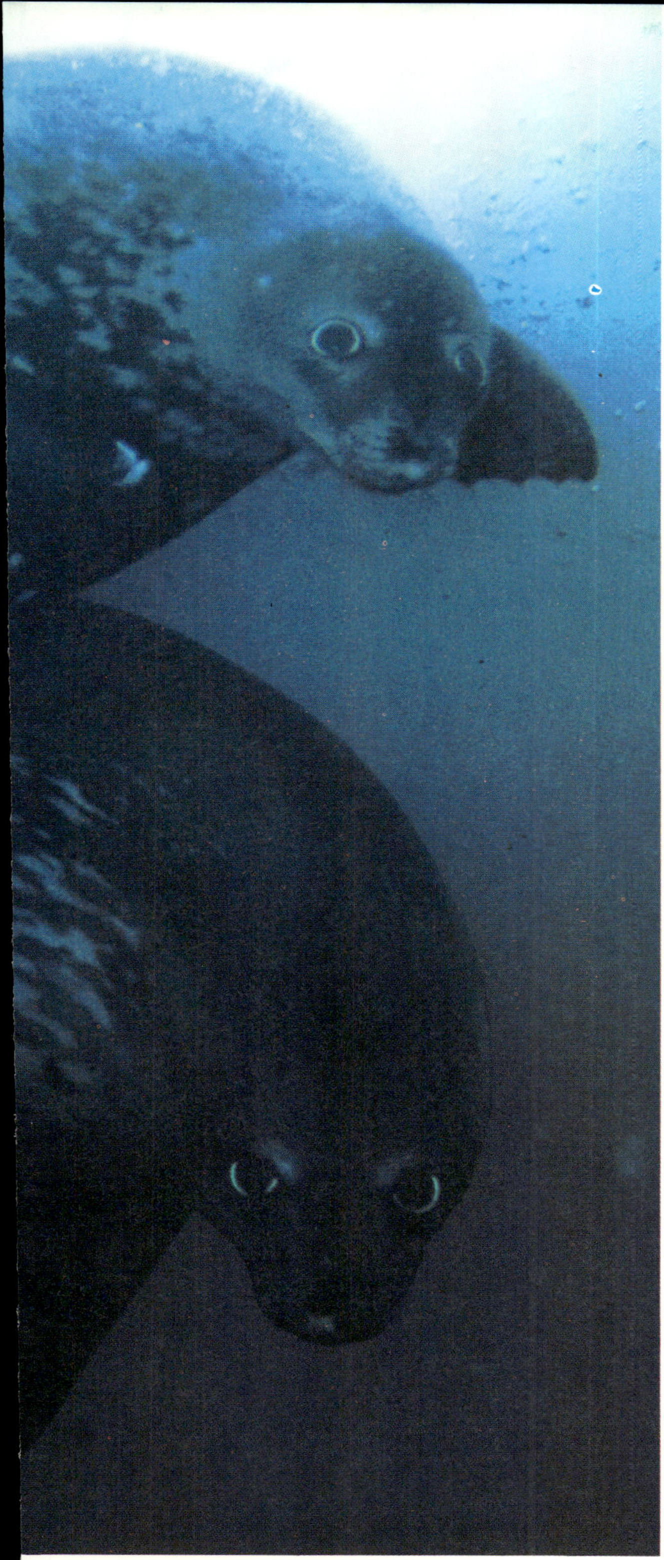

ertragen. Sein feines, seidenweiches Wollhaar unter den starken Grannen bietet einen hervorragenden Kälteschutz. Beim Schwimmen bildet sich im Fell eine Wasserschicht, die den Wärmeverlust etwas herabsetzt. Als Isolierung dient auch bei diesen Tieren eine dicke Fettschicht unter der Haut, Blubber genannt. Seelöwen haben diese Fettpolster nur an manchen Stellen. Sie dienen als Nahrungsreserve. Bei Seebären dagegen hat sich der Blubber zu einer durchgehenden Schicht entwickelt. Sie umgibt den ganzen Körper und behält ihre Schutzwirkung, auch wenn der Seebär in große Tiefen taucht.

Die Weddellrobbe – sie wird zu den Südrobben gerechnet – macht regelmäßige Tauchgänge, die bis zu einer Viertelstunde dauern und in Tiefen von 300 Metern und noch tiefer führen. Dort, in völliger Dunkelheit, verfolgt sie die Fische mit Hilfe einer Sonarpeilung. Sie stößt hohe Laute aus und ortet die Fische durch das Echo, das sie reflektieren. Die Weddellrobbe ist fast das einzige Säugetier, das so weit südlich vorkommt. Sie lebt unter der Eisdecke, die im Winter die Meere um

Hautkosmetik eines Sonnenanbeters
Der See-Elefant schleudert mit den Vorderflossen immer wieder Sand auf seinen Körper, wenn er sich auf dem Strand rekelt.

die Antarktis bedeckt. Ihre Atemluft bezieht die Weddellrobbe durch Atemlöcher, die sie sich anlegt, oder aus Luftblasen, die sich unter der Eisdecke bilden. Der Krabbenfresser, ebenfalls eine Südrobbe, ist in großer Zahl in den antarktischen Gewässern vertreten. Er ernährt sich ausschließlich von Krill. Sein Gebiß ist so gebaut, daß er, nachdem er Wasser aufgenommen hat, nur die Kiefer zu schließen braucht. Das Wasser läuft ab, und die Nahrung bleibt zurück. Der Seeleopard, der vier Meter lang werden kann, ist schlank und sehnig. Er frißt Fleisch in jeder Form: Fisch, Krill, die Jungtiere anderer Robben und vor allem Pinguine.

Die größte aller Robben ist der See-Elefant, ein Tier von wahrhaft ungeheuren Körpermaßen, das ein Gewicht von 3600 Kilogramm erreichen kann. Wenn sich ein wütendes Männchen am Strand aufbäumt, überragt es den Menschen um mehr als das Doppelte. Der See-Elefant verdankt seinen Namen nicht nur seiner gewaltigen Größe, sondern auch seiner rüsselartig verlängerten Nase, die er zu einem riesigen Wulst aufblasen kann. Auch der See-Elefant kann tief ins Meer hinabtauchen. Er ernährt sich von Fischen sowie von Kopffüßern und hat einen besonders dicken Blubber. Jedes Jahr wechselt er das Haarkleid. Das nachwachsende neue Haar erfordert eine geregelte Blutversorgung bis dicht unter die Hautoberfläche. So öffnen sich Blutgefäße in der Speckschicht. Während die Speckhülle durchlässig ist und das Blut unmittelbar unter der Körperoberfläche kreist, sind die Tiere nicht mehr ausreichend isoliert. Deshalb müssen sie dann das Wasser verlassen.

Die Vögel der Antarktis sind wie alle Vögel vor der Kälte gut geschützt, denn in der Luft sind Federn die beste Isolierung. Doch die Beine der meisten Vögel sind nackt, und die Möwen, die in aller Ruhe auf den Eisbergen sitzen, scheinen Gefahr zu laufen, ihre kostbare Körperwärme durch die Beine und Zehen zu verlieren. Doch die Arterie, die das Blut in die Beine transportiert, setzt sich nicht bis in die Zehen fort. Sie bildet im Bein ein Netz von Kapillargefäßen. Dieses umhüllt die Vene, welche das Blut aus dem Unterschenkel in den Körper zurückleitet. Die Wärme des arteriellen Bluts wird an das kalte venöse Blut abgegeben, entweicht somit nicht nach außen, sondern gelangt in den Körper zurück und bleibt damit erhalten. Das arterielle Blut, das nun abgekühlt ist, fließt weiter in die Füße. Diese haben gewissermaßen einen eigenen Wärmeregler. Die einfachen Bewegungen der Füße werden von physiologischen Prozessen gesteuert, die an die Kälte angepaßt sind.

Ein typischer Vertreter der Vogelarten der Antarktis ist der Pinguin. Fossilienfunde liefern Beweise für die Richtigkeit der Vermutung, daß diese Vogelfamilie aus der südlichen Hemisphäre stammt, allerdings aus den wärmeren Gebieten.

◁ ***Robben von ungeheurer Größe***
Während des Haarwechsels sind alle Rivalitäten und Streitigkeiten vergessen, und ganze Familien von See-Elefanten kommen an Land, um sich gemeinsam am Strand zu aalen. Nun kann man ihre enorme Größe erst richtig erkennen. Die Bullen können über sechs Meter lang werden. Anders die Weibchen. Sie erreichen ungefähr die halbe Länge des Männchens.

Nistplätze riesiger Pinguinschwärme
Die ausgedehnten antarktischen Meere bieten den Pinguinen viel Nahrung. Doch Gebiete an Land, die sich als Nistplätze eignen, sind rar, und zur Brutzeit sind viele Nist- und Brutplätze oft hoffnungslos überfüllt. Jedes Weibchen dieser Felsenpinguine auf der Marioninsel im Indischen Ozean benötigt jedoch nur ein winziges Stück Land, das mit Sand bedeckt ist, wo es seine Eier ablegen kann. Durch Übervölkerung läßt es sich nicht abschrecken.

Einige Pinguinarten leben in den verhältnismäßig warmen Gewässern um Südafrika, Südaustralien und Neuseeland. Eine tropische Art ist auf den Galápagosinseln zu Hause. Pinguine sind vorzüglich an das Leben im Wasser angepaßt. Ihre Flügel haben sich zu Flossen umgebildet, und mit deren kurzen, kräftigen Schlägen bewegen sie sich durchs Wasser. Die Füße dienen dabei als Ruder. Für diesen Zweck sind sie gut geeignet, denn sie sitzen weit hinten am Rumpf. Das verleiht dem Pinguin auch die aufrechte Körperhaltung, wenn er aus dem Wasser steigt. Das Schwimmen in kalten Gewässern setzt eine gute Isolierung voraus, und entsprechend hat sich das Gefieder der Pinguine entwickelt. Die Federn sind sehr lang und schmal; die Spitzen biegen sich nach unten zum Körper hin. Der Schaft trägt die Federfahne, deren unterer Abschnitt locker und flaumig ist, und dieser Flaum bildet ein festes Gefüge, eine Schicht, die nahezu wind- und wasserundurchlässig ist. Ihr Körper ist dichter befiedert als der anderer Vögel. Die meisten Arten haben auch an den Beinen Federn, und beim kleinen Adeliepinguin – einer der beiden Arten, die auf dem antarktischen Kontinent leben – wachsen sie sogar auf dem kurzen, dicken Schnabel. Unter dem Gefieder haben die Vögel eine dicke Speckschicht. Die Pinguine sind so wirksam gegen Kälte geschützt, daß sie – ähnlich wie das Vikunja – Gefahr laufen, sich zu stark zu erhitzen. Wenn es ihnen zu heiß wird, können sie die Spitzen ihrer Federn sträuben und die Flossen weit vom Körper abspreizen. So vergrößert sich die wärmeabstrahlende Oberfläche.

Durch ihre schützende Wärmedämmung konnten die Pinguine die meisten arktischen Gewässer der südlichen Weltmeere besiedeln, und an manchen Stellen tummeln sie sich in ungeheuren Mengen. Auf der kleinen Vulkaninsel Zanodonski, die zu den Südsandwichinseln gehört und nur sechs Kilometer breit ist, nisten 14 Millionen Zügelpinguinpaare. Diese Art ist ziemlich klein, gerade kniehoch. Zu Beginn des antarktischen Sommers kommen sie an Land. Die starke Dünung schleudert sie mit solcher Gewalt auf die Felsen, daß man meinen könnte, sie würden zerschmettert werden. Doch sie sind elastisch wie Gummibälle, und wenn die Brandung wieder vom Felsen abläuft, bleiben sie gesund und munter zurück und watscheln eifrig landeinwärts. Dort scharren sie Mulden in die vulkanische Asche und streiten sich mit ohrenbetäubendem Geschrei um Kieselsteine, mit denen sie die Nestmulden auslegen. In diese einfachen Vertiefungen legt das Weibchen zwei Eier. Das Männchen brütet sie aus, während das Weibchen auf Futtersuche geht. Gelegentlich kommt es auch vor, daß ein Zügelpinguinpärchen in einer tief eingeschnittenen Rinne nistet, wo sich unter der Asche Eis befindet. Durch die Körperwärme des Männchens schmilzt das Eis, das Schmelzwasser fließt ab, und so sitzt es auf seinen Eiern verdutzt in einem tiefen Loch. Wenn die Jungen schlüpfen, lösen sich die Eltern beim Füttern ab. Die Küken wachsen rasch heran, und gegen Ende des Sommers sind sie voll ausgewachsen.

Ein Blizzard im Sommer

Adeliepinguine kommen nur in der Antarktis vor. Sie müssen die größte Kälte und mörderische Schneestürme ertragen können. Den Winter verbringen die Tiere auf dem Meer, wo es wärmer ist als auf dem Festland. Im Frühjahr jedoch begeben sie sich zum Nisten an die Küste. Die hier abgebildete Pinguinkolonie am Kap Royds gehört zu den am weitesten südlich gelegenen Brutplätzen der Pinguine. Selbst im Sommer fegen dort heftige Schneestürme über das Land. Die Vögel sind manchmal fast im Schnee begraben, und in einem einzigen Sturm können drei Viertel ihrer Eier zerstört werden. Sogar unter optimalen Bedingungen zieht ein Pinguinpaar nie mehr als zwei Küken auf. Trotzdem gibt es eine Vielzahl von Adeliepinguinen auf der Erde, mehr als von jeder anderen Pinguinart, die in wärmeren Klimazonen zu Hause ist.

Der größte Pinguin ist der Kaiserpinguin. Er wird über einen Meter groß, und mit einem Durchschnittsgewicht von 30 Kilogramm gehört er zu den größten und schwersten Seevögeln. Auch die Körpergröße mag eine Form der Anpassung an die Kälte sein, denn der Kaiserpinguin brütet auf dem Eis unmittelbar am Rand des antarktischen Kontinents. Als einziger Tierart gelingt es ihm, die extreme Kälte des antarktischen Binnenlands im Winter zu überstehen. Während die Größe für den Wärmehaushalt des Körpers sicherlich eine bedeutende Rolle spielt, bringt sie auch Probleme mit sich. Pinguinküken können sich erst dann selbst ernähren, wenn sie ganz ausgewachsen sind und sich ihr wetterfestes Federkleid entwickelt hat. Nun dauert es lange, bis große Jungvögel schlüpfen und ihre volle Größe erreichen. Im Gegensatz zu den Zügelpinguinen und anderen kleinen Pinguinarten kommen die jungen Kaiserpinguine in den wenigen Wochen des antarktischen Sommers in Zeitnot. Die Kaiserpinguine bewältigen dieses Problem

Unterwasserflug
Mit kräftigen Flossenschlägen können Pinguine unter Wasser eine Geschwindigkeit von 36 Kilometern in der Stunde erreichen. Etwa einmal in der Minute müssen sie zum Luftholen an die Wasseroberfläche kommen. Schwimmend bewegen sich Pinguine viel rascher fort als an Land.

Nistgewohnheiten
Bei den Eselspinguinen (links im Bild) sind beide Eltern am Brutvorgang beteiligt. Das Männchen der Zügelpinguine übernimmt das Brutgeschäft allein. Wenn das Junge schlüpft, füttern es beide Eltern. Mit geräuschvollem Zeremoniell übergeben sie die Pflichten dem Partner (rechts im Bild).

durch einen Brutplan, der den Gepflogenheiten der meisten anderen Vögel zuwiderläuft. Anstatt die Eier im Frühjahr zu legen und die Brut während der wärmeren Sommermonate aufzuziehen, wenn viel Nahrung vorhanden ist, brüten die Kaiserpinguine zu Beginn des Winters.

Den Sommer verbringen sie auf dem Meer und fressen sich satt. Am Ende der wärmeren Jahreszeit sind sie wohlgenährt und in sehr guter körperlicher Verfassung. Im März, ein paar Wochen ehe der Winter mit seinen dunklen Tagen anbricht, finden sich die erwachsenen Tiere auf der Eisdecke über dem Meer ein. Das Eis erstreckt sich bereits bis weit ins Meer hinaus, und die Pinguine müssen weit nach Süden wandern, bis sie ihre altgewohnten küstennahen Brutplätze erreichen. In den dunklen Wintermonaten April und Mai balzen die Vögel und paaren sich schließlich. Ein Vogelpaar beansprucht kein bestimmtes Revier für sich, auch baut es kein Nest, denn dort auf dem Meereis, wo es sich befindet, gibt es weder Pflanzen noch Steine, mit denen man eine ausgescharrte Mulde auskleiden könnte. Das Weibchen legt nur ein einziges, sehr großes, dotterreiches Ei. Gleich nach der Ablage hebt das Weibchen es von der Oberfläche des Eises auf, damit es nicht gefriert. Mit der Unterseite des Schnabels wird es auf die Zehen und weiter auf die Oberseite der Füße gerollt. Dort bedeckt die Mutter es mit einer Falte der gefiederten Haut, die vom Unterleib hinabhängt. Unmittelbar danach gesellt sich das Männchen hinzu, rollt das Ei von den Füßen des Weibchens auf die eigenen Füße und deckt es mit seiner Bruttasche zu. Das Weibchen hat nun zunächst seine Pflicht erfüllt. Es verläßt das Männchen und geht durch die immer undurchdringlicher werdende Dunkelheit bis an den Rand des Meereises, wo es endlich Nahrung findet. Inzwischen erstreckt sich die Eisdecke noch weiter in die See hinaus. So muß das Weibchen manchmal fast 150 Kilometer zurücklegen, bis es das offene Meer erreicht.

In der Zwischenzeit harrt das Männchen in aufrechter Haltung aus, trägt das kostbare Ei auf den Füßen und schützt es unter der Bruttasche. Es ist untätig, geht schwerfällig umher, drängt sich an die anderen brütenden Männchen dicht heran, die sich gegenseitig etwas Schutz geben, und dreht dem Schneetreiben und den heulenden Winden den Rücken zu. Für unnötige Bewegungen kann es keine Energie verschwenden. Als das Männchen im Sommer, vom Meer kommend, am Nistplatz eintraf, hatte es unter seinem Federkleid eine dicke Fettschicht, die fast die Hälfte seines Körpergewichts ausmachte. Davon hat es bereits während der Balzzeit gezehrt. Nun muß die Reserve noch für zwei weitere Monate ausreichen, bis das Ei ausgebrütet ist.

Endlich, nach einer Brutzeit von 60 Tagen, schlüpft das Junge. Noch kann es selbst keine Körperwärme erzeugen und hockt ruhig auf den Füßen des Vaters unter seiner Hautfalte, umgeben von dessen Körperwärme. Es ist fast unglaublich, wie das Männchen in seinem Kropf noch genügend Nahrung findet, mit der es den frisch geschlüpften Sprößling füttert. Nach einem genauen Zeitplan erscheint die Mutter wieder. Sie hat ordentlich Gewicht zugelegt. Einen festen Brutplatz, an den sie zurückkehren könnte, gibt es nicht. Das Männchen hat sich in der Zwischenzeit meist ein ganzes Stück über das Eis fortbewegt und ist weit von der Stelle entfernt, wo das Weibchen aufgebrochen war. Durch ständiges Rufen spürt es das Männchen auf und erkennt es an dem charakteristischen Klang seiner Stimme. Sobald sich das Paar wiedergefunden hat, füttert das Weibchen das Junge mit hervorgewürgtem, halbverdautem Fisch. Der Zeitpunkt der Wiedervereinigung ist immer äußerst kritisch. Wenn das Weibchen etwa von einer Leopardenrobbe gefangen wird und nicht zurückkehrt, verhungert das Junge innerhalb der nächsten Tage. Selbst wenn die Mutter nur einen Tag länger ausbleibt, kann es zu spät sein, das Küken mit der dringend benötigten Nahrung zu versorgen. Es geht ein, noch ehe die Mutter es erreicht.

Nun ist das Männchen, das wochenlang in aufrechter Körperhaltung gefastet hat, von seiner Aufgabe befreit und kann sich seinerseits auf Futtersuche begeben. Es läßt das Junge in der Obhut des Weibchens zurück und wandert meerwärts. Der Pinguinvater ist erbärmlich abgemagert. Mindestens ein Drittel seines Körpergewichts hat er eingebüßt. Wenn er an den Rand des Eises kommt, taucht er ins Meer hinab und frißt sich satt. Zwei Wochen lang kann er sich frei bewegen. Dann watschelt er den weiten Weg zu seinem Jungen zurück, Kropf und Magen mit Fisch gefüllt.

Der Jungvogel hat inzwischen nur den Fisch, den die Mutter mitgebracht hat, und etwas Sekret aus ihrem Kropf zu fressen bekommen. Neues Futter vom Vater ist hoch willkommen. Noch immer trägt das Küken ein flaumiges, graues Daunenkleid. Obgleich alle Jungen dicht gedrängt beisammenstehen, erkennen die Eltern ihres an der Stimme. In den letzten Winterwochen lösen sich die Eltern ab, gehen fischen und bringen ihrem Sprößling Futter mit. Endlich wird es am Horizont heller. Allmählich steigt die Temperatur ein wenig an, und in der Eisdecke über dem Meer zeigen sich die ersten Risse. Offene Wasserrinnen bilden sich und

DAS KLEINE KÜKEN HOCKT AUF DEN FÜSSEN DER ELTERN.

SCHON MACHT ES SEINE ERSTEN SCHRITTE AUF DEM EIS.

Winterliche Nachtwache der Kaiserpinguine

In der dunklen antarktischen Nacht drängen sich die Männchen der Kaiserpinguine in dichten Gruppen auf dem Meereis. Jedes balanciert sein kostbares Ei auf den Füßen und umhüllt es mit seiner Hautfalte. Auf diese Weise wird es warm gehalten und ist vor Räubern gut geschützt. Die purpurrote Färbung am Horizont zeigt, daß es die Sonne noch gibt. Doch es dauert viele Wochen, bis sie wieder am Himmel erscheint.

Lange Zeit der Aufzucht

Schließlich sind die Jungen der Kaiserpinguine so groß geworden, daß sie keinen Platz mehr unter der Bruttasche der Eltern finden. Nun sammeln sie sich in großen Scharen und stehen dicht aneinandergedrängt, um sich warm zu halten. Die Jungvögel am Rand dieser Kindergärten wenden den Rücken dem Wind zu (links unten). Beide Eltern kennen ihr Junges genau. Nach dem Klang der Stimme unterscheiden sie es von den anderen Küken. Kehrt ein erwachsenes Tier vom Meer zurück, den Kropf voller Fische, widersteht es dem ungestümen Betteln der anderen Jungen und liefert die Mahlzeit beim eigenen Küken ab. Wenn es dann heller und wärmer wird, brauchen die heranwachsenden Jungen den Schutz der übrigen Jungvögel nicht mehr, und jedes steht neben einem Elternteil und wartet, bis der Vater oder die Mutter mit einer Portion Fisch vom Meer zurückkommt. Zwar hält das erste Daunenkleid den jungen Pinguin sehr warm, doch wenn es naß wird, ist es nutzlos. Das Junge kann darum erst dann selbst fischen, wenn es sich gemausert hat und ein wasserdichtes Kleid aus richtigen Federn besitzt. Der Federnwechsel erfolgt erst im Alter von fünf Monaten. Das Gefieder entwickelt sich im antarktischen Frühjahr, wenn das Eis aufbricht und das Meer von Fischen wimmelt.

rücken den „Kindergärten“ immer näher. Schließlich ist es soweit. Eine Rinne ist so nah, daß die Jungen sie erreichen können. Sie watscheln zum Wasser, tauchen unter und fühlen sich als hervorragende Schwimmer vom ersten Moment an im Wasser zu Hause. Die erwachsenen Vögel nehmen an dem Festmahl im Meer teil. Ihnen bleiben gerade noch zwei Monate zum Auffüllen ihrer Fettreserven, bis für sie der Kreislauf von neuem beginnt.

Der Brutvorgang birgt vielerlei Gefahren und Schwierigkeiten in sich. Ist das Wetter nur etwas schlechter als gewöhnlich, der Fischfang nicht so ergiebig oder verspäten sich die Eltern um einen einzigen Tag, kann dies den Tod des Jungvogels bedeuten. Viele von ihnen kommen um. Wenn nur vier von zehn Küken das Erwachsenenalter erreichen, gilt das als erfolgreiches Jahr für die Kaiserpinguine.

Antarktika war nicht immer ein so öder Kontinent. Ihr Gestein enthält fossile Überreste von Riesenfarnen und Riesenschachtelhalmen, frühen Kleinsäugern und Dinosauriern. Alle diese Organismen lebten vor mehr als 140 Millionen Jahren, also zu einer Zeit, als das Land zusammen mit Südamerika, Australien und Neuseeland Teil eines größeren Kontinents war, der wesentlich näher am Äquator lag und ein bedeutend wärmeres Klima hatte. Als jedoch die ozeanischen Platten auseinanderdrifteten und der Superkontinent zerbrach, trieb Antarktika, die zunächst mit Australien zusammenhing, nach Süden ab. Zu dieser Zeit waren die Gebiete um den Südpol vom Meer bedeckt. Die Gewässer müssen kalt gewesen sein, weil die Sonnenstrahlen nur sehr flach einfielen, doch da das Wasser in wärmere Zonen der Erdkugel aufstieg, gefror es nicht. Dann driftete Antarktika, die sich nun von Australien gelöst hatte, weiter nach Süden und befand sich schließlich unmittelbar über dem Südpol. Nun änderte sich das Klima. Für Dinosaurier und andere Landtiere muß das Land sehr rasch viel zu kalt geworden sein, selbst wenn sie bis dahin überlebt hatten, denn das Festland konnte sich nicht wieder erwärmen wie das zirkulierende Meerwasser. Wenn im Winter Schnee auf den Kontinent fiel, blieb er liegen. Die Landmasse kühlte sich noch weiter ab, denn das Weiß der Schneedecke reflektierte 90 Prozent der Wärme der ohnehin schwachen Sonnenstrahlen. Über viele Jahre sammelte sich immer mehr Schnee, der sich schließlich unter dem Druck des eigenen Gewichts in Eis verwandelte.

Heute liegt der gesamte Kontinent unter einer Eisdecke. Eisfrei sind nur die Spitzen einiger Berge, die sich über den Eispanzer erheben, und einige küstennahe Landstriche. An manchen Stellen hat das Eis eine Stärke von mehr als 4000 Metern. Es bedeckt ein Gebiet, das so groß ist wie ganz Westeuropa, und erhebt

Ein Eselspinguin verliert sein Küken
Auf dem Land werden Pinguine von verschiedenen Greifvogelarten gejagt, dem Scheidenschnabel, der Raubmöwe und dem Eissturmvogel. Die mächtigsten und aggressivsten Feinde sind jedoch die riesigen Skuas, auch Große Raubmöwen genannt. Überall auf der Erde setzen sie Möwen und anderen Vögeln in der Luft nach und zwingen sie, ihr Futter auszuwürgen, das die Jäger dann fressen. In der Antarktis finden die Skuas auf den Brutplätzen der Pinguine reiche Beute. Sie bauen sogar ihre Nester in kleinen Kolonien rund um die Nistplätze und überfallen die Pinguine jeden Tag; dabei werden alle Altersstufen angegriffen. Erwachsene Tiere, die verletzt oder behindert sind, fallen den Raubmöwen ohnehin zum Opfer. Sie stehlen die Eier brütender Pinguine, wenn diese das Nest auch nur für ein paar Sekunden unbewacht lassen. Manchmal arbeiten die Skuas paarweise zusammen. Die eine stößt mit schrillen Schreien auf einen erwachsenen Pinguin hinab und lenkt ihn ab, bis die andere das Nest erreicht hat. Wenn der Räuber das Junge erst mit dem Schnabel gegriffen hat, gibt es gewöhnlich kein Entrinnen.

sich als große Kuppel, die an ihrem höchsten Punkt 4270 Meter über dem Meeresspiegel liegt. Das Eis bindet 90 Prozent der gesamten Süßwasservorräte der Erde.

Der Pol unter dem Meer

Während der antarktische Kontinent nach Süden driftete, änderten auch die Kontinente der nördlichen Hemisphäre ihre Lage. In jener weit zurückliegenden Zeit war der Nordpol noch von frei zirkulierendem Wasser umgeben, doch allmählich rückten Eurasien und Nordamerika mit Grönland dem Pol näher und bildeten einen immer enger werdenden Ring um ihn. Dieser Vorgang behinderte wohl das freie Fließen der Strömungen und beeinträchtigte die Erwärmung der Gewässer. Nun bildete sich auch auf den Meeren eine Eisdecke, und noch heute ist der Nordpol nicht von einer Landmasse, sondern von Meereis bedeckt.

Die abkühlende Wirkung, die von der veränderten Lage der Kontinente ausging, verstärkte sich wahrscheinlich noch erheblich durch die schwankende Stärke der Sonneneinstrahlung. Man kann davon ausgehen, daß sich die Erde vor etwa drei Millionen Jahren sehr stark abkühlte. Eine Eiszeit brach an, während der die Gletscher in Europa bis weit in den Süden vorrückten. Die Eiszeit wurde von mehreren Zwischeneiszeiten unterbrochen, in denen sich das Klima erwärmte.

Die Tatsache, daß sich ein Ring von Kontinenten um die Arktis gebildet hatte, wirkte sich auf die Entwicklung der Tierarten in diesen Gebieten aus. So kommt es, daß sich die Tierwelt der Arktis von der der Antarktis bedeutend unterscheidet. Die Landgebiete dienten als Korridore für die Tiere, welche von den wärmeren Zonen der Erde nach Norden bis in die Welt des Eises vordringen konnten. Während in der Nähe des Südpols kein großes Landtier lebt, ist der Nordpol das Jagdrevier eines der größten aller Raubtiere, des Eisbären.

Dieses gewaltige, weiße Tier ist ein Verwandter des Grizzlybären und des Schwarzbären, die südlich des Polarkreises in Nordamerika und Eurasien vorkommen. Der Eisbär ist vorzüglich gerüstet, niedrige Temperaturen zu ertragen. Ebenso wie andere Tiere, die in kalten Klimazonen leben, ist er wesentlich größer als die in den wärmeren Gebieten beheimateten Verwandten. Sein Fell ist ungemein langhaarig, sehr fettig und praktisch wasserundurchlässig. Auch seine Fußsohlen sind fast ganz behaart. Doch nicht nur die Haut ist vor dem beißendkalten Eis geschützt, das Tier hat außerdem auch eine größere Auftrittsfläche. Weiter im Süden ernährt sich der Eisbär während des Sommers von Beeren. Auch fängt er Lemminge, die er mit einem raschen Schlag seiner riesigen Pranke tötet. Seine Hauptbeute sind jedoch Robben. Behutsam schleicht er sich an sie heran, bewegt sich vorsichtig, gut getarnt durch sein weißes Fell, über das Eis und legt sich flach in den Schnee. Sobald er eine Robbe erspäht, die sich auf einer Eisscholle rekelt, taucht er in einiger Entfernung ins Wasser und kommt am Rand der Scholle

Der Herr des Nördlichen Polarmeers

Der Eisbär ist ein Hochseejäger. Seine Beute sind Robben, sein Jagdgebiet das Nördliche Polarmeer. Er wandert über die Eisdecke, die den Nordpol bedeckt, und untersucht lange Spalten, die sich im Eis öffnen. Kraftvoll schwimmt er von einer Eisscholle zur anderen und läßt sich auf schwimmenden Eisflößen kilometerweit treiben. Gelegentlich schwimmt er sogar vom Festland oder vom Rand des Packeises weit ins Meer hinaus. Manche Eisbären ziehen durch die schneebedeckte Tundra Alaskas, Grönlands und Sibiriens, sammeln Beeren, fangen kleine Säugetiere, wie Lemminge oder Füchse, und fressen Seetang an der Küste. Ihr ergiebigster Jagdgrund ist jedoch das Meer, und viele Eisbären setzen ihr Leben lang keinen Fuß aufs Festland.

Eine Familie von Jägern
Weibliche Eisbären verbringen den Winter in einer Höhle im Schnee. Dort werden im Januar oder Februar die Jungen geboren, die sich von der Mutter säugen lassen. Im Alter von etwa zwei Monaten begleitet die Mutter sie ins Freie. Dort suchen sie nach fester Nahrung. Sie bleiben ungefähr zwei Jahre bei der Mutter, bis sie groß genug sind, um ein selbständiges Leben zu führen.

Fischen in seichten Gewässern
Eisbären sind nur selten so geschickte und schnelle Schwimmer, daß sie Fische im offenen Meer fangen können. Im Sommer kommen sie manchmal an Land. Dort lauern sie an Süßwasserflüssen Lachsen und anderen Fischen auf, die sie mit einem flinken Griff ihrer Tatzen aus dem Wasser holen, so wie das auch die Braunbären weiter im Süden tun.

wieder an die Oberfläche. Auf diese Weise schneidet er seinem Beutetier den Fluchtweg ins Meer ab. Manchmal legt er sich neben einem Atemloch auf die Lauer. Wenn die Robbe dann auftaucht, zerschmettert er ihr mit einem seitlich geführten Prankenschlag den Kopf am Rand des Eises.

Robben sind in der Arktis ebenso weit verbreitet wie in der Antarktis. Eine Robbenart, die Sattelrobbe, kann man während der Paarungszeit zu Hunderttausenden auf den Eisschollen versammelt sehen. Pinguine hingegen, ein charakteristisches Tier der antarktischen Landschaft, fehlen hier. Doch gibt es in der Arktis andere Vögel, die ihnen in vielerlei Hinsicht sehr ähnlich sind, nämlich Mitglieder der Familie der Alken: Lummen, Tordalken, Lunde und die eigentlichen Alken. Zur Brutzeit bilden sie riesige Kolonien; ihre Färbung ist vorwiegend schwarz und weiß; an Land haben sie einen aufrechten Gang; vor allem sind sie vorzügliche Unterwasserschwimmer und bewegen sich dort genauso geschickt wie die Pinguine. Sie schlagen mit den Flügeln und benutzen die Füße zum Steuern.

Allerdings hat sich ihre Umwandlung vom Flugvogel zum Schwimmvogel nicht so vollständig vollzogen wie bei den Pinguinen. Sie haben ihre Flugfähigkeit bisher nicht ganz verloren, obgleich ihre Flügel nicht besonders kräftig sind, und in die Luft erheben sich die Alken mit wildem Geflatter. Doch jedes Jahr sind sie eine Zeitlang flugunfähig, denn anstatt wie andere Vögel die Schwungfedern während der Mauser nacheinander abzuwerfen, verlieren sie alle gleichzeitig. Dann schwimmen sie ins Meer hinaus, treiben in großen Schwärmen auf den Wellen und wirken noch pinguinähnlicher als sonst.

Sichere Nistplätze auf Felssimsen
Im Gegensatz zu den Pinguinen, denen sie ähnlich sehen, sind Lummen flugfähige Vögel. So können sie in schwindelerregenden Felssimsen nisten, wie hier in Grönland. An solchen unzugänglichen Stellen sind Gelege und Junge vor Jägern sicher, welche die Pinguine der Antarktis nicht zu fürchten brauchen.

Sichere Kindergärten auf dem Eis
Auch Robben können nicht ihr ganzes Leben im Meer verbringen. Sie müssen vor der Geburt der Jungen an Land gehen. Meist suchen sie sich dafür entlegene Strände. Doch in der Arktis und der Antarktis werden die Jungen vieler Tierarten – hier ein Sattelrobbenjunges – auf der Eisdecke geboren.

Eine Behausung aus Schnee

Nur mit einem Messer aus Knochen – heute wohl eher mit einer Säge – kann der Eskimo aus verfestigtem Schnee und Eis einen Unterschlupf bauen, der ihm einen weit besseren Schutz vor Schneestürmen bietet als ein Zelt.

DIE BLÖCKE SCHNEIDEN

DIE WÄNDE HOCHZIEHEN

DIE SPALTEN ABDICHTEN

SICHER UND WARM

Ein Mitglied dieser Familie, der Riesenalk, der bereits ausgestorben ist, büßte seine Flugfähigkeit ganz ein. Der größte Vogel dieser Art erreichte aufrecht stehend eine Höhe von etwa 75 Zentimetern. Auch er hatte eine schwarzweiße Färbung und war somit den Pinguinen in der Tat sehr ähnlich. Dieser Vogel trug als erster den Namen Pinguin. Die Herkunft der Bezeichnung ist umstritten. Manche meinen, sie leite sich von zwei walisischen Wörtern ab und bedeute „weißer Kopf". Zwar hatte der Vogel tatsächlich zwei weiße Flecke auf dem Kopf, doch in Wales kam er niemals vor. Wahrscheinlicher klingt die Erklärung, der Name leite sich von einem lateinischen Begriff her, der „fett" bedeutet, denn der Riesenalk hatte eine hervorragende Isolierschicht aus Fett unter seiner Haut und wurde deshalb gern gejagt. Als dann Naturforscher auf ihren Reisen in die südliche Hemisphäre ähnliche flugunfähige Vögel zu Gesicht bekamen, nannten sie diese ebenfalls Pinguine. Der Name blieb den Vögeln im Süden erhalten, nicht jedoch den im Norden lebenden. Am Ende verlor der Riesenalk nicht nur seinen Namen, sondern wurde ganz ausgelöscht. Weil der Vogel nicht fliegen konnte, wurde er zu einer leichten Beute des Menschen. Auf einer kleinen Insel vor der Küste Islands kam im Jahr 1844 der letzte Riesenalk um.

Die übrigen Mitglieder der Familie der Alken überlebten wahrscheinlich deshalb, weil sie flugfähig blieben. Sie sammeln sich an unzugänglichen Kliffs und auf einzelnstehenden Felsblöcken, doch anders als bei Pinguinen sieht man sie nicht in so riesigen Schwärmen am Strand oder auf Eisschollen. Der Grund dafür dürften die Säuger sein, die aus dem Süden in dieses Gebiet wandern und Jagd auf sie machen.

Zu den Säugern, die sich als Jäger betätigen, zählen nicht nur Eisbären und Polarfüchse, sondern auch der Mensch. Schon früh zogen die Eskimo von den Gebieten im nördlichen Asien in diese Gegend. Inzwischen sind sie körperlich weit besser an das Leben in extremer Kälte angepaßt als alle anderen Völker. Sie sind von untersetzter Gestalt und haben im Verhältnis zu ihrem Volumen nur eine geringe Oberfläche. Auch haben sie kräftige Schutzpolster aus Fett an Wangen und Augenlidern, den Stellen, die auch bei einem vollständig bekleideten Eskimo der Kälte ausgesetzt sind. Doch selbst Eskimo könnten in der Arktis nicht überleben, wenn es die wärmenden Pelze der Tiere nicht gäbe. Aus Robbenfellen arbeiten sie Fausthandschuhe und Stiefel, Hosen werden aus Eisbärpelzen gemacht, und die langen Kapuzenjacken sind aus Karibufellen und Vogelhäuten. Die Nähte werden so fein gearbeitet, daß kein Wasser eindringen kann.

Früher machten die Eskimo lange Fahrten über das Eis. Sie lebten ausschließlich von der Robbenjagd. Wenn sie ihr Lager aufschlugen, bauten sie Iglus aus Eis und Schnee. Mit langen Knochenklingen schnitten sie Blöcke aus vereistem Schnee und stapelten sie spiralförmig übereinander, bis die Kuppel oben geschlossen war. Manchmal bekam der Iglu sogar ein Fenster: Statt eines Schneeblocks wurde ein durchscheinender Eisblock eingesetzt. Im Innern des Iglus stand eine Bank aus Schneeblöcken, die mit Fellen bedeckt war. Öllampen spendeten Licht. Die Wärme der brennenden Öllampen und die Körperwärme der Eskimo ließen die Temperatur im Iglu bis auf 15 °C ansteigen.

Das Leben, das sie führten, war äußerst entbehrungsreich. Nun hat der Mensch die moderne Technik in der Arktis eingeführt und neue Materialien und Brennstoffe, Stromgeneratoren, Nylongewebe, Motorschlitten und Teleskopgewehre mitgebracht. Der Hundeschlitten, die von Hand geworfene Harpune, der Iglu und die handgenähte Pelzbekleidung gehören der Vergangenheit an. Heute sind lange Jagdausflüge über die Eisschollen der Arktis bei den Eskimo nicht mehr üblich.

Jagd in der Arktis

Seit jeher wurden die Eskimo vor allem von Robben mit Nahrung versorgt. Auch lieferten sie Häute, aus denen Kleidung hergestellt wurde, und Sehnen für Fäden, Knochen für Werkzeuge und Öl für Lampen. Die Robbenjagd war deshalb das ganze Jahr über die wichtigste Tätigkeit. Im Sommer fuhren die Männer in Kajaks über das offene Meer. Diese leichten Boote waren meist aus Robbenfell gebaut, das man über ein hölzernes Gerüst spannte. Sie lagen tief im Wasser. In diesen Booten konnte sich der Jäger geräuschlos und unauffällig an Robben heranpirschen, die sich auf einer Eisscholle aalten. Im Winter (links) harrte er oft stundenlang reglos mit der Harpune in der Hand neben dem Atemloch einer Robbe im Eis aus, bis ein Tier auftauchte.

Die Tundra – unfruchtbares Land

Die Gletscher, die sich vom antarktischen Kontinent bis ins Meer hinausschieben, schwimmen auf dem Wasser als Schelfeis. In regelmäßigen Abständen bricht es ab und bildet gewaltige Tafeleisberge, die einen Durchmesser von 100 Kilometern erreichen können. Die Eisberge treiben oft jahrzehntelang in den Meeren der Antarktis, bis sie schließlich in wärmere Gewässer gelangen, wo sie langsam abschmelzen. In der Arktis liegen große Teile des Eises auf dem Festland. Dort, in Grönland, auf der Insel Ellesmere und auf Spitzbergen, bilden sich Gletscherzungen, von denen Schmelzwasserströme abfließen. Südlich des Eisrands erstreckt sich über Hunderte von Kilometern ödes Land, bedeckt mit Geröll und Felsblöcken, den zertrümmerten und zermahlenen Überresten des Gesteins, welche das vorrückende Eis in kälteren Epochen vor sich herschob und bei seinem Rückzug hinterließ. Das ist die Tundra.

Im Sommer taut die Sonne mit ihren schwachen Strahlen die Erdoberfläche auf, doch bereits in einer Tiefe von ungefähr einem Meter bleibt der Boden fest gefroren. Die oberste Schicht dieses sogenannten Dauerfrostbodens taut und gefriert im Rhythmus der Jahreszeiten. Auf ebenen Flächen bilden sich durch das Gefrieren und Auftauen, Durchnässen und Austrocknen Steinringe und Steinvielecke. Wenn ein Stück Boden gefriert, wölbt sich das Geröll zu einer leichten Kuppel und dehnt sich seitlich aus. Größere Gesteinsbrocken rutschen schneller als kleine, und so bleiben im Innern kleine Gerölle und feinkörnige Erde zurück, während die größeren Steine an den Rand gedrängt werden. Wo sich mehrere dieser durch den Frost geformten Bodenflächen unmittelbar nebeneinander bilden, stoßen ihre Ränder aneinander. Im Boden erscheint ein netzartiges Muster ringförmiger und polygonaler Flächen. Dies sind die sogenannten Frostmusterböden. Da sich kleineres Geröll, Sand und Erde in der Mitte besser für den Pflanzenwuchs eignen, wachsen in diesen runden oder vieleckigen Flächen Gräser, Moose und kleine Blütenpflanzen. Ganze Landstriche in der Tundra sehen aus, als seien sie in Schrebergärten aufgeteilt. An den Hängen entstehen keine Frostmusterböden, vielmehr bilden sich lange Streifen, die über weite Entfernungen über die Flanken der Hügel hinabfließen.

An anderen Stellen bilden sich unter dem Auftauboden Eislinsen. Sie wachsen kräftig an, die Erdoberfläche wölbt sich, und so entsteht schließlich ein Hügel, Pingo genannt, der bis zu 70 Meter hoch werden kann. Er hat die Form eines kleinen Vulkans, doch statt aus Lava besteht er aus einem Eiskern.

Überall in der Tundra breiten sich Flechten und Moose aus, doch außerdem kommen dort über 1000 verschiedene Arten von Blütenpflanzen vor. Keine von ihnen erreicht auch nur annähernd die Größe eines kleinen Buschs. Das verhindert der eisige Wind. Auch einige Bäume – ebenfalls Blütenpflanzen – wachsen in der Tundra, zum Beispiel die Polarweide. Sie kriecht über den Erdboden. Große Exemplare können fünf Meter lang werden. Dabei sind sie aber nur wenige

Freiliegender Dauerfrostboden

Ein Fluß der Tundra kann sein Bett nur recht oberflächlich in die Erde einschneiden. Nachdem er eine Rinne in die Gras- und Torfschicht gegraben hat, erreicht er den steinharten, undurchlässigen Untergrund, und damit sind seiner ausschürfenden Kraft bereits Grenzen gesetzt. In der Tundra kann das Oberflächenwasser nicht einsickern. Obgleich in dieser Klimazone verhältnismäßig wenig Niederschläge fallen, ist das Land im Sommer eine wasserdurchtränkte Wildnis, übersät mit Tümpeln und Sümpfen.

Zentimeter hoch. Wie alle Pflanzen, die in kalten Klimazonen beheimatet sind, wachsen sie extrem langsam. Ein Baum, dessen Stamm einen Durchmesser von wenigen Zentimetern hat, kann weit über 100 Jahre alt sein. (Man kann dies an den Jahresringen ablesen.) Es gibt auch Bereiche, in denen niedriges Heidekraut, Riedgräser und Wollgräser wachsen. Viele der Tundrapflanzen kommen auch in den Hochgebirgslagen Eurasiens und Nordamerikas vor. Vermutlich stammen sie ursprünglich von dort, denn die Berge bestanden bereits lange, ehe die letzte Eiszeit anbrach und die Tundra entstand.

In den langen, dunklen Wintermonaten liegt der größte Teil des Landes unter einer dichten Schneedecke. Nur sehr wenige Tiere sind zu sehen. Lemminge, kleine, dicke Nagetiere, die etwa halb so groß wie Meerschweinchen sind und einen dichten, braunen Pelz, winzige Öhrchen und einen kleinen Schwanz besitzen, bewegen sich in Gängen unter dem Schnee, dicht an der Erdoberfläche, wo es viel wärmer ist als im Freien, und fressen die Pflanzen ab. Gelegentlich geht ein Polarfuchs auf Lemmingjagd, gräbt tiefe Löcher in den Schnee und versucht durch Trommeln mit seinen steifen Beinen die Tiere aus ihren Tunnels zu jagen. Hermeline, weißbepelzte Fleischfresser, sind so klein, daß sie den Lemmingen in ihren Gängen nachstellen können. Ein paar weiße Vögel – Schneehühner – suchen in geschützten Tälern nach Beeren oder Weidenblättern. Polarhasen graben

Blumen in der Tundra
Für Pflanzen ist die Tundra ein feindlicher Lebensraum. Der Boden ist nährstoffarm und in der warmen Jahreszeit durchnäßt. Der Dauerfrostboden verhindert, daß sich lange Wurzeln entwikkeln, und der bitterkalte Wind läßt nur die widerstandsfähigsten Pflanzen in die Höhe wachsen. Die langen, dunklen Wintermonate machen jedes Wachstum fast unmöglich. Trotzdem kommen dort zahlreiche Pflanzenarten vor. Viele, wie das Weidenröschen, haben kurze Triebe, gehören aber Familien an, deren Mitglieder in wärmeren Gebieten buschig werden.

Die weiße Eule des hohen Nordens
Eine Schnee-Eule mit ausgebreiteten Schwingen von fast eineinhalb Meter Spannweite befindet sich im Landeanflug auf ihr Nest in der kanadischen Arktis. Es war ein gutes Jahr für sie. Ihr Gelege umfaßt acht Eier. Wissenschaftler berichteten auch schon von Gelegen mit 13 Eiern, doch das ist eine große Seltenheit. In mageren Jahren, in denen das Nahrungsangebot gering ist, legt sie oft nur vier Eier.

Ein aufmerksamer Partner
Nur das Weibchen kümmert sich um das Brutgeschäft. Es wird vom Männchen, das etwas kleiner ist und keine braune Zeichnung auf dem weißen Gefieder aufweist, mit einem kräftigen Lemming gut versorgt.

Nicht alle kommen durch
Gleich nachdem das erste Ei gelegt war, begann die Mutter zu brüten. Im Verlauf einer Woche schlüpften die Nestlinge nacheinander. Die Küken sind also nicht alle gleich groß. Wenn das Nahrungsangebot reich ist, werden alle Jungen ausreichend gefüttert. Ist jedoch das Futter knapp, können die zuletzt geschlüpften Jungen ihren Forderungen nicht kräftig genug Nachdruck verleihen, und sie verhungern. In diesem Nest überlebten nur drei von ursprünglich acht Jungen.

sich in den Schnee und bemühen sich, ein paar Blätter zu finden. Ihr Dasein ist entbehrungsreich, und nur die Kräftigsten überleben.

Der Frühling kommt plötzlich. Tag für Tag steigt die Sonne ein wenig höher am Horizont. Der Himmel erhellt sich, und die Luft erwärmt sich etwas. Langsam schmilzt der Schnee. Durch den Dauerfrost kann das Schmelzwasser nicht in den Boden einsickern und bleibt in Pfützen und Tümpeln auf der Oberfläche stehen. Tiere und Pflanzen reagieren rasch auf die veränderten, besseren Lebensbedingungen. Doch die Atempause, die der Frost gewährt, dauert nur etwa acht Wochen lang. Es ist keine Zeit zu verlieren.

Im Nu bringen die Pflanzen Blüten hervor. Die Grünerle hat es besonders eilig. Im Gegensatz zu den übrigen Mitgliedern dieser Familie in anderen Gebieten, deren Kätzchenblüten sich zuerst öffnen und die danach erst Blätter ausbilden, entfalten sich bei der Grünerle beide gleichzeitig. Die Lemminge wagen sich ins Freie, nachdem ihre schützende Schneedecke geschmolzen ist. In Tümpeln und Seen schlüpfen Insekten, die dort überwintert haben, und bald erscheinen Schwärme von Kriebelmücken und Moskitos.

Insekten und Lemminge, grüne Schößlinge und Wasserpflanzen – alle dienen irgendeiner Tierart als Nahrung, und aus dem Süden finden sich hungrige Zugvögel ein, die sich in dieser kurzen Festzeit gründlich satt fressen wollen. Ganze Geschwader von Enten erscheinen: Spießenten, Tauchenten, Krickenten und Schellenten, und machen sich über die Pflanzen her, die in den flachen Tümpeln sprießen. Gerfalken, Raben und Schnee-Eulen gehen auf die Jagd nach Lemmingen. Wassertreter, Strandläufer und Steinwälzer fallen ein und suchen nach Insekten und Larven. In ihrer Begleitung erscheinen Füchse, welche die Aussicht auf frisch gelegte Eier und künftige Jungvögel lockt. Auch riesige Karibuherden kommen herbei und fressen Blätter und Flechten.

Tiere mit weißem Winterkleid, die die kalte Jahreszeit hier verbrachten, haben die Farbe gewechselt. Füchse und Schneehühner, Hermeline und Polarhasen brauchen eine Tarnung. Alle haben sich braun gefärbt, damit sie sich nicht von der vom Schnee befreiten Tundra abheben. Die Vögel, die in dieser Gegend zu Besuch sind, beginnen zu brüten. Sie ziehen ihre Jungen vor allem mit Insekten auf, die es jetzt in Hülle und Fülle gibt. Alles muß sich rasch abspielen, damit die Sprößlinge bei Einbruch des Winters so groß und kräftig sind, daß sie die Heimreise antreten können. Nun ist es Tag und Nacht fast ununterbrochen hell. Die Eltern können rund um die Uhr auf Nahrungssuche gehen und ihre Jungen füttern.

Dann ist der Sommer ebenso plötzlich vorüber, wie er gekommen ist. Die Sonne sinkt jeden Tag ein wenig tiefer, das Licht wird dämmriger. Die Wassertreter machen sich als erste auf die Reise, und bald brechen alle Sommergäste mit ihren Jungen auf und fliegen zurück in den Süden.

Auf der Flucht vor dem bevorstehenden Winter

Ende August beginnen die Karibus, die im Juni nach Norden in die Tundra gezogen sind und während des kurzen arktischen Sommers auf den Weiden grasten, sich für die Wanderung nach Süden in Herden zu sammeln. Zu Beginn ihres Zugs grasen sie weiter und bauen die Fettreserven auf, die sie benötigen, um über den nahenden Winter zu kommen, wenn das Nahrungsangebot sehr dürftig ist. Doch das Wetter wird allmählich schlechter und die Suche nach einem Unterschlupf immer dringlicher. Die Herde zieht rasch über die Einöde und durchquert auf ihrer Wanderung nach Süden Flüsse und Seen. Die Tiere können ungefähr 60 Kilometer am Tag zurücklegen, bis sie vor dem Beginn des Winters endlich ihre Zufluchtsstätten in den immergrünen Nadelwäldern erreichen.

Wälder des Nordens

Der Wechsel zwischen Sommer und Winter zwingt Tiere und Pflanzen, ihre Gewohnheiten den Jahreszeiten anzupassen. Die Laubbäume werfen im Herbst ihre Blätter ab, und viele Säugetiere halten einen Winterschlaf.

Die Karibuherden, die im September durch die Tundra Alaskas nach Süden ziehen, sind nach einem Sommer, in dem es viel Futter gab, wohlgenährt und kräftig. Auch Jungtiere gehören dazu und halten mit ihren Eltern Schritt. Ihnen steht eine weite Wanderung bevor, und das Wetter wird immer schlechter. Auf die öde, baumlose Landschaft fällt der erste Schnee. Tagsüber scheint die Sonne kräftig und bringt den Schnee zum Schmelzen. Das wirkt sich für die Karibus nicht gerade günstig aus, denn das Schmelzwasser gefriert in der Nacht, und der Boden ist dann stellenweise von einer so dicken Eisschicht bedeckt, daß die Tiere sie nicht mehr durchbrechen und an die darunterliegenden Blätter, Moose und Flechten herankommen können. Wenn Karibus immer dringender Nahrung und Schutz brauchen, legen sie bis zu 60 Kilometer an einem Tag zurück.

Nach einer Wanderung von etwa einer Woche erreicht die Herde ein Gebiet, wo Bäume wachsen. Es sind verkrüppelte, knorrige Gewächse, die einzeln oder in kleinen Gruppen in geschützten Niederungen stehen. Die Karibus aber ziehen noch weiter nach Süden. Allmählich werden die Bäume größer und zahlreicher. Am Ende der Wanderung, bei der manchmal bis zu 1000 Kilometer zurückgelegt werden, trottet die Herde zwischen hohen Bäumen dahin und betritt einen geschlossenen Wald.

Hier herrschen günstigere Lebensbedingungen. Es ist zwar immer noch sehr kalt, doch da die Bäume dicht stehen, sind die Tiere vor dem eisigen Wind geschützt. Hier gibt es auch Nahrung. Unter den dichten Ästen bleibt der Schnee locker und pulverig, und die Karibus können mühelos mit den Hufen den Boden freischarren und mit dem Maul an die Pflanzen herankommen.

Die Tiere sind nun in der größten Waldregion der Erde – der Taiga – angelangt. Sie bildet an vielen Stellen einen bis zu 2000 Kilometer breiten Gürtel, der sich rund um die Erde zieht. Die Taiga erstreckt sich in Nordamerika von der Pazifikküste Alaskas nach Osten und reicht bis zur Atlantikküste. In Europa und Asien verläuft der Waldgürtel von Skandinavien durch Finnland und die Sowjetunion über 7500 Kilometer weit bis zum Beringmeer.

Ein Wald in Bayern
Die Koniferen in den Wäldern des Nordens sind groß und immergrün. Sie stehen eng beisammen und tragen viele Äste, die dicht mit Nadeln besetzt sind. Nur wenige Pflanzen können in ihrem Schatten gedeihen. In Lichtungen, die gelegentlich entstehen, wenn Bäume umstürzen, siedeln sich zuweilen Gräser und andere kleine Pflanzen an.

Daß im Vergleich zur weiter nördlich gelegenen Tundra hier günstigere Bedingungen herrschen, die das Wachstum von Bäumen zulassen, ist auf die besseren Lichtverhältnisse und die höheren Temperaturen zurückzuführen. Näher dem Pol ist der Sommer so kurz, daß einem Baum im Lauf eines Jahres zu wenig Zeit bliebe, um einen kräftigen Stamm auszubilden. In der Taiga hingegen dauert der Sommer mindestens 30 Tage lang, und die Temperaturen betragen bis zu 10 °C und darüber.

Im Winter jedoch kann das Thermometer bis auf 40 °C unter Null fallen. Heftige Schneestürme führen zu meterhohen Verwehungen, die oft ein halbes Jahr und länger liegenbleiben. Die extreme Kälte bedeutet für die Bäume nicht nur eine Gefahr, weil der Saft in den Zellen gefrieren kann, sondern sie beraubt sie

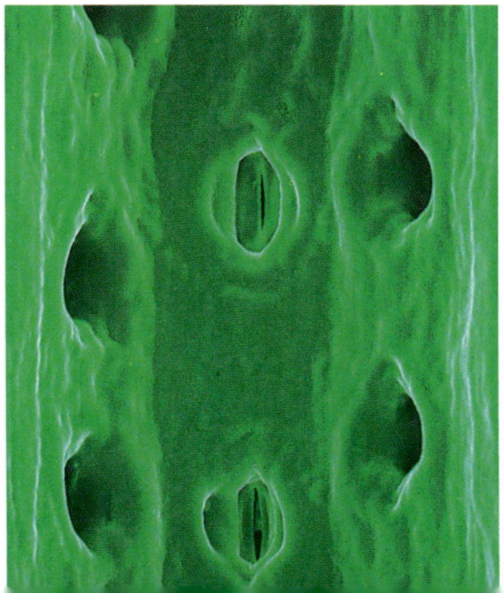

Die Nadeln einer Fichte

Wenn der Saft im Blatt einer Pflanze gefriert, dehnt er sich aus und sprengt das Gewebe. Die Nadeln von Kiefern, Tannen und Fichten halten dem Frost jedoch stand, denn sie enthalten nur sehr wenig Saft. Diese geringe Menge muß konserviert werden, denn bei Frost ist in den Wäldern das Wasser sehr rar. Wasserdampf entweicht durch die Spaltöffnungen der Blätter, wenn die Pflanze Gase aufnimmt und abgibt. Bei nadelförmigen Blättern ist diese Transpiration jedoch verhältnismäßig gering, weil die Spaltöffnungen (rechts 175mal vergrößert) in Rillen vertieft liegen.

auch des wichtigsten Nährstoffträgers – des Wassers. Obwohl im Winterwald reichlich Wasser in Form von Schnee und Eis vorhanden ist, kann es in fester Form von den Pflanzen nicht aufgenommen werden. Deshalb leiden die Bäume in den nördlichen Wäldern ebenso unter Wassermangel wie die meisten Pflanzen in der glühendheißen Wüste.

Wie sich Bäume vor Kälte schützen

Eine Blattform, die auch ungünstigen klimatischen Verhältnissen standhält, sind die Nadeln der Kiefer. Sie sind lang und dünn, und der Schnee bleibt auf ihnen nicht so leicht liegen. Kiefernnadeln enthalten nur wenig Saft, also kann auch nur wenig Flüssigkeit gefrieren. Sie sind dunkel gefärbt und absorbieren deshalb die größtmögliche Wärmemenge. Alle Grünpflanzen verlieren beim Stoffwechsel etwas Wasser. Sie nehmen Kohlendioxid aus der Luft auf und geben tagsüber Sauerstoff ab. Durch mikroskopisch kleine Spaltöffnungen entweicht der Sauerstoff. Bei diesem Gasaustausch entweicht auch etwas Wasserdampf. Bei Kiefernnadeln ist dieser Verlust jedoch wesentlich geringer als bei den meisten anderen Nadelhölzern. Sie besitzen verhältnismäßig wenige Spaltöffnungen, und diese befinden sich am Grund winziger Grübchen, die wiederum in einer Rille entlang den Nadeln angeordnet sind. Dort befindet sich eine Luftschicht unmittelbar über den Spaltöffnungen, aus denen nur noch wenig Wasserdampf austreten kann. Außerdem bewirkt eine dicke Wachsschicht, daß an der restlichen Oberfläche der Nadeln so gut wie kein Wasser durch die Zellwände verdunstet. Wenn bei strengem Frost der Boden tief gefroren und die Wasserzufuhr zu den Wurzeln vollständig blockiert ist, schließen sich die Spaltöffnungen meist von selbst.

In manchen Fällen genügen aber auch diese Mechanismen nicht. Die Lärche zum Beispiel wächst nicht nur in meist sehr kalten Gebieten, sondern auch auf einem ausgesprochen trockenen Boden. Der Baum könnte einen Feuchtigkeitsverlust im Winter nicht ertragen. Daher wirft er im Herbst die Nadeln ab und legt eine vollkommene Ruhepause ein. In anderen Gebieten jedoch erfüllen die Nadeln der Lärche das ganze Jahr hindurch ihren Zweck, bleiben bis zu sieben Jahren an den Bäumen und werden lediglich in der Wachstumsperiode nach und nach erneuert. Ein immergrünes Nadelkleid bietet beachtliche Vorteile: Der Baum kann schon im zeitigen Frühjahr mit der Photosynthese beginnen. Außerdem muß er nicht alle Jahre wieder wertvolle Energie aufwenden, um neues Laub auszubilden.

Die immergrünen Nadelbäume gehören einer alten Pflanzenfamilie an, deren Samen sich in Zapfen entwickeln. Bereits vor rund 300 Millionen Jahren, lange ehe es die anderen Blütenpflanzen gab, haben sich die Koniferen auf der Erde angesiedelt. Hierzu zählen Tannen, Fichten, Kiefern, Zedern und Zypressen. Die Beschaffenheit der nadelförmigen Blätter, ihrerseits bedingt durch das rauhe

Eine Wuchsform gegen die Schneelast
Eine immergrüne Konifere spart Kräfte, denn sie muß nicht jedes Frühjahr neue Blätter ausbilden. Sie ist dadurch aber einer großen Gefahr ausgesetzt. Wenn ihre Zweige dicht mit Nadeln besetzt sind, bleibt auf ihnen im Winter so viel Schnee liegen, daß sie unter der Last abbrechen. Bei Nadelgehölzen, die in kalten Gegenden wachsen wie diese Tannen im Bergland von Kalifornien, wird die Gefahr durch die Pyramidenform des ganzen Baums sowie durch die weit herabhängenden Äste verringert. Wenn die Schneeschichten auf den Ästen sehr dick werden, rutschen sie an ihnen hinab.

Ein Kreuzschnabel frißt Zapfensamen
Die Kiefernzapfen öffnen sich im Winter, und dieses Kreuzschnabelweibchen beginnt zu brüten, sobald es an sein Lieblingsfutter herankommt. Nie verläßt es das Nest, auch bei Gefahr nicht, denn zu dieser Jahreszeit würde die starke Abkühlung der Eier den Nachwuchs töten.

Klima, bestimmt auch den Charakter der gesamten Lebensgemeinschaft des Waldes. Da die Nadeln viel Wachs und Harz enthalten, zersetzen sie sich nur langsam. Wenn sie im Lauf der Zeit abfallen, bleiben sie also viele Jahre lang unversehrt am Boden liegen und bilden dort eine dicke, federnde Schicht. Weil die Nährstoffe in den Nadeln durch Fäulnis nicht freigesetzt werden, bleibt der Boden unter dieser Schicht nährstoffarm und sauer. Nur mit der Hilfe von Pilzen gelangen wichtige Nährstoffe wieder in den Kreislauf der Natur. Die Wurzeln von Koniferen breiten sich rund um die Stämme dicht unter der Bodenoberfläche flach aus. Sie sind von einem dichten Geflecht fadenförmiger Pilze umgeben, deren Ausläufer nach oben führen. Sie umhüllen die Nadeln und zerlegen sie in ihre chemischen Bausteine. Diese können von den Bäumen wieder aufgenommen werden. Als Gegenleistung hierfür entziehen die Pilze den Wurzeln Stärke und andere Kohlenhydrate, die sie wiederum zum Leben brauchen. Da Pilze kein Chlorophyll besitzen, können sie auch keine Nährstoffe selbst aufbauen.

Die Lebensgemeinschaft von Pilzen und Nadelhölzern ist nicht so eng wie die Symbiose zwischen Pilzen und Algen. Auch ist sie nicht so spezifisch. Man hat herausgefunden, daß bis zu 119 Pilzarten mit einer einzigen Kiefernart in Symbiose leben, und sechs oder sieben Arten können gleichzeitig an den Wurzeln eines Baums existieren. Es kommt nicht immer zu einer derartigen Lebensgemeinschaft, doch ohne die Hilfe von Pilzen wachsen Nadelgehölze langsamer.

Tiere des Walds

In Nadelwäldern leben nicht so viele Tierarten wie in Laubwäldern. Man könnte meinen, die ungeheuren Nadelmengen, die jedes Jahr in einem Wald wachsen, würden auch unzählige Pflanzenfresser ernähren. Für die meisten Lebewesen jedoch, mit Ausnahme mancher Insekten, sind die wachs- und harzhaltigen Nadeln ungenießbar, so zum Beispiel auch für Rentiere und kleine Nagetiere. Ein paar Vogelarten, beispielsweise das Auerhuhn und der Fichtenkreuzschnabel, fressen gelegentlich zwar Nadeln, bevorzugen aber die Frühjahrstriebe, solange sie noch zart und saftig sind.

Besonders schmackhafte Mahlzeiten liefern die Koniferen mit ihren Samenkörnern. Einige Vögel sind in der Lage, die Körner aus den Zapfen herauszuholen. Der Fichtenkreuzschnabel, ein Mitglied der Finkenfamilie, besitzt einen kräftigen, besonders ausgebildeten Schnabel mit überkreuzten Spitzen. Damit kann der Vogel die Schuppen der Zapfen aufknacken und die eiweißreichen Samenkörner herausholen. Sehr fleißig geht er ans Werk und sammelt bis zu 1000 Körner am Tag. Der Tannenhäher, der zu den Rabenvögeln gehört und bis zu 30 Zentimeter lang wird, hat einen so kräftigen, großen Schnabel, daß er einen ganzen Zapfen mit einem Hieb aufbrechen kann. Dabei fallen die Samen heraus. Der Vogel pickt sie auf, frißt auch gleich davon, doch außerdem versteckt er viele in Baumspalten als Vorrat für die kalte Jahreszeit.

Einige kleine Säugetiere – Eichhörnchen, Wühlmäuse und Lemminge – ernähren sich auch von Samenkörnern, die sie unter der Schneedecke freischarren. Die großen Pflanzenfresser des Walds – Rentiere, Rotwild und Elche – müssen vor allem von den Fettreserven zehren, die sie im Lauf des Sommers angelegt haben. Nur etwas zusätzliche Nahrung beziehen sie aus geschälter Baumrinde, aus Moosen, Flechten und einzelnen Sträuchern, die auf Waldlichtungen, an Fluß- und Seeufern wachsen.

Räuber, die auf diese Pflanzenfresser Jagd machen, müssen im Wald weite Gebiete durchstreifen, um genügend Beute zu finden. Der Luchs dehnt sein

Im Schnee erlegt
Im Winterwald von Wyoming hat ein Hermelin ein Kaninchen entdeckt. Blitzschnell stürzt es sich auf sein Opfer und tötet es mit einem Biß ins Genick. Obwohl das erlegte Kaninchen sechsmal schwerer ist, schleppt das Hermelin es in den Wald.

Revier zuweilen bis auf 200 Quadratkilometer aus. In dieser kalten Klimazone, wo es lebenswichtig ist, mit den Kräften sparsam umzugehen, müssen die Vor- und Nachteile eines Beutezugs klar erkannt werden. Wenn ein Luchs einen Schneehasen jagt und ihn nach einem kurzen Sprint von 200 Metern nicht einholt, gibt er meist die Verfolgung auf. Er würde sonst mehr Energie verbrauchen, als er durch das Fleisch des erlegten Hasen gewinnen könnte. Das viel größere Rotwild ist eine wesentlich lohnendere Beute. Hier hat selbst eine längere Jagd noch Sinn, und der Luchs verfolgt ein Reh sehr beharrlich. Der Vielfraß, ein Landraubtier,

das äußerlich ein wenig an einen Dachs erinnert, macht ebenfalls Jagd auf Rehe. Dabei hat er oft bessere Chancen als das Wild, denn über eine dünne, gefrorene Schneeschicht kann er schnell hinweglaufen, während Rehe an verwehten Stellen tief einbrechen, zu Fall kommen und dann erlegt werden können.

Es ist kein Zufall, daß viele der Tiere, die nicht unter der Schneedecke, sondern darüber leben, wo es viel kälter ist, mit zu den größten ihrer Art zählen. Das Auerhuhn ist das größte Waldhuhn, der Elch die größte Hirschart und der Vielfraß der größte Vertreter der Marderfamilie. Ein großer Körper speichert die Wärme besser, und so können große Tiere Kaltzeiten leichter überstehen. Doch die Anzahl der Arten und Individuen ist in den winterlichen Wäldern, die im Frost erstarrt sind, gering, und im Schnee findet man oft über weite Strecken keine Spuren von Lebewesen.

Die kleine Gemeinschaft von Tieren und Bäumen hat im gesamten Nadelwaldgürtel einen ähnlichen Charakter. Würde man also mit dem Fallschirm mitten im Winter in einer dieser Waldregionen landen, müßte man schon ein erfahrener Zoologe sein, um allein aufgrund der Tierwelt festzustellen, auf welchem Kontinent man sich befindet. Der große Vertreter aus der Familie der Hirsche mit weit ausladendem Geweih, der den Beschauer mit lang herunterhängender Oberlippe anstarrt, wird in Amerika *moose* und in Europa Elch genannt. Dabei handelt es sich aber um die gleiche Art. Eine kleinere Hirschart, die vor der Winterwitterung im Wald Schutz sucht, heißt in Amerika Karibu und in Europa Ren. Auch sie gehören der gleichen Art an. Der Vielfraß geht in Skandinavien und Sibirien ebenso auf Beutezug wie in Nordamerika. Eine kleine Marderart mit langem, glänzendem Fell, die Vogelnester ausplündert, ist in Europa der Baummarder und in Nordamerika der Fichtenmarder. Die Unterscheidungsmerkmale zwischen beiden Arten sind jedoch geringfügig. Auch der Waldkauz mit seinen befiederten Beinen fliegt durch die Wälder beider Kontinente.

Andere Vögel liefern etwas bessere Anhaltspunkte für die Bestimmung eines Kontinents. Zwar ist die gleiche Kreuzschnabelart im ganzen Waldgürtel der Erde anzutreffen, der Tannenhäher jedoch ist mit verschiedenen Arten vertreten. Der in Amerika beheimatete hat einen grauen Körper mit schwarzen Flügeldecken, die weiß gefleckt sind, während die europäische Art kleiner gesprenkelt ist. Ein vorwiegend schwarzes Rauhfußhuhn, das die Nadeln von Kiefern und Fichten abknabbert, kann für eine bestimmte Gegend charakteristisch sein. Hat es die Größe eines Truthuhns, handelt es sich um ein Auerhuhn, das von Skandinavien bis Sibirien verbreitet ist. Wenn der Vogel aber nur die Größe eines Haushuhns hat und sich ein roter Streif über die Augen zieht, handelt es sich um das Tannenwaldhuhn, ein kanadisches Rebhuhn, und man befindet sich in Nordamerika.

Eine amerikanische Wildkatze
Den Rotluchs (unten), der wesentlich größer ist als eine Hauskatze, kann man in ganz Nordamerika antreffen. Die größte Art, die so groß ist wie ein Schäferhund, lebt jedoch im hohen Norden. Dieser Rotluchs hat eine Maus gefangen; er macht aber auch Jagd auf Kaninchen und sogar auf Rehe.

Frühling im Wald

Wenn das Frühjahr kommt, sieht der Wald in den nördlichen Breiten plötzlich ganz anders aus. Sobald die Tage länger werden, nutzen die Nadelbäume das zusätzliche Licht für ein sprunghaftes Wachstum. Den ganzen Winter hindurch waren die Knospen von einer festen Hülle umgeben. Eine Harzschicht schützte sie vor Feuchtigkeitsverlusten. In den Zellen an der Außenseite hatte sich eine Art Frostschutzmittel gebildet, so daß der Saft auch bei Temperaturen unter −20 °C nicht gefrieren konnte. Außerdem waren die Triebe durch eine tote Gewebeschicht nach außen isoliert. Nun erwachen die Knospen zu neuem Leben, brechen auf und werfen ihre winterliche Schutzhülle ab. Insekten, deren Eier in den Nadeln ruhten oder in der Baumrinde abgelegt waren, schlüpfen nun aus, und

Eine europäische Wildkatze
Der Luchs, ein naher Verwandter des Rotluchses, hat sich in seiner Lebensweise dem kalten Klima besonders gut angepaßt. Seine Beine sind lang, seine breiten Pfoten haben dichte Haarpolster, die die Auftrittsfläche vergrößern, so daß er nicht in den Schnee einsinkt. Rechts abgebildet ist ein Luchs im Bayerischen Wald. Die Tierart ist jedoch in der ganzen nördlichen Waldregion verbreitet, und die in Kanada beheimateten Luchse sehen fast gleich aus.

ganze Armeen von Raupen kriechen hervor und ernähren sich von den jungen Kiefern- und Fichtennadeln.

Die Raupen und Maden fallen anderen Tieren zum Opfer. Sie schützen sich jedoch auf zweierlei Weise. Die Raupen des Kiefernspanners, zu deren Feinden vor allem die Vögel zählen, sind dunkelgrün und der Farbe der Nadeln so gut angepaßt, daß man sie kaum sieht. Wenn sie schlüpfen, verteilen sie sich so über die Bäume, daß an jedem Ast nur eine zu entdecken ist. Die Gemeine Kiefernbuschhorn-Blattwespe hingegen bildet große Ansammlungen. Tausende halten sich dicht gedrängt an einem einzigen Ast auf. Ihre Hauptfeinde sind Ameisen, die die saftigen Larven ergreifen und den Baumstamm hinab in ihr Nest schleppen. Um Larven aufzuspüren, senden die Ameisen Kundschafter aus. Entdecken sie die Larven von Gemeinen Kiefernbuschhorn-Blattwespen, eilen sie zum Nest zurück und hinterlassen dabei eine Duftspur. Heerscharen von Arbeitern folgen ihr bis zu den Larven.

Diese besitzen nichts, womit sie eine Kundschafterameise angreifen könnten. Und dennoch verhindern sie, daß ihr Standort verraten wird. Sie sammeln das Harz, das aus den abgefressenen Baumnadeln austritt, und lagern es in einer speziellen Ausstülpung ihres Darms. Wenn sie von einer Kundschafterameise entdeckt werden, spritzen sie ihr das Harz auf den Kopf und die Fühler; dadurch verliert die Ameise die Orientierung und findet nur schwer ihren Weg zurück zum Nest. Außerdem setzen die Larven dem Harz eine Substanz zu, die offenbar jenem Stoff ähnelt, den die Ameisen als Alarmsignal absondern. Wenn also die Arbeiterameisen auf die Spur des zurückkehrenden Kundschafters stoßen, veranlaßt sie der Geruch nicht, der Spur zu folgen, sondern ihr fernzubleiben. Sollte es der Kundschafter dennoch schaffen, bis zum Nest zurückzukehren, signalisiert er so deutlich eine Gefahr, daß die Arbeiter ihn als Feind betrachten und töten. Und die Larvenkolonie der Gemeinen Kiefernbuschhorn-Blattwespe kann unentdeckt weiterfressen.

Nun beginnen die Bäume zu blühen. Es gibt weibliche Blüten – kleine, unauffällige Büschel, die oft rot sind und meist an den Triebspitzen sitzen – und männliche Blüten. Diese bringen derartige Mengen Blütenstaub hervor, daß er als gelber Nebel durch den Wald treibt. Dabei werden die weiblichen Blüten befruchtet. Da der Sommer in der Taiga jedoch kurz ist, haben viele Arten nicht genügend Zeit, um Samen auszubilden. Erst im nächsten Jahr ist es soweit. Die Blütenstände des Vorjahrs, die nicht an den Zweigspitzen, sondern etwas weiter hinten sitzen, wachsen jetzt zu grünen Zapfen heran. Noch näher dem Stamm hängen die braunen dreijährigen Zapfen, die ihre holzigen Schuppen bereits geöffnet und die Samenkörner freigelassen haben.

Unten am Boden laufen Lemminge und Feldmäuse, die den Winter unter der schützenden Schneedecke verbracht haben, über die Nadeln und fressen die herabgefallenen Samenkörner. Und wie sie sich vermehren! Ein Lemmingweibchen kann in einem Wurf ein bis zwölf Junge haben. Vom Frühjahr bis zum Spätherbst

Hirsche im Wald

Die Rothirsche Europas sind große Tiere mit rostbraunem Fell. Die Männchen haben eine zottige Mähne und ein verzweigtes Geweih. Ähnliche Arten sind in allen Wäldern der nördlichen Breiten unter verschiedenen Namen anzutreffen – als Wapiti in Nordamerika, als Maral im Kaukasus und als Hangul in Kaschmir. Sie sind jedoch alle miteinander verwandt und können zu Recht als geographische Rassen der gleichen Art betrachtet werden. Die Tiere hier durchqueren einen Fluß im Nordwesten der Vereinigten Staaten.

werden drei Würfe zur Welt gebracht. Die Jungen aus dem ersten und dem zweiten Wurf vermehren sich, noch ehe der Winter einsetzt. Sie paaren sich schon im Alter von 19 Tagen und sind 16 bis 21 Tage lang trächtig. So kommt es, daß der Waldboden in Kürze von diesen Wühlmäusen dicht bevölkert ist. Wie schnell die Jungtiere heranreifen und wieviel Nachwuchs sie haben, hängt von der vorhandenen Futtermenge ab. Nicht jedes Jahr ist die Versorgung gleich gut. So bringen beispielsweise die Waldbäume alle drei oder vier Jahre besonders große Samenmengen hervor. Dies kann daher rühren, daß der Sommer in einzelnen Jahren unterschiedlich warm ist oder daß die Bäume mehrere Jahre lang Nahrungsreserven speichern müssen, um eine Rekordernte zu erzielen. Es kann sich aber auch um eine sinnvolle Überlebensstrategie der Bäume handeln. In normalen Jahren verzehren die Lemminge und andere Tiere so viel Samen, daß nur wenige austreiben. In einem Jahr mit einer Rekordernte gibt es aber Samen im Überfluß, und viele gehen auf, ehe sich die Lemminge stark vermehrt haben. Im nächsten Jahr finden sie dann nicht mehr soviel Futter vor und vermehren sich auch nicht mehr so stark.

Ein sommerliches Festmahl für Vögel

Die frischen Nadeln der Bäume, die Raupen und die Scharen von Lemmingen und Feldmäusen stellen selbst eine Futterquelle dar, und im späten Frühjahr und zeitigen Sommer kommen ganze Vogelschwärme aus südlichen Regionen, die sich dieses Festmahl nicht entgehen lassen wollen. Gemeinsam mit den einheimischen Arten stoßen Eulen auf die Lemminge herab. Rotdrosseln, Wacholderdrosseln und andere Drosselarten fressen die Raupen; Grasmücken und Meisen picken die ausgewachsenen Insekten von den Bäumen. Wenn man jetzt durch diese Gegenden wandert, kann man wesentlich leichter feststellen, auf welchem Kontinent man sich befindet. In jedem Abschnitt des immergrünen Waldgürtels, in Europa, Asien und Amerika, sind charakteristische Vögel aus den wärmeren Zonen weiter im Süden anzutreffen. In Skandinavien sind es die Bergfinken und Rotdrosseln, in Nordamerika die Schwärme winziger gelbgefleckter Grasmücken mit einem Dutzend verschiedener Arten.

Diese Gäste verbringen hier im Norden den Sommer und nutzen die kurze Zeit des Überflusses zum Nisten und zur Aufzucht der Jungen. Dabei hängt ihr Erfolg von den Futterreserven ab, denn das Nahrungsangebot kann von Jahr zu Jahr recht verschieden sein.

Die Nadelbäume sind nicht die einzigen Organismen, deren Fruchtbarkeit stark schwankt. Auch die Anzahl der Lemminge und Wühlmäuse kann sich von Jahr zu Jahr ändern. Dies wiederum beeinflußt den Bestand der Eulenvögel, die Jagd auf diese Tiere machen. Wenn es in einem Jahr verhältnismäßig wenig Wühlmäuse gibt, legt der Bartkauz, der fast ausschließlich von ihnen lebt, nur ein bis zwei Eier. Nimmt dann im nächsten Jahr die Zahl der Wühlmäuse wieder zu, sind die Käuze besser genährt und haben auch größere Nahrungsreserven für die Eiablage, so daß ihr Gelege größer wird. Dann kommt vielleicht ein Jahr, in dem sieben, acht oder sogar neun Eier im Nest liegen. Jetzt bricht die Population der Wühlmäuse wieder zusammen. Bei den Eulen, die sich stark vermehrt haben, tritt eine große Hungersnot auf, und plötzlich setzt eine Massenbewegung ein. Auf der verzweifelten Suche nach Nahrung verlassen die Tiere die nördlichen Wälder und ziehen nach Süden.

Auch der Fichtenkreuzschnabel vermehrt sich stark in den Jahren, in denen es viele Zapfen gibt, ist aber in den folgenden Jahren mit geringer Zapfenernte gezwungen, ebenfalls nach Süden zu ziehen. Aber auch dort müssen viele Vögel dieser Art sterben, weil sie das für sie geeignete Futter nicht finden. Die Grasmücken, Meisen und Drosseln, die im Sommer als Gäste nach Norden gezogen sind, stellen nur einen Teil des Gesamtbestands ihrer Art auf einem Kontinent dar. Ein Teil der Population verläßt seine Heimat nicht, um weiter im Süden, in den Wäldern mit günstigeren Bedingungen, ihre Jungen aufzuziehen.

Gefräßiger Nachwuchs
Der Vielfraß ist ein unerbittlicher Jäger. Diese Jungen reißen die Überreste eines Rentiers auseinander, das wahrscheinlich von einem Grizzlybären erlegt und liegengelassen wurde, nachdem er seinen Hunger gestillt hatte. Ein ausgewachsener Vielfraß kann ein Rentier auch selbst erlegen. Sein Gebiß ist so kräftig, daß es selbst dicke Knochen mühelos knackt.

Bäume der gemäßigten Klimazonen

Die Wälder dieser südlichen Regionen werden nicht mehr von Nadelgehölzen beherrscht. Im milderen Klima treten zunächst Birken auf; dann folgen Eichen, Buchen, Kastanien, Eschen und Ulmen. Diese Bäume sind mit breiten, dünnen Blättern belaubt, die das Sonnenlicht einfangen. Die Oberfläche der Blätter ist dicht mit Spaltöffnungen besetzt. Bis zu 20000 befinden sich auf einem Quadratzentimeter. Durch diese Öffnungen nimmt der Baum Kohlendioxid auf, und zusammen mit Wasser und Sonnenlicht baut er die lebenswichtigen Kohlenhydrate

Jäger in der arktischen Dunkelheit
Der Bartkauz muß im schwachen Licht des arktischen Winters auf Jagd gehen und verläßt sich dabei vorwiegend auf sein Gehör. Der große Kranz aus Federn rund um den Kopf dient als eine Art Parabolantenne. Sie verstärkt die leisen Geräusche, die ein Beutetier im Schnee von sich gibt.

auf. Bei diesem Prozeß wird Feuchtigkeit durch die Spaltöffnungen abgegeben. An einem Sommertag kann der Wasserverlust eines einzigen Baumes mehrere Tonnen betragen. Diesen können Laubbäume leicht verkraften, denn in den meisten gemäßigten Klimazonen fällt den ganzen Sommer über immer wieder Regen, und auch im Boden herrscht selten Wassermangel.

Die saftigen, breiten, hellgrünen Blätter sind wesentlich schmackhafter als die Nadeln der Koniferen und werden von vielen Tieren gern gefressen. Die verschiedenartigsten Raupen fallen über die Blätter her, und jede von ihnen bevorzugt bestimmte Bäume. Zahlreiche Raupen fressen bei Nacht, um nicht von hungrigen Vögeln entdeckt zu werden. Andere sind am Tag aktiv und schützen sich durch giftige, borstige Haare. Wieder andere zeigen ihre Unverträglichkeit durch auffallende Farben an. Manche verlassen sich auf die Tarnung und machen sich dadurch unsichtbar, daß sie die Farbe der von ihnen befallenen Blätter oder der Zweige, an denen sie sich festhalten, annehmen. Diese Anpassung ist so perfekt, daß man die Raupen am besten entdeckt, wenn man nicht nach den Insekten, sondern nach den Blättern Ausschau hält, die von ihnen angefressen worden sind. Vögel gehen bei ihrer Nahrungssuche offenbar nach der gleichen Methode vor. So kommt es, daß viele Raupen die Spuren ihrer Mahlzeiten sorgfältig beseitigen. Beschädigte Stiele oder angefressene Blätter werden abgetrennt und fallen zu Boden. Einige Raupenarten bleiben nach dem Fressen nicht an Ort und Stelle, sondern suchen einen weit entfernten Zweig auf.

Die Bäume sind solchen Angriffen nicht ganz schutzlos ausgesetzt. Sie können in ihren Blättern bestimmte chemische Stoffe, zum Beispiel Tannine (Gerbsäuren), ausbilden. Diese schmecken so schlecht, daß die Blätter von den Raupen gemieden werden. Wie jedes Abwehrsystem, so beanspruchen auch diese Maßnahmen einen Großteil der Kraft, die ein Baum für nützlichere Zwecke, etwa die Ausbildung von Zweigen und Blättern, einsetzen könnte. Deshalb verzichten Bäume auf solche Schutzmaßnahmen, wenn sie nicht unbedingt erforderlich sind oder wenn durch die Insekten eine nur geringe Gefahr droht. Treten sie aber in großer Menge auf, kann beispielsweise eine Eiche in kurzer Zeit in den befallenen Blättern Tannine erzeugen. Dadurch werden die Raupen zwar nicht getötet, doch wechseln sie dann ihren Standort und suchen besser schmeckende Blätter an einer

Eine grüne Speisekammer
Ein Birkenwald bringt jedes Frühjahr viele Tonnen saftiger, zarter Blätter hervor, die von den verschiedenartigsten Lebewesen als köstliches Futter geschätzt werden.

Getarnt zu allen Jahreszeiten
Die Raupe des Großen Schillerfalters paßt sich genau der Farbe der Blätter an, von denen sie lebt. Erst nach zehn Monaten ist sie ganz ausgewachsen. Im Winter setzt sie sich an einem Zweig fest und färbt sich braun. Im Frühjahr, wenn sie wieder zu fressen beginnt, nimmt sie eine grüne Tönung an.

anderen Stelle des Baums auf. Dabei werden Vögel auf sie aufmerksam, die ihrerseits auf Nahrungssuche sind, so daß letztlich die Anzahl der Raupen, die den Baum schädigt, stark herabgesetzt wird. Nimmt der Raupenbefall bedrohliche Formen an, kann ein Baum seine Nachbarn rechtzeitig warnen, indem er sogenannte Botengeruchsstoffe aussendet. Diese kann der Mensch zwar nicht wahrnehmen, aber die Nachbarbäume reagieren darauf und erzeugen ihrerseits Tannin in den Blättern, noch ehe sich die Raupen einfinden.

Die Familie der Spechte ist besonders gut an die Lebensweise im Wald angepaßt. Die Füße der Echten Spechte sind so ausgebildet, daß sie sich an senkrechten Baumstämmen festhalten können, wobei die erste und vierte Zehe nach hinten, die zweite und dritte nach vorn gerichtet sind. Die Schwanzfedern sind kurz

Als ungenießbar zu erkennen
Die Raupen des Braunen Bären (oben) und des Trägspinners (rechts) schützen sich durch giftige Haare. Pickt ein Vogel eine solche Raupe auf, läßt er sie meist gleich wieder fallen. Dies geschieht jedoch nur selten, denn die Haare sind auffällig gefärbt. Dadurch gibt sich die Raupe dem Vogel als ungenießbar zu erkennen und schützt sich gleichzeitig vor einem tödlichen Schnabelhieb.

Ein Echter Specht
Der in Amerika beheimatete Goldspecht ernährt sich am Boden meist von Ameisen. Der Schnabel dieses Echten Spechts ist zwar schlank und gebogen, aber dennoch kann er geschickt Nisthöhlen in Baumstämme meißeln. Zwei seiner Zehen weisen nach vorn, zwei nach hinten, und sein steifer Schwanz dient ihm als Stütze. So kann er gut auf Baumstämmen klettern.

und hart, so daß sich die Vögel mit dem Schwanz abstützen können. Der Schnabel läuft spitz zu wie ein Meißel. Die Echten Spechte klettern geschmeidig an den Stämmen hoch und lauschen aufmerksam auf die Geräusche, durch die sich Insekten verraten, wenn sie sich in den Gängen unter der Rinde bewegen. Hat ein Specht ein Insekt entdeckt, legt er den Gang mit Schnabelhieben frei und läßt seine lange Zunge vorschnellen, mit der er die Beute herausholt. An der Zungenspitze sitzen Borsten, die als Widerhaken wirken. Bei manchen Arten ist die Zunge so lang wie der Körper des Vogels. Sie ist in einem hohlen Gang des Schädels, dem sogenannten Zungenbeinhorn, untergebracht. Dieser läuft in zwei Schlingen um den Kopf und endet auf der Stirn oder im rechten Oberschnabel.

Der Specht verwendet seinen kräftigen Schnabel nicht nur für die Versorgung mit Insekten, sondern auch zum Bau von Nisthöhlen in Baumstämmen. Zunächst bohrt er ein waagrechtes Loch vor; dann meißelt er eine etwa 30 Zentimeter nach unten führende Kammer aus dem Holz. Meist sucht sich der Vogel dazu einen abgestorbenen Baum aus, weil sich der morsche Stamm leichter bearbeiten läßt als das harte Holz eines gesunden Baums. Außerdem sind tote Bäume meist von Borkenkäfern befallen, so daß der Specht einen beachtlichen Futtervorrat in Reichweite findet.

Das Trommeln des Spechts, das durch die schnellen Schnabelhiebe auf einen Baumstamm entsteht, gehört zu den charakteristischen Lauten im Wald. Spechte trommeln aber nicht nur bei der Nahrungssuche und beim Ausmeißeln von Nisthöhlen. Ihr Trommelwirbel auf einem hohlen Baumstamm dient dem gleichen Zweck wie der Gesang anderer Vögel; sie grenzen damit ihr Revier ab und locken Partner an. Die Trommelwirbel und die dazwischenliegenden Pausen sind bei jeder Art verschieden.

Die einzelnen Spechtarten haben sich auf unterschiedliche Nahrung spezialisiert. Der Grünspecht holt nicht nur Käfer aus der Borke heraus, sondern steigt oft auch zum Boden hinab, um Ameisen zu fressen. Der Wendehals hat seine Ernährung mehr auf Ameisen abgestellt. Er ist kein so ausgeprägter Kletterer und besitzt auch nicht den steifen Stützschwanz wie andere Spechtarten. Er hat eine lange, klebrige Zunge, die er vorschnellen läßt, und auf diese Weise erbeutet er aus einem Nest bis zu 150 Ameisen auf einmal. Der Eichelspecht schlägt in die Rinde von Eichen oder Nadelhölzern Löcher, die im Durchmesser so groß sind, daß Eicheln genau hineinpassen. Er wählt sich einen Baum aus und bohrt dann einige Hundert solcher Löcher, füllt diese mit Eicheln und legt sich somit einen ansehnlichen Wintervorrat an. Eine noch stärker spezialisierte Gruppe der Echten Spechte sind die Saftleckerspechte, die zu einem ganz anderen Zweck Löcher in die Baumstämme schlagen. Sie suchen sich gesunde Bäume aus, die besonders viel Saft enthalten, und bohren kleine Löcher, die sich ringförmig um den Baum ziehen, in den Stamm. Je nach der Baumart tritt dann ein harzhaltiger oder süßer Saft aus, der Insekten anlockt. Diese frißt der Saftleckerspecht zusammen mit dem Saft.

An den letzten warmen Tagen bilden die Laubbäume Blüten aus. Die Wälder sind nicht so dicht und so hoch, daß sie den Wind vollständig abhalten, und die meisten Bäume sind auf diese Luftbewegung angewiesen, damit ihr Blütenstaub zu den weiblichen Organen transportiert wird. Die Blüten sind meist klein und unauffällig, da sie keine Insekten als Pollenträger anlocken müssen. Der Sommer ist hier – anders als in der Tundra – so lang, daß die Blüten noch im gleichen Jahr Samen hervorbringen. Die Kastanien werden größer, die Eicheln wachsen heran, die Ahornbäume entwickeln ihre geflügelten Teilfrüchte aus, und die Haselstauden bekommen Nüsse.

Nahrungssuche beim Aufwärtsklettern
Der Baumläufer (unten) besitzt wie die Spechte einen Stützschwanz. Er bietet dem Vogel Halt, wenn er die Rinde nach Insekten absucht. Bei der Nahrungssuche klettert er am Stamm meist von unten nach oben.

Nahrungssuche beim Abwärtsklettern
Der Kleiber (rechts) ist etwas größer als der Baumläufer, und seine Zehen sind so lang und kräftig, daß er sich beim Klettern nicht mit dem Schwanz abstützen muß. Er kann sich deshalb am Stamm ebenso gut nach unten wie nach oben bewegen. Dabei lohnt sich das Abwärtsklettern mehr, denn der Vogel entdeckt dann in der Baumrinde lebende Käfer und andere kleine Insekten, die solchen Vögeln, die sich nur am Stamm aufwärts bewegen können, verborgen bleiben.

Der herbstliche Wald

Der Sommer nähert sich seinem Ende. Die Tage werden kürzer, und die Bäume bereiten sich jetzt auf den Winter vor. Wenn die dünnen, saftigen Blätter an den Ästen hängenblieben, hätten sie stark unter dem Frost zu leiden. Auch könnten sie an den kurzen, düsteren Wintertagen ihre Funktion nicht mehr richtig erfüllen, würden aber dennoch durch die Spaltöffnungen Feuchtigkeit abgeben, die der Baum dringend benötigt. Deshalb wirft er die Blätter ab. Zunächst wird das grüne Chlorophyll chemisch zersetzt und abgebaut. Dabei treten die Abfallprodukte, die bei der Photosynthese entstehen, in Erscheinung, und die Blätter färben sich braun, gelb oder rot. Die Gefäße, durch die sonst der Saft zu den Blättern und wieder in die Zweige zurückfließt, sperren den Durchfluß am unteren Stielende, und dort bildet sich eine feste Trennschicht. Bald genügt schon ein leiser Windstoß, um das trockene Blatt vom Ast zu lösen. So beginnt der Blattfall im Herbst.

Farbwechsel im Espenwald
Die leuchtende Herbstfärbung ist das äußere Zeichen eines höchst komplizierten Vorgangs, der sich im Baum vollzieht. Am unteren Stielende eines jeden Blatts bildet sich eine Gewebsschicht. Sie sorgt dafür, daß die Wunde, die beim Abfallen zurückbleibt, vor Pilz- und Bakterienbefall verschlossen wird. In den Ästen werden die langen Kanäle, durch die der nährstoffreiche Saft fließt, blockiert. Auf diese Weise stellt der Baum seine Versorgung den Winter über ein. Die wertvollen Nährstoffe, die sich im abgefallenen Laub befinden, gehen nicht verloren. Sie werden durch Fäulnis freigesetzt und von den Wurzeln wieder aufgenommen, sobald der Baum im Frühjahr ausschlägt.

Anpassung an das Herbstlaub
Dieser Dickkopffalter, der zu den Tagfaltern gerechnet wird, läßt sich zwischen welkem Laub nieder. Er paßt sich seiner Umgebung in der Färbung an und faltet dabei seine Flügel über dem Körper zusammen. Die Ränder seiner Vorderflügel sind gezackt wie die Ränder der meisten Blätter. Um die Tarnung vollständig zu machen, halten die Falter ihre Fühler geschlossen, so daß sie wie Stiele aussehen.

Überleben im Winter

Viele Säugetiere des Laubwalds – Spitzmäuse, Wühlmäuse, Mäuse und Eichhörnchen, Wiesel und Dachse – müssen im Winter mit wesentlich weniger Nahrung auskommen. Sie zehren dann von den Fettreserven, die sie sich im Lauf des Sommers zugelegt haben. Außerdem schränken sie ihre Aktivitäten auf ein Minimum ein, vermeiden jeden unnötigen Energieaufwand und verbringen einen Großteil der Zeit in ihren Erdlöchern und Bauen. Andere wiederum legen eine Winterruhe oder einen Winterschlaf ein. Schwarzbären halten Winterruhe, das heißt, sie fallen in eine Art Halbschlaf. Wenn der Herbst beginnt, suchen sie Spalten zwischen dem Felsgestein, mit Blättern ausgefüllte und geschützte Lagerstätten unter einem Überhang oder eine Höhle auf. Oftmals sind es dieselben Plätze, an denen sie zuvor schon viele Male geschlafen haben. Jedes Tier sucht sich eine eigene Lagerstatt. Dort bringt nach etwa einem Ruhemonat das Weibchen zwei bis drei Junge zur Welt. Ihre Ankunft scheint die Bärenmutter kaum zu bemerken, denn die Jungen sind sehr klein, kaum größer als eine Ratte. Während die Mutter schläft, kuscheln sich die kleinen Bären in ihr Fell und arbeiten sich zu den Brustwarzen vor. Die Bärenmutter selbst nimmt bis zum Frühjahr keine Nahrung zu sich und scheidet weder Urin noch Kot aus. Im Schlaf schlägt das Herz der Bären weniger häufig, und ihre Körpertemperatur sinkt etwas ab. Dadurch können die Tiere besser mit der Energie haushalten und wachen dennoch schnell auf, wenn sie gestört werden.

Wenn der Winter zu Ende geht, wachsen die Bärenjungen schnell heran. Sie knurren und winseln wie junge Hunde, während sie noch blind in der dunklen Höhle herumtapsen, und machen gelegentlich einen solchen Lärm, daß man selbst aus einiger Entfernung ein eigenartiges, vielstimmiges Geräusch in der frostigen Landschaft vernimmt. Wie lange die Mutter mit ihren Jungen im Bau bleibt, hängt von der Länge und Strenge des Winters ab. In den südlichen Regionen der amerikanischen Wälder ziehen sich die Bären nur selten länger als vier Monate zurück. In den nördlichen bleiben sie dagegen oft sechs bis sieben Monate im Winterlager.

Kleinere Tiere, wie Haselmäuse, Igel und Waldmurmeltiere, halten einen richtigen Winterschlaf. Dabei rollen sich manche ein, den Kopf an den Bauch geschmiegt, die Hinterbeine nahe der Nase, die Pfoten zusammengekrallt und die Augen fest geschlossen. Die Körpertemperatur sinkt bis auf 1 oder 2 °C ab, und die Muskeln werden so starr, daß sich das Tier kalt und hart wie ein Stein unter dem Fell anfühlt. In diesem Zustand werden die Körperfunktionen gerade noch aufrechterhalten und somit die Fettreserven des Tiers minimal beansprucht. Im Sommer schlägt das Herz eines Waldmurmeltiers etwa 80mal in der Minute; im Winter geht die Frequenz auf vier Schläge zurück, und statt 28mal atmet das Tier nur noch einmal in der Minute. Dieser totenähnliche Schlaf hält jedoch oft nicht den ganzen Winter hindurch an. Erwärmt sich das Wetter kurzfristig, wacht das Tier gelegentlich auf. Große Kälte hat erstaunlicherweise die gleiche Wirkung, denn würde die Bluttemperatur noch weiter absinken, bestünde die Gefahr, daß

Winterliche Ruhe

Ohne Blätter können die Bäume keine Nährstoffe erzeugen und nicht wachsen. Die Pflanzenfresser unter den Tieren finden jetzt nur wenig oder keine Nahrung. Die kleinen Nager drängen sich in ihren Löchern unter dem Schnee zusammen, halten sich warm und gehen mit ihren Kräften sparsam um. In den Spalten und Gängen der Rinde warten Insektenlarven auf das Frühjahr.

die Tiere erstarrten. Um dem entgegenzuwirken, wachen die Winterschläfer auf, und die lebensnotwendigen Prozesse kommen wieder in Gang.

Murmeltiere bereiten sich auf diesen Notfall vor. Sie greifen dann auf ihre Wintervorräte zurück, die sie entweder direkt an ihrem Schlafplatz oder in der Nähe angelegt haben. Sobald sich die Wetterlage wieder normalisiert, setzen sie ihren Winterschlaf fort. Die Bäume sind nun kahl. Das Laub, das den Waldboden bedeckt, verrottet schnell. Obwohl es sehr kalt ist, bleibt der Boden nur kurze Zeit gefroren, und Bakterien und Pilze können ihre Tätigkeit fortsetzen. Käfer, Tausendfüßer, Springschwänze und vor allem Regenwürmer fressen sich durch das verrottete Laub, vermischen es mit Erde und verwandeln es in einen nährstoffreichen Humusboden. Zwei Jahre nachdem das Laub abgefallen ist, hat es sich vollständig zersetzt. Bei Nadeln dauert der Prozeß mehr als doppelt so lange.

Nahrung im Winterlager
Die Haselmaus (oben) nimmt häufig Haselnüsse in ihr Winterquartier mit. Wenn sie hin und wieder aufwacht, liegt die Mahlzeit schon bereit. Die jungen Schwarzbären (rechts) kamen im Winter zur Welt. Ihre Mutter hatte große Fettreserven, als sie sich in ihrem Winterquartier niederließ. Die Jungen trinken an ihr, während sie weiterschläft.

DIE EINZIGARTIGEN WÄLDER AUSTRALIENS

Einen kühlen, feuchten Hochwald gibt es nicht nur in nördlichen Breiten, sondern auch auf der südlichen Halbkugel – an der Südspitze Südamerikas, in Neuseeland und Australien. Obwohl diese Wälder denen der gemäßigten Zonen Nordamerikas und Europas ähnlich sind, unterscheiden sie sich doch im einzelnen.

Vor 100 Millionen Jahren bildeten die heutigen Landgebiete auf der südlichen Erdhalbkugel einen riesigen Kontinent. Noch früher waren auch Afrika und Indien Teile dieser Landmasse, hatten sich jedoch damals schon weit von ihr entfernt, während Südamerika, die Antarktis, Australien und Neuseeland noch eine Einheit waren. In dieser Zeit bildeten die Pflanzen und Tiere, die sich auf dieser gewaltigen Landmasse entwickelten, ihre charakteristischen Merkmale aus. Dann kam es zu weiteren Abtrennungen. Vor rund 80 Millionen Jahren driftete Neuseeland ab. Vor etwa 55 Millionen Jahren trennten sich Australien und die Antarktis von Südamerika ab. Die Antarktis driftete ständig weiter nach Süden. Das Klima wurde kälter, bis eine geschlossene Eisschicht das ganze Land bedeckte. Australien hingegen driftete nach Osten und Norden in tropische Regionen. Heute ist dieses Land zwar zum Großteil Wüste, im Südosten aber immer noch kühl und regenreich, so daß dort weiterhin Wälder unter gemäßigten Bedingungen gedeihen können.

Südbuchen, eine mit den Buchen der Nordhalbkugel verwandte Gattung, die einst auf dem Superkontinent vor dessen Aufteilung wuchs, sind immer noch in Australien anzutreffen, ebenso in Chile, Argentinien und Neuseeland. Aber sogar noch ältere Bäume, wie die Palm- und Baumfarne, die bereits vor dem Auftreten der Blütenpflanzen auf der Erde weit verbreitet waren, haben hier überlebt. Die charakteristische und häufigste Gattung sind jedoch die Eukalypten, die sich in Australien entwickelt haben.

In diesem Wald gibt es einzigartige Tiere. Säugetiere mit einer Hautfalte oder Tasche, Beuteltiere genannt, entwickelten sich auf dem alten Superkontinent, nachdem sich Neuseeland abgetrennt hatte. Die in Südamerika lebenden Beuteltiere mußten sich gegen Säugetiere behaupten, die aus dem Norden einwanderten, als ihr Kontinent mit Nordamerika eine Einheit bildete. In der Antarktis fand man Versteinerungen von Beuteltieren. In Australien haben sie sich jedoch zu einer Vielzahl von Gattungen und Arten weiterentwickelt und über den ganzen Kontinent verbreitet.

Obwohl sich im Südosten Australiens warme und kalte Jahreszeiten abwechseln, fällt meist nur in den Bergen Schnee, und Fröste sind sehr selten. Deshalb fallen im Herbst auch nicht alle Blätter ab, und die Säugetiere müssen keinen Winterschlaf einlegen. Im August wird es wieder wärmer, doch der Frühling ist hier nicht so ausgeprägt wie anderswo.

Baumfarne *Solche baumhohen Pflanzen waren vor 200 Millionen Jahren auf der Erde weit verbreitet, und ihre fasrigen Stämme wurden in Kohle umgewandelt. Heute sind viele Baumfarne in tropischen Regionen beheimatet. In Australien wachsen sie aber auch in den kühlen, feuchten Wäldern des Südostens.*

Ein kletternder Blattfresser *Der Koala lebt fast ausschließlich von den Blättern der Eukalyptusbäume. Die Blätter enthalten ein scharf schmeckendes Öl und andere chemische Substanzen. Der Koala hat für diese Stoffe einen besonderen Verdauungsprozeß entwickelt.*

Ein nächtlicher Gleiter *Der Kurzkopf-Gleitbeutler besitzt einen behaarten Hautfallschirm zwischen den Vorder- und Hinterbeinen, mit dessen Hilfe er bis zu 30 Meter von einem Baum zum anderen segeln kann. Er lebt vom Saft der Eukalypten, von Akazienharz, Blütennektar und Insekten.*

Einzigartige Vögel *Ursprung und Geschichte der Vogelwelt Australiens sind vielseitig und müssen im einzelnen noch erforscht werden. Einige Arten sind sicherlich erst in jüngerer Zeit auf dem Inselkontinent gelandet. Papageien jedoch, wie der Rosellasittich (links), gehören zu einer Familie, die zwar in anderen Teilen der Erde ebenfalls weit verbreitet, in Australien aber mit besonders vielen Arten vertreten ist. Zu einer Vogelfamilie, die anderswo nicht vorkommt, gehört der Leierschwanz (unten). Hier breitet er seinen prächtigen Schwanz aus und legt ihn über den Rücken nach vorn.*

Pflanzenfresser am Waldboden *Einige Beuteltiere fressen Gras und niedrige Pflanzen in Wald und Buschland. Der Wombat oder Plumpbeutler (links) hat ungefähr die Größe eines Dachses und gräbt fleißig unterirdische Baue. Er verläßt sein Versteck fast nur bei Nacht und watschelt bei der Nahrungssuche mehrere Stunden lang durch den Wald. Das Bürstenkänguruh (oben) ist so groß wie ein Kaninchen und frißt nicht nur Gras, sondern scharrt auch Wurzeln und Knollen aus dem Boden. Seine Hinterfüße sind länger als die Vorderfüße. Es hüpft ähnlich wie die Känguruhs.*

Wie sich Bäume vor Hitze und Feuer schützen

Noch weiter im Süden wird das aktive Leben während der Winterruhe nicht so stark eingeschränkt. Nie herrscht eine so strenge Kälte, daß die Blätter unter dem Frost leiden, und deshalb können sich viele Arten immergrüner Laubbäume – Magnolien, Ölbäume und Erdbeerbäume – behaupten. Bestimmte Arten, die weiter im Norden ihre Blätter abwerfen, beispielsweise Eichen, behalten hier das ganze Jahr ihr Laub. Die harte Zeit ist für die Bäume dieser Region nicht der Winter, sondern der Sommer, wenn es so warm wird, daß die Bäume unter Wassermangel leiden. Die Blätter vieler immergrüner Laubbäume sind deshalb an der Oberfläche meist mit einer wasserundurchlässigen Wachsschicht bedeckt, und nur verhältnismäßig wenig Spaltöffnungen, die sich vor allem an der Unterseite befinden, sind vorhanden. Meist hängen die Blätter während der größten Hitze des Tages an den Ästen herab, denn damit sind sie der Sonne nicht so stark ausgesetzt. Wenn man um diese Zeit unter einem solchen Baum sitzt, gibt er erstaunlich wenig Schatten.

In dieser Region treten wieder Nadelbäume auf. Die gleichen Eigenschaften, die ihnen das Überleben in kalten Klimazonen ermöglichen, kommen ihnen hier im Süden während des Sommers zugute. Ihre Wuchsform ist jedoch anders. Im Norden sind viele Bäume pyramidenförmig ausgebildet. Ihre Äste weisen schräg vom Stamm nach unten, damit der Schnee abgleiten kann und sich nicht so anhäuft, daß der ganze Ast abbricht. Hier besteht diese Gefahr kaum, und der Baum kann seine mit Nadeln besetzten Äste nach oben und außen ausstrecken, um möglichst viel Licht einzufangen. Der charakteristische Nadelbaum des Südens ist die reich verzweigte Pinie mit ihrer flachen Krone.

Nadelbäume sind so wirkungsvoll vor Wasserverlust geschützt, daß sie auch auf Böden gedeihen, die für Laubbäume zu wasserdurchlässig oder zu sandig und trocken sind. Trotzdem trifft man in einigen südlichen Gegenden Nadelbäume auch dort an, wo der Boden für Laubbäume ausreichend bewässert und fruchtbar wäre. In diesen Gebieten behaupten sich die Nadelbäume wegen einer anderen Eigenschaft: Sie halten Bränden längere Zeit stand.

Im Süden der Vereinigten Staaten, in Florida und Georgia, kommt es in der langen, heißen Sommerzeit regelmäßig zu schweren Gewittern. Gewaltige Wolken türmen sich viele Kilometer hoch, und Blitze flammen auf. Sie schlagen in die höheren Bäume ein und hinterlassen auf ihrem Weg zur Erde eine zickzackförmige Brandspur an den Stämmen oder spalten sogar Bäume. Oft entzünden die Blitze auch das alte Laub am Boden, und schnell breiten sich die Flammen aus. Kiefern besitzen eine dicke Rinde, die zwar vom Feuer versengt wird, aber nicht brennt und deshalb den größten Teil der Hitze von den darunterliegenden empfindlichen Schichten fernhält. Die Knospen an den Triebspitzen der jungen Bäume erleiden keinen Schaden, auch wenn die Flammen sie erreichen, weil sie von einem dichten Büschel langer Nadeln umgeben sind. Dieses mag zwar von den Flammen erfaßt werden, doch noch bevor die Nadeln ganz verbrannt sind, ist

Pinien in Süditalien

Pinien wachsen auf trockenem Sandboden im Bereich der Mittelmeerküste von Portugal bis nach Syrien. Ihre langen Nadeln können Wasser speichern. Sie spielen in dieser trockenen Gegend eine ebenso wichtige Rolle wie die Nadelgehölze im eiskalten Norden. Pinien besitzen eine flache, schirmförmige Krone und tragen nur wenige Nadeln, so daß ein dichtes Buschwerk am Boden genügend Licht erhält.

das Feuer bereits weitergewandert, und die Knospen bleiben meist unversehrt. Die jungen Sämlinge der Eichen besitzen keinen derartigen Schutz. Wenn die vom welken Laub genährten Flammen an den jungen Bäumchen hochschlagen, bringen sie die Flüssigkeit in den jungen Zellen unter der dünnen Rinde zum Kochen und kommen direkt an die ungeschützten Knospen heran, so daß die Pflanze in wenigen Minuten abstirbt. Während also die jungen Laubbäume leicht einem Brand zum Opfer fallen, können die jungen Nadelbäume überleben.

Nadelbäume tragen häufig zu der Entstehung eines Feuers bei und ziehen sogar Nutzen daraus. Die von ihnen abgeworfenen harzhaltigen Nadeln stellen einen leicht entzündlichen Stoff dar. Durch Blitzschlag kann in einem Nadelwald ein Brand eher ausgelöst werden als in einem Laubwald. Durch die Flammen werden in einem Nadelwald nicht nur konkurrierende Pflanzen vernichtet, sondern es werden auch die Nährstoffe der abgefallenen Nadeln freigesetzt und der Boden damit angereichert. Außerdem tötet der Rauch Pilze ab, die den Bäumen schaden. Manche Kiefernarten besitzen Zapfen, die von einem pechartigen Harz überzogen sind und sich nur bei starker Wärmeeinwirkung öffnen, um ihre Samen freizulassen. Wenn derartige Wälder vor Feuer geschützt werden und Löschtrupps sofort jede auflodernde Flamme ersticken, bedeutet das einen Eingriff in die natürliche Entwicklung des Waldes. Sein Charakter kann sich dadurch verändern, denn so bekommen häufig Laubbäume die Oberhand in der Pflanzengemeinschaft.

Ohne einen regelmäßigen Abbrand sammeln sich mit der Zeit Blätter, Zweige und umgefallene Baumstämme am Boden an. Wenn dann nach vielen Jahren erst wieder ein Feuer ausbricht und außer Kontrolle gerät, geht die trockene, hohe Bodenschicht in Flammen auf. Ein derartiges Feuer kann stundenlang am gleichen Fleck brennen, immer höher werden und sich zu einem Feuersturm auswachsen. Die Flammen schlagen an den Stämmen hoch, die Baumkronen entzünden sich explosionsartig, und der ganze Wald wird zerstört.

Unter normalen Bedingungen richten die kleineren, schnell weiterwandernden Bodenbrände bei Tieren kaum einen Schaden an. Vögel können aus der Feuerregion wegfliegen. Bodenbewohner verkriechen sich kurze Zeit in Erdlöchern, bis das Feuer über sie hinweggefegt ist.

Eine große Gefahr droht den Spechtvögeln in den Wäldern der südlichen Breiten. Würden sie wie ihre Verwandten im Norden ihre Nisthöhlen in abgestorbenen Bäumen anlegen, deren Stämme leicht von den Flammen erfaßt werden, würden die Jungvögel bei Bränden ersticken oder verbrennen. Ein charakteristischer Specht dieser Wälder, der Rotkopfspecht, entgeht dieser Gefahr, indem er seine Nistlöcher in noch lebende Baumstämme gräbt.

Bei dieser Tätigkeit stößt der Vogel jedoch auf Schwierigkeiten. Nadelbäume schützen sich, wenn ihre Stämme und Äste beschädigt werden, indem sie Harz absondern. An einem abgebrochenen Ast, einem von Insekten gebohrten Gang oder einer von der Axt des Holzfällers abgehauenen Stelle tritt sofort eine stark riechende Flüssigkeit aus, die an der Luft hart wird und mit einem Schorf die Wunde verschließt, so daß der kostbare Saft nicht mehr austreten kann und der Baum vor Infektionen geschützt ist. Dieses Harz fließt in Gefäßen, die in den äußeren Schichten des Baumstamms von unten nach oben führen. Würde der Specht seine Nisthöhle in diesem Bereich eines lebenden Stamms anlegen, wäre sie durch die klebrige Masse des Harzes, der in großer Menge austritt, bald unbewohnbar. Deshalb bohrt der Rotkopfspecht ein Loch durch die äußere Schicht des Stamms hindurch bis in das Kernholz. Der Baumstamm muß ziemlich dick sein, damit sein Kernholz im Inneren genügend Platz für die Nisthöhle des

Vogels bietet. Deshalb legt der Rotkopfspecht sein Nest meist in verhältnismäßig geringer Höhe am Stamm an. Hier kann es jedoch geschehen, daß das Nest von anderen Tieren ausgeplündert wird, vor allem von Rattenschlangen, die den Stamm hinaufklettern und die Jungvögel aus ihren Nestern holen. Auch vor solchen Räubern kann sich der Specht schützen. Er bohrt eine Reihe von Löchern ober- und unterhalb seines Einschlupflochs in das Holz, ähnlich wie der Saftleckerspecht. Diese Löcher arbeitet er regelmäßig nach, so daß Harz in größeren Mengen austreten kann und einen klebrigen Ring rund um den Baumstamm bildet. Die im Harz enthaltenen chemischen Stoffe üben offenbar eine so unerträgliche Wirkung auf den Leib der Schlange aus, daß sie, wenn sie den Harzring berührt, sofort zurückweicht und sich windet; ihr Körper bäumt sich auf, sie verliert den Halt und fällt zu Boden.

Die ausgehöhlten Löcher werden oft Jahr für Jahr vom selben Vogel benutzt. Einige dienen als Nisthöhlen, andere wiederum als Ruheplätze. In das Holz eines lebenden Baums lassen sich Höhlen wesentlich schwerer hauen als in das morsche Holz eines abgestorbenen Stamms. Deshalb sind Höhlen in lebenden Bäumen begehrt, und viele andere Tiere, zum Beispiel Eichhörnchen, besetzen eine fertige Nisthöhle, wenn sich ihnen dazu eine Gelegenheit bietet. Der Specht muß also stets auf der Hut sein. Er lebt in Sippen mit acht bis zehn Angehörigen, die alle miteinander verwandt sind. Es nistet aber jeweils nur ein Paar. Die anderen, meist jüngere Vögel, wechseln sich als Wachtposten für das besetzte Nistloch ab. Sogar bei der Fütterung der Jungen helfen sie mit und arbeiten wohl auch beim Ausbau neuer Nisthöhlen zusammen.

Diese Kiefernwälder Amerikas bilden den südlichen Randstreifen einer großen Waldregion, die sich einst – ehe der Mensch hier rücksichtslos rodete – quer über die Kontinente der Nordhalbkugel erstreckte. In diesem unendlich großen Gebiet müssen Pflanzen und Tiere unter Bedingungen leben, die sich im Lauf eines einzigen Jahres stark ändern und je nach der Jahreszeit äußerst ungünstig sein können. Die Lebewesen der nördlichen Regionen müssen sich damit zurechtfinden, daß es im Sommer an manchen Tagen fast ununterbrochen hell bleibt, während im Winter an manchen Tagen nahezu völlige Dunkelheit herrscht. In südlicheren Regionen gibt es Tage mit kalten Regenschauern, später im Jahr wiederum Wochen mit glühender Sonnenhitze. Um unter derart unterschiedlichen Bedingungen zu überleben, mußten Tiere und Pflanzen besondere Lebensweisen entwickeln. Kein Wesen kann das ganze Jahr über seine Energie dauernd bis aufs äußerste beanspruchen.

Kaum 1000 Kilometer weiter südlich in Richtung auf den Äquator zu befindet sich der Wendekreis des Krebses. Jenseits dieser unsichtbaren Linie steht die Sonne zu bestimmten Zeiten direkt im Zenit. Hier gibt es Gegenden, wo die Sonne fast jeden Tag hell scheint, wo keine Fröste auftreten und wo nahezu jeden Tag lebenspendender Regen fällt. Eine solche Gegend war die ursprüngliche Heimat der Laubbäume, und dort beherrschen sie immer noch das Land. Diese Gebiete sind es auch, wo das Leben in allen seinen Formen besser gedeiht als anderswo auf der Erde.

Die größten Bäume der Erde

Die Mammutbäume sind Koniferen, die sich kalten Klimaten angepaßt haben. Gegen Ende der letzten Eiszeit waren diese Baumriesen in ganz Nordamerika verbreitet. Als sich aber das Klima erwärmte, gingen die meisten von ihnen zugrunde. Nur noch in kleineren Gruppen sind sie im Bergland der Sierra Nevada Kaliforniens anzutreffen. Mammutbäume werden über 80 Meter hoch.

Der Regenwald

Starke Regenfälle und hohe Temperaturen das ganze Jahr über schaffen nahezu ideale Voraussetzungen für ein üppiges Wachstum. Wo sie herrschen, gedeiht der Regenwald, die reichste Tier- und Pflanzenwelt der Erde.

Nirgends gibt es mehr Licht, Wärme und Feuchtigkeit als in Westafrika, Südostasien und auf den Inseln des westlichen Pazifiks sowie in Südamerika, von Panama quer durch das Amazonasbecken bis in den Süden Brasiliens. Aufgrund derartiger Bedingungen hat sich in diesen Gebieten eine Vegetation ausgebreitet, wie man sie so dicht und üppig sonst nirgends auf der Erde findet. Wissenschaftler sprechen vom tropischen Regenwald.

Im Vergleich zu den Wäldern weiter im Norden wirkt sich hier der Wechsel der Jahreszeiten kaum aus. In der Nähe des Äquators bleiben die Sonneneinstrahlung und die Tageslänge das ganze Jahr über nahezu gleich. Selbst während der Regenzeit ist es lediglich ein wenig feuchter als sonst. Das Klima ist hier viel länger gleich geblieben als in allen anderen Zonen der Erde. Schon im Lauf von Jahrzehnten können sich Seen mit Schlamm füllen und in sumpfiges Gelände übergehen, innerhalb von Jahrhunderten kann sich die Steppe in eine Wüste verwandeln, und in Jahrmillionen können Berge durch die Erosion eingeebnet werden. Den feuchten tropischen Regenwald im Bereich des Äquators gibt es jedoch seit vielen Jahrmillionen.

Diese Kontinuität dürfte mit ein Grund dafür sein, daß sich hier eine fast unvorstellbare Vielfalt von Lebewesen entwickelt hat. Die großen Waldbäume sind viel artenreicher, als man aufgrund der einheitlich glatten Stämme und der ähnlich aussehenden, lanzettförmigen Blätter annehmen möchte. Erst wenn die Bäume Blüten ausbilden, erkennt man, wie vielen unterschiedlichen Arten sie angehören. Diese Vielfalt ist erstaunlich. Auf einem Hektar Regenwald kann man durchaus mehr als 100 verschiedene Arten hoher Bäume antreffen. Der Artenreichtum des tropischen Regenwalds im Amazonasbecken ist nicht nur auf Pflanzen beschränkt. Mehr als 1600 Arten von Vögeln leben dort, und die Anzahl der verschiedenen Insektenarten läßt sich kaum feststellen. In Panama haben Entomologen mehr als 950 verschiedene Käfer gesammelt, die auf einer einzigen Baumart leben. Die Wissenschaftler schätzen, daß im Regenwald Südamerikas

Ein gesättigter Wald
Damit Bäume und Kletterpflanzen so üppig und dicht wachsen wie im tropischen Regenwald, müssen die Niederschlagsmengen sehr hoch und gleichmäßig über das ganze Jahr verteilt sein. Sie liegen bei mindestens 2000 Millimeter und sorgen für ein ständiges Wachstum, das den Fortbestand des Walds gewährleistet. Es gibt jedoch Regenwälder, wie hier in Venezuela, wo die Niederschlagsmenge doppelt so hoch ist.

auf einem einzigen Hektar bis zu 40 000 verschiedene Insekten- und niedere Tierarten vorkommen. Offensichtlich hat der Entwicklungsprozeß, der unter diesen konstanten Bedingungen viele Jahrmillionen ununterbrochen stattfand, spezialisierte Organismen hervorgebracht, die die kleinsten ökologischen Nischen besetzen konnten.

Lebewesen im Bereich des Laubdachs

Die Mehrzahl dieser Lebewesen hält sich jedoch in einem Teil des Urwalds auf, der bis vor kurzem für den Menschen noch unerreichbar und daher größtenteils unerforscht war: im Laubdach, das sich 40 bis 50 Meter über dem Boden erhebt. Daß dort oben viele Tiere leben, wird jedem klar, der die verschiedenartigsten knackenden und schwirrenden, heulenden und schreienden, trillernden und kreischenden Geräusche wahrnimmt, die aus dem Geäst bei Tag und mehr noch bei Nacht herabklingen. Welches Geräusch von welchem Tier stammt, kann man meist nur erraten. Auch für den Ornithologen, der mit dem Fernglas in die Kronen der Bäume späht, bedeutet es einen Glücksfall, wenn er mehr als die Silhouette eines Vogels zwischen den Ästen vorbeiflattern sieht.

Für Botaniker war es nicht leicht, die Bäume mit ihren sehr hohen, ähnlich aussehenden Stämmen zu bestimmen. Um an die Blätter und Blüten heranzukommen, ließen sie sich etwas Besonderes einfallen: Mit Schrotflinten schossen sie Äste ab und hatten so das notwendige Material für ihre Arbeit. Ein Forscher, der eine möglichst vollständige Aufstellung der Bäume des Regenwalds von Borneo erarbeiten wollte, richtete sogar einen Affen dazu ab, auf bestimmte Bäume zu klettern, dort Blütenstände abzureißen und dann hinabzuwerfen.

Vor einigen Jahren wurde im Regenwald die Technik des Kletterns mit Seilen eingeführt, wie sie von Bergsteigern angewendet wird. Damit begann die systematische Erforschung der Laubdachschicht. Wenn man dort oben angekommen ist, hat man das Gefühl, das düstere, stickige Treppenhaus eines Wolkenkratzers verlassen zu haben und auf dessen Dach hinauszutreten. Plötzlich weichen Zwielicht und Feuchtigkeit der frischen Luft und dem Sonnenschein. Eine unermeßliche Blätterwiese dehnt sich vor den Augen des Betrachters aus. Sie ist bucklig und kraus wie ein riesiger Blumenkohl. Hier und da wird sie von einzelnen Riesenbäumen überragt. Diese leben in einem Klima, das sich von dem der übrigen wesentlich unterscheidet: Hier oben weht der Wind ungehindert durch die Kronen. Das machen sich die Bäume bei der Verbreitung ihrer Samen und des Blütenstaubs zunutze. Der riesige Kapokbaum, ein Wollbaumgewächs Südamerikas, bringt Unmengen flaumiger Samen hervor, die der Wind wie Wollflocken kilometerweit fortträgt und im Wald verteilt. Die artverwandten Bäume Südostasiens und Afrikas statten ihre Samen mit Flügeln aus, so daß sie langsam kreisend hinabschweben, vom Wind erfaßt und weit verstreut werden, ehe sie im Laubdach verschwinden.

Der Wind wirkt sich jedoch auch nachteilig aus. Er entzieht den Bäumen einen lebenswichtigen Stoff, die Feuchtigkeit, die durch die Poren der Blätter austritt. Die Riesenbäume der Gipfelzone begegnen dieser Gefahr, indem sie schmale Blätter ausbilden, die eine wesentlich kleinere Oberfläche besitzen als die Blätter der Bäume des Laubdachs. Auch sind sie kleiner als die Blätter an den unteren Ästen der Baumriesen, die sich im Halbschatten entwickeln.

Die Kronen der Riesenbäume sind der bevorzugte Nistplatz der größten Greifvögel des Regenwalds. Jede Region hat ihre eigene Art: In Südostasien ist es der Affenadler, in Südamerika die Harpyie und in Afrika der Kronenadler. Alle

Vom Aussterben bedrohte Affenadler
Der auf den Philippinen beheimatete Affenadler (oben) gehört zu den seltensten Vögeln der Erde. Es gibt von ihm höchstens noch 100 Exemplare. Obwohl das Weibchen zwei Eier legt, schlüpft meist nur ein Junges. Die Harpyie (rechts), die in Südamerika lebt, hat große Ähnlichkeit mit ihm. Sie legt dagegen nur ein einziges Ei. Die Jungen der beiden Adlerarten sind schon nach drei Monaten flügge, können selbst aber noch nicht jagen und werden von den Eltern etwa ein Jahr lang gefüttert.

Arten sind sich ähnlich. Sie besitzen eine große Federhaube, breite, verhältnismäßig kurze Flügel sowie einen langen Schwanz. Diese Körperform verleiht den Vögeln im Flug eine große Wendigkeit. Aus Zweigen bauen sie einen großen, flachen Horst, den sie jedes Jahr aufsuchen. Dort ziehen sie meist nur ein Junges auf, das fast ein Jahr lang von den Eltern mit Futter versorgt wird.

Alle Greifvögel, die hier leben, sind schnelle Jäger des Laubdachs. Die Harpyie ist etwas größer als alle anderen Adler und jagt unter anderem Affen. Dabei fliegt sie geschickt zwischen den Ästen hindurch und verfolgt eine Gruppe, die in panischer Angst flieht, bis sie schließlich ein Opfer greift und es zappelnd in ihren Horst bringt. Dort wird die Beute von den Adlern zerlegt und Stück für Stück gefressen.

Das Laubdach selbst, die dichte Decke des Regenwalds, ist eine sechs bis sieben Meter dicke grüne Zone. Alle Blätter stehen in einem bestimmten Winkel, damit sie möglichst viel Licht erhalten. Viele haben ein Gelenk am Ende des Stiels, so daß sie sich drehen und nach der Sonne ausrichten können, wenn sie im Lauf des Tages von Osten nach Westen wandert. Bis auf die oberste Gipfelzone sind alle Baumkronen vor dem Wind geschützt und daher stets von warmer, feuchter Luft umgeben. Hier sind die Wachstumsbedingungen für Pflanzen sehr günstig, und auch Moose und andere Epiphyten gedeihen im Überfluß. Sie bedecken die Rinde der Äste und hängen wie Bärte von den Zweigen herab. An den Blättern würde ein solcher Bewuchs das lebenswichtige Sonnenlicht abhalten und die zum Atmen notwendigen Spaltöffnungen verstopfen. Dieser Gefahr begegnen die Blätter durch eine glänzende Wachsschicht an der Oberfläche, auf der die feinen Wurzeln und Fasern nur schwer Halt finden. Außerdem besitzen fast alle Blätter eine Träufelspitze. Nach einem Wolkenbruch bleiben die Wassertropfen nicht auf den Blättern liegen, sondern laufen schnell ab. Auf diese Weise bleibt die Blattoberfläche stets trocken.

In den Tropen gibt es keine ausgeprägten Jahreszeiten, und somit besteht – im Gegensatz zu anderen Klimagürteln – auch nicht die Notwendigkeit, daß die Bäume ihr Laub zur gleichen Zeit abwerfen. Das bedeutet jedoch nicht, daß alle Bäume das ganze Jahr hindurch die Blätter laufend verlieren und wieder neu bilden. Jede Baumart folgt dem eigenen Zeitplan. Manche werfen das Laub alle sechs Monate ab, andere alle zwölf Monate, und einige wechseln das Laub Ast für Ast zu bestimmten Zeiten des Jahres.

Noch unterschiedlicher sind die Blütezeiten. Eine ganze Reihe von Baumarten blüht alle zehn, andere wiederum alle 14 Monate. Einige Bäume blühen nur alle zehn Jahre. Auch hier folgt jede Art einem bestimmten Zeitplan, der aber nicht von irgendwelchen äußeren Umständen abhängig ist. Alle Bäume derselben Art in einem riesigen Regenwaldgebiet öffnen gleichzeitig ihre Blüten, denn nur so können sie sich gegenseitig befruchten.

Tiere werden für Botendienste angelockt

Die Blüten der Bäume des Laubdachs können nicht – wie die der hoch aufragenden Baumriesen – durch den Wind bestäubt werden, weil in ihrer Umgebung die Luft nahezu bewegungslos ist. Die Blüten müssen deshalb mit auffallend gefärbten Blütenblättern und mit Nektar Insekten und andere kleine Tiere für Botendienste anlocken. Viele Blüten werden von Insekten, etwa Käfern, Wespen und prächtig gefärbten Schmetterlingen, befruchtet. Blüten, die sich nektarfressender Vögel als Pollenträger bedienen – in Südamerika Kolibris und in Asien und Afrika Nektarvögel –, sind meist rot gefärbt, während helle Blüten, die sich vor allem nachts öffnen, zum Großteil von Fledermäusen und Nachtfaltern bestäubt werden.

Ähnliche Transportprobleme bereitet die Verbreitung der Samen. Diese Aufgabe müssen größere, kräftigere Tiere übernehmen. Viele Bäume verpacken ihre Samen in saftiges, süßes Fruchtfleisch und locken damit Affen, Nashornvögel, Tukane und Flughunde an. Die Samen werden unversehrt mit dem Fruchtfleisch geschluckt. Feigen fressen die Tiere direkt vom Baum ab. Größere Früchte – Avocados, Durianfrüchte und Baummelonen – fallen auf die Erde und werden dort von den Bodenbewohnern verspeist. Alle Samen haben eine harte, feste Schale, so daß sie das gesamte Verdauungssystem des Tieres passieren können und mit dem Kot unversehrt – und meist auch in einiger Entfernung von dem Ort, an dem sie gefressen wurden – ausgeschieden werden.

Falkensteins Nektarvogel

Die kleinsten Vögel *Weil Nektarvögel und Kolibris so winzig sind, können sie um einen Blütenstand herumschwirren und aus jedem einzelnen Kelch den Nektar heraussaugen. Viele Arten sind noch kleiner als die tropischen Schmetterlinge, die sich auch vom Blütennektar ernähren. Falkensteins Nektarvogel ist mit nur elf Zentimeter Länge einer der kleinsten dieser Familie. Der kleinste Vogel überhaupt ist jedoch die Bienenelfe, die auf Kuba lebt. Von der Schnabelspitze bis zum Ende des Schwanzes mißt sie nur sechseinhalb Zentimeter und wiegt kaum zwei Gramm. Ihr Nest ist nicht größer als ein Fingerhut, und ihre Eier sind erbsengroß. Dieser winzige Vogel ist mit einem Insekt vergleichbar und kann mindestens 90mal in der Sekunde mit den Flügeln schlagen.*

Bienenelfe

ÄHNLICHES FUTTER – ÄHNLICHE VÖGEL

Die Kolibris leben in Amerika, die Nektarvögel in Afrika und Asien. Obwohl die beiden nicht miteinander verwandt sind, ähneln sie sich in der Größe, der Farbe und den Lebensgewohnheiten.

Während die Nektarvögel Singvögel sind, stehen die Kolibris den Seglern nahe. Nektarvögel und Kolibris saugen Nektar aus den Blüten. Um dies geschickt tun zu können, müssen die Vögel sehr klein sein und vor einer Blüte schweben können. Außerdem brauchen sie eine lange, röhrenförmige Zunge, die tief in die Blüte eindringt und den Nektar aufsaugt. Diese Merkmale sowie einige andere Gemeinsamkeiten haben sowohl die Kolibris als auch die Nektarvögel unabhängig voneinander ausgebildet. Trotzdem ist das Erbe ihrer unterschiedlichen Vorfahren nicht ganz verlorengegangen. Die Segler sind ausgezeichnete Flieger und viel wendiger als die Singvögel; das gleiche gilt für die nektarfressenden Verwandten dieser beiden Gruppen.

Malachit-Nektarvogel

Diskuskolibri

Der prächtigste Vogel *Die Weibchen der Nektarvögel und der Kolibris sind meist graubraun. Die Männchen beider Familien besitzen jedoch eine auffallende Färbung mit prächtigem, schillerndem Federschmuck. Der Schwanz des Malachit-Nektarvogels endet in zwei langen Bändern, beim Diskuskolibri in zwei eleganten Wimpeln. Beide sind sehr zänkisch und vertreiben mit heftigen Angriffen alle anderen Männchen, die in ihr Revier eindringen. Zur Paarungszeit bewegen sich die Männchen im Sturzflug, stehen schwirrend vor den Weibchen, stellen ihren Schmuck zur Schau und wippen mit den Federn. Am Brutgeschäft der Eier beteiligen sie sich nicht. Diese Aufgabe überlassen sie allein den Weibchen.*

Rotbrust-Nektarvogel

Schwertschnabel-Kolibri

Wie sie in die Tiefe vordringen *Zwar können beide Vogelfamilien in der Luft schwirren, doch die Kolibris sind dabei geschickter. Holt der Schwertschnabel-Kolibri den Nektar aus einer langen Trompetenblüte heraus, dann bleibt er schwirrend vor einer Blüte stehen und führt seinen langen, spitzen Schnabel äußerst genau und völlig gerade in die Tiefe des Blütenkelchs. Wenn er seinen Schnabel wieder herauszieht, kann er sogar rückwärts fliegen. Der Rotbrust-Nektarvogel ist kein so begabter Flugkünstler. Er setzt sich auf eine benachbarte Blüte, pickt mit dem Schnabel den Boden des Trompetenkelchs auf und kommt so auf dem kürzesten Weg an sein Ziel.*

Tiere, die im Laubdach Früchte sammeln

Die Totenkopfäffchen (links) ziehen auf der Suche nach Früchten in großen Herden durch den Regenwald Südamerikas. Die Weibchen schleppen die meiste Zeit des Jahres ein Junges auf dem Rücken mit sich herum. Nicht immer ist es die Mutter, die sich um das Kleine kümmert. Jungtiere werden oft von einem anderen weiblichen Tier der Herde getragen. Während die Alten Nahrung sammeln, lernen die Jungen, welche Früchte reif und eßbar und welche ungenießbar sind. Tukane (unten) sind ebenso geschickte wie wählerische Kostgänger und pflücken mit der Spitze ihres kräftigen Schnabels vorsichtig ihre Lieblingsfrüchte von den Ästen ab. Trotz seiner Größe ist der Schnabel sehr leicht. Er besteht aus einem wabenförmigen Knochengewebe, das ihm große Festigkeit verleiht.

Ein unerschöpflicher Futtervorrat

Im Laubdach des Regenwalds lebt eine große, artenreiche Gemeinschaft von Tieren, die hoch über dem Boden jagt, frißt, Junge aufzieht und stirbt, ohne jemals diese grüne Welt zu verlassen. Weil viele verschiedene Baumarten zu unterschiedlichen Zeiten Früchte tragen, reift das ganze Jahr hindurch irgendwo Nahrung heran, und die Tiere haben sich deshalb zu speziellen Fruchtfressern entwickelt, die kaum etwas anderes mehr zu sich nehmen. Sie schließen sich zu einer Wanderschar von Vögeln und Säugetieren zusammen und ziehen von Baum zu Baum, um Früchte zu ernten. Wenn man das Leben im Laubdach des Regenwalds beobachten will, sucht man sich am besten einen Baum aus, der heranreifende Früchte trägt. Auf einem Feigenbaum in Borneo wimmelt es von Tieren,

Wie sich Flughunde ernähren

Mit ihren langen Eckzähnen ergreifen die Flughunde die Früchte, und mit ihren kleinen Schneidezähnen öffnen sie die Schale. Zerquetscht wird das Fruchtfleisch mit den hinteren Backenzähnen. Wenn die Tiere ihre Nahrung zu sich nehmen, halten sie sie meist mit einem Fuß fest und führen sie dann zum Maul.

wenn seine Früchte reif werden und duften. Affen klettern in den Ästen herum und stellen schnuppernd fest, ob die Feigen den richtigen Reifegrad erreicht haben. Der große, rothaarige Orang-Utan ist von Natur aus ein Einzelgänger. Auf einem Baum trifft man meist nur ein Männchen oder ein Weibchen mit ihrem Jungen an. Gibbons hingegen treten in Familienverbänden auf. Ganz außen, an den dünnsten Ästen, auf denen die großen Tiere keinen Halt mehr finden, flattern und kreischen die Vögel. Papageien turnen herum und ergreifen eine Frucht mit den Zehen des einen Fußes, während sie sich, den Kopf nach unten hängend, mit dem anderen festhalten. Nashornvögel und Tukane pflücken mit ihren langen Schnäbeln die Früchte einzeln ab, werfen sie in die Luft und fangen sie dann mit dem Schnabel wieder auf. Auch wenn der Tag zu Ende gegangen ist, geht das Festessen weiter. In der Nacht kommen neue Nahrungssuchende. Vielleicht wagt sich ein Lori, ein nachtaktiver Halbaffe mit hellem Fell und großen, kreisrunden Augen, aus seinem Versteck, und Indische Flughunde landen auf den Ästen mit rauschendem Flügelschlag.

Andere Tiere ernähren sich hauptsächlich von dem unerschöpflichen Blättervorrat. Da die Zellulose schwer verdaulich ist, müssen die Blattfresser einen großen Magen haben, wo die Nahrung während des Zersetzungsprozesses ruht. Deshalb sind die meisten Blattfresser auch ziemlich groß. Unter ihnen gibt es nur wenige Vogelarten, denn sie müssen ein möglichst geringes Körpergewicht haben, um flugfähig zu bleiben. Die Hauptnahrung einiger Affen besteht aus Blättern. In ihrem Verdauungstrakt haben sich große Seitentaschen ausgebildet, um diese Mengen von Grünzeug bewältigen zu können. Zu diesen Tieren gehören die Brüllaffen Südamerikas, die Languren Asiens und die Stummelaffen Afrikas. Die seltsamsten aller Blätterfresser im Laubdach des Regenwalds sind aber sicherlich die südamerikanischen Faultiere. Sie hängen mit dem Rücken nach unten an den Ästen und bewegen sich langsam und behäbig fort. Ihre Krallen sind hakenförmig ausgebildet, und ihre Gliedmaßen haben sich von gelenkigen Stützen in steife Knochenbügel umgewandelt. Der Strich ihres Körperhaars läuft in umgekehrter Richtung zu dem anderer Tiere: von den Fußgelenken zur Schulter und von der Bauchmitte zum Rückgrat, so daß bei einem Regenguß das Wasser ablaufen kann. Das Dreizehenfaultier hält sich bevorzugt auf niedrigeren Bäumen auf und ernährt sich fast ausschließlich von den Blättern eines Maulbeerbaumgewächses, während das Zweizehenfaultier, ein echter Bewohner des Laubdachs, in den obersten Ästen umherklettert und außer Blättern auch Früchte frißt.

Unter Ästen geboren
Ein Dreizehenfaultier kann gleich nach der Geburt im Fell der Mutter hochklettern. An ihrer Brust macht das Junge es sich bequem.

Frei schwebend von Ast zu Ast
Die Baumnattern Südamerikas können sich, ohne sich abzustützen, fast zur Hälfte waagrecht ausstrecken, indem sie ihren Körper abflachen, so daß er sich zu einem dünnen und breiten Band versteift.

Eine Katze in den Baumkronen
Der Ozelot ist in Mittel- und Südamerika verbreitet. Er ist wesentlich kleiner als ein Jaguar und etwas größer als die Langschwanzkatze. Im Gegensatz zu dieser kann der Ozelot nicht mit dem Kopf voraus an einem Baumstamm hinabklettern, ist aber dennoch im Geäst erstaunlich geschickt.

Dort oben gibt es aber auch Jäger. Außer den großen Adlern, die durch das Laubdach stoßen und Affen, Faultiere oder Vögel greifen, sind es die Baumkatzen – in Südamerika die Langschwanzkatze, auch Baumozelot genannt, und in Asien der Nebelparder. Beide sind sehr kräftige, geschickte Kletterer, die sich an Affen, Eichhörnchen und Vögel heranpirschen und sie erlegen. Baumkatzen springen von Ast zu Ast und klettern flink an den Baumstämmen hinauf. Sie reagieren so schnell, daß sie selbst im Fallen noch einen tiefer gelegenen Ast ergreifen und sich mit einer Pranke festhalten. Auch Schlangen trifft man hier an – keine Riesenschlangen, die den Menschen zum Verhängnis werden können, sondern viel kleinere Arten, dünn wie Zweige. Sie lauern Fröschen auf und holen Jungvögel aus den Nestern.

Viele Bewohner des Laubdachs haben ein eigenes kleineres oder größeres Revier zwischen den Ästen, das ein einzelnes Tier, eine Familie oder eine ganze Herde gegen eindringende Artgenossen verteidigt. In dem dichten Blattwerk sind optische Signale nicht sehr weit sichtbar und Geruchsmarken, wie sie oft am Boden zu finden sind, nicht nur schwierig anzubringen und zu erneuern, sondern in dem Gewirr von Ästen auch nicht sehr wirksam. Akustische Signale hingegen lassen sich viel einfacher hervorbringen und haben eine größere Reichweite. Die Tiere des Laubdachs können sehr laute, durchdringende Geräusche machen. Brüllaffen stimmen am Morgen und am Abend im Chor ihr unheimliches Geschrei an, das viele Minuten lang an- und abschwillt. Die Männchen und die Weibchen der Gibbons lassen in langen Duetten ihre bellenden Rufe ertönen und stimmen ihre Strophen so genau aufeinander ab, daß man meinen könnte, die Rufe stammten nur von einem einzigen Tier. Im Regenwald des Amazonas sitzen die Glockenvögel, die kaum größer sind als Drosseln, den ganzen Tag in einer Baumkrone und lassen ihre Rufe ertönen. Sie klingen wie Hammerschläge, die auf einen geborstenen Amboß niedergehen.

Ein lautstarker Sänger
Brüllaffen können lautere Schreie ausstoßen als andere Affen, weil die Schildknorpel ihres Kehlkopfs stark vergrößert sind.

Resonanzkästen für die Lautverstärkung
Die Singzikade (links) versetzt ihre seitlichen Schallplatten und der Laubfrosch (oben) die Stimmbänder seiner Kehle in Schwingung. Beide Tiere verstärken die Töne durch aufblasbare Luftsäcke.

Mit Ringkämpfen verteidigen sie ihr Revier

Giftige Baumsteigerfrösche leben am Boden des südamerikanischen Regenwalds. Die Männchen kündigen ihren Besitzanspruch auf ein Revier durch Rufe an. Kommt ein Artgenosse zu nahe, kämpfen beide um die Vorherrschaft. Die leuchtende Farbe soll Räuber vor dem Gift ihres Hautsekrets warnen.

Kaulquappen transportieren
Das Weibchen dieses Baumsteigerfroschs legt beim Ablaichen etwa neun Eier. Sie werden vom Männchen täglich angefeuchtet. Nach dem Schlüpfen trägt das Weibchen eine Kaulquappe nach der anderen hinauf zu einem eigenen Teich in den Ästen eines Baums.

Heranwachsende Junge füttern
Das Weibchen versorgt ihre Kaulquappen mit unbefruchteten Eiern und ernährt sie so sechs Wochen lang.

Hängende Gärten

Das Gerüst aus Ästen, das die Bäume für ihre Blätter ausgebildet haben, dient auch anderen Pflanzen als Stütze. Winzige Sporen von Farnen und Moosen, die durch die Luft fliegen, lassen sich oft in den Rissen der Rinde nieder, und Keimlinge entwickeln sich dort. Wenn sie und auch später die Pflanzen heranwachsen, Sporenkapseln hervorbringen und dann verrotten, entsteht aus ihren Resten ein fruchtbarer Humus, auf dem größere Pflanzen gedeihen können. So sind die dicken Äste der älteren Bäume von Orchideen und Bromelien besetzt. Sie beziehen ihre Nährstoffe aus der Lauberde, die sich auf den Ästen angesammelt hat. Ihren Wasserbedarf decken sie durch herabhängende Wurzeln, die die feuchte Luft aufnehmen.

Die Bromelien wiederum versorgen eine eigene Gruppe von Kostgängern. Ihre Blätter bilden eine Rosette und schließen sich an deren Basis so dicht aneinander, daß eine Zisterne entsteht, in der sich das Regenwasser sammelt. Zu diesen kleinen Tümpeln kommen prächtig gefärbte Frösche. Der Froschlaich wird aber nicht dort, sondern meist auf einem Blatt abgelegt. Sobald die Kaulquappen schlüpfen, klettert jeweils eine von ihnen auf den Rücken der Mutter. Dann macht sie sich auf den Weg zu einer Bromelie. Dort angekommen, starrt sie unverwandt auf die mit Wasser benetzte Achse eines Blatts. Wenn sich kein Leben regt, geht die Froschmutter vorsichtig im Rückwärtsgang bis ans Wasser heran, und die Kaulquappe kann in ihr eigenes kleines Aquarium rutschen. So verhalten sich einige Froscharten. Sie verlassen sich darauf, daß Mücken und andere Insekten ihre Eier ebenfalls in dieser Bromelie ablegen und sich die Kaulquappe während ihrer Entwicklung von den Larven ernähren kann. Noch besser verpflegt eine andere Froschart ihren Nachwuchs. Die Mutter besucht jede ihrer Kaulquappen ein- oder zweimal in der Woche und legt neben ihr im Wasser ein unbefruchtetes Ei ab. Die Kaulquappe beißt schnell die Gallertschicht durch und ernährt sich nun vom Inhalt. So wird das Junge von der Mutter sechs bis acht Wochen lang versorgt, bis schließlich seine Beine ausgebildet sind und für den Froschlurch ein unabhängiges Leben beginnt.

Nicht alle Pflanzen, die auf den Ästen von Bäumen wachsen, sind reine Epiphyten oder Aufsitzer. Oft keimen dort auch die Samen von bestimmten Ficusarten, die auf der Oberfläche des Wirts oder frei durch die Luft abwärts wachsen, bis sie schließlich den Boden erreichen. Sie dringen in die Erde ein und können so mehr Wasser und Nährstoffe aufnehmen als aus der Luft. Daraufhin wachsen alle Blätter der Pflanze auf dem Baum kräftiger. Andere Wurzeln entwickeln sich entlang den Ästen oder, von den herabhängenden Wurzeln ausgehend, in waagrechter Richtung und umschlingen den Hauptstamm des Wirts. Mit den Jahren bildet sich um den Stamm ein fester Panzer. Der Stamm kann nicht mehr in die Höhe wachsen. Er wird schließlich erdrosselt und verrottet. Übrig bleiben die Wurzeln des Ficusbaums, die inzwischen aber so kräftig geworden sind, daß sie einen spalierartigen Hohlzylinder bilden. Die Würgerfeige nimmt nun den Platz des Wirts im Laubdach des Regenwalds ein.

Weniger gefährliche Pflanzen sind die Lianen, die an den Bäumen zum Laubdach emporklettern. Sie beginnen ihr Wachstum am Boden als kleine Sträucher, bilden aber zahlreiche Ranken aus, mit denen sie tastend nach jungen Baumschößlingen suchen. Sobald sie einen gefunden haben, klammern sie sich fest, und die Liane wird von dem heranwachsenden Baum nach oben getragen, bis beide gemeinsam das Kronendach erreicht haben. Die Liane bleibt aber weiterhin im Boden verwurzelt und benutzt ihren Baum lediglich als Stütze.

Girlanden aus lebenden Seilen

Lianen, Würgerfeigen und die Luftwurzeln von Bromelien hängen wie Seile zwischen den Bäumen des Laubdachs. Wenn man zum Laubdach hinaufgeklettert ist, hängt das eigene Seil zwischen all den anderen. Beim Abstieg verläßt man nach etwa zehn Metern das geschlossene Laubdach. Man hängt dann frei in der Luft und ist nur noch von Lianen, Wurzeln und den gewaltigen Stämmen der Baumriesen umgeben, die glatt und massig emporragen. Man könnte meinen, in diesem Raum, oben durch das grüne Laubdach und unten durch den Boden begrenzt, gebe es nur wenig zu sehen. Hier herrscht jedoch ein reger Verkehr. Viele Tiere lassen sich auf den Boden des Urwalds hinab oder sind zu den Baumkronen unterwegs. Einige benutzen dazu ebenfalls Seile. Eichhörnchen klettern an den Lianen nach oben. Der Orang-Utan, der ausgewachsen manchmal so groß wird, daß er nur schwer über die Äste von einem Baum zum anderen gelangt, steigt oft zum Boden hinab und klettert an einer anderen Liane überraschend mühelos, eine Hand vor die andere setzend, wieder hoch. Faultiere, die ihren Kot nur am Boden und meist an derselben Stelle ausscheiden, kann man gelegentlich beobachten, wie sie behäbig zu ihrer „Toilette“ hinabklettern.

Viele Vögel fliegen von einem Teil des Regenwalds zum anderen unter dem Blätterdach, um den Adlern zu entgehen, die den Luftraum darüber beherrschen, und viele nisten auch hier unten. Die Aras, die Nashornvögel und die Tukane haben ihre Nisthöhlen in hohlen Bäumen; die Trogone heben Höhlen aus den

Unterricht im Seilklettern
Orang-Utans springen nicht von Ast zu Ast wie andere Affen; sie klettern sehr bedächtig und schwingen sich oft von einer Liane zur anderen. Gelegentlich muß ein Junges von seiner Mutter dazu ermutigt werden.

Nisten zwischen dem Laubdach und dem Boden
Tukane und Aras nisten in Baumhöhlen. Der Grünflügelara (oben) kann mit seinem kräftigen Hakenschnabel leicht das Holz heraushauen. Der Tukan (links) ist dazu nicht befähigt. Natürliche Baumhöhlen dienen ihm als Brutplatz.

kugelförmigen Nestern der Baumameisen aus; die Baumsegler verkleben Rindenstücke und Federn mit ihrem Speichel, heften das winzige Nest an einen waagrechten Ast und legen nur ein einziges Ei, das gerade in das Nest paßt.

Die Vögel sind aber nicht die einzigen Lebewesen, die durch diesen Luftraum fliegen. Andere Tiere können zwar nicht mit den Flügeln schlagen und aus eigener Kraft fliegen, bewegen sich aber dennoch geschickt durch die Luft. Es sind die Gleitflieger. Unter den Gleithörnchen, die an den Stämmen hochklettern, an den Ästen entlanglaufen und sich mit ihren nadelspitzen Krallen an der Rinde festhalten, gibt es eine besonders große, hübsche Art, die an der Ober- und Unterseite kräftig rostbraun gefärbt ist. Meist sieht man diese Tiere am späten Nachmittag, wenn sie aus einem Baumloch herausschlüpfen. Oft folgt ein zweites nach, denn sie leben in Paaren. Ein oder zwei Minuten lang umkreisen die beiden den Baumstamm, bis dann eines plötzlich abspringt und dabei große Gleitflughäute entfaltet, die sich an beiden Seiten zwischen den Armen und Beinen ausbreiten. Der lange, buschige Schwanz ist nach hinten weggestreckt und dient offenbar als Ruder. Dem ersten Flughörnchen folgt dann bald ein zweites, und so segelt das Paar 30 bis 40 Meter in die Tiefe bis zum nächsten Baumstamm. Vor dem Ziel richten sie sich auf, bremsen dadurch den Gleitflug und landen mit dem Kopf nach oben auf dem Stamm. Rasch laufen sie an ihm hinauf, während die behaarten Flughäute wie große Mäntel um sie herumflattern.

Auch der Flugdrache, eine kleine Echse, kann von Liane zu Liane und von Ast zu Ast gleiten. Seine Flughäute sind nicht so großflächig wie die der Flughörnchen, sondern bestehen lediglich aus einem Hautlappen zu beiden Seiten des Rumpfs, der durch fünf stark verlängerte Rippen versteift wird. Normalerweise sind die Hautlappen an den Körper angelegt. Wenn das Tier aber die Rippen nach vorn stellt, breiten sie sich aus, und die Hautlappen stellen sich auf. Diese kleinen Tiere verteidigen erbittert ihr Revier zwischen den Zweigen. Dringt ein Artgenosse ein, springt der Flugdrache sofort in die Luft und landet knapp neben seinem Rivalen. Dann beginnt ein wildes Imponiergehabe, bei dem ein dreieckiger Hautlappen unter dem Kinn aufgestellt wird, bis der Eindringling eingeschüchtert davongleitet.

Auch einige Frösche sind zum Gleitflug übergegangen. Die Schwimmhäute zwischen den Zehen, wie sie jeder Frosch besitzt, dienen ihnen zum Gleiten. Flugfrösche haben stark verlängerte Zehen, die abgespreizt wie kleine Fallschirme wirken. So kommt es, daß der Frosch im Sprung beachtliche Entfernungen zwischen zwei Bäumen zurücklegen kann.

Der seltsamste Gleitflieger ist wohl eine fliegende Schlange. Dieses kleine, schlanke, besonders hübsche Reptil besitzt grünlichblaue Schuppen mit goldenen und roten Tupfen. Auf den ersten Blick kann man nicht erkennen, daß es gleiten kann. Außerdem klettert es blitzschnell an Baumstämmen hinauf. Dabei findet es mit den Kanten seiner breiten Querschuppen am Bauch auf der Baumrinde Halt. Beim Hochklettern stützt die Schlange, wenn sie Seitenwindungen ausführt, den Körper an erhabenen Rindenstellen oder an Kletterpflanzen ab. In der Krone angelangt, bewegt sie sich von Baum zu Baum, indem sie erst an einem Ast entlangkriecht und dann abspringt. In der Luft flacht sie dann den Körper ab, so daß er breit wie ein Band ist. Gleichzeitig verkürzt sie ihre Körperlänge durch mehrere S-förmige Windungen. Auf diese Weise bildet sie in der Luft eine größere Tragfläche und legt eine wesentlich weitere Strecke zurück als im freien Fall. Offenbar ist die Schlange sogar in der Lage, sich so zu krümmen, daß sie Kurven fliegen und in der Luft ihre Flugbahn ändern kann. Auf diese Weise ist es ihr möglich, ihren Landeplatz zu bestimmen.

EINE FÜNFTE HAND ZUM KLETTERN

Viele Tierarten haben einen Schwanz, der ihnen beim Klettern in den Bäumen gute Dienste tut.

Der Schwanz eines Wirbeltiers ist lediglich die Verlängerung des Rückgrats, das aber in diesem Abschnitt zwischen den einzelnen Wirbeln beweglichere Gelenke besitzt. Die Wirbel sind durch Bänder miteinander verbunden. Dazwischen befinden sich entlang dem ganzen Schwanz Sehnen und Muskeln, die mit anderen Muskeln am Rücken verbunden sind. Alle Wirbeltiere, die einen Schwanz haben, weisen diese anatomischen Merkmale auf, und ein Schwanz, der als Greiforgan ausgebildet ist, stellt keine entwicklungsgeschichtliche Besonderheit dar. Manchen dient der Schwanz lediglich als zusätzliche Stütze. Für andere wiederum, wie die Klammeraffen, ist der Greifschwanz zu einer fünften Hand geworden.

Das Schuppentier *wickelt seinen Schwanz auch um sich selbst, um sich zu verteidigen.*

Der Kuskus *Neuguineas (unten), ein Kletterbeutler, besitzt einen langen, kräftigen Greifschwanz.*

Die Chamäleons *(unten) sind die einzigen Echsen mit einem Greifschwanz.*

Der Tamandua *(oben), ein südamerikanischer Ameisenbär, besitzt einen besonders kräftigen, behaarten Schwanz, den er um einen Ast wickelt. Auf diese Weise bildet der Schwanz mit den Hinterbeinen einen stabilen Dreifuß. Mit den Vorderbeinen kann das Tier dann die Nester von Baumameisen und Termiten öffnen, von denen es lebt.*

Der Wickelbär *(rechts), ein weiteres Säugetier Südamerikas, sucht, auf Bäumen kletternd, nach Früchten. Obwohl einige andere Mitglieder dieser Familie, zu der auch der rotbraune Kleine Panda zählt, ebenfalls in Bäumen leben, benutzt nur der Wickelbär seinen Schwanz als fünfte Hand.*

Der Baumstachler *(links), ein Nagetier, besitzt als einziger Vertreter dieser Familie einen Greifschwanz. Diesen rollt er nach oben ein.*

Der Klammeraffe *(unten) hat einen Schwanz, der dicker und länger ist als seine Beine. Am Schwanzende befindet sich eine nackte Stelle, mit der er kleine Gegenstände aufheben kann.*

Der Boden des Regenwalds

Wenn man im Regenwald an seinem Seil weiter nach unten klettert, kommt man wieder in eine Laubzone. Sie ist bei weitem nicht so üppig und dicht wie das Laubdach und gehört zum Stockwerk des Unterholzes. Hier wachsen einige niedrige Bäume, die sich dem Leben im Dämmerlicht des Regenwaldbodens angepaßt haben, sowie spärlich entwickelte Jungbäume, die aus den Samen hervorgegangen sind, welche von den Bäumen des Laubdachs herabfielen. Auf diese Schicht folgt die Strauchzone, dann die Bodenzone. Unter den Füßen spürt man die harte Erde. Es gibt hier zwar eine Humusschicht, aber sie ist erstaunlich dünn. Hier unten herrscht eine große Hitze, und die Luft ist mit Feuchtigkeit gesättigt. Solche Bedingungen sind für einen organischen Zersetzungsprozeß sehr günstig. Fäulnisbakterien sind ständig am Werk. Pilze wuchern, breiten ihr Myzel auf der Erde aus und entwickeln ihre Fruchtkörper in Form von Schirmen oder flachen und hohen Hüten. Der Zersetzungsprozeß läuft äußerst schnell ab. In den kühlen Wäldern der nördlichen Breiten kann es bis zu sieben Jahre dauern, ehe die Nadeln der Bäume verrottet sind. In einem Wald Europas dauert der Prozeß bei einem Eichenblatt ein Jahr; das Blatt eines Baums im Regenwald ist jedoch bereits nach sechs Wochen vollständig abgebaut.

Die Nährstoffe und Mineralien, die auf diese Weise freigesetzt werden, bleiben jedoch nicht lange an Ort und Stelle liegen. Durch die starken täglichen Regenfälle werden sie bald weggeschwemmt. Wenn die Bäume diese wichtigen Nährstoffe nutzen wollen, muß dies schnell geschehen. Ein dichtes Netzwerk aus feinen Wurzeln, das sich knapp unter der Oberfläche des Bodens ausbreitet, übernimmt die Funktion. Das flache Wurzelwerk verleiht den Riesenbäumen aber keine ausreichende Standfestigkeit. Deshalb bilden viele Bäume mächtige Brettwurzeln zur Verstärkung aus. Sie entspringen dem Stamm in einer Höhe von vier bis fünf Metern über dem Boden, wachsen nach unten und breiten sich von der Stammbasis aus ebensoweit über den Boden.

Es ist eine düstere Welt des Zwielichts. Nur fünf Prozent des Lichts, das auf das Laubdach fällt, dringen bis nach unten durch. In diesem licht- und nährstoffarmen Lebensraum gedeiht keine üppige Vegetation. Man wird hier also niemals einen farbigen Blumenteppich sehen, der sich mit dem unserer Waldböden im Frühjahr vergleichen ließe. Manchmal sieht man in einiger Entfernung einen Farbfleck am Boden, stellt aber beim Näherkommen fest, daß die Blüten schon verwelkt sind. Sie sind von den Ästen des Laubdachs herabgefallen. Dennoch entfalten sich auch weiter unten Blüten. Ganze Büschel sitzen direkt am Stamm eines Baums einige Meter über dem Boden. Daß die Blüten an diesem ungewöhnlichen Platz sprießen, mag mit der mangelnden Fruchtbarkeit des Bodens zusammenhängen. Wenn hier eine Pflanze kräftig keimen soll, müssen ihre Früchte viele Nährstoffe enthalten, denn aus dem Boden ist nur wenig herauszuholen. Deshalb sind die Früchte vieler Bäume große Nüsse voller Nährsubstanz, mit der der Sämling in den ersten Entwicklungsstadien versorgt wird. So große Früchte kann ein Baumstamm besser tragen als ein dünner Zweig am Ende eines Asts im Laubdach. Hier unten stehen die Blüten frei und werden eher von den Tieren bemerkt, die für die Bestäubung sorgen. Viele Blüten locken Fledermäuse an und haben eine helle Farbe, um bei Nacht besser entdeckt zu werden. Der Kanonenkugelbaum macht es seinen Besuchern noch leichter. Oberhalb der Blüten bildet er einen Dorn aus, an dem sich die Fledermäuse festhalten, wenn sie den Nektar schlürfen.

Ein paar Pflanzen blühen aber auch am Boden des Regenwalds. Sie beziehen ihre Nährstoffe jedoch nicht aus der Erde, sondern saugen sie aus anderen Stäm-

men heraus. Es sind Schmarotzer. Die eine, Rafflesia, bringt die größten Blüten der Erde hervor. Diese Riesenblume dringt mit Absenkern in das Wurzelgewebe einer Rebenart ein. Sichtbar wird die Rafflesia erst, wenn sie entlang den unterirdischen Wurzeln der Wirtspflanze Schwellungen ausbildet, die dann wie eine Reihe von Kohlköpfen aus dem Boden heraustreten. Einige Arten dieser Riesenblume gibt es in Südostasien. Die allergrößten Blüten bringt jedoch eine in Sumatra beheimatete Art hervor. Ihre Blüten können einen Durchmesser von einem Meter erreichen und sitzen als blattlose Riesengebilde unmittelbar am Boden. Die kastanienbraunen Blütenblätter sind dick, ledrig und mit Warzen bedeckt. Sie umschließen eine große Schale, deren Grund mit kräftigen Dornen besetzt ist. Aus dieser Schale dringt penetranter Aasgeruch. Er lockt Schwärme von Aasfliegen an, die für die Bestäubung sorgen. Anschließend bilden sich Samen, die klein und in eine harte Schale eingehüllt sind. Man weiß noch nicht, auf welche Weise sie zu einer anderen Weinrebe gelangen, wo sie sich einnisten. Möglicherweise besorgen diesen Transport größere Tiere, die durch den Regenwald ziehen, mit ihren Füßen einen am Boden kriechenden Trieb einer Rebe verletzen und somit der keimenden Rafflesia Eintritt in die Wirtspflanze verschaffen.

Weidetiere des Regenwalds

Im Regenwald gibt es nirgends eine größere Anzahl von Weidetieren, denn das Laub, das sie fressen, ist hier unten spärlich. Im Regenwald Sumatras leben einige kleinere Elefanten und ein paar Nashörner. Sie fressen die mageren Blätter des Unterholzes, vor allem aber die üppigen, saftigen Pflanzen an den Flußufern, die unter wesentlich besseren Lichtverhältnissen wachsen. Ähnlich ernähren sich in Afrika die Okapis, Mitglieder der Familie der Giraffen, und in Südamerika die Tapire. Alle diese Tiere treten jedoch nur vereinzelt auf. Im Regenwald findet man niemals größere Ansammlungen von Blattfressern. Es gibt keine Antilopenherden, die aufgescheucht davongaloppieren, und keine Kaninchen, die bei Gefahr blitzschnell in ihren Erdlöchern verschwinden. Die Weidetiere des Regenwalds halten sich im Laubdach auf. Ein größeres Tier könnte sich von den abgestorbenen Blättern am Boden des Regenwalds nicht ernähren.

Große und kleine Rüsseltiere
In Afrika sieht man Elefanten meist in der Steppe, doch sie leben auch im Wald. Dort können sie die meisten Pflanzen leicht erreichen. Mit ihrem langen, muskulösen Rüssel nehmen sie das Futter sowohl vom Boden als auch aus einer Höhe bis zu fünf Metern auf. Der Rüsselspringer (Abbildung rechts) ist etwas kleiner als die meisten Rattenarten. Auch er sammelt seine Nahrung mit dem Rüssel, den er in die Risse und Spalten des Waldbodens steckt. Dort entdeckt er Termiten und andere Insekten, die er dann mit seiner langen Zunge herausholt.

Das Werk der unermüdlichen Termiten

Doch viele Kleintiere finden hier ihr Auskommen. Käfer unterschiedlichster Art, sowohl im Larven- als auch im Erwachsenenstadium, fressen sich durch verrottete Zweige und morsches Holz. Am häufigsten vertreten und am weitesten verbreitet sind die Termiten, die unermüdlich das abgefallene Laub verarbeiten und es Stück für Stück in ihre Baue tragen. Die meiste Zeit arbeiten sie unsichtbar im Holz umgestürzter Bäume oder unter einer Blätterschicht. Dagegen sieht man Blattschneiderameisen, die mehrere hundert Meter lange Kolonnen bilden. In jeder Reihe marschieren 20 bis 30 Insekten nebeneinander auf einem Weg, der vom millionenfachen Trippeln der unendlich vielen haardünnen Beine glattgetreten ist. So wandern sie, bis sie schließlich in einem Loch im Boden verschwinden, das zu ihrem Bau führt.

Die Zellulose, aus der die Zellwände von Pflanzen bestehen, ist schwer verdaulich. Totes Pflanzengewebe, das keine fleischigen Bestandteile und keinen Saft mehr besitzt, besteht fast ausschließlich aus Zellulose und ist für die meisten Tiere ein ziemlich wertloses Material. Einige Termitenarten können Zellulose dennoch verarbeiten. Ausgewachsene Tiere haben im Enddarm bestimmte Geißeltierchen. Diese sind in der Lage, die Zellulose abzubauen und in Zucker umzuwandeln. Die Termiten nehmen nicht nur dieses Nebenprodukt der Geißeltierchen auf, sondern verdauen auch eine beträchtliche Anzahl der Tierchen selbst und versorgen sich auf diese Weise mit Eiweiß. Frisch geschlüpfte Termiten haben noch keine Geißeltierchen im Enddarm. Um sie zu bekommen, fressen sie den Kot einer älteren Larve. Die Termiten kennen noch eine andere Methode der Zelluloseverwertung. Die meisten Arten halten eigene Pilzkulturen, die die Zellulose aufbereiten können. Wenn die zur Nahrungsbeschaffung abgestellten Arbeiter in den Bau zurückkehren, tragen sie kleine Blattstückchen in bestimmte Kammern. Dann zerkauen sie die Blätter zu einem lockeren Brei, auf dem sich der Pilz ansiedelt und aus dem er seine Nahrung bezieht. Nur ein honigfarbenes, krümeliges Material läßt er zurück. Die Termiten fressen nicht den Pilz selbst, sondern diesen Rückstand. Wenn die weiblichen Geschlechtstiere wegfliegen, um einen neuen Staat zu gründen, nehmen sie Sporen dieser Pilze mit. Ähnlich machen es die oben erwähnten Blattschneiderameisen.

Da die Termiten zu den wenigen Lebewesen gehören, die tote Pflanzen in lebendes Gewebe umwandeln können, sind sie ein wichtiges Glied in der Nahrungskette. Viele Tiere fressen Termiten. Einige Ameisen leben ausschließlich davon, daß sie Termitenbaue ausplündern und die Larven und Arbeiter als Futter erbeuten. Das Schuppentier Afrikas und Asiens und der Tamandua Südamerikas werden oft nur als „Ameisentiere" bezeichnet. Tatsächlich ernähren sie sich überwiegend von Termiten. Sie haben kräftige Vorderbeine, mit denen sie Termitenbaue aufbrechen können, und eine lange Schnauze mit einer peitschenartigen Zunge, die sie in die offenen Gänge des Baus schnellen lassen, um die Insekten zu Hunderten herauszuholen.

Eine leuchtende Falle

Die Larven einer australischen Mückenart leuchten hell. Sie benützen ihr Licht als Lockmittel und hängen seidige Fäden mit klebrigen Tröpfchen an die Decke von Höhlen und kleinen Felsspalten im feuchteren Teil des Regenwalds. Dann legen sich die Tiere zwischen diesen Fangschnüren auf die Lauer. So werden kleine nachtaktive Insekten angelockt. Sie verfangen sich in den Fäden und werden dann von den räuberischen Larven vertilgt.

Pilze im rätselhaften Glühlicht
Einige Pilzarten des Regenwalds, die am Tag nicht ungewöhnlich aussehen, senden nachts ein helles Glühlicht aus, vor allem wenn es zuvor stark geregnet hat. Dieses Leuchten ist die Nebenwirkung eines chemischen Wachstumsprozesses dieser Pilze. Welchen Zweck das Leuchten hat, weiß man noch nicht. Vermutlich soll es nachtaktive Käfer abschrecken, die in dem Licht auffallen würden, wenn sie sich zum Fressen auf den Pilzen niederließen.

Säugetiere, die am Boden des Regenwalds leben

Außer abgestorbenem Laub gibt es am Boden Nüsse und andere Früchte, die von oben herabfallen und aufgelesen werden, sowie Knollen und Wurzeln, die die Tiere aus dem Boden ausgraben. Vereinzelt trifft man sogar Knospen und Blätter an den Sträuchern des Unterholzes. In jedem Kontinent, in dem der Regenwald vorkommt, findet zumindest eine Säugetierart genügend Nahrung: in Asien die Kantschile, in Afrika die Kleinstböckchen und in Südamerika die Agutis. Diese drei gehören ganz unterschiedlichen Familien an. Der Kantschil ist eine Ferkelart und mit den Wiederkäuern verwandt; das Kleinstböckchen ist eine sehr kleine Antilope, das Aguti ein Nagetier. Dennoch sehen sich alle sehr ähnlich, sind etwa so groß wie Hasen und haben bleistiftdünne, zerbrechlich wirkende Beine, die in scharfen Klauen oder Hufen enden, so daß der Eindruck entsteht, sie liefen auf

Ein prächtiger Paradiesvogel
Der Schmucksichelschwanz säubert einen Balzplatz im Wald und balzt in der Nähe des Bodens. Das Männchen turnt an einem Zweig, plustert seine Brust zu einem vibrierenden, grünen Schild auf und wippt mit seinen Schwanzfedern.

Zehenspitzen. Auch haben sie ähnliche Lebensgewohnheiten und Charaktereigenschaften, sind sehr ängstlich und bleiben, wenn Gefahren drohen, erstarrt stehen und rennen dann blitzschnell in wildem Zickzack über den Waldboden. Die Kantschile und die Agutis bedienen sich sogar der gleichen Verständigungsmittel: Sie stampfen ungeduldig mit ihren schlanken Beinen. Alle ernähren sich von Blättern, Knospen, Früchten, Samenkörnern und Pilzen.

Auch viele Vögel finden am Boden genügend Nahrung und verlassen ihn nur, wenn sie sich bedroht fühlen. In äußerster Bedrängnis flattern sie dann auf einen Ast. Einer dieser Vögel ist das Bankirahuhn, der Vorfahre unseres Haushuhns. Es kommt noch in Malaysia vor und kräht früh am Morgen mit hoher Stimme, was im tropischen Regenwald recht fremdartig klingt. Das Gegenstück Süd- und Mittelamerikas sind die Hokkos – glänzend schwarze oder dunkelbraune truthahnartige Baumhühner. Einige dieser Bodenvögel sind so groß, daß sie kaum mehr fliegen können. Mit zu den prächtigsten gehört der Argusfasan Südostasiens. Das Weibchen ähnelt in seiner Körperform und Größe ebenfalls dem Truthahn, das Männchen sieht jedoch völlig anders aus. Es besitzt einen großen, etwa einen Meter langen Schwanz und gewaltige Schwungfedern, geschmückt mit einer Reihe großer Punkte, den Augenflecken. Diesem Schmuck verdankt der Vogel seinen Namen Argusfasan: Er wurde nach der vieläugigen griechischen Sagengestalt benannt. Während der Balz räumt er auf einem geeigneten Platz alle abgefallenen Blätter und Zweige vom Boden weg. Selbst Baumsämlinge werden mit Schnabelhieben gefällt, wenn sie sich nicht mit der Wurzel herausreißen lassen. Dann lockt das Männchen mit langgezogenen, klagenden Kwiau-Rufen ein Weibchen an. Ist ihm dies gelungen, führt es die Henne auf den vorbereiteten Platz und führt vor ihr einen Balztanz auf, bei dem es sich immer temperamentvoller zeigt. Plötzlich verbeugt sich das Männchen und spreizt die nach vorn gedrehten Flügel, so daß es wie ein großer kreisrunder Schirm aussieht.

Der Bulwer-Fasan
Bei der Balz schwellen die sonst unscheinbaren Schwellkörper des Männchens an. Den Schwanz öffnet es zu einem strahlendweißen Fächer. Die unteren Schwanzfedern haben nackte Kiele, mit denen der Vogel am Boden scharrt.

Der Orangefelsenhahn
Die Männchen balzen in großen Gruppen, jedes hat aber nur einen eigenen kleinen Platz. Dieser wird heftig verteidigt. Dabei packen sich die Rivalen bei den Krallen und schlagen mit den Flügeln aufeinander ein. Der Sieger wird reich belohnt. Ein kräftiges Männchen, das auf dem günstigsten Platz tanzt, kann sich mit einem Drittel aller Weibchen paaren, die den Balzplatz aufsuchen, während mehr als die Hälfte der übrigen Männchen kein Weibchen bekommt.

Einige Paradiesvögel Neuguineas legen ebenfalls einen Tanzplatz an und stellen ihre Federn in ähnlicher Weise zur Schau. Der Arfak-Strahlenparadiesvogel nimmt beim Tanz eine aufrechte Haltung ein, breitet einen schwarzen Federfächer aus und wippt mit seinen sechsstrahlig angeordneten Schmuckfedern auf dem Kopf. Der Kragenparadiesvogel balzt auf einem niedrigen Ast und stellt einen großen dreieckigen Brustschild aus schillernden grünen Federn zur Schau, der im Dämmerlicht aufleuchtet. Der große Tänzer Südamerikas ist der Orangefelsenhahn. Er balzt nicht für sich allein, sondern in Gruppen. Das Männchen hat ein prächtig orangerotes Gefieder und schwarze Schwingen. Sein orangefarbener Federkamm auf dem Kopf reicht so weit nach vorn, daß er den Schnabel fast verdeckt. Zur Paarungszeit versammeln sich die Vögel an einem Platz im Wald.

Auf dem Boden beansprucht jedes Männchen ein kleines Balzrevier für sich. Die meiste Zeit sitzen die Vögel auf den Ästen von Jungbäumen oder auf Lianen neben dem Balzplatz; wenn aber die unscheinbar braunen Weibchen kommen, fliegen sie lärmend in ihr Revier und stellen sich zur Schau. Mit seitlich geneigtem Kopf ducken sie sich so weit hinab, daß ihr Kamm waagrecht steht. Sie springen auf und nieder und klappern laut mit den Schnäbeln. Manchmal bleiben sie regungslos, jedoch voll innerer Spannung stehen. Dann flattert ein Weibchen in eines der Reviere und knabbert an den äußeren strahligen Rumpffedern des Hahns. Dieser springt schnell auf das Weibchen und begattet es auf dem Tanzplatz. Der Akt dauert nur wenige Sekunden. Anschließend fliegt das Weibchen weg in den Wald. Wenn es die Eier ausbrütet und die Jungen aufzieht, ist es auf sich selbst gestellt, gut getarnt in seinem braunen Federkleid.

Der Mensch als Bewohner des Regenwalds

Von allen Bodenbewohnern des Regenwalds beansprucht der Mensch das größte Revier und die meisten Nahrungsquellen. Zuerst zog er wohl in der Savanne umher, doch schon in einem sehr frühen Stadium wird er vermutlich bis in den Regenwald vorgedrungen sein. Am Anfang war er sicherlich ein Jäger, wie es die Pygmäen Zaires heute noch sind. Sie sind schlank, größtenteils unbehaart, und sie schwitzen nur wenig. Die Transpiration zur Abkühlung des Körpers ist in anderen Regionen der Erde wirkungsvoll, im Regenwald aber nicht: Wegen der hohen Luftfeuchtigkeit verdunsten die Schweißtropfen auf der Haut sehr langsam. Heute sind die Stämme mit`dem Regenwald in allen Einzelheiten vertraut. Sie wissen besser als jedes andere Lebewesen, wie und wo man Nahrung herbekommt. Sie sammeln Knollen und Nüsse am Boden, spalten umgestürzte Baumstämme und holen eßbare Käferlarven heraus, klettern auf Bäume, um Früchte zu pflücken, holen die gefüllten Honigwaben aus den Nestern der Waldbienen und schneiden bestimmte Lianen ab, aus denen einige Augenblicke lang wie aus einem Hahn trinkbares Wasser herausläuft.

Und sie sind auch geschickte und wagemutige Jäger. Die Mbuti in Zaire fangen Kleinstböckchen und Okapis mit Netzen und unternehmen lange, gefährliche Jagdzüge, auf denen sie Waldelefanten erlegen. Sie können die Rufe bodenbewohnender Vögel und Säugetiere nachahmen, um sie anzulocken, und bringen sie aus der Nähe mit ihren Speeren und Pfeilen zur Strecke. Da die Mehrzahl der Tiere im Laubdach lebt, mußten die Waldstämme auch Waffen mit größerer Reichweite entwickeln. Die Indianer Südamerikas verwenden Blasrohre. Diese bestehen aus einem Bambus- oder Schilfrohr, aus dem die Querwände der Stengelknoten entfernt wurden. Die Pfeile, die an einem Ende vergiftet sind, werden am anderen Ende mit Fasern umwickelt, damit sie ganz dicht in das Rohr passen. Die kräftig angeblasenen Pfeile erreichen leicht ein Ziel in 30 Meter Höhe. Wenn ein Tier getroffen ist, wird es durch das Gift sogleich gelähmt und stürzt hinab. Der Pfeil wird lautlos abgeschossen und fliegt so leise, daß ein Vogel aus einem Schwarm herausgeschossen werden kann, ohne daß die anderen es merken.

Ein wasserdichtes Haus aus dem Material des Regenwalds

Die Waorani-Indianer in Ecuador roden den Regenwald und bauen Maniok, Mais und Bananen in den Lichtungen an. Neben den Plantagen errichten sie ihre Hütten. Das Gerippe besteht aus Schößlingen, das Dach aus Blättern. Sechs Tage dauert es, bis eine Hütte fertig ist. Nach ein bis zwei Jahren, wenn die Fruchtbarkeit des Bodens erschöpft ist, muß die Familie weiterziehen.

Wie die Menschen überall brauchen auch die Einheimischen zum Leben nicht nur Nahrung, und der Regenwald versorgt sie mit vielen anderen Dingen. Auf Spießen geröstete Frösche scheiden ein Gift ab, mit dem die Pfeile der Blasrohre getränkt werden; aus Pflanzenfasern werden Netze geflochten; das Harz einiger Bäume eignet sich gut für die Herstellung von Fackeln; Palmwedel ergeben ein wasserfestes Deckmaterial für die Dächer von Hütten. Bei Festen und rituellen Handlungen bemalen die Eingeborenen ihren Körper mit einer Farbe, die aus zerdrückten Samenkörnern gewonnen wird, und Papageifedern und Kolibribälge dienen als prächtiger Kopfschmuck.

Dennoch führen die Nomaden ein hartes Leben, und die Nahrungssuche ist zeitraubend und anstrengend. Viele Regenwaldbewohner sind deshalb dazu übergegangen, Kahlschläge anzulegen und Früchte anzubauen. Auch wenn man heute Äxte mit Metallklingen zur Verfügung hat, dauert es lange, bis ein Baum gefällt ist. Wenn er dann auf dem Boden liegt, wird zwischen den Wurzelstöcken Maniok oder Mais, Taro oder Reis angebaut. Der Boden ist jedoch so arm an Nährstoffen, daß sich nach drei bis vier Ernten der Ertrag nicht mehr lohnt und die Einheimischen ein neues Waldstück roden müssen.

Der Tod eines Baumriesen

Gelegentlich fällt ein Baum um. Viele Bäume werden mehrere hundert Jahre alt; aber irgendwann einmal steigt nicht mehr genügend Saft in den mächtigen Stämmen hoch. Die alten Äste, von Schimmel und Pilzen befallen und durch Insekten ausgehöhlt, können die Last der Blätter und aufsitzenden Pflanzen nicht mehr tragen. Ein großer Ast bricht ab, und das Gleichgewicht des Baums ist stark

Ein Dachfirst wird gedeckt
Dieser wichtige Teil des Dachs wird mit zwei sich überlappenden und miteinander verflochtenen Palmwedeln gedeckt.

Fast schon fertig
Ein Palmwedel, der entlang der Mittelrippe gespalten wurde, soll die Stirnwand bilden. Unter den Palmzweigen befindet sich eine Blätterschicht, die das Dach abdichtet.

beeinträchtigt. Beim nächsten Gewitter ist sein Schicksal besiegelt. Wolkenbruchartiger Regen belastet zusätzlich die einseitige Krone. Ein Blitzschlag versetzt dem Riesen dann den Todesstoß. Langsam neigt sich der gewaltige Baum zur Seite. Die Lianen, die ihn mit den Nachbarn verbinden, straffen sich, einige reißen, andere zerren an den umliegenden Ästen. Während sich die Krone immer schneller nach vorn neigt, bahnt sie sich tosend und krachend ihren Weg durch das Laubdach. Berühren die ersten Äste den Boden, dann kracht und knallt es wie Feuergarben aus vielen Gewehren, und Sekunden später erzittert die Erde unter dem Donner des aufschlagenden mächtigen Stamms, der noch einmal zurückprallt. Dann herrscht wieder Stille, nur unterbrochen vom sanften Rieseln der Blätter, die, vom Luftstrom mitgerissen, langsam auf den gestürzten Riesen herabregnen.

Der Tod eines alten Baums schafft günstige Wachstumsbedingungen für die jungen Bäume, die bisher im Schatten nicht gut gediehen. Viele sind im Lauf von zehn Jahren kaum einen halben Meter gewachsen. Für sie beginnt jetzt ein Wettlauf mit der Zeit. Sie nützen die Lücke im Laubdach des Regenwalds, durch die die Sonne scheint. Das helle, ungewohnte Licht, die ersten Strahlen, die nun auf sie fallen, regen das Wachstum der Bäume an. So schnell sie aber auch Blätter und Äste ausbilden und sich emporrecken – sie werden dennoch von anderen Pflanzen überholt. Samen, die im Boden ruhten, keimen schnell. Palmen und Ingwerstauden, Bananengewächse und Maulbeerbäume – Pflanzen also, die in der Sonne an Flußufern und in Waldlichtungen gedeihen – schlagen rasch aus und entwickeln große Blätter, mit denen sie die Sonne einfangen; sie blühen und tragen Früchte. Nach einigen Jahren jedoch holen die jungen Bäume wieder auf. Ein paar von ihnen wachsen schneller und übernehmen die Führung, weil sie von Natur aus stärker sind, bessere Startbedingungen hatten oder auf fruchtbarerem Boden wachsen. Wenn sie ihre Äste ausbreiten, überschatten sie alle ihre Konkurrenten. Ohne genügend Sonnenlicht werden die kleineren Bäume schwächer, müssen aus dem Wettlauf ausscheiden und sterben ab. Nach einigen Jahrzehnten erreichen nur ein oder zwei Bäume ihre volle Größe und bilden Blüten und Früchte aus. Das Laubdach des Regenwalds ist wieder geschlossen, und das Leben darunter geht seinen gewohnten Lauf.

Wolkenbrüche im Regenwald
Viele Tiere des Regenwalds fühlen sich bei den fast täglichen Wolkenbrüchen recht wenig behaglich. Vögel und Insekten können nicht fliegen, solange die schweren Tropfen niederprasseln. Die meisten Säugetiere suchen den nächstgelegenen Schlupfwinkel auf. Der junge Orang-Utan (links) hat sich unter ein Blatt verkrochen, um vor dem Regen geschützt zu sein. Der Jaguar (rechts) ist nicht wasserscheu. Nur selten entfernt er sich weit von den Bächen oder Flüssen, in denen er regelmäßig schwimmt, um Schildkröten, Fische oder Kaimane zu jagen.

Die Grasländer

Gräser bedecken mehr als ein Viertel aller Vegetationszonen der Erde. Sie halten Überschwemmungen, Bränden und Dürrezeiten stand und sind eine reiche Nahrungsquelle für viele Tiere.

Wenn man durch die großen Waldgebiete der Erde reist und in trockene Gebiete gelangt, dann wird der Baumbestand immer lichter und geringer. Mächtige Stämme, große Äste und Blätter gedeihen nur dort, wo eine bestimmte Mindestmenge Wasser vorhanden ist. Fällt jedoch nur wenig Regen oder ist der Boden so sandig und wasserdurchlässig, daß selbst in tieferen Schichten die Feuchtigkeit fehlt, wachsen keine Bäume mehr, die Wälder werden spärlicher, und man erreicht offene, grasbestandene Ebenen.

Unter der Bezeichnung Gräser wird eine Vielzahl von Pflanzen zusammengefaßt. Diese Familie zählt zu den umfangreichsten des Pflanzenreichs und umfaßt weltweit 8000 bis 10 000 verschiedene Arten. Gräser sind keine einfachen Pflanzen, wie man vielleicht aufgrund der Blattformen annehmen könnte, sondern hoch entwickelt. Verbreitet werden Gräser durch den Wind. Da sie also zur Bestäubung keine Tiere anlocken müssen, brauchen sie keine auffallenden oder kräftig gefärbten Blüten auszubilden. Diese sind klein und unscheinbar. Anstelle von Blütenblättern haben sie winzige Spelzen, und ihre Ähren wachsen auf besonders dünnen, langen Halmen, damit sie gut im Wind stehen.

Das einzige, was Gräser brauchen, sind gute Lichtverhältnisse. Im tiefen Schatten eines Waldes gedeihen sie nicht gut. Dafür aber halten sie viele Härten aus, die andere Pflanzen schädigen oder gar vernichten würden. Sie kommen nicht nur mit geringen Regenmengen aus, sondern ertragen auch sengende Sonnenhitze. Sie überstehen Brände, und sogar wenn die Flammen, die über sie hinwegfegen, die Blätter verbrennen, werden doch die dicht unter dem Boden liegenden Wurzelstöcke selten beschädigt. Selbst wenn Tiere die Halme regelmäßig abreißen oder die Messer von Mähmaschinen über sie hinweggehen, werden die Pflanzen dadurch nicht zerstört.

Äsende Tiere
Eine Herde Impalas zieht über die Ebenen Afrikas und weidet das Gras ab. Es ist nicht sehr nährstoffreich, und die Blätter enthalten winzige Kristalle aus Kieselsäure, die die Zähne abschleifen. Auch ist das Gras schwer verdaulich und wächst in offenen Ebenen, wo die Grasfresser weithin sichtbar sind. Es bedeckt jedoch riesige Flächen der Erde, und viele Tiere haben sich auf diese Futterquelle eingestellt. Bei den Impalas erfolgte die Anpassung durch einen speziell ausgebildeten Magen, durch Zähne, die so schnell nachwachsen, wie sie abgenutzt werden, und durch den Zusammenschluß zu Herden, in denen die Tiere im freien Gelände einen gewissen Schutz genießen.

Die erstaunliche Widerstandsfähigkeit beruht auf dem besonderen Bau der Gräser. Die Blätter der meisten anderen Pflanzen entspringen Knospen, die an einem Trieb sitzen. Die Blätter bilden ein verzweigtes Netzwerk von Adern aus, durch das der Saft fließt, und schnell entfalten sie sich zu voller Größe. Dann endet ihr Wachstum. Wenn die Blätter beschädigt werden, verschließen sich zwar die durchtrennten Adern, damit der Saft nicht herausläuft, können sich aber nicht regenerieren. Die Blätter von Gräsern sind anders beschaffen. Ihre Adern bilden kein Netzwerk aus, sondern eine Reihe gerader, unverzweigter Stränge, die parallel zum Blattrand verlaufen. Der Wachstumspunkt befindet sich am Grund des Blatts und bleibt aktiv, solange die Pflanze lebt. Wenn der obere Teil eines Blatts abgeschnitten oder abgeweidet wird, wächst es in voller Länge wieder nach. Darüber hinaus vermehren sich die Graspflanzen nicht nur durch Samen, sondern treiben auch waagrechte Seitensprosse entlang des Bodens aus, und jeder Knoten dieser Sprosse kann wiederum Blätter und Wurzeln ausbilden.

Die Wurzeln von Gräsern sind faserig und wachsen so kräftig, daß eine verfilzte Matte entsteht, die mehrere Zentimeter tief in den Boden hineinreicht. Die Grasnarbe hält auch bei längerer Trockenheit den Boden zusammen, verhindert die Ausblasung der Erde durch den Wind, und wenn später Regen fällt, sprießen innerhalb weniger Tage wieder grüne Blätter.

Diese genügsamen, dauerhaften Pflanzen haben sich verhältnismäßig spät entwickelt. Es gab sie noch nicht, als die Dinosaurier die Erde bevölkerten, und die Tiere mußten sich von einer wesentlich gröberen Kost, wie Farnen, Palmfarnen und Nadelgehölzen, ernähren. Als neue Baumarten in den Wäldern die ersten Blüten ausbildeten und in den Seen Seerosen auf dem Wasser schwammen, waren die Ebenen, die sich an den Waldgürtel anschlossen, immer noch ohne Grasbewuchs. Erst lange nachdem das Zeitalter der Reptilien zu Ende gegangen war und sich die Säugetiere auf der Erde schon weit verbreitet hatten, wurden die großen Ebenen von Gräsern besiedelt. Heute ist ungefähr ein Viertel der Erdoberfläche von Gräsern bedeckt. Für die Grasebenen gibt es in manchen Ländern eigene Bezeichnungen: Pampa oder Campo nennt man sie in Südamerika, Llano im Gebiet des Orinocos, Prärie in Nordamerika und Veld im Süden Afrikas.

Diese Grasländer sind sehr fruchtbar. Die einzelne Pflanze lebt nur wenige Jahre und wird dann durch Sämlinge ersetzt. Die abgestorbenen Blätter bilden eine Matte aus verrottendem Material, das den darunterliegenden Boden auflokkert, mit Nährstoffen anreichert und eine gut durchlüftete Krume schafft. Zwischen den Graspflanzen und von diesen zum Teil beschattet und geschützt, wachsen viele kleine Blütenpflanzen: Wicken, die in ihren Wurzelknötchen Stickstoff ansammeln, Gänseblümchen und Löwenzahn mit Blütenständen aus winzigen kleinen Einzelblüten sowie die Pflanzen anderer Familien, die in Knollen und verdickten Wurzeln Nährstoffe speichern. Das ständig nachwachsende Gras, dem Trockenheit und Überschwemmungen, Abweiden und Brände nichts anhaben können, gedeiht üppig und saftig in feuchteren Gegenden, dürr und zäh, aber immer noch genießbar in trockeneren Gebieten und versorgt eine Vielzahl von Tieren.

Leben in einem Miniatur-Urwald

Der Urwald im Kleinen, der aus verfilzten Wurzeln, verflochtenen Halmen und büscheligen Blättern besteht, beherbergt eine besondere Lebensgemeinschaft winziger Lebewesen. Heuschrecken knabbern an den Blättern, Blattläuse und Wanzen dringen mit ihren scharfen Mundwerkzeugen in die Adern ein und sau-

gen den Saft aus, Käfer kauen an abgestorbenen Pflanzenteilen. In den mittleren Breiten schlängeln sich die Regenwürmer aus unterirdischen Gängen, sammeln totes Blattwerk und tragen es zum Fressen in die Erde, und in den Tropen und Subtropen haben sich die Termiten im Grasland besonders üppig entfaltet.

Die Haut der Termiten ist weich und dünn und kann die Feuchtigkeit des Körpers nur schlecht zurückhalten. Im tropischen Regenwald, wo die Luftfeuchtigkeit sehr hoch ist, stellt dies kein Problem dar, und Kolonnen von Arbeitern laufen unbeschadet über den Boden. In der offenen Ebene jedoch wäre ein solches Verhalten lebensgefährlich, denn die Sonne würde die kleinen Körper rasch austrocknen. Ein paar Arten gehen dennoch ungeschützt über den Boden, allerdings erst bei Nacht, wenn es kühler geworden ist. Die meisten Termiten der Grasländer bewegen sich jedoch in Gängen, die sie unter der Erdoberfläche graben, oder sie schützen ihre oberirdischen Pfade durch Lehmdächer. Ehe diese Arten einen kleinen Strauch befallen, errichten sie über der ganzen Pflanze eine Kuppel aus Lehm und machen sich dann im feuchten, dunklen Inneren ans Werk.

Um sich vor Feuchtigkeitsverlusten zu schützen, baut sich eine Termitenkolonie ein Nest. Einige Arten legen ihre Gänge und Kammern unter der Erde an, viele errichten jedoch gewaltige Burgen aus Lehm. Jeder Arbeiter im Termitenstaat stellt zu diesem Zweck Bausteine her, indem er Lehm mit einer klebrigen Flüssigkeit vermischt, die von einer Drüse oberhalb des Kiefers ausgeschieden wird. Den Brei formt das Insekt zu einer Kugel und heftet sie an der entstehenden Nestwand fest. Dazu benutzt es den Kopf. Millionen von Termiten arbeiten bei der Anlage solcher Bauten zusammen. Diese können einen Durchmesser von drei bis vier Metern haben und ragen oft als schlanke Türme bis zu sieben Meter empor. In den Verstrebungen der Seitenwände führen Entlüftungsschächte nach oben. Andere Schächte werden unter dem Bau tief in den Boden bis ins feuchte Erdreich angelegt. Dort holen die Arbeiter Wasser und benetzen damit die Innenwände der Gänge, um zu verhindern, daß die Luftfeuchtigkeit stark absinkt.

Auch Ameisen leben in den Grasländern. Oberflächlich betrachtet, sehen sie den Termiten ähnlich, gehören jedoch einer anderen Insektenordnung an. Im Gegensatz zu den Termiten besitzen die Ameisen ein hartes, undurchlässiges Außenskelett, so daß sie auch in der Sonne über den Boden wandern können, ohne daß die Gefahr der Austrocknung besteht. Die Ernteameisen schwärmen durch die Grasnarbe und sammeln unermüdlich Samenkörner, die sie in ihre unterirdischen Vorratskammern schleppen. Dort nehmen Arbeiter sie in Empfang, die einer Kaste mit kräftigen Mundwerkzeugen angehören. Sie knacken Samenkörner auf, damit die anderen Mitglieder der Kolonie mit schwächeren Kiefern sie kauen können. Eine andere Art, die Blattschneiderameisen, schneiden mit ihren Kiefern die Blätter und Halme der Gräser in kleine Stückchen, so daß sie sich leicht transportieren lassen.

Ameisen können Zellulose ebenso schlecht verdauen wie Termiten. Auch sie nehmen dazu einen Pilz zu Hilfe. Es ist jedoch nicht die gleiche Pilzart, die von den Termiten kultiviert wird, und im Gegensatz zu diesen fressen die Ameisen auch den Pilz selbst. Andere Ameisenarten, die ihre Nährstoffe aus dem Gras

Tarnung im dichten Gras
Vögel und viele andere Tiere machen auf grasfressende Insekten Jagd. Daher ist es für diese besonders wichtig, gut getarnt zu sein. Viele von ihnen, wie diese afrikanische Heuschrecke, haben nicht nur die gleiche Farbe wie das Gras, sondern besitzen auch einen länglichen Körper, der sich von den Halmen ringsum kaum abhebt.

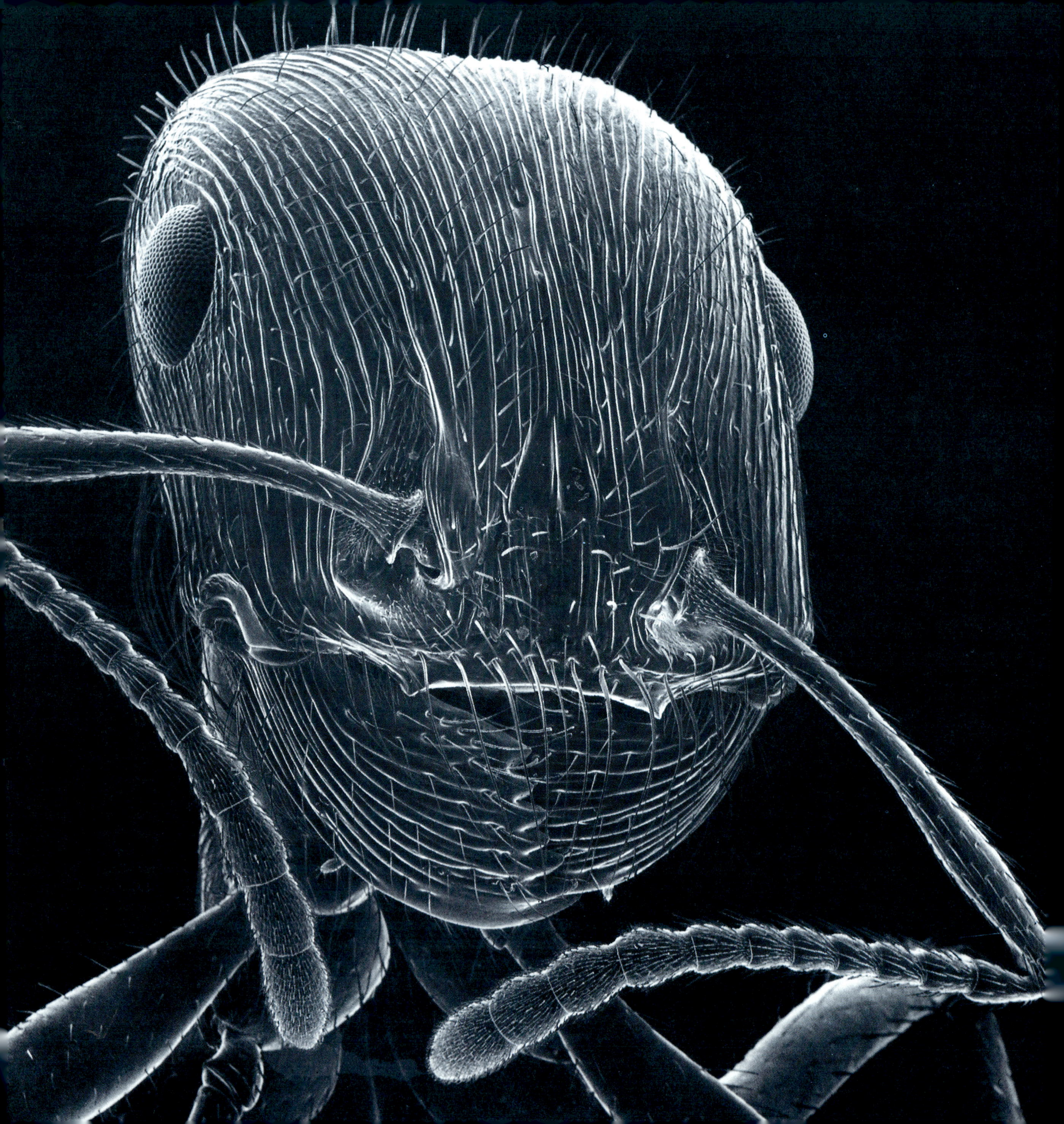

Der Kopf eines Arbeiters der Ernteameisen
Mit einem Paar kleiner Facettenaugen, die aus winzigen, starren Einzelaugen zusammengesetzt sind, kann die amerikanische Ernteameise zwar sehen; ihr wichtigstes Sinnesorgan sind jedoch die Fühler, mit denen sie sich nicht nur tastend fortbewegt, sondern auch riechen kann: Mit winzigen Poren an den Endgliedern nimmt der Fühler Luftmoleküle auf. Darunter befinden sich die beiden mit gezähnten Rändern ineinandergreifenden Kieferhälften. Der Kopf des Insekts ist 100fach vergrößert (links).

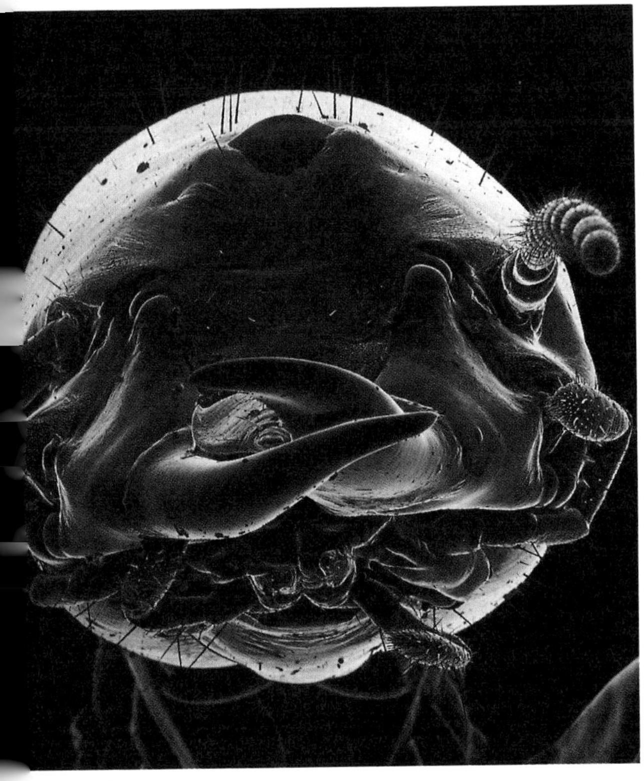

Die Waffen eines blinden Soldaten
Die Soldaten der Termiten verbringen ihr ganzes Leben in der Erde. Sie haben keine Augen und sind weitgehend auf ihre Antennen angewiesen, wenn sie feststellen wollen, was um sie her vorgeht. Wenn Gefahr droht, schnellen sie vor und zurück und schnappen mit ihren kräftigen Kiefern zu. Diese können eindringende Insekten, wie zum Beispiel Ameisen, in Stücke zerbeißen.

beziehen, benützen dazu nicht Pilze, sondern Blattläuse als Vermittler. Die Läuse verdauen nur einen Teil des Safts, den sie aus den Blättern saugen. Der Rest wird als zuckerhaltige Flüssigkeit, Honigtau genannt, ausgeschieden. Man kann ihn im Garten als klebrige Schicht unter Pflanzen finden, die von Blattläusen befallen sind. Es gibt Ameisen, denen dieser Honigtau ausgezeichnet schmeckt. Sie treiben die Blattläuse zu großen Herden zusammen und melken sie dann. Damit die Blattläuse möglichst viel Honigtau hervorbringen, streicheln die Ameisen immer wieder mit den Fühlern die Insekten. Sie schützen auch die Herde und vertreiben andere Insekten von den Weideplätzen der Blattläuse, indem sie ihnen eine geballte Ladung Ameisensäure entgegenspritzen. Einige bauen auch einen Schutzzaun aus Lehm um einen besonders ergiebigen Stengel oder Wurzelstock, auf dem die Blattläuse weiden. Gegen Ende des Sommers, wenn die Blattläuse eingehen, bringen die Ameisen die Eier der Läuse in ihrem eigenen Nest in Sicherheit. Sobald die jungen Blattläuse im nächsten Frühjahr ausschlüpfen, werden sie von den Ameisen auf die Weide hinausgetragen.

Tiere, die in der Ebene auf Jagd gehen

Alle Insekten, die diesen Lebensraum bewohnen – Blattläuse und Ameisen, Termiten und Heuschrecken, Wanzen und Käfer –, sind eine Futterquelle für größere Tiere. Durch die Pampa Südamerikas streift eines der eigenartigsten aller lebenden Säugetiere. Es ist so groß wie ein Schäferhund, hat einen sehr langen, spitz zulaufenden Kopf mit einer rüsselartigen Schnauze, kleinen Ohrmuscheln, Augen und Nasenlöchern. Der Körper ist mit borstigen Haaren bedeckt, und der gewaltige Schwanz, der ungefähr die Hälfte der Körperlänge ausmacht, hat oben und unten einen so buschigen Behang, daß er wie eine Fahne im Wind hinter dem dahintrottenden Tier herweht.

Es handelt sich um den Großen Ameisenbären. Er sieht schlecht, und auch sein Gehör ist nur mäßig entwickelt. Der Geruchssinn hingegen ist so gut ausgebildet, daß er Termiten nach dem Geruch ihres getrockneten Speichels, mit dem sie die Lehmwände ihrer Baue verkleben, ausfindig machen kann. Hat der Ameisenbär ein Nest entdeckt, erweitert er mit den langen, gebogenen Grabkrallen seiner Vorderbeine den Eingang eines Hauptgangs und steckt seine Schnauze hinein. Aus dem rüsselartigen Ende läßt er dann seine lange Zunge wie eine Peitschenschnur mit großer Geschwindigkeit in die Termitengänge fahren. Vor jedem Schlag wird die Zunge mit frischem Speichel benetzt, auf dem jedesmal eine große Menge Termiten klebenbleibt. Diese werden an scharfen Hornpapillen am Gaumendach abgestreift und ganz verschluckt. Der Magen des Ameisenbärs ist sehr muskulös und enthält geringe Mengen Sand und Steine, mit deren Hilfe die Insekten zermahlen und schließlich verdaut werden. Auf diese Weise kann ein ausgewachsenes Tier an einem einzigen Tag bis zu 30 000 Termiten vertilgen.

Auch die Gürteltiere, obwohl sie weniger auf eine bestimmte Nahrung spezialisiert sind, fressen Ameisen und Termiten. Die Gürteltiere besitzen einen gürtelartigen Panzer, der in der Mitte des Körpers durch mehrere Hautfalten unterbrochen wird, so daß Knochenringe entstehen. Innerhalb dieser Tierfamilie frißt das Riesengürteltier mit besonderer Vorliebe Termiten. Es ist ungefähr so groß wie der Große Ameisenbär, macht sich bei der Nahrungsbeschaffung aber viel energischer ans Werk. Statt wählerisch mit seiner langen Schnauze in den Gängen herumzustochern, gräbt das Riesengürteltier einen großen Tunnel, stemmt sich mit seinem gepanzerten Rücken gegen dessen Decke, scharrt mit den Vorderbeinen die Erde heraus und arbeitet sich so bis in die Mitte der Termitenkolonie vor.

Dabei machen ihm offenbar die Bisse von unzähligen Termitensoldaten nichts aus. Die kleineren Verwandten der Gürteltiere, die Siebenbinden-Gürteltiere und die Gürtelmäuse oder Gürtelmulle, fressen nicht nur Ameisen und Termiten, sondern auch Jungvögel, Heuschrecken und sogar Früchte und Wurzeln.

Als einziges Gürteltier kann sich das Kugelgürteltier vollständig zusammenrollen, um sich gegen seine Feinde zu verteidigen. Es legt dann den dreieckigen Panzer am Schwanzansatz direkt an seinen Dreiecksschild am Kopf und bildet so eine unverletzliche Kugel. Auch seine größeren Artgenossen haben von Räubern kaum etwas zu befürchten. Ebenso wie der Große Ameisenbär ist auch das Riesengürteltier sehr kräftig gebaut und kann mit seinen Grabkrallen an den Vorderbeinen empfindliche Schläge austeilen. Die kleineren Artgenossen sind immerhin so gut gepanzert, daß sie eine kurze Attacke abwehren können. Bei längeren Angriffen graben sie sich in die Erde ein und bringen sich so in Sicherheit.

Grasfresser, die schnell laufen
Über die Pampa Südamerikas ziehen keine Antilopen. Hier haben sich die Maras eingefunden, die auf den ersten Blick wie Hasen aussehen. Sie bewohnen Erdhöhlen und leben in großen Trupps. Mit ihren langen, schlanken Beinen können sie eine Geschwindigkeit von 30 Kilometern in der Stunde erreichen.

Kleine, braune Meerschweinchen mit flacher Nase und ohne Schwanz legen im Gras ihre Gänge an, in denen sie eilig hin und her laufen und die saftigen Halme abfressen. Größere Nagetiere, die Viscachas, leben in unterirdischen Gemeinschaftsbauten und kommen am Abend heraus, um geruhsam die Grasbüschel in der näheren Umgebung der Eingänge ihrer Baue abzuweiden. Schon bei den ersten Anzeichen einer Gefahr ziehen sie sich dorthin wieder zurück. Die Maras, die ebenfalls zur Familie der Meerschweinchen gehören, jedoch etwas größer sind, dehnen ihre Weidegründe weiter aus und sind am Tag aktiv. Bei Gefahr bringen sie sich durch schnelles Laufen in Sicherheit. Sie besitzen lange, schlanke Beine und sind von Natur so scheu wie unser Feldhase. Wie er setzen sie ebenfalls völlig unerwartet zu großen, weiten Sprüngen an.

Die Grasfresser werden von vielen Räubern gejagt. Der Pampasfuchs, der einem Schakal sehr ähnlich sieht, streift durchs Grasland und stürzt sich auf wilde

Eine außergewöhnliche Zunge
Der Große Ameisenbär Südamerikas hat eine rund 60 Zentimeter lange Zunge, die er bis zu 160mal in der Minute herausschnellen kann. Große Drüsen bedecken die Zunge mit klebrigem Speichel, so daß immer zahlreiche Insekten an ihr haftenbleiben, wenn sie in ein Termitennest fährt.

Gepanzerte Allesfresser
Die meisten Gürteltiere sind Allesfresser. Das Neunbinden-Gürteltier (rechts) ist in Süd- und Mittelamerika häufig anzutreffen und hat sich bis nach Texas verbreitet. Das Kugelgürteltier (oben) lebt vorwiegend in der südamerikanischen Pampa. Es kann sich zu einer geschlossenen Kugel zusammenrollen.

Meerschweinchen, Mäuse, Ratten und andere kleine Säugetiere. Der Mähnenwolf, ein südamerikanischer Wildhund, jagt ebenfalls in der Pampa. Er ähnelt weniger einem Wolf als einem Fuchs. Mit seinen überlangen Beinen erreicht er eine Schulterhöhe von beinahe 90 Zentimetern. Die Beine befähigen ihn nicht, sehr schnell zu laufen, doch dafür besteht auch keine Notwendigkeit. Nie wurde beobachtet, daß ihm größere Verfolger – außer dem Menschen – nachstellten, und um ein Meerschweinchen zu fangen, braucht er nicht schnell zu laufen. Außerdem macht er gewöhnlich nicht auf große Beute Jagd, sondern bevorzugt

Ein Hund auf Stelzen
Der Mähnenwolf kann mit seinen langen Beinen nicht sehr schnell laufen. Sein Kopf ragt aber über das Gras hinaus, was ihm einen guten Überblick über die Pampa gestattet.

Eine bunt zusammengewürfelte Familie
Der Nanduhahn brütet die Eier aus und kümmert sich nach dem Ausschlüpfen um die Jungen. Der Hahn ist polygam, und sein Gelege stammt aus verschiedenen Paarungen. Die Küken achten nicht darauf, welchem erwachsenen Tier sie folgen, wandern ab und schließen sich gelegentlich auch anderen Familien an. Deshalb sind die Jungen im Gefolge eines Nanduhahns oft unterschiedlichen Alters und somit auch verschieden groß.

Kleintiere, etwa Jungvögel, Eidechsen und sogar Heuschrecken; auch Wurzeln und Früchte frißt er.

Das größte Tier der Pampa ist jedoch kein Jäger, sondern ein friedlicher Grasfresser. Es ist wesentlich größer und schwerer als der Mähnenwolf. Dabei handelt es sich nicht, wie man vermuten könnte, um ein Säugetier, sondern um einen Laufvogel, den Nandu. Er sieht aus wie ein kleiner Strauß, hat funktionslose Flügel, einen langen Hals und hohe, knochige Beine, mit denen er sehr schnell laufen kann. Er ernährt sich vorwiegend von Gras, frißt aber auch Insekten und kleine Nagetiere. Zu bestimmten Zeiten des Jahres schließen sich die Nandus zu großen Trupps zusammen und ziehen, Antilopenherden vergleichbar, über die Pampa.

Wer zufällig das Nest eines Nandus entdeckt, wird überrascht sein. Die Eier sind etwa zehnmal so groß wie Hühnereier. Das ist für einen so großen Vogel

nichts Besonderes, bemerkenswert hingegen ist, daß meist 15 bis 20 Eier im Nest liegen, und man fand sogar Gelege mit mehr als 80 Eiern. Diese stammen von mehreren Hennen, denn der Nanduhahn lebt polygam. Sein Nest, eine flache Mulde am Boden, die sich meist in einem Gestrüpp oder im hohen Gras befindet, legt er mit trockenen Blättern aus. Dann balzt der Hahn. Mit wiegendem Hals und aufgestelltem Gefieder tanzt er um ein Weibchen nach dem andern herum. Wenn ein Paar immer mehr in Erregung gerät, umschlingen sich die Partner mit den Hälsen. Dann hockt sich die Henne nieder und wird vom Hahn bestiegen. Kurze Zeit später sucht die Henne den Hahn auf, der in seinem Nest hockt, damit sie ihr Ei hineinlegen kann. So kommt eine Henne nach der anderen zu ihm. Ist das Nest gerade von einer Henne besetzt, legt die nächste ihr Ei außerhalb der Nestmulde ab, und der Hahn rollt es später mit dem Schnabel in das Gelege. Manchmal kommen so viele Hennen so oft zur Eiablage, daß der Hahn, der allein das Brutgeschäft übernimmt, nicht alle Eier bedecken kann. Die überzähligen läßt er außerhalb des Nests liegen, wo sie kalt werden und verderben.

Der brütende Nanduhahn ist ein ausgezeichneter Wächter. Alle Lebewesen, die sich zu nahe an sein Nest heranwagen, bedroht und vertreibt er. Deshalb braucht er sein Nest nicht zu tarnen. Die anderen Vögel der Pampa haben jedoch weder die Größe noch die Kraft des Nandus und müssen deshalb darauf bedacht sein, ein sicheres, geschütztes Nest zu finden.

Die Töpfervögel Südamerikas gehören zu den wenigen, die ein nahezu einbruchsicheres Nest bauen können. Als Standort wählen sie einen Pfahl oder einen niederen Ast an einem einzelnstehenden Baum. Als Baumaterial verwenden sie lediglich Lehm, vermischt mit etwas Gras, aus dem sie ein steinhartes, kugelförmiges Nest bauen. Unmittelbar hinter dem Eingang befindet sich eine Trennwand, so daß es für einen Räuber nahezu unmöglich ist, mit der Schnauze oder Pfote die dahinterliegenden Eier oder die Jungvögel zu erreichen.

Der Goldspecht Nord- und Mittelamerikas lebt im offenen Grasland. Er ernährt sich vor allem von Ameisen und anderen Insekten, aber auch von Früchten. Als Nistplatz sucht er sich häufig einen Termitenhügel aus. Er hat die Fähigkeit, in den harten Wänden der Termitenbauten ein Loch auszuhöhlen. Die Termiten schließen durch Querverbindungen die aufgebrochenen Gänge von innen, so daß der Goldspecht für seine Eier eine eigene Kammer mit glatten Wänden hat.

Löcher im Boden, die ursprünglich von nahrungssuchenden Gürteltieren gegraben oder von Viscachas bewohnt wurden, werden oft von winzigen Eulen bezogen. Diese können zwar selbst Löcher graben und tun dies gelegentlich auch, betätigen sich aber vorzugsweise als Hausbesetzer. Oft sind alle Ein- und Ausgänge eines großen, unterirdischen Viscachabaus von Eulen besetzt, die sich wie Wachtposten aufstellen. Nähert man sich ihnen, starren sie einen unverwandt mit ihren gelben Augen an und springen auf und ab, bis sie es im letzten Augenblick doch mit der Angst zu tun bekommen und sich schnell in ihrer Behausung in Sicherheit bringen.

Der Karakara, ein Geierfalke, hält sich vorzugsweise auf Bäumen auf, nistet aber auch am Boden. Mit seinem Hakenschnabel und den kräftigen Krallen ist er so gut ausgerüstet, daß er damit die meisten Feinde vertreiben kann. Er ernährt

Ein seltener Beobachtungsstand
In der südamerikanischen Pampa werden nur wenige Pflanzen höher als die Gräser. Die wenigen hochwachsenden sind begehrte Beobachtungsstände. Auf diesem Kaktus hält ein Karakara Ausschau nach Kleintieren und Kadavern.

Eine Familie erdbewohnender Eulen
Die Eulen der Grasländer müssen notgedrungen in Erdlöchern nisten, weil es hier keine Bäume gibt. Die meiste Zeit des Tages verbringen sie jedoch nicht in der Dunkelheit ihrer Baue, sondern stehen neben ihren Schlupflöchern, in die sie sich nur bei Gefahr zurückziehen.

sich hauptsächlich von Insekten und Früchten. Der Spornkiebitz hingegen, ein wesentlich kleinerer Vogel, frißt vor allem Insekten und andere wirbellose Kleintiere und braucht somit keinen kräftigen Schnabel und keine langen Krallen. Er ist daher nicht in der Lage, seine Eier gegen Reptilien oder räuberische Gürteltiere zu verteidigen, bewacht aber aufmerksam sein Nest und wehrt andere Feinde ab. Mit lautem Flügelschlag und Kreischen stürzt er sich hinab und schlägt mit den Flügeln auf Eindringlinge ein. Kann er sie damit nicht vertreiben, landet er auf dem Boden, spreizt einen Flügel ab, als wäre er gebrochen, und stößt weiterhin schrille Laute aus. Manchmal ist das Täuschungsmanöver noch einfallsreicher. Der Spornkiebitz läßt sich mit halbgeöffneten Flügeln im Gras nieder und nimmt in seiner Umgebung kleine Grasstückchen mit dem Schnabel auf. Ein Beobachter hat den Eindruck, der Vogel sitze nun auf seinem Nest. Wenn man näher tritt, fliegt er wieder weg, und man stellt fest, daß sich an dieser Stelle nichts befindet. Bleibt die Gefahr bestehen, kann sich der Spornkiebitz noch auf andere Weise schützen. Seine Eier und die Jungen sind so gut getarnt, daß man sie selbst aus allernächster Nähe nicht bemerkt. Diese Eigenschaft, kombiniert mit Täuschungstaktiken, ist offenbar sehr erfolgreich, denn in einigen Gebieten des Graslands sind die Spornkiebitze weit verbreitet, und ihr Ruf „tero-tero" gehört zu den häufigsten und charakteristischen Lauten der Pampa.

Die einheitliche Bodenform der Ebenen und der gleichmäßige Charakter ihres Grasmantels haben Tiergemeinschaften entstehen lassen, die, verglichen mit den Bewohnern des Urwalds und der Wälder der gemäßigten Zonen, nicht sehr artenreich sind und in einfachen Beziehungen zueinander stehen: Das Gras wird von Insekten und Nagetieren gefressen. Größere Grasfresser scheiden Dung aus, der auf der Erde liegenbleibt und von Insekten verarbeitet oder vom Regen wieder in den Boden geschwemmt wird. Die Insekten werden von Gürteltieren und Vögeln gefressen, die Nagetiere von Falken und fleischfressenden Säugetieren. Wenn diese Raubtiere sterben, kehrt ihre Körpersubstanz durch die Aasfresser oder den Fäulnisprozeß erneut in die Erde. Auf diese Weise gelangen die von Gräsern stammenden Nährstoffe wieder in den Boden, und so wächst das Gras wieder, das seinerseits weitere Generationen von Grasfressern ernährt.

Solche Tiergemeinschaften sind mit geringen Abweichungen von der kühlen Pampa im Süden Argentiniens 3000 Kilometer weit nach Norden quer durch den Campo am Río de la Plata bis nach Paraguay und in den Süden Brasiliens verbreitet. Am Südrand des Amazonasbeckens fällt jedoch so viel Regen, daß dort Bäume gedeihen. Hier enden die Grasländer, und der tropische Regenwald beginnt.

Die oft überschwemmten Llanos

Etwa 1500 Kilometer weiter im Norden dehnen sich ebenfalls Grasländer aus, die als Llanos bezeichnet werden. Wenn man im Dezember dorthin kommt, ähnelt die Landschaft der Pampa. Mehrere Hektar große Grasflächen wogen im Wind. Ganz anders ist hier die Tierwelt. Zwar trifft man zum Teil die gleichen Vögel, wie Spornkiebitze, an, aber am Boden gibt es keine Meerschweinchen und im Boden keine Kolonien von Viscachas. Hält man sich in den Llanos einige Monate auf, erkennt man, warum es hier keine Bodenbewohner und auch keine Bäume geben kann. Gewitterwolken ziehen auf. Der Himmel verfinstert sich, und sturzbachartige Regenfälle setzen ein. Die Flüsse steigen bedrohlich schnell an. Sie werden zusätzlich von Regengüssen gespeist, die an den Hängen der 500 Kilometer weiter westlich gelegenen Anden niedergehen. Schließlich treten die Flüsse

Ein getarnter Vogel
Wenn Bäume selten sind und deshalb auffallen, müssen sich die dort nistenden Vögel gut tarnen. Dieser Pauraque, eine südamerikanische Nachtschwalbe, sitzt auf seinem Nest, ist aber durch sein Federkleid und seine Haltung kaum zu erkennen.

Vom Meerschweinchen zum Flußpferd
Das Wasserschwein ist ein riesengroßer Verwandter des Meerschweinchens und lebt vorwiegend auf dem Land. Wenn aber die Llanos überschwemmt werden, erweist sich das Wasserschwein dem Leben im feuchten Element ebenso angepaßt wie das Flußpferd.

über ihre Ufer. Der Boden ist schwer und lehmig. Das Wasser kann nicht versikkern und breitet sich über die Llanos aus. Die Baumwurzeln würden im Wasser verfaulen, die Tiere in Erdhöhlen ertrinken.

Jetzt ist der größte Grasfresser der Llanos in seinem Element: die Capybara oder das Wasserschwein. Das Tier ist jedoch kein Schwein, sondern ein Nager, und zwar der größte der Erde. Seine Behaarung ist lang und braun, und er besitzt zwischen den Zehen Häute, damit er besser schwimmen kann. Seine Augen, Ohren und Nasenlöcher befinden sich ganz oben am Kopf, so daß er fast völlig untergetaucht im Wasser liegen und doch beobachten kann, was in seiner Umgebung vorgeht. Er lebt in Flüssen, Seen und Sümpfen im Gebiet von Argentinien bis Kolumbien – sowohl im Grasland als auch im Urwald – und frißt vor allem Wasserpflanzen, Gras und andere Pflanzen in der Nähe des Ufers. Wenn die Llanos überschwemmt werden, weitet sich plötzlich das Revier des Wasserschweins. Aus einem schmalen Streifen entlang der Flüsse wird eine große La-

gune. Dieses neugewonnene Areal nutzen die Tiere voll aus. Familien in Gruppen von 20 bis 30 Tieren stampfen durch das flache Wasser, zupfen das überschwemmte Gras heraus und durchqueren schwimmend tiefere Stellen. Kein anderer Grasfresser dieser Gegend fühlt sich im Wasser so wohl, und einige Monate lang gehört dieser überflutete Weidegrund dem Wasserschwein allein.

Die große amerikanische Prärie

Nördlich und westlich der Llanos, in Panama, Guatemala und im Süden Mexikos, gehen die Grasländer in den Regenwald über. Weiter nördlich, im Süden von Texas, beginnt die Prärie. Sie zieht sich wie ein rund 3000 Kilometer langer und 1000 Kilometer breiter Gürtel entlang der Ostflanke der Rocky Mountains, erstreckt sich durch Oklahoma und Kansas, Wyoming und Montana bis zur kanadischen Grenze und darüber hinaus bis an den Südrand der nördlichen Wälder. Sie ist das größte Grasland der Erde.

Hier gibt es nur wenige Termiten und keine spezialisierten Ameisenfresser. Im übrigen leben hier ähnliche Tiere wie in der Pampa. Im Gras wimmelt es von Insekten. Diese wiederum werden von einer Vielzahl von Vögeln gefressen. Die ökologische Nische der Viscachas, die in unterirdischen Kolonien hausen, nimmt der ebenfalls in Großfamilien unter der Erde lebende Präriehund ein; der Kojote tritt an die Stelle des Pampasfuchses, der Rotschwanzbussard an die des Karakaras. In einem Punkt unterscheidet sich die Prärie allerdings ganz deutlich von der Pampa: Der größte Pflanzenfresser, der über die Ebenen wandert, ist kein Vogel wie der Nandu, sondern ein großes Säugetier, nämlich der Bison.

Der Bison ist ein Wildrind und gehört mit den Antilopen und Hirschen zu einer großen Säugetierfamilie, die auf eine ganz besondere Weise das Gras verdaut: mit einem Wiederkäuermagen. Dieser ist in mehrere Kammern unterteilt. Die erste, in die das grob zerkaute Gras beim ersten Schluckvorgang gelangt, heißt Vormagen oder Pansen. Dort befinden sich große Mengen bestimmter Bakterien und einzelliger Organismen, die in der Lage sind, die Zellulose in den Blättern abzubauen. Nach einigen Stunden wird der Brei aus halbverdauten Blättern von einer muskulösen Ausstülpung, dem Netzmagen, weiter aufgeschlossen und portionsweise zum Maul aufgestoßen, wo die Nahrung nochmals gründlich gekaut wird. Wenn sie dann zum zweitenmal geschluckt wird, wird sie an den beiden ersten Magenkammern vorbeigeführt und gelangt in einen dritten Abschnitt, den Blättermagen. Hier und im vierten Magen, dem Labmagen, wird sie weiter verdaut und in den Dünndarm transportiert.

Die Wiederkäuer entwickelten sich vor rund 20 Millionen Jahren in den Steppengebieten der nördlichen Hemisphäre und verbreiteten sich dann auch in anderen Klimagürteln: in Europa, im Süden Afrikas und in Nordamerika. Nach Südamerika kamen nur ganz wenige Wiederkäuer, denn die Landbrücke des Isthmus von Panama gab es damals noch nicht. Dort sind die Wiederkäuer nur mit der Gattung der Lamas und wenigen Hirscharten vertreten. In Nordamerika waren die Wiederkäuer am weitesten verbreitet, und als die ersten Europäer in die Prärie kamen, fanden sie unvorstellbar große Herden solcher Tiere vor.

Das größte Tier Amerikas
Im Sommer ernähren sich die Bisons von Präriegras. Das Wasser ist manchmal rar, die Tiere können es aber schon von weitem riechen. Im Winter müssen sie sich mit Flechten, Moosen und abgestorbenem Gras begnügen und oft den Schnee wegscharren, um sie zu erreichen.

Der Bison ist ein mächtiges Tier, das größte und schwerste aller heutigen Lebewesen Amerikas. Er erreicht eine Schulterhöhe von nahezu zwei Metern und ein Gewicht von 1000 Kilogramm. Reisende, die vor 150 Jahren die Prärie durchquerten, nannten die Tiere fälschlicherweise Büffel und beschrieben die riesigen Herden als eine wogende Flut brauner Rücken, die sich bis zum Horizont erstreckte. Einer von ihnen erwähnte eine dichtgedrängte Herde, die im Galopp über eine Stunde lang an ihm vorüberjagte. Man hat mehrere Versuche unternommen, die Anzahl der damals in der Prärie lebenden Bisons zu schätzen. Selbst bei vorsichtigen Schätzungen kam man auf ungefähr 30 Millionen Tiere. Einige Wissenschaftler halten sogar die doppelte Anzahl für wahrscheinlicher.

Im Sommer ästen die Bisons auf den Grasebenen im nördlichen Teil ihres Verbreitungsgebiets. Im Herbst, wenn dort kein Gras mehr wuchs, wanderten sie 300 bis 600 Kilometer weit nach Süden auf Pfaden, die so ausgetreten waren, daß sie auch von Menschen, die dort lebten, als Verkehrswege benutzt wurden.

Bei den Bisonherden lebten die Stämme der Prärieindianer. Sie jagten die Bisons mit Pfeil und Bogen und erhielten auf diese Weise fast alles, was sie zum Leben brauchten. Sie aßen das Fleisch, fertigten aus den Häuten Kleidungsstücke an, schnitzten Trinkgefäße aus den Hörnern und Werkzeuge aus den Knochen. Seile, Tragtaschen, Schlitten, Zeltbahnen – alles lieferten die Bisons. Die Tiere verkörperten für die Indianer außerdem den Geist ihrer Götter.

Obgleich die Indianer alles verwendeten, was ein Bison zu bieten hatte, jagten sie doch nur so viele Tiere, wie sie für den eigenen Bedarf tatsächlich benötigten. Das änderte sich, als die ersten weißen Siedler ins Land kamen. Sie stellten fest, daß die Bisons das Gras der Prärie fraßen, auf dem auch Rinder weiden könnten, deren Fleisch sich besser verkaufen ließe. Solange die Bisons den Boden mit den Hufen festtraten, war es auch nicht möglich, anstelle des Präriegrases Getreide, beispielsweise Weizen, anzubauen. Wenn die Siedler darangingen, die Bisons auszurotten, so war dies auch ein Weg, den Indianern die Lebensgrundlage zu entziehen, denn ohne diese großen Tiere waren sie verloren. Also wurde ihnen der Kampf angesagt.

Das Abschlachten begann um 1830. Den Siedlern ging es nicht ums Fleisch. Sie schossen die Tiere ab, um sie loszuwerden. Im Jahr 1865 wurden die Gleise der Union-Pacific-Eisenbahn quer durch den nordamerikanischen Kontinent von Osten nach Westen verlegt und das Verbreitungsgebiet der Bisons dadurch in zwei Hälften geteilt. Die Herden aus dem Norden konnten nicht mehr ungehindert nach Süden wandern. Der berühmte Jäger William F. Cody, Buffalo Bill genannt, hatte von der Kansas-Pacific-Eisenbahn den Auftrag erhalten, Fleisch für die Bautrupps zu beschaffen. Innerhalb von 18 Monaten tötete er über 4000 Tiere. Bei den Bahnfahrten konnten Reisegäste aus dem fahrenden Zug zum Vergnügen auf die gewaltigen Tiere schießen. Manchmal schnitt man den erlegten Bisons die Zunge heraus. Sie galt als Delikatesse. Eine Zeitlang kamen auch luxuriöse Reisekleider aus Büffelleder in Mode, und damit lohnte es sich, die Tiere abzuhäuten. Meist aber ließ man die riesigen Kadaver einfach liegen und verwesen.

Ein saugendes Kalb
Ein junger Bison ist rötlichbraun, wenn er nach einer Tragzeit von neun Monaten zur Welt kommt. Das Kalb bleibt bei der Mutter und wird gesäugt, bis es etwa ein Jahr alt ist. Auch nachdem es entwöhnt ist, hält es sich noch weitere zwei Jahre in der Nähe der Mutter auf.

Kämpfe zur Brunftzeit
Während der Paarungszeit schließen sich die Bisons zu großen Herden zusammen. Wenn die Bullen um die Rangordnung kämpfen, stoßen sie drohende Rufe aus, die man kilometerweit hören kann. Die Auseinandersetzung kann so heftig sein, daß dabei zuweilen tödliche Verletzungen auftreten. Der Sieger bleibt ein paar Tage bei der umworbenen Kuh und sucht dann eine andere auf. Nach der Brunftzeit geht die Herde in kleineren Gruppen auseinander.

Signal eines Schnelläufers
Bei Gefahr stellt der Gabelbock Büschel weißer Haare an seinem Hinterteil auf und läßt aus Duftdrüsen einen scharfen Geruch entweichen. Dann senkt und hebt er die weißen Haare seines Spiegels, der wie ein helles Blinklicht die drohende Gefahr signalisiert.

Der Wildhund der Prärie
Der Kojote paart sich nicht nur mit wildlebenden Wölfen, sondern auch mit Haushunden. Er lebt von Aas, Kaninchen und Erdhörnchen, frißt aber auch Frösche und Insekten.

Kampf- und Tanzspiele in der Prärie
Der polygam lebende Steppenhahn hilft weder beim Nestbau noch bei der Aufzucht der Küken. Im Frühjahr werben die Männchen um die Weibchen und führen mit gefächertem Schwanz und aufgeblasenen Kehlsäcken Balztänze auf.

Von 1870 an wurden jedes Jahr zweieinhalb Millionen Bisons abgeschossen. Am Ende des Jahrzehnts waren die Bisons südlich der Eisenbahnlinie ausgerottet. Im Jahr 1883 wurde eine Herde von 10000 Tieren im nördlichen Gebiet innerhalb weniger Tage in einem regelrechten Feldzug abgeschlachtet. Schützen ließen sich an allen bekannten Wasserlöchern in den Weidegebieten der Herde nieder. Alle Tiere mußten zum Trinken kommen, und alle wurden abgeknallt.

Gegen Ende des Jahrhunderts gab es in ganz Nordamerika nur noch weniger als 1000 wildlebende Bisons. Erst in letzter Minute wurden Maßnahmen zur Rettung der Tiere eingeleitet. Eine Gruppe von Naturforschern fing die überlebenden Tiere ein und führte sie mit anderen zusammen, die in Tiergärten und Privatparks lebten. Langsam stieg die Zahl wieder an. Heute leben etwa 35000 Bisons in Präriegebieten, die als Naturparks ausgewiesen sind. Mehr werden es auch in Zukunft nicht sein, gleichgültig, welche Schutzmaßnahmen noch getroffen werden. Es ist nicht zu erwarten, daß der Mensch den Tieren mehr Lebensraum zugesteht.

Außer den Bisons leben in der Prärie die Herden anderer Wiederkäuer, die wegen ihres verzweigten Gehörns Gabelböcke genannt werden. Sie sind weder Echte Antilopen noch Echte Hirsche, sondern bilden eine eigenständige Gruppe der Horntiere. Früher waren sie zahlenmäßig ebenso stark vertreten wie die Bisons. Der Bestand im 19. Jahrhundert wird auf 50 bis 100 Millionen Tiere geschätzt. Die Gabelböcke sind so groß wie Rehe, haben schlanke Beine und kurze Schwänze. Es sind die schnellsten Wildtiere Nordamerikas, die Geschwindigkeiten bis zu 80 Kilometern in der Stunde erreichen können. Wie die Bisons wurden auch sie gnadenlos abgeschossen. Im Jahr 1908 zählte man nur noch 19000 Gabelböcke. Glücklicherweise sind sie nun ebenfalls geschützt, und ihr Bestand nähert sich heute einer halben Million.

Auf dem Grasland, das einst große Herden von Gabelböcken und Bisons ernährte, weiden heute Rassen importierter Hausrinder. Der Mensch bevorzugt Zuchttiere für seinen Bedarf, die aber bei weitem nicht soviel Fleisch liefern wie die ursprünglichen Wildtiere der Prärie. Erst in neuerer Zeit erkannte man, daß die Gabelböcke auf den Prärien das Gras besser verwerteten und die Böden nicht schädigten, die sich nun allmählich, nachdem sie jahrzehntelang landwirtschaftlich intensiv genutzt worden sind, in Wüsten verwandeln.

Die trockenen Ebenen Asiens

Die Grasländer Zentralasiens erstrecken sich über fast die gleichen geographischen Breitengrade wie die amerikanische Prärie. Sie sind jedoch größtenteils nicht annähernd so fruchtbar, denn sie erhalten nur sehr wenig Regen. Über weite Flächen ist der Boden im Sommer trocken und staubig und während des Winters meist tief gefroren. Dennoch leben auch hier große Herden von Wiederkäuern. Die Saigas, die zu den Hornträgern gehören, jedoch eine eigene Unterfamilie bilden, sehen höchst merkwürdig aus. Sie haben die Größe und Gestalt von Schafen. Außergewöhnlich an ihnen ist der Kopf. Die Augen sind groß und quellen hervor. Das bernsteinfarbene Gehörn – nur der Bock trägt eines – besteht aus einfachen senkrechten Spießen. Besonders auffallend ist die stumpfe, bewegliche, rüsselartige Nase, in deren Innerem Drüsen, Schleimwege und Schleimbeutel sehr viel Platz einnehmen. Im Lauf der Entwicklungsgeschichte hat sich der vordere, untere Teil des Kopfs stark gebogen. Dieses ungewöhnliche Organ hat die Aufgabe, die Atemluft zu erwärmen und anzufeuchten und den Staub auszufiltern.

DIE TIERE DER GROSSEN GRASLÄNDER IM SÜDEN

Als der Inselkontinent Australien vor mehr als einer Million Jahren langsam nach Norden in wärmere Gegenden abdriftete, wurde das Klima trockener. Dieser Wechsel wirkte sich vor allem auf die Vegetation aus. Die Wälder lichteten sich und wurden von Grasländern verdrängt.

Die Grasländer Australiens wurden von Tieren besiedelt, die auf Urformen einer großen einmaligen Gruppe von Beuteltieren zurückgehen. Kleine, in den Wäldern beheimatete Blattfresser, ähnlich der Känguruhratte, dürften die Vorfahren der kleinen Wallabys und der großen Känguruhs sein. Das Graue Riesenkänguruh gehört zu den größten seiner Art und ist in den offenen Ebenen heimisch. Es besitzt heute keine Feinde außer dem Menschen und dem von ihm eingeführten Dingo. In der Vergangenheit hatte es aber Feinde, und die australischen Grasfresser mußten schnelle Läufer sein. Das Riesenkänguruh lebt vorwiegend von Gras und hat, wie die Grasfresser anderswo auch, besondere Methoden entwickelt, schwer verdauliche Nahrung zu verarbeiten. Während jedoch Wiederkäuer ihren Zahnverschleiß dadurch ausgleichen, daß ihre Backenzähne dauernd nachwachsen, hat sich beim Känguruh eine andere Lösung ergeben: Wenn die vorderen Zähne abgenutzt sind und ausfallen, rücken bei ihm die Backenzähne allmählich nach vorn.

Wie anderswo auch, werden die im australischen Grasland lebenden Insekten von Säugetieren gefressen. Auch diese Insektenfresser sind Beuteltiere. Bei den Termitenfressern mit langer, klebriger Zunge handelt es sich jedoch nicht um einen Ameisenbären o ein Schuppentier, sondern um einen kleinen, dicht-behaarten Ameisenbeutler. Die nachtaktiven Tiere, die Jagd auf Heuschrecken und Grillen machen, sir keine Gürteltiere oder Spitzmäuse, sondern kleine Beutelmäuse.

Große Laufvögel, die Emus, teilen sich die Pflanzer nahrung der Ebenen mit den Beuteltieren. Auch sie gehören einer alten Tiergruppe an, deren direkte V fahren auf der australischen Landmasse lebten, eh sie sich von ihrem Superkontinent loslöste.

Graue Weitspringer *Wenn sich das Graue Riesenkänguruh langsam fortbewegt, verlagert es sein Gewicht nach vorn auf die wesentlich kleineren Vorderbeine, stützt dann sein Hinterteil mit dem säulenartigen Schwanz ab und schiebt die hinteren Beine nach vorn. Diese Fortbewegungsweise sieht recht unbeholfen aus, doch mit den großen Hinterbeinen kann das Tier sehr schnell und weit springen.*

Eine fleischfressende „Maus“ *Im australischen Grasland leben mehrere kleine Pelztierarten. Sie haben keinerlei Ähnlichkeit mit einem Känguruh, sind klein und haben vier gleich lange Beine, mit denen sie laufen und nicht hüpfen. Dennoch handelt es sich um Beuteltiere. Die europäischen Siedler nannten sie deshalb auch Beutelmäuse. Diese Bezeichnung ist jedoch irreführend, denn sie fressen keine Pflanzen, sondern jagen Insekten und andere Kleintiere.*

Grasende Vögel *Emus fressen außer Gras auch Blätter, Früchte, Samenkörner und fangen Insekten. Sie sind schnelle Läufer und erreichen fast die Geschwindigkeit eines Känguruhs. Das Männchen kümmert sich um die Eier und die Aufzucht der Küken.*

Ein Beuteltier, das Termiten frißt *Der Ameisenbeutler ähnelt den Ameisenfressern anderer Gegenden. Er hat ebenfalls eine lange, klebrige Zunge, unterscheidet sich von ihnen aber durch kleine und nicht sehr kräftige Vorderbeine.*

Die Saigaherden wandern ständig über die Steppe und fressen das spärliche Gras ab. Sie sind in der Lage, bevorstehende Wetterumschläge wahrzunehmen. Um einem drohenden Schneesturm zu entkommen, gehen sie plötzlich von einem langsamen Trott in eine schnellere Gangart über und behalten diese oft mehrere Tage bei.

Im 18. Jahrhundert erstreckte sich das Verbreitungsgebiet der Saigas von den Ufern des Kaspischen Meers im Westen bis zur Wüste Gobi im Osten. Die Herden waren so groß, daß bei einer Jagd oft Zehntausende von Tieren erlegt werden konnten. Als mehr Menschen mit besseren Feuerwaffen in die Steppe kamen, wurde immer unerbittlicher auf diese Tiere Jagd gemacht, denn ihr Fleisch galt als besonders schmackhaft, und die Chinesen schrieben einem Pulver, das sie aus den Hörnern herstellten, Wunderkräfte als Aphrodisiakum zu. Bis zum Jahr 1829 waren die Tiere im gesamten mittleren Teil ihres Verbreitungsgebiets zwischen dem Ural und der Wolga ausgerottet, und zu Beginn dieses Jahrhunderts war der Bestand auf weniger als 1000 Exemplare zurückgegangen. Gegen Ende des Ersten Weltkriegs schien es, als seien die Saigas dem Untergang preisgegeben.

Da besann man sich darauf, daß keine andere Tierart, gleichgültig, ob es sich um eine wildlebende oder vom Menschen gezüchtete Art handelt, das Steppengras als Futter so gut nützt und soviel Fleisch liefert wie die Saigas. Wenn es sie also nicht mehr gäbe, wären große Gebiete der Steppe für die menschliche Ernäh-

Ein Hornträger mit einem Rüssel
Die große, rüsselartige Nase der Saigas hat mehrere Funktionen. Die Tiere leben in den trockenen Steppen Asiens und wirbeln, wenn sie schnell laufen, mit den Hufen viel Staub auf. Die Nasengänge, die als Staubfilter dienen, verhindern, daß die Lunge Schaden erleidet. Im Winter wird es in der Steppe sehr kalt. Mit Hilfe des Rüssels wird die Atemluft vorgewärmt. Die Böcke besitzen einen größeren Rüssel als die Weibchen. Bei der Brautwerbung, die Ende November beginnt, ist die Nase der Böcke noch viel stärker angeschwollen als gewöhnlich. Die Hauptbrunftzeit dauert nur sieben bis acht Tage. Der Geruchssinn der Saigas ist nicht sehr gut entwickelt.

rung völlig nutzlos. Man verbot deshalb die Jagd auf sie und schützte die noch übriggebliebenen Tiere.

Der Erfolg dieser Maßnahmen war erstaunlich. Der Bestand erholte sich rascher, als anzunehmen war. Da die Tiere in früheren Zeiten immer wieder Naturkatastrophen, wie extremer Dürre im Sommer oder anhaltender Kälte im Winter, ausgesetzt waren, bei denen viele eingingen, haben die Weibchen eine Eigenschaft entwickelt, durch die hohe Verluste in kurzer Zeit ausgeglichen werden können. Schon im Alter von vier Monaten, wenn sie noch nicht ganz ausgewachsen sind, paaren sie sich. Solange sie trächtig sind, wachsen sie kaum, doch sobald sie ihre Kälber zur Welt gebracht haben, setzt das Wachstum wieder ein. Zu Beginn der nächsten Paarungszeit sind sie dann voll ausgewachsen. Danach bringen etwa drei Viertel der Weibchen Zwillinge zur Welt. Aufgrund dieser außerordentlichen Fruchtbarkeit haben sich die Saigas von der größten Katastrophe, dem Auftreten des Menschen, schnell erholt. Innerhalb von 50 Jahren ist der Bestand von wenigen hundert auf mehr als zwei Millionen gestiegen. Heute werden in der Sowjetunion in geregelter Jagd jährlich eine Viertelmillion Tiere erlegt und der Fleischgewinnung zugeführt.

Das Abschlachten der Tiere des Velds

Auch im Veld in Südafrika wurden riesige Tierherden abgeschlachtet. Für eine Tierart wurde nicht einmal in letzter Minute eine Rettungsaktion eingeleitet. Als europäische Siedler, die sich im Kapgebiet niedergelassen hatten, Anfang des 19. Jahrhunderts nach Norden vordrangen, entdeckten sie riesige Grasebenen, bevölkert von unübersehbaren Herden unterschiedlicher Antilopenarten: Springböcken, Bleßböcken, Kuh- und Weißschwanzantilopen. Die Springböcke waren so zahlreich vertreten, daß sie regelmäßige Wanderungen auf der Suche nach neuen Weidegründen unternahmen. Die Siedler sahen Herden, die so groß waren, daß man meinen konnte, ganze Landschaften seien in Bewegung geraten. Zahlenmäßig übertrafen die Tiere bei weitem die Herden der Gabelantilopen und der Bisons in Nordamerika. Im Jahr 1880 schätzte ein Naturforscher, daß sich mindestens eine Million Springböcke in einer einzigen Herde auf Wanderschaft befanden.

In ansehnlichen Herden trat auch ein anderer großer Grasfresser auf, der in der Geschichte der Menschheit eine wichtige Rolle spielt: das Pferd. Die Vorfahren der Pferde hatten sich ursprünglich in den Grasländern Nordamerikas entwickelt. Auch in ihrem Magen trugen Bakterien und einzellige Organismen zu der Verdauung der Blätter bei, ohne daß dafür ein so komplizierter Magen wie bei den Wiederkäuern erforderlich gewesen wäre. Die Urpferde zogen über die damals noch bestehende Landbrücke im Bereich der heutigen Beringstraße nach Osten und verbreiteten sich in Asien, Europa und sogar in Afrika. In Amerika wurden sie allmählich von den frühen Rinderrassen und Antilopen verdrängt und verschwanden schließlich ganz. In Europa und Asien wurden die Pferde und die mit ihnen nahe verwandten Wildesel zunächst gejagt und dann domestiziert. Heute sind die Wildformen nahezu ausgestorben. Nur wenige kleine Herden haben in Zentralasien überlebt. Lediglich in Afrika galoppieren noch größere Herden. Es sind prächtige, mit weißen und schwarzen Streifen schön gezeichnete Tiere, von denen es mehrere Arten gibt. Die schmal gestreiften Grévyzebras leben in den Trockengebieten am Rand der Sahara. Zwei Bergzebra-Arten gibt es im Westen und fünf Steppenzebra-Arten im Veld. Eine davon, das ausgestorbene Quagga, war jedoch nicht am ganzen Körper gestreift; die Zeichnung trat nur an Kopf und

TIERE, DIE DEN MENSCHEN ERNÄHRTEN

Wo auf der Erde der Boden und das Klima es zuließen, breiteten sich Grasländer aus, und große Herden von Grasfressern traten auf.

Vor 25 000 Jahren zogen Auerochsen durch Europa. Menschen mit primitiven Waffen aus Feuerstein jagten diese Tiere, um sich Nahrung zu beschaffen. Vor 6000 Jahren waren die Auerochsen auf den Britischen Inseln ausgerottet, und das allerletzte Exemplar starb im 16. Jahrhundert in Polen. Die Nachkommen versorgen uns aber immer noch mit Fleisch, denn der Auerochse oder Ur ist der Vorfahre unserer Zuchtrinder. Antilopen und Wildpferde bevölkerten einst das Grasland Südafrikas. Als die Europäer dorthin kamen, jagten sie sie so unerbittlich, daß gegen Ende des 19. Jahrhunderts nur noch wenige Tiere übriggeblieben waren. Das Weißschwanzgnu, eine Kuhantilope, wurde bis auf wenige hundert Exemplare, die auf Farmen lebten, abgeschossen. Eine Pferdeart, das nur teilweise gestreifte Quagga, wurde vollständig ausgerottet. Bisons weideten auf den Prärien Nordamerikas. Jahrtausendelang wurden sie dort nur von den Indianern mit Pfeil und Bogen gejagt. Die Herden waren groß, und es gab nur so wenige Indianer, daß der Bestand an Bisons keine Einbußen erlitt. Als aber die Europäer ins Land kamen, war dieses Gleichgewicht bald gestört. Man schlachtete die Bisons ab, um die Indianer ihrer Existenzgrundlage zu berauben und um gleichzeitig Weideflächen für die Rinderzucht zu gewinnen. Nur eine kleine Anzahl von Bisons überlebte in einigen Reservaten. Die Steppen Zentralasiens waren die Heimat der Saigas. Auch sie wurden gejagt und waren im 19. Jahrhundert in vielen Gegenden bereits ausgerottet. Sie konnten durch Zuchtrinder nicht ersetzt werden, weil das Land für deren Aufzucht viel zu trocken ist.

Bison
Quagga
Weißschwanzgnu
Auerochse
Saiga

Flucht durch hohe Luftsprünge
Wie viele andere Gazellen und Antilopen besitzen auch die Impalas nicht die Fähigkeit, sich mit Huftritten gegen Raubtiere zu verteidigen. Durch schnelle Flucht müssen sie sich in Sicherheit bringen. Wenn eine Herde in Gefahr ist und ausbricht, springen die Tiere auseinander und machen hohe Sätze durch die Luft, so daß sich die dichte Herde verteilt und der Angreifer verwirrt wird.

Das größte Landtier
Die Vorfahren der Elefanten waren Waldbewohner, und auch heute noch ernähren sich ihre Nachkommen in der Savanne hauptsächlich von Zweigen, die sie von den Bäumen abbrechen. Mit ihrem Rüssel reißen sie auch Grasbüschel aus. Diese Ernährungsweise kann viel Schaden anrichten, und eine größere Elefantenherde ist imstande, eine mit Gräsern bewachsene Savanne in eine Wüste zu verwandeln.

Hals auf, während der Körper einfarbig braun war und an den Beinen in Weiß überging.

Alle diese Tiere, Antilopen und Zebras, galten bei den Siedlern als Wild, das man aus wirtschaftlichen oder sportlichen Gründen jagen durfte. Um 1850 merkten dann die Jäger, daß es bei weitem nicht mehr soviel jagdbares Wild gab wie früher. Das Abschlachten ging aber dennoch weiter. Nach knapp 30 Jahren waren die Herden praktisch ausgerottet. Gegen Ende des Jahrhunderts waren die Herden der Bleßböcke auf 2000 Exemplare zusammengeschrumpft. Springböcke traten nur noch vereinzelt in kleinen Gruppen auf. Man zählte weniger als 100

Das „höchste" aller lebenden Tiere
Eine Giraffe kann Blätter von Ästen erreichen, die sechs Meter über dem Boden wachsen. So hochgewachsene Tiere müssen ein kräftiges Herz haben, welches das Blut durch den langen Hals in den Kopf hochpumpt. Die Blutgefäße im Hals sind mit Verschlußklappen versehen. Wäre dies nicht der Fall, bekäme die Giraffe, wenn sie zum Trinken den Hals senkt, einen Blutstau im Kopf und würde ohnmächtig werden.

Bergzebras. In freier Wildbahn lebten überhaupt keine Weißschwanzgnus mehr, und auf Farmen hielt man lediglich rund 500 Tiere. Das Quagga war vollständig ausgerottet. Sein Fleisch galt zwar als nicht besonders schmackhaft, doch höher hatte man sein Fell geschätzt. Außerdem hatte man es leicht aufspüren und erlegen können. Das letzte wildlebende Quagga wurde 1878 geschossen. Das letzte Tier in Gefangenschaft ging fünf Jahre später in einem Zoo ein.

Die Savanne Ostafrikas

Das einzige große Grasland der Erde, das seinen ursprünglichen Tierbestand an großen Grasfressern auch heute noch besitzt, ist die Savanne im Osten Afrikas. Hier konnten die großen Herden vor allem deshalb überleben, weil das Land nicht so hohe Niederschläge erhält wie die Prärie, das Veld oder die Pampa und sich deshalb weder für die vom Menschen gezüchteten Tiere noch für kultivierte Grassorten eignet. Dieses Gebiet ist heute der Lebensraum für den umfangreichsten Großwildbestand der Erde.

Das Gebiet der Savanne umschließt den Regenwald des tropischen Afrikas und nimmt eine Fläche von rund einer Million Quadratkilometern ein. Sie ist wesentlich abwechslungsreicher als andere große Grasländer. In vielen Teilen findet man niedriges Dorngebüsch. An manchen Stellen ragen mächtige Baobabs oder Affenbrotbäume empor, die in ihren dicken Stämmen das Wasser speichern, das sie bei wolkenbruchartigen Niederschlägen in der Regenzeit aufnehmen. Anderswo ist die Landschaft von niedrigen, felsigen Erhebungen durchsetzt. Viele Flüsse werden von lang sich hinziehenden Galeriewäldern flankiert: Beiderseits des Ufers dringt Wasser in das Erdreich ein, so daß dort Bäume wachsen können. Und fast überall gibt es Gras.

In dieser abwechslungsreichen Landschaft lebt eine artenreiche Tierwelt. Die Nahrungskette von Jägern und Gejagten ist hier die gleiche wie in allen anderen Grasländern, die einzelnen Tierarten sind jedoch in fast allen Fällen für Afrika typisch. Das Gras wird von Termiten und Ameisen gefressen. Diese wiederum sind die Nahrung von Ameisenfressern – Schuppentieren und Erdferkeln – sowie von anderen, weniger spezialisierten Insektenfressern – Mungos und einer Vielzahl von Vögeln. Kleine Jäger – Wiesel, Ginsterkatzen und Schakale – stellen den pflanzenfressenden Nagern – Riesenhamsterratten, Springhasen und Erdhörnchen – nach. Die großen Raubtiere – Löwen, Wildhunde, Geparden und Hyänen – machen Jagd auf die großen Pflanzenfresser. Von diesen, die fast alle Wiederkäuer sind, werden die afrikanischen Grasländer beherrscht.

Es gibt kleinere Wiederkäuer, wie Thomsongazellen und Impalas, sowie größere, etwa Elenantilopen, Pferde- und Leierantilopen. Manche haben sich spezialisiert, wie die Giraffen, die dornige Zweige in einer Höhe abernten, die für

Ständig auf der Suche nach Nahrung

Das Streifengnu stellt hohe Ansprüche an den Weidegrund. Gräser mit langen Halmen und Blättern und sehr dicht wachsende Pflanzen verschmäht es, weil es an die besonders nahrhaften Teile schlecht herankommt. Im Ngorongoro-Krater finden die Gnus das ganze Jahr über Gräser, die den Bedürfnissen der Tiere entsprechen, und bleiben diesem Standort meist treu. In anderen Gegenden jedoch gibt es dieses frische Gras nur unmittelbar nach der Regenzeit, und die Mehrzahl der afrikanischen Gnus befindet sich fast ständig auf Wanderschaft. Dabei legen die Tiere im Jahr bis zu 1500 Kilometer zurück und durchqueren tiefe Flüsse, um das richtige Futter zu finden. Manchmal schließen sich eine Million Tiere zu einem viele Kilometer langen Treck zusammen.

Schaden und Nutzen der Massenwanderung

Das Wanderleben ist sehr anstrengend für die Streifengnus. Viele Flüsse können nur an bestimmten Stellen durchquert werden, und wenn die Herden sehr groß sind, kommt es an den Furten zu gewaltigen Staus. Manche Tiere sind durch den Kampf um ihren Platz so geschwächt, daß sie die Flüsse nicht mehr durchqueren können und von der Strömung mitgerissen werden. Andere Tiere werden von den neben ihnen schwimmenden Artgenossen niedergedrückt und ertrinken. Solche Massenansammlungen von Gnus dienen aber auch dem Wohl der Gemeinschaft. Gäbe es nur wenige Tiere auf dem ebenen Land, wenn das Gras nach dem Regen zu sprießen beginnt, würden nicht genügend junge Blätter abgeweidet, und das Gras wäre für sie bald zu hoch. Streifengnus vereinigen sich bei jeder Gelegenheit mit größeren Herden. Kleine Gruppen schließen sich fast immer einer vorüberziehenden Herde an. Die Tiere haben an den Vorderhufen Drüsen, aus denen ein markanter, teerartiger Geruch strömt. Wenn andere Gnus auf der Wanderschaft den ausgetretenen und markierten Pfad einer größeren Herde kreuzen, folgen sie dieser Spur und vereinigen sich auf dem neuen Weidegrund mit der größeren Gruppe. Unterschiedliche Ansprüche an das Futter haben auch einen Einfluß darauf, von welchen Tieren die Gnus auf ihren Wanderungen begleitet werden. Zebras beispielsweise bevorzugen Gräser mit langen Halmen und stehen deshalb mit den Gnus nicht im Wettstreit um die Nahrung. Darum kommen die beiden Tierarten gut miteinander aus. Wenn sich Zebras zu den Gnus gesellen, wirkt sich dies sogar günstig aus, denn sie fressen das hohe Gras ab, und die Weide, die so entsteht, sagt den Streifengnus viel besser zu.

andere Pflanzenfresser unerreichbar ist, und die Sitatungas, die im Sumpf und im Schilfdickicht leben und nur in die Ebene kommen, wenn ihr ureigenster Lebensbereich überschwemmt ist. Und es gibt Großtiere, die keine Wiederkäuer sind: die Elefanten und die Nashörner. In der Savanne treten noch Herden in einer Größe auf, wie sie von Reisenden beschrieben werden, die sich vor 150 Jahren im Veld oder in der Prärie aufhielten. Einige Arten begeben sich immer noch in großer Anzahl auf Wanderschaft, wenn eine niederschlagsreiche Jahreszeit zu Ende geht, um nach besseren Weidegründen zu suchen.

Bekannt für große Wanderungen sind vor allem die Gnus. In der Serengeti herrschen unterschiedliche Regenzeiten: Im Südosten setzt die Trockenheit wesentlich früher ein als im Nordwesten. Bis zum Monat Mai ist das Gras abgefressen, und die Bewohner müssen weiterwandern. Nun beginnt der lange Treck von einer Million Gnus, die, von Zebras und Gazellen begleitet, in kilometerlangen Kolonnen nach Nordwesten ziehen. Sie stürzen sich in die Flüsse und durchqueren sie in wilder Panik, so dicht aneinandergedrängt, daß viele von ihnen ertrinken. Immer mehr werden von den Nachrückenden ins Wasser getrieben. Löwen

Der Zoll für eine Flußüberquerung
Für die Angehörigen des Murlestamms im Sudan ist die Ankunft der durchziehenden Moorantilopenherden nicht nur eine willkommene Bereicherung des Speisezettels. Die Jagd ist auch ein Stammesfest von hohem Rang, denn nur zu dieser Jahreszeit gibt es in dem dürren Land an einem Ort so viel zu essen, daß das ganze Volk zusammenkommen kann. Die Jagd am Flußufer ist der Auftakt zu einem großen Fest für alle Stammesangehörigen.

lauern im Hinterhalt und können mühelos die erschöpften Tiere erbeuten. Tag für Tag ziehen die Herden weiter, bis sie nach etwa 200 Kilometern die noch frischen Weidegründe im südlichen Kenia erreichen. Dort bleiben sie, bis sie wieder bei Kräften sind. Im November aber wird auch dort das Futter knapp, und weiter südlich in der Serengeti setzt wieder die Regenzeit ein. Dann begeben sich die Gnus abermals auf ihre lange Wanderschaft.

Das alljährliche Fest der Jäger

Weniger bekannt sind die Wanderungen der Moorantilope weiter im Osten im Sudan. Sie wechselt ihren Standort nicht wegen der Dürre, sondern wegen der Überschwemmungen. Etwa eine Million dieser hübschen Tiere, deren Böcke ein elegantes, leierförmig geschwungenes Gehörn tragen, lebt in den Grasebenen im Süden des Landes. Hier bringen die Weibchen zur Regenzeit ihre Jungen zur Welt. Wenn kein Regen mehr fällt und die Ebenen allmählich austrocknen, ziehen die Tiere nach Norden. Sie folgen dem frischen Grün des jungen Grases, das am Rand des zurückweichenden Wassers sprießt. Ihr Verbreitungsgebiet wird von zwei Flüssen begrenzt, die durch die Regenfälle anschwellen. Nicht weit von der äthiopischen Grenze entfernt, vereinigen sich diese Flüsse, und die Moorantilopen werden immer dichter zusammengedrängt und versuchen schließlich, den Flußlauf zu überqueren. Dort lauern ihnen bereits die Jäger des Murlestamms auf, die in wenigen Tagen bis zu 5000 Tiere erlegen. Für die Männer ist es ein alljährlich wiederkehrendes Fest, das ihnen und ihren Familien für mehrere Monate einen vollen Magen beschert.

Anpassung an das Gras als Futterquelle

Heutzutage spielen die Wiederkäuer die beherrschende Rolle unter den großen Grasfressern. Sie haben die Pferde, die ihnen einst die Weidegründe streitig machten, in mancher Hinsicht überrundet: Ihre Artenvielfalt und ihre Anzahl ist bei weitem größer, obgleich sie vom Menschen stark gejagt wurden. Sie haben sich außerdem hervorragend an ihre Umwelt angepaßt. Die offene Graslandschaft setzt bei den dort beheimateten Tieren voraus, daß sie schnell laufen können, um Raubtieren zu entkommen. Sie wurden zu Zehengängern und hatten damit längere Beine. Die seitlichen Zehen bildeten sich zurück, die mittleren Zehen wurden kräftiger, und die Nägel an der Spitze verdickten sich zu harten, gegen Stöße unempfindlichen Hufen. Da das Gras entsprechend den Feucht- und Trockenzeiten unterschiedlich rasch und dicht wuchs, waren das Jahr über lange Wanderungen zu neuen Weidegründen notwendig, und die Tiere mußten groß und kräftig gebaut sein, um diese Züge unternehmen zu können. Ihr Magen bildete sich zu einem Verdauungsorgan mit mehreren Kammern um, in dem das Gras gründlich verwertet wird, und auch die Zähne paßten sich der Ernährungsweise an. Weil das Gras dicht am Boden abgeweidet wird, gelangt in das Maul von Grasfressern stets auch eine bestimmte Menge Steinchen und Sand. Dieses Mahlgut und die zähen Blätter des Grases selbst bewirken, daß die Zähne stark abgenutzt werden, und so haben die Wiederkäuer kräftige Backenzähne ausgebildet, die ständig nachwachsen.

Die Wiederkäuer beeinflussen ihrerseits die Verbreitung und die Ausdehnung der Grasländer. Wenn in Gegenden mit reicheren Niederschlägen ein Wald durch Brand vernichtet wird oder der Mensch die Bäume rodet, siedelt sich dort zumeist von selbst Gras an.

Aber auch Büsche und Bäume wachsen hoch, und nach ein paar Jahren ist der Boden von Schatten bedeckt, so daß das Gras erstickt. Der Wald verdrängt also nach kurzer Zeit wieder das Gras und gewinnt seinen ursprünglichen Lebensraum zurück. Mit Hilfe der Wiederkäuer kann jedoch die Graslandschaft erhalten bleiben, weil die grasenden Tiere die jungen Baumschößlinge abknabbern und niedertreten.

Der König der Tiere auf Jagd
Männliche Löwen gehen nur selten auf Jagd, so wie hier dieses kräftige Jungtier. Ihre Hauptfunktion besteht darin, Eindringlinge vom Revier fernzuhalten und die Löwinnen und ihre Jungen zu schützen. Deshalb sind sie etwas kräftiger als die Weibchen und sehen mit ihren zottigen Mähnen größer aus. Auch männliche Rivalen schrecken sie damit ab, ehe es zum Kampf kommt. Diese beiden Körpermerkmale sind jedoch bei der Jagd von Nachteil. Deshalb überläßt der Herr des Rudels meist seinen Weibchen die Aufgabe, ein Tier zur Strecke zu bringen. Als erster macht er sich dann über die Beute her.

Glühendheiße Wüsten

Sonne, die am wolkenlosen Himmel steht, verwandelt die Wüste tagsüber in einen Glutofen. Tiere können sich eher vor der Hitze schützen als Pflanzen, die fest im Boden wurzeln.

Die Sahara ist die größte Wüste der Erde. Sie erstreckt sich vom Norden des Sudans bis zur Mittelmeerküste, wo der Wind den Sand über die Ruinen römischer Städte weht. Im Westen reicht sie bis an den Atlantischen Ozean und im Osten bis zum ungefähr 6000 Kilometer entfernten Roten Meer. In manchen Gebieten fällt jahrelang kein Regen. Hier wurden mit 57 °C die höchsten Lufttemperaturen der Erde gemessen. Nur etwa der fünfte Teil der Sahara ist Sandwüste. Geröllfelder und steinige Hochflächen prägen vor allem das Bild der Landschaft. Und mitten in dieser Wüste erheben sich mächtige Gebirgsmassive.

Am Nordrand des Ahaggarmassivs steigen die Tassili N'Ajjer unvermittelt aus der Ebene auf. Dieses Bergland fasziniert durch hochaufragende Wände, bizarre Felstürme und labyrinthische Felsgassen. Die außergewöhnlichen Formen hat der Wind geschaffen: Sand und kleine Steine wurden hochgewirbelt und dicht über den Boden getrieben, so daß die Felsen wie mit einem Sandstrahlgebläse bearbeitet wurden. Dadurch entstanden waagrechte Rillen in den Felswänden, und die weichen Schichten wurden dort immer tiefer ausgeschliffen. Das nackte Gestein, das der Witterung schutzlos ausgesetzt ist, zerfällt zu Schutt und Sand, den die Wüstenstürme wegwehen und irgendwo zu hohen Dünen aufhäufen.

Aber dieses Gebirge wurde nicht nur vom Wind geformt. Die Täler zwischen den Felstürmen folgen alten Flußläufen. Kleinere Seitentäler münden in die Haupttäler ein. Vor langer Zeit muß im Tassili-Bergland ein feuchteres Klima geherrscht haben. Dafür sprechen auch die berühmten Felsmalereien. An den Felswänden sind an windgeschützten Stellen in leuchtendem Ockerrot und Ockergelb Darstellungen von Tieren zu sehen: Gazellen, Nashörner, Flußpferde, Säbelantilopen und Giraffen. Auch Bilder von Haustieren findet man dort: Rinder, von denen einige Halsbänder tragen, mit elegant geschwungenen Hörnern. Die Künstler haben sich auch selbst porträtiert: wie sie zwischen ihren Tieren stehen,

Wanderdünen
Kahle Felsen, die unter der heißen Sonne glühen, bersten und zerfallen in kleine Teile. Feldspat und Glimmer zerbröseln, aber Quarz, eines der häufigsten Minerale, ist härter und widersteht der Verwitterung länger, auch wenn alles andere schon zu Staub geworden ist. Der Wind weht kleinste Quarzteilchen durch die Wüste. Er schleift sie ab, poliert sie und häuft sie schließlich zu Dünen auf. Aber das muß nicht immer das Ende ihrer Wanderung sein. Meist nimmt sie der Wind wieder von der Oberfläche der Düne auf und bläst sie über ihren Kamm hinweg. Die Düne wandert, und die Quarzkörner werden weiter vom Wind bearbeitet.

neben ihren Hütten sitzen, wie sie den Bogen in den Händen halten und jagen, wie sie mit Masken auf dem Kopf tanzen. Man weiß nicht genau, wer diese Menschen waren. Es könnten die Vorfahren jener Nomaden gewesen sein, die noch in jüngerer Zeit mit ihren Rinderherden in den Savannengebieten im Süden der Sahara umherzogen. Ebensowenig fand man heraus, aus welcher Zeit diese Malereien stammen. Es lassen sich mehrere unterschiedliche Stile erkennen, und daher ist es wahrscheinlich, daß die Darstellungen in einem größeren Zeitraum entstanden sind. Die meisten Wissenschaftler nehmen an, daß die frühesten Bilder vor etwa 5000 Jahren geschaffen wurden. Es steht jedoch fest, daß keine der dargestellten Szenen sich heute irgendwo hier noch abspielt. Keines der so lebendig gemalten Tiere könnte heute im heißen Sand der Sahara leben.

Eine Gemäldegalerie verschwundener Tiere
Zu den Tieren, die die Künstler des Tassili-Berglands in prähistorischer Zeit geschaffen haben, gehören sowohl gezähmte Rinder (links) als auch eine Reihe wildlebender Tiere, wie Giraffen (unten), Steinböcke (unten links) und möglicherweise Elefanten und andere Wildtiere (darüber). Keine dieser Arten trifft man heute noch im Tassili an.

Erstaunlicherweise hat aber ein Organismus aus jener Zeit bis heute überlebt. In einer engen Felsschlucht steht eine Gruppe alter Zypressen. Nach der Zahl der Jahresringe ihres Stamms sind sie 2000 bis 3000 Jahre alt. Als die jüngsten Bilder auf die Felswände gemalt wurden, waren es noch junge Bäumchen. Mit ihren dicken, gewundenen Wurzeln sind sie ins Gestein eingedrungen und haben Felsspalten erweitert, bis sie das Grundwasser tief in der Erde erreichten. Erstaunlicherweise sind ihre staubigen Nadeln grün. Sie bilden den einzigen grünen Farbfleck in der Skala von Braun bis zu rostigem Gold der umliegenden Steinwüste. An ihren Zweigen wachsen zwar Zapfen mit lebensfähigen Samen, aber sie keimen nicht. Das Land ringsum ist dafür zu trocken.

Wie die Sahara entstanden ist

Die Felsmalereien sind eindeutige Beweise: Das Klima der Sahara war nicht immer so extrem trocken wie heute. Wahrscheinlich herrschte während der jüngsten Steinzeit, als große Gebiete der Nordhalbkugel vergletschert waren, in Nordafrika wegen der geringen Verdunstung und der höheren Niederschläge ein vergleichsweise feuchtes Klima. Damals konnten dort selbst so wasserliebende Tiere wie Flußpferde leben. Nach dem Ende der Eiszeit muß das Klima allmählich trockener geworden sein, die Pflanzen verdorrten, und öde Fels- und Sandwüsten dehnten sich aus. Möglicherweise hat der Mensch die Ausbreitung der Wüsten noch beschleunigt, indem er mit seinen Viehherden die schüttere Pflanzendecke zerstörte. Das kann man heute an den Rändern der Sahara beobachten.

Dies geschah nicht zum erstenmal in der Erdgeschichte. Der Eispanzer, der große Teile der Nordhalbkugel bedeckte, wuchs und schrumpfte mehrere Male, und auch die Sahara erlebte mehrere Feucht- und Trockenzeiten, Perioden der Fruchtbarkeit und der Dürre.

Die Entstehung der Wüsten hängt eng mit der großräumigen Luftdruckvertei-

Das gebirgige Zentrum einer Wüste
Das Tassili-Bergland besteht aus mächtigen Sandsteinschichten, die von Meeren und Flüssen in der Sahara abgelagert wurden. Das Gestein verwitterte, wurde vom Regen abgespült und vom Wind geschliffen.

lung auf unserem Planeten zusammen. Am Äquator steigt sehr feuchte, erhitzte Luft auf und fließt nach Norden und Süden ab. Dabei kondensiert der Wasserdampf zu Tröpfchen. Wolken entstehen, und schließlich schlägt er sich in Form von Regen nieder. Nachdem die Luftmassen sich abgeregnet haben, strömen sie auf den nördlichen und südlichen Wendekreis zu und sinken dann allmählich wieder ab. Wenn sich die trockene, kühle Luft der Erdoberfläche nähert, erwärmt sie sich, saugt alle Feuchtigkeit dieser Gebiete auf und fließt zum Äquator zurück. Durch diesen Luftkreislauf entstehen Trockengebiete in den Regionen unter dem nördlichen und südlichen Wendekreis.

Die Trockengebiete sind nicht symmetrisch angeordnet. Auf der nördlichen Halbkugel nehmen sie einen wesentlichen größeren Raum ein als auf der Südhalbkugel. Dennoch gilt das große Grundmuster. Wo immer Land diesseits und jenseits des Äquators vorhanden ist, gibt es Wüsten, die auf dem gleichen Grad nördlicher wie südlicher Breite liegen. Der Sahara stehen südlich des tropischen Regenwalds von Zentralafrika die Kalahari und die Namibwüste gegenüber. Die Mojave- und die Sonorawüste im Südwesten der Vereinigten Staaten haben ihr Gegenstück in der Atacama Südamerikas. Und den riesigen Wüsten Turkestans und Nordindiens entsprechen auf der südlichen Hemisphäre die großen Wüsten Australiens.

Glühende Hitze und bittere Kälte

Da der Himmel über den Wüsten meist wolkenlos oder nur dünn bewölkt ist, sind hier die Sonneneinstrahlung und auch die Wärmeabstrahlung des Erdbodens ungewöhnlich stark. Tagsüber ist es in der Wüste glühend heiß. Nachts aber können die Temperaturen unter den Gefrierpunkt fallen. So große Temperaturschwankungen innerhalb von 24 Stunden sind für die Tiere und auch für die Pflanzen der Wüste nicht leicht zu bewältigen.

Die meisten Tiere gehen den extrem heißen Temperaturen so weit wie möglich aus dem Weg. Kleine Säugetiere verstecken sich tagsüber unter schattigen Felsen

(Forts. S. 192)

Letzte Spuren einer Wasserpfütze
Aufgebogene Scherben aus getrocknetem Schlamm zeigen, wo sich Regenwasser kurze Zeit in einer Pfütze gesammelt hat. Die Sonne wird die Scherben weiter austrocknen, bis sie zerfallen.

Typische Landschaftsformen der Wüste
Sturzregen haben Erosionskerben in die Atacama geschnitten (oben). Der Wind, der ständig über die flachen Trockengebiete Zentralaustraliens weht, hat kilometerlange Walldünen aufgehäuft.

Seltsame Formen der Wüste

In der Wüste sind die Boden- und die Pflanzendecke nur dünn und lückenhaft. Darum ist das Gestein Wind und Wetter schutzlos ausgeliefert. Diese Kräfte haben eindrucksvolle Formen aus ihm herausgemeißelt.

Der Wind, der über die Wüste fegt, wirbelt Staub und Sand auf und bearbeitet damit die Felsen. Da aber Sandkörner ziemlich schwer sind, werden sie nicht sehr hoch in die Luft gehoben. Somit ist die Winderosion nahe der Bodenoberfläche am stärksten. Dies erklärt, weshalb sich am Fuß von Felswänden oft lange, flache Hohlkehlen befinden. Felssäulen nehmen die Form von Pilzen an und stürzen schließlich zusammen. Das ständig arbeitende Sandstrahlgebläse gräbt quer verlaufende Rillen in flache Gesteinsplatten und schleift Facetten an Kieselsteinen. Kleine Staubteilchen werden ständig weggeblasen, so daß weite Flächen der Wüste von einem Schutzpflaster aus polierten Kieselsteinen bedeckt sind.

Die Temperaturverwitterung zermürbt das Gestein. Selbst der sprichwörtlich harte Granit zerfällt schließlich, wenn er tagsüber der glühenden Sonnenhitze und nachts Temperaturen bis weit unter 0 °C ausgesetzt ist. Platten und dünne Plättchen brechen von den Felswänden, und Steinblöcke werden immer mehr abgerundet, bis schließlich riesige Kugeln daraus geworden sind. Auf die gleiche Weise verwittern zahlreiche andere Gesteine.

Wo die Kraft der sengenden Sonne vom Sandstrahl des Windes verstärkt wird, entsteht in einer Felswand manchmal ein fensterartiger Durchbruch. Durch die Abtragung wird das Fenster immer größer, und schließlich entsteht ein Torbogen.

Farben der Wüste
Die mechanische Verwitterung ist der wichtigste Verwitterungsvorgang in der Wüste. Daneben wirkt aber auch die chemische Verwitterung, vor allem der Gesteinszerfall durch Oxidation. Eisenoxide treten am häufigsten auf. Diese Verbindungen können gelb, schwarz oder braun sein, meistens aber herrscht Rot vor und verleiht der Wüste ihre charakteristische Färbung.

In den meisten Wüsten regnet es gelegentlich. Diese Regenfälle hinterlassen ebenfalls deutliche Spuren. Sturzbäche schießen an den Flanken weicherer Felsen hinab und schneiden tiefe Furchen ins Gestein ein. Im Lauf der Zeiten entstehen so Erdpyramiden.

Überreste eines ehemaligen Sees *Die Farafra-Oase in der Libyschen Wüste war früher einmal ein flacher See. Von den mächtigen Kreideablagerungen auf dem ehemaligen Seeboden sind einige Relikte erhalten. Der Wind hat Reste der Kreideschichten zu Pilzen geformt.*

Gipsrosen *Das Wasser im Wüstenboden enthält oft viele gelöste Sulfate. Wenn es an der Bodenoberfläche verdunstet, scheiden sich die Sulfate zwischen den Sandkörnern aus, kristallisieren und formen blumenartige Gebilde, die Gipsrosen.*

Die wandernden Steine des Death Valley *Wie von Geisterhand bewegt, wandern im Tal des Todes Steine über das Bett eines ausgetrockneten Salzsees. Sie hinterlassen dabei schnurgerade Spuren. Bis heute ist es ein Rätsel, welche Kräfte die Steine verschieben.*

Der Bryce-Canyon-Nationalpark *Im Westen des amerikanischen Bundesstaates Utah liegt der Bryce Canyon. Er entstand durch Verwitterung und Erosion. Eine wichtige Rolle spielte dabei die Temperaturverwitterung. Durch die hohen Temperaturschwankungen zwischen Tag und Nacht dehnte sich das Gestein aus und zog sich wieder zusammen. Dadurch lockerte es sich. Der Wind trug das feinkörnige Verwitterungsmaterial ab, und das fließende Wasser spülte dann ganze Felsblöcke aus dem Verwitterungsschutt weg. Rechts: Sonne, Regen, Frost und Wind haben diesen Torbogen in Utah geschaffen.*

Geschliffene Windkanter *Der Wind kann Gerölle, die vom fließenden Wasser in der Wüste abgelagert wurden, nicht transportieren. Er schleift und poliert sie jedoch mit den verwehten Sandkörnern. Auf diese Weise werden die ursprünglich runden Gerölle zu sogenannten Windkantern – Steinen mit Schliffacetten und Kanten – umgeformt.*

Rätselhafte Linien *Diese Rillen verlaufen quer über flache Felsplatten im Tassili-Bergland. Auf den ersten Blick wirken sie wie Versteinerungen, möglicherweise von Korallen oder Seelilien. Sie ziehen sich von einer Felsplatte zur nächsten. Die Rillen wurden von Sandkörnern ins Gestein geschnitten, die der Wind über die Felsen trieb.*

(Forts. von S. 188)
und in Höhlen. An solchen geschützten Plätzen ist es kühler als in der gleißenden Sonne, und die Luft ist dort wesentlich feuchter, was zum Teil auf den Atem der Tiere zurückzuführen ist. Dort bleiben sie die meiste Zeit des Tages. Erst wenn die Sonne untergegangen ist, werden sie aktiv.

Sobald die Dunkelheit über die Sahara hereinbricht, wagen sich Springmäuse und Rennmäuse zaghaft hervor. Beide sind Pflanzenfresser. Grasbüschel sind zwar rar, aber es gibt sie. Vielleicht finden die Nager auch Samenkörner und die Blätter und Stengel vertrockneter Pflanzen, die der Wind hergeweht hat. Davon ernähren sich diese Tiere. Geckos laufen von Zeit zu Zeit über das sich abkühlende Gestein und halten Ausschau nach Käfern und anderen Insekten. Auch jagende Säugetiere tauchen auf. Wüstenfüchse, die ihre großen, dreieckigen Ohren aufgestellt haben, um jeden Laut wahrzunehmen, huschen geräuschlos über die Felsen. Die Nase am Boden, entdecken sie alle Duftspuren, die ihnen verraten, wer wann in welche Richtung gelaufen ist. Eine Spur mag zu einer Rennmaus führen. Ein schneller Sprung, und der Wüstenfuchs hat seine erste Mahlzeit an diesem Abend. Auch Wüstenluchse, eine Wildkatzenart, und Streifenhyänen tauchen gleichsam aus dem Nichts auf. In den Wüsten der Neuen Welt, wo die Känguruhratte hinter Samenkörnern herhüpft und der Kitfuchs und der Kojote die Känguruhratte jagen, gilt ebenso das Prinzip des Lebens in der freien Natur: Fressen und Gefressenwerden.

Nachdem der erste Hunger gestillt ist, wird es ruhiger. Die Temperaturen fallen weiter. Die Geckos, die immer mehr Körperwärme verlieren, ziehen sich in Felsspalten zurück. Die Säugetiere, die ihre Körperwärme selber erzeugen, suchen weiter nach Nahrung. Aber auch sie ziehen sich in ihren Bau und in ihre Höhle zurück, lange ehe der Morgen graut.

Von der Sonne geweckt

Wenn die Sonne am östlichen Horizont aufgeht, kommt eine andere Gruppe von Tieren zum Vorschein. Es ist die Stunde, in der die Gila-Krustenechse in den

Spuren nachtaktiver Tiere
Tagsüber ist kaum ein Tier zu sehen, aber Spuren im Sand verraten, welche Tiere in der Kühle der Nacht unterwegs waren und wo sie sich jetzt versteckt halten.

Jagd in der Hitze
Reptilien brauchen Wärme, und das Chamäleon ist tagaktiv. Seine Zunge hat eine klebrige, keulenartige Spitze, mit der es leicht Insekten fangen kann. Der Zungenansatz ist von ringförmigen Muskeln umgeben. Wenn diese sich plötzlich zusammenziehen, schießt die Zunge heraus. Bei den meisten Arten ist sie so lang wie das Chamäleon selbst.

Duell im Morgengrauen
Das Afrikanische Borstenhörnchen lebt in Kolonien. Gern balgen sich die Jungtiere am Morgen und am Abend. In der Mittagshitze halten sie sich in ihren Höhlen auf.

Trockengebieten des amerikanischen Westens auf Jagd geht. Abgesehen von einer verwandten Art, die in Mexiko verbreitet ist, der Skorpions-Krustenechse, ist sie die einzige giftige Echse der Erde. Sie wird bis zu 60 Zentimeter lang, hat einen ziemlich kurzen, dicken Schwanz, und ihr Rücken ist mit glänzenden schwarzen und korallenroten Höckerschuppen besetzt. In der frühen Morgendämmerung ist sie noch träge. Aber sobald die Sonne ihren Körper erwärmt, bewegt sie sich immer schneller. Jetzt schnappt sie nach Insekten und jungen Vögeln. Sie zwängt sich sogar frech durch einen Gang des Baus bis zum Nest einer Wüstenmaus und packt die Alten und die Jungen. In den Trockengebieten Australiens zeigt sich der Dorn- oder Wüstenteufel, eine nur etwa 20 Zentimeter lange Echse, die sich von schwarzen Ameisen ernährt. Der Dornteufel setzt sich neben eine Ameisenstraße und schnappt ein Insekt nach dem anderen mit seiner Zunge auf, während die übrigen Ameisen unverdrossen weiterlaufen.

Nicht lange hält die Geschäftigkeit an. Nach ein paar Stunden steht die Sonne so hoch, daß die Wüste zu glühen beginnt. Reptilien leiden unter großer Hitze genauso wie Säugetiere, und nur wenige Stunden nach Sonnenaufgang ist es auch für Reptilien zu heiß. Jetzt flimmert die Luft über den Steinen.

Pflanzen leiden ebenso unter der Hitze und verdorren, wenn sie zuviel Feuchtigkeit abgeben. Bei der Wüstenstechpalme wird die Wirkung der einfallenden Sonnenstrahlen dadurch abgeschwächt, daß die Blätter in einem Winkel von 70 Grad zum senkrechten Stengel wachsen. Auf diese Weise trifft die Sonne die meiste Zeit des Tages lediglich die Ränder der Blätter. Nur morgens, wenn die Sonne noch tief steht und es noch kühl ist, fallen die Sonnenstrahlen direkt auf die Oberfläche der Blätter und führen ihnen die nötige Energie für die Photosynthese zu. Außerdem scheidet die Stechpalme Salz aus, das die Pflanze dem Boden entnimmt und mit ihrem Saft zu den Blättern transportiert. Auf deren Oberfläche setzt es sich als weiße, pulvrige Schicht ab. Diese wirft einen Teil des Lichts zurück und schützt so vor der Hitze.

Ein paar Tiere können auch über Mittag die Sonne ertragen. Das Kalahari-Borstenhörnchen benützt seinen buschigen Schwanz als Sonnenschirm. Es stellt ihn hoch, die Haare gespreizt, und biegt ihn so über den Kopf, daß der Körper

Dornen zum Sammeln von Tau
Der Dornteufel lebt in den Trockengebieten Australiens. Sein Körper ist mit großen Stachelschuppen bedeckt, die die Freßfeinde abhalten. Der Dornteufel ist sehr gut an das Leben in der Wüste angepaßt. Sobald er mit Wasser in Berührung kommt, saugt die Haut es auf. Zwischen den Schuppen befinden sich haarfeine Kanälchen, die auf das Maul der Echse zulaufen und durch die das Wasser dorthin gelangt.

Füße hoch in der Wüste
Dieser Eidechse in der Namibwüste brennen die Füße auf dem heißen Sand. Wenn sie im Laufen innehält, hebt sie diese abwechselnd hoch, bis sich der Sand im Schatten ihres Körpers ein wenig abgekühlt hat. Dann hebt sie alle vier Füße und auch den Schwanz hoch und ruht sich auf dem Bauch aus.

Körper hoch in der Wüste
Dieser Käfer, der ebenfalls in der Namib lebt, trägt auf seinen langen Beinen den Körper hoch über dem Boden. So schützt er sich vor dem glühenden Sand.

Schatten erhält. Andere kühlen ihr Blut durch bestimmte Organe. Der Eselhase Amerikas, der Große Kaninchennasenbeutler Australiens und der Wüstenfuchs der Sahara benutzen alle das gleiche Organ für die Kühlung des Körpers: die Ohren. Zweifellos brauchen die Tiere große Ohren, mit denen sie jeden Laut der Wüste einfangen können, aber bei diesen Tieren sind sie viel größer, als für diese akustische Aufgabe notwendig wäre. Durch die Ohren läuft ein Netz feinster Blutgefäße, die alle so dicht unter der Haut liegen, daß die vorbeistreifende Luft das Blut kühlt, das in den Ohren zirkuliert.

Wenn eine chemische Verbindung oder ein Element vom flüssigen in den gasförmigen Zustand übergeht, wird Wärmeenergie verbraucht. Verdampft Wasser, entzieht es seiner Umgebung Wärme. So erklärt es sich auch, warum die Körpertemperatur von Tieren, die schwitzen, absinkt. Eine ähnliche Wirkung hat das Hecheln mancher Säugetiere. Dabei streicht Luft über die feuchte Schleimhaut des Mauls. Der Speichel verdunstet, und das Blut in dem darunterliegenden Gewebe kühlt sich ab. Wenn Schildkröten erhitzt sind, dann befeuchten sie Kopf und Hals mit Speichel. Manchmal lassen sie den Urin, den sie in ihrer Blase speichern, über die Hinterbeine laufen. Bei den Känguruhs Australiens hat sich an der Innenseite der Vorderfüße dicht unter der Haut ein besonderes Netz von Haargefäßen entwickelt. Wenn die Hitze sehr stark wird, belecken sie ihr Fell an den Vorderfüßen so lange, bis der Speichel schaumig ist. Die Verdunstung entzieht dem Blut in den darunterliegenden Haargefäßen Wärme.

Vögel können sich vor Hitze besser schützen als die meisten anderen Tiere. In vielen Gebieten der Erde haben Federn die Aufgabe, die Körperwärme der Vögel zu erhalten. Eine Isolierung vermindert die Wärmeabgabe, läßt aber auch die Wärme der Luft nicht nach innen dringen. Von ihren Federn geschützt, können viele Vögel den ganzen Tag über in der Wüstensonne sitzen, ohne daß ihnen dies schadet. Aber auch sie müssen sich manchmal abkühlen. Dies geschieht auf recht eindrucksvolle Art: Sie lassen die Kehle flattern. Auf diese Weise müssen sie, im Gegensatz zu den hechelnden Säugetieren, keine Muskelarbeit leisten, um die Brust zu heben und zu senken; aber trotzdem wird in dem feuchten Innern des Schnabels ein Luftstrom erzeugt.

Kostbares Wasser erhalten

Schwitzen, Hecheln, Lecken, Mit-der-Kehle-Flattern und Mit-Urin-Bespritzen mögen wirksame Methoden zur Kühlung des Körpers sein, aber ein Wüstentier, das sie anwendet, zahlt einen hohen Preis dafür. Es verliert das Kostbarste, nämlich das Wasser. Alle in der Wüste lebenden Organismen machen die größten Anstrengungen, das Wasser in ihrem Körper zu bewahren. Ihre Ausscheidungen sind gewöhnlich sehr trocken. Den Kot eines Kamels kann man fast schon beim Ausscheiden als Brennmaterial benützen, und der vieler Reptilien ist staubtrokken. Auch wenn lösliche Stoffe wie Harnsäure ausgeschieden werden, braucht der Körper von Wüstentieren dafür möglichst wenig Wasser. So enthält der Urin einer Känguruhratte nur 70 Prozent Wasser, während der des Menschen zu 92 Prozent aus Wasser besteht. Eine in der Sahara lebende Eidechse gibt ihre überschüssigen Salze durch eine spezielle Drüse in den Nasenöffnungen ab.

Die Suche nach Wasser beherrscht das Leben der meisten Wüstenbewohner. Einige brauchen nur so wenig, daß die Flüssigkeit, die in ihrer Nahrung enthalten ist, ausreicht, um zu überleben, und sie trinken überhaupt nie. Wüstenfüchse und Schakale nehmen die lebensnotwendige Flüssigkeit mit den Körpersäften ihrer Beutetiere auf, die Dorkasgazelle aus dem Saft von Blättern und die Känguruh-

Große Ohren für die Kühlung
Durch die großen, gut durchbluteten Ohren des Kalifornischen Eselhasen (ganz unten) wird viel Wärme abgeleitet, so daß bei den Tieren kein Hitzestau entsteht. Beim Wüstenfuchs (unten) ist es ebenso. Gleichzeitig hören die Tiere mit den großen Ohren gut.

ratte aus Samenkörnern. Ein paar Tierarten können im Notfall Wasser selbst erzeugen, indem sie ihre Fettreserven abbauen. Aber viele der großen Säuger, wie zum Beispiel der Spießbock und das Känguruh, müssen jeden Tag von ihren Weidegründen zu einem der wenigen, weit auseinanderliegenden Wasserlöcher ziehen.

Der Tagesablauf von Vögeln, die in der Wüste leben, ist im allgemeinen streng geregelt. Erst mit der Brutzeit kommen die Probleme, wenn die Jungen viel

Ein Schwanz als Sonnenschirm
Hörnchen benützen den Schwanz auf verschiedene Weise. Die Flughörnchen gebrauchen ihn als Ruder. Hörnchen, die einen Winterschlaf halten, legen den Schwanz um den Körper und halten sich auf diese Weise warm. Das Erdhörnchen in der Wüste Südafrikas hält ihn so über sich, daß möglichst viel Schatten auf den Körper fällt.

Wasser brauchen und die Nahrung nicht genügend Flüssigkeit enthält. Das Flughuhn in Afrika nistet oft 40 Kilometer von einer Wasserstelle entfernt. Das Männchen besorgt für die Küken auf einmalige Art Wasser. Wenn es an der Wasserstelle ankommt, trinkt es zuerst selbst. Dann läuft es ins Wasser hinein, hält den Kopf hoch und kauert sich nieder, bis sich das Bauchgefieder mit Wasser vollgesogen hat. Die Bauchfedern des männlichen Flughuhns haben eine ganz besondere Struktur, die es ihnen ermöglicht, sehr viel Wasser aufzunehmen. Sobald sie sich vollgesogen haben, fliegt das Männchen zu seinem Nest zurück. Dort wird es von seinen Küken mit hochgereckten Hälsen empfangen. Sie saugen an den Federn wie junge Welpen an den Zitzen der Hündin.

Der Rennkuckuck, der Jagd auf Schlangen macht und den man oft auf seinen langen Beinen durch die Trockengebiete Arizonas und Mexikos laufen sieht, versorgt seine Jungen auf eine andere Art mit Wasser. Ein Rennkuckuckpaar baut sein Nest auf einem Kaktus oder in einem Dornbusch und brütet zwei bis drei Nestlinge aus. Diese können schon erstaunlich früh Eidechsen und Insekten verdauen. Wenn das Männchen oder das Weibchen mit einer toten Eidechse im Schnabel im Nest landet, gibt es seine Beute nicht sofort ab. Ein Nestling bettelt mit weitgeöffnetem Schnabel, und die Eltern schieben ihm die Eidechse hinein. Aber das Vogeljunge kann sie nicht in den Hals rutschen lassen. Während der Schlund des Kükens geschlossen bleibt, steigt in der Kehle der ausgewachsenen Vögel eine Flüssigkeit hoch, läuft in Tropfen seinen Schnabel hinab und in den des Jungen hinein. Dies ist jedoch nicht Wasser, das die Eltern kurz zuvor getrunken und im Kropf aufbewahrt haben. Vielmehr bildete sich ein Saft durch physiologische Vorgänge bei der Verdauung im Magen des Männchens oder des Weibchens. Erst wenn der Nestling den Magensaft geschluckt hat, darf er das Beutetier essen.

Saft aus dem Magen
Der Rennkuckuck, der in der Wüste lebt, nistet gewöhnlich in Kakteen. Wenn das Weibchen brütet, schützt es sich vor Überhitzung, indem es sich mit dem Schwanz beschattet. Beim Füttern versorgt es seine Jungen gleichzeitig mit einem Saft, den es im Magen erzeugt hat. So bewahrt es sie vor dem Verdursten.

Nach 12 000 Jahren noch immer am Leben

Auch Wüstenpflanzen müssen in einer Welt, in der es kaum Wasser gibt, Anpassungsmuster entwickeln, um zu überleben. Besonders gut gelungen ist dies dem Kreosotbusch, der in den Trockengebieten im Südwesten Amerikas wächst. Die Pflanze verläßt sich nicht auf das Grundwasser in der Tiefe, das in vielen Trockengebieten unerreichbar ist, sondern sie bezieht Flüssigkeit von dem hauchdünnen Film, der die Bodenpartikel wenige Zentimeter unter der Erdoberfläche umgibt. Dieser stammt vom Tau oder gelegentlich auch von einem Regenguß. Die Pflanze sammelt das Wasser mit einem Netz feinster Wurzeln, die den Boden so weitläufig und so gründlich durchdringen, daß alle verfügbaren Wassertröpfchen aufgesogen werden. Jeder Kreosotbusch braucht eine größere Bodenfläche, damit er sich ausreichend mit Wasser versorgen kann. Wenn er sich in einem sehr trockenen Gebiet einmal festgesetzt hat, sammelt er das Wasser so intensiv, daß keine andere Pflanze im Umkreis von ein bis zwei Metern mehr gedeihen kann. Dies gilt nicht nur für andere Pflanzenarten, sondern auch für die eigenen Sämlinge. Der Kreosotbusch besiedelt den Nachbargrund allerdings selten durch Samen, sondern vorwiegend durch Wurzelschößlinge. So dehnt sich das Wurzelnetz langsam immer mehr aus. Da der Busch nach außen weiterwächst und die Triebe in der Mitte allmählich absterben, entsteht ein Ring. Weil sich der Kreosotbusch gegen keine andere Pflanze behaupten muß, wird der Ring groß und größer. Manche Ringe haben einen Durchmesser von 25 Metern erreicht. Die Zweige eines solchen Rings sind nicht sehr alt, aber die Pflanze kann schon seit 10 000 bis 12 000 Jahren an diesem Platz stehen.

Wasser aus dem Gefieder

Die meisten Nestlinge werden von den Altvögeln mit Insekten, Fleisch und zerkauten Früchten versorgt, die ausreichend Flüssigkeit enthalten, so daß die Jungen keine zusätzliche Flüssigkeit brauchen. Die jungen Flughühner indessen verlassen ihr im Sand gebautes Nest, sobald die Federn trocken sind, und suchen sich ihr Futter – meist kleine Samenkörner – selbst. Da diese fast keine Flüssigkeit enthalten, brauchen die Jungen dringend Wasser. Das Männchen fliegt darum zur nächsten Wasserstelle, läßt sich in einem Teich oder einer Pfütze nieder, wo die Brustfedern das Wasser aufsaugen (links außen), und fliegt zu den Jungen zurück. Sobald das Männchen gelandet ist, kommen die durstigen Küken (oben) aus ihrem Versteck und trinken das Wasser aus den Federn.

Einige Wüstenpflanzen wenden eine andere Strategie an, um Wasser zu sammeln. Sie absorbieren nicht ständig geringste Flüssigkeitsmengen wie der Kreosotbusch, sondern verlassen sich statt dessen auf die wolkenbruchartigen Regengüsse, die ungefähr einmal im Jahr niedergehen, und nehmen dann möglichst rasch möglichst viel Wasser auf und speichern es. Kakteen haben sich in dieser Technik spezialisiert. Zu den größten zählt der Kandelaberkaktus. Er kann über 15 Meter hoch werden und entweder eine einzelne Säule oder auch eine Säule mit mehreren Verzweigungen bilden. Vertikale tiefe Furchen laufen den ganzen Stamm entlang. Wenn ein Regenguß niedergeht, saugt der Kandelaberkaktus das Regenwasser aus dem Boden auf, und der Umfang nimmt erheblich zu. Ein großer Kandelaberkaktus kann an einem Tag eine Tonne Wasser aufnehmen und speichern.

Nun muß die Pflanze die Verdunstung einschränken. Wasserdampf geht leicht durch die Spaltöffnungen der Blätter verloren. Deswegen haben in der trocknen, heißen Wüste viele Pflanzen sehr kleine Blätter mit wenigen Poren. Der Kandelaberkaktus und andere Kakteen sind noch einen Schritt weitergegangen. Im Lauf großer Zeiträume verwandelten sich ihre Blätter in Dornen, und auf dem dicken Stamm entwickelten sich Spaltöffnungen. Außerdem wurde der Stamm grün und übernahm die Aufgabe der Photosynthese. Die Dornen halten außerdem Luftströmungen von den Kakteen ab, so daß die Pflanze stets von einer Hülle stiller Luft umgeben ist. Darüber hinaus sind die Spaltöffnungen dadurch vor Austrocknung geschützt, daß sie in Furchen sitzen. Mit Hilfe dieser Einrichtung ist es dem Kandelaberkaktus möglich, den Wasserverlust durch Verdunstung sehr niedrig zu halten. Der größte Teil der Wasserreserven bleibt jahrelang erhalten und wird nach und nach zum Aufbau von neuem Gewebe verwendet, bis dann wieder ein neuer Regenguß niedergeht und die riesigen Vorratsbehälter aufs neue mit Wasser gefüllt werden können. Wer vom Durst gequält durchs Land der Kandelaberkakteen reist, könnte in Versuchung geraten, die riesigen Wasserreservoire um sich herum anzuzapfen. Er wäre schlecht beraten, wenn er das täte. Der Saft des Kandelaberkaktus enthält ein starkes Gift, das ihn töten würde. Das trifft aber nicht für alle Pflanzen zu, die Wasser speichern. Sowohl die Einheimischen Australiens, die die Trockengebiete bewohnen, als auch die Buschmänner der Kalahari versorgen sich in Zeiten der Dürre mit Wasser, das sie solchen Pflanzen entnehmen. Ich folgte einmal einem Einheimischen durch die Große Sandwüste Nordwestaustraliens auf der Suche nach Wasser. Er lief rasch, und nichts deutete darauf hin, daß er überhaupt etwas suchte. Auch drehte er dabei nicht – wie ich es tat – den Kopf von einer Seite zur anderen. Nicht einmal die Augen blickten angestrengt. Es war, als könne er mit einem einzigen, durchdringenden Blick die ganze Umgebung erfassen, die winzigen, halb verwischten Spuren im Sand, die Form der Felsen, die Stengel und Blätter der einzelnen Pflanzen. Und dann, ganz plötzlich, kniete er neben einem Schößling nieder, der nur ein paar kleine Blätter trug. In meinen Augen sah die Pflanze genauso aus wie viele andere, an denen wir schon vorbeigegangen waren. Aber auf ihn wirkte sie zweifellos entscheidend anders. Er nahm einen Stock, stieß ihn mit schnellen, kräftigen Bewegungen in

Uralte Pflanzen

Die Mojavewüste ist flach, steinig und extrem trocken. Die Kreosotbüsche, die unter solchen Bedingungen wachsen, sind häufig alle gleich hoch und breit. Gelegentlich gelingt es einer älteren Pflanze, den Nachbarn das Wasser zu entziehen und sich ringförmig auszubreiten. Dieses riesige Exemplar könnte etwa 12 000 Jahre alt sein.

die Erde und grub rings um die Pflanze ein etwa 30 Zentimeter tiefes Loch. Dort ging der bleistiftdünne Trieb in eine bauchige, fußballgroße Wurzel über. Wir nahmen einige Stücke davon ab und zerdrückten sie in unseren Händen, bis kleine Saftbäche herausrannen. Diese genügten, unseren Durst zu löschen. Sie hätten im Notfall auch ausgereicht, uns vor dem Verdursten zu bewahren.

Die Buschmänner der Kalahari im Südwesten Afrikas verfügen über ähnliche Kenntnisse. Verschiedene Pflanzen haben ebenso safthaltige Wurzeln, aber die Säfte sind nicht alle genießbar. Einige schmecken so bitter, daß selbst die Buschmänner sie nicht trinken. Aber sie nützen diese Pflanzen und reiben sich damit Gesicht und Körper ein. Eine willkommene Abkühlung für die Haut.

Die Hottentotten und die Buschmänner sind wohl die einzigen Menschen, die eine besondere Anpassung des Körpers an das Leben in der Wüste entwickelt haben. Alle Menschen speichern Nahrungsreserven in Form von Fett. Aber eine Fettschicht, die den Leib und Teile der Gliedmaßen umgibt, ist in der Wüste von großem Nachteil. Die Fettschicht verhindert, daß der Körper Wärme durch die Haut abgibt. So empfinden Reisende aus kühleren Gegenden die Hitze als äußerst drückend, besonders wenn sie sich bewegen. Bei einigen Hottentotten und Buschmännern – gewöhnlich handelt es sich um Frauen – wird dies dadurch verhindert, daß sich die Fettreserven vor allem am Gesäß ablagern, das dann stark vergrößert ist und einen großen Gegensatz zu dem sonst hageren, sehnigen Körper bildet. Auf Fremde mag die Erscheinung dieser Menschen seltsam wirken. Aber eigentlich müßte jeder dicke, erhitzte Tourist, der sich in die Wüste der Buschmänner und Hottentotten wagt, darauf neidisch sein.

Die Wüsten sind nicht alle gleich

Die Tiere und die Pflanzen aller Wüstengebiete haben mit den gleichen Schwierigkeiten zu kämpfen. Sie müssen den Körper kühl halten und Wasser speichern. Da aber jede Wüste ihren besonderen Charakter hat, treten in jeder Region bestimmte Probleme auf, die jeweils auf andere Weise gelöst werden müssen – oder ganz bestimmte Vorteile, die es zu nutzen gilt.

Die Namibwüste im Westen der Kalahari erhält aus einer besonderen Quelle Feuchtigkeit: Sie grenzt ans Meer, über dem meist Nebel liegt. Wenn er nachts über die Wüste streift, bilden sich größere Wassertropfen. Eine Reihe von Organismen, die in der Namibwüste leben, nützen diesen Vorgang. An solchen Aben-

Blätter, die zu Stacheln wurden
Große Blätter verlieren viel Feuchtigkeit durch Verdunstung. Kakteen bauen ihre Nährstoffe in den grünen Stämmen auf; ihre Blätter haben sich in Stacheln verwandelt. Diese schützen die Pflanze davor, von Tieren angefressen zu werden. Gleichzeitig bremsen die Stacheln den Luftstrom, der um die Kakteen streicht. Damit wird auch die Verdunstung durch die Poren am Stamm herabgesetzt, durch die während der Photosynthese Gase ausgetauscht werden.

den klettern die langbeinigen Schwarzkäfer auf die Sanddünen. Dort stehen sie dann in Reih und Glied, den gesenkten Kopf auf die Küste zu gerichtet, den Hinterleib hoch in die Luft gereckt, und die Beine heben und senken sie langsam. Sobald der Nebel den Körper der Insekten berührt, schlagen sich Wassertröpfchen auf ihm nieder. Wenn die Insekten die Beine heben, laufen die Tropfen an den Beinen entlang über den Bauch und schließlich zu den Mundwerkzeugen.

Der Nebel liefert auch die nötige Feuchtigkeit für eine äußerst merkwürdige Pflanze – für die Welwitschie. Sie hat einen holzigen Stamm, der einer Rübe gleicht und in eine mehrere Meter lange Pfahlwurzel übergeht. Bei alten Pflanzen kann der Durchmesser der Wurzel oben einen Meter betragen, und sie kann einen halben Meter und mehr aus der Erde ragen. Der wulstigen, meist gewundenen Wurzel entspringen stets nur zwei riemenförmige Blätter. An der Stelle, wo die Blätter herauswachsen, sind sie grün, weich und so breit wie der Durchmesser der Wurzel. Sie biegen sich aufwärts und fallen dann spiralig gedreht zu Boden. Die Blattenden älterer Exemplare sind zerfranst und zerschlissen vom Wind, der sie ständig hin und her über den Wüstenboden treibt, und sterben von Zeit zu Zeit ab. Wenn das nicht wäre, hätte die Welwitschie mit Sicherheit die längsten Blätter aller Pflanzen auf unserer Erde, denn Welwitschien können 1000 Jahre und älter werden. Ein heiles Blatt von einem solch alten Exemplar wäre dann mehrere hundert Meter lang. Der Riesenwuchs der Blätter mag auf den ersten Blick als Nachteil erscheinen, denn die meisten Wüstenpflanzen haben winzige Blätter, um möglichst wenig Wasser zu verdunsten. Aber die Blätter der Welwitschie geben keine Feuchtigkeit ab, sondern sammeln sie. Unmittelbar unter der Wachsschicht der Oberfläche verläuft ein Netz feiner Fasern in der Längsrichtung der Blätter. Dieses Fasernetz kann viel Flüssigkeit aufnehmen. Wenn der Tau fällt, werden die Wassermoleküle zunächst von der Blatthaut absorbiert und dann von den Fasern aufgesogen. Ein Teil der Wassertröpfchen rinnt an den Blättern hinab, tropft von den zerfransten Spitzen herunter und wird von der Wurzel verwertet.

Wassertropfen einfangen
Am frühen Morgen, wenn der Nebel von der Küste ins Land zieht, steht ein Käfer oben auf der Düne und neigt den Körper, so daß Wassertröpfchen bis zu seinen Mundwerkzeugen ablaufen.

Wandernde Dünen
Der Wind, der ständig durch die Namibwüste weht, treibt unzählige Walldünen dem Meer entgegen. Jedes Jahr wandern sie 20 bis 30 Meter. Der Sand wird über den Kamm der Dünen hinweggeblasen, und so bewegen sie sich immer weiter. Wenn sie die Küste erreicht haben, ist ihre Reise zu Ende.

Versteckte Reichtümer

In einigen Wüsten gehen fast jedes Jahr einmal starke Regenfälle nieder. Zahlreiche Tiere entwickeln sich dann in der kurzen Zeit, in der verhältnismäßig viel Wasser vorhanden ist. Die meiste Zeit des Jahres, manchmal auch mehrere Jahre hintereinander, leben die Tiere im Verborgenen und sind untätig. Ein Reisender in der Wüste kann die Spuren des reichen Lebens nicht erkennen, das ringsum vorhanden ist.

Die ersten Regentropfen erwecken die ruhende Welt der Lebewesen. Einige Tropfen fallen vielleicht auf Büschel vertrockneter Pflanzen, deren Blätter braun sind und zu Staub zerbröckeln und deren Stengel trockene, spröde Samenkapseln tragen. Plötzlich jedoch erwachen sie zu kraftvollem Leben. Die braunen Deckel der Samenkapseln springen auf, und die Samenkörner werden sichtbar. Manche Pflanzen schießen ihren Samen meterhoch in die Luft. Der Eindruck, daß sich hier Leben regt, ist dennoch ziemlich trügerisch. Die auslösende Kraft dieser Bewegungen ist rein mechanischer Natur. Das Regenwasser wird von dem abgestorbenen Pflanzengewebe unterschiedlich aufgenommen. Es entstehen Spannungen, die zur Folge haben, daß sich manche vertrockneten Pflanzenteile aufrollen, andere dagegen sich so verformen, daß die Samenkörner durch eine Reihe kleiner Explosionen freigegeben werden. Aber jetzt, nachdem sie auf dem Boden liegen, zeigen die Samenkörner selbst Leben. Auch sie nehmen Wasser auf, und die Haare, die sie bedecken, schwellen an und werden steif. Dadurch richtet sich der Samen so auf, daß die erste kleine Wurzel senkrecht in den Boden stößt.

Hier drohen einige Gefahren. Es könnte sein, daß nur ein paar Regentropfen fallen, ein erster kurzer Schauer, und daß der starke Niederschlag erst eine Woche später kommt. Sollte das der Fall sein, sterben die Keime in den folgenden Tagen ab. Einige Pflanzen haben sich auch dagegen abgesichert. Die Außenschicht ihrer Samenkörner enthält einen chemischen Hemmstoff, der die Keimung verhindert. Erst wenn es lange genug ausreichend regnet, so daß der Boden mit Wasser getränkt ist, wird der Hemmstoff abgewaschen, und der Samen kann keimen.

Wenn sich die Erde in den Trockengebieten Arizonas mit Regen vollsaugt und die Samen sprießen, bewegt sich der Boden. Die Oberfläche bricht auf, und kleine Kröten kommen ans Tageslicht. Es sind die Schaufelfüße, die in den vergangenen zehn Monaten ungefähr 30 Zentimeter tief unter der Erdoberfläche begraben lagen. Der Regen, der die Wüste überspült, hat sich in flachen Wassertümpeln gesammelt. Die Männchen der Schaufelfüße hüpfen schnell zu den Tümpeln. Einmal im Wasser, quaken sie. Rasch gesellen sich die Weibchen zu ihnen, angelockt von dem Gesang. Sie paaren sich sofort.

Alles läuft jetzt mit einer unglaublichen Geschwindigkeit ab. Die Kröten, die die Gunst des Augenblicks verpassen, pflanzen sich nicht fort. Wenn eine Kröte in der ersten Nacht, nachdem sie das Erdreich verlassen hat, keinen Wassertümpel und keinen Partner findet, paart sie sich meist nicht mehr. Nach wenigen Stunden sind die Eier abgelegt und befruchtet, die dann in Klumpen im lauwarmen Wasser der Tümpel liegen. Die ausgewachsenen Schaufelfüße haben ihre Pflicht gegenüber der nächsten Generation erfüllt. Sie kümmern sich nicht um ihre Eier und fressen so schnell und so viel wie möglich, um sich auf die langen, wasserlosen Monate vorzubereiten, die bald für sie anbrechen.

Die Eier entwickeln sich ebenfalls mit atemberaubender Geschwindigkeit. Schon einen Tag später ist das Wasser voller Kaulquappen. Sie sind nicht die einzigen Lebewesen, die sich in dem warmen, trüben Tümpel tummeln. Unzählige

Kiemenfußkrebse, die noch nicht einmal einen Zentimeter lang sind, schwimmen in dem Wasser. Sie sind aus Eiern geschlüpft, die vielleicht schon vor 50 Jahren in einer Staubwolke durch die Wüste geweht wurden und jetzt hier zum Leben erwacht sind, Hunderte von Kilometern von der Stelle entfernt, wo sie einst gelegt worden sind. In der Staubwolke waren auch mikroskopisch kleine Sporen enthalten, die jetzt im Wasser zu dünnen Algenfäden herangewachsen sind.

Die Kaulquappen fressen unentwegt. Die Algen allein reichen für ihre Ernährung aus, wenn aber in dem Tümpel außerdem noch Kiemenfußkrebse leben, entwickelt sich ein Teil der Kaulquappen anders als die übrigen. Kopf und Maul werden wesentlich größer als bei den Algenfressern, und sie vertilgen nun auch Kiemenfußkrebse. Aber nicht nur das, sie verschmähen auch die Artgenossen nicht, die von den Algen leben. Unterdessen verdunstet das Wasser, und der Tümpel wird immer kleiner, so daß die Bewohner zusehends weniger Platz zum Schwimmen haben und immer weniger Wasser, dem sie den lebensnotwendigen Sauerstoff entnehmen können. Auch wird das flache Wasser immer wärmer – eine weitere Erschwerung, da warmes Wasser weniger Sauerstoff enthält.

Da zweierlei Kaulquappenarten in dem Tümpel leben, können Schaufelfüße mit verschiedenen Schwierigkeiten leichter fertig werden. Wenn es noch einmal regnet, steigt das Wasser in dem Tümpel wieder, und die Entwicklung der Kaulquappen muß nun nicht mehr so schnell ablaufen. Der neue Regen wirbelt aber das Wasser des Tümpels auf und macht es schlammig und trüb. Unter diesen Bedingungen geht es den fleischfressenden Kaulquappen nicht gut. Sie können ihre Beute nicht richtig wahrnehmen. Für die Pflanzenfresser ist dies jedoch kein Problem. Sie fressen weiter Algen und wachsen ständig, bis schließlich Kröten aus ihnen werden, und mit etwas Glück verlassen viele den Tümpel. Wenn aber kein Regen mehr fällt, müssen einige der Kaulquappen ihre Entwicklung möglichst schnell abschließen. Während der Wassertümpel kleiner wird, fressen die Kaulquappen ihre Artgenossen auf und bekämpfen sich gegenseitig, weil sich jeder an der tiefsten Stelle in der Pfütze festsetzen will, wo das Wasser am längsten hält. Schon bald reicht für die Kaulquappen am Rand das Wasser nicht mehr aus, und sie verschmachten in der Sonne. In der Mitte ist nun kaum mehr als flüssiger Schlamm. Aber den größten und aggressivsten der fleischfressenden Larven wachsen meist noch Beine. Dann hüpfen sie davon in die Wüste. Viele von ihnen werden von Eidechsen oder Vögeln geschnappt, doch einige finden einen Spalt oder eine Ritze im Boden, wo sie sich vor der Hitze schützen können. Auch ihre Eltern graben sich bald wieder Löcher. Sie tun das mit ihren breiten, kräftigen Hinterfüßen, nach denen die Tiere benannt wurden. Sobald sie sich eingegraben haben, wird die äußere Schicht ihrer Haut hart und bildet eine wasserdichte Umhüllung. Nur zwei winzige Löcher nahe der Nase bleiben frei, damit die Kröten atmen können.

Der Tümpel ist schon lange ausgetrocknet. Von den Kiemenfußkrebsen lebt keiner mehr. Nur ihre Eier bläst der Wind in einer Staubwolke davon. Viele der Kaulquappen konnten ihre Entwicklung nicht vollenden. Jetzt liegen sie nebeneinander im Schlamm einer Pfütze, den die Sonne austrocknet und schrumpfen läßt. Aber ihr Leben war nicht vergebens. Ihre Körper zersetzen sich, und die

Blühende Mojavewüste

Einjährige Wüstenpflanzen müssen, wenn es einmal regnet, so schnell wie möglich austreiben. Alle in der Wüste verstreuten Samen gehen auf einmal auf und blühen gleichzeitig. Plötzlich verwandelt sich die Wüste in ein Meer blühender Blumen.

organischen Substanzen dringen in den Boden dort ein, wo zuvor der Wassertümpel war. Beim nächsten Regen wird sich an dieser Stelle wieder eine Pfütze bilden, und der Sand wird Stoffe enthalten, die der nächsten Algengeneration zu schnellem Wachstum verhelfen.

Der Regenguß hat noch viel mehr bewirkt. Die Samen, die mit den ersten Regentropfen aufgegangen sind, haben sich zu Pflanzen entwickelt und stehen jetzt in Blüte. Ringsum leuchtet die Wüste in lodernden Farben. Blaue und gelbe, rosa und weiße Blüten bilden kurze Zeit riesige Blumengärten. So sind die Wüsten und Trockengebiete Westaustraliens, der Namib, Arizonas und Neu-Mexikos ein paar Tage lang so farbig wie eine Wiese in Mitteleuropa im Juni. Wenn die Feuchtigkeit aufgesogen und der Samen verstreut ist, vertrocknen die Pflanzen und sterben ab.

Die Welt der Sanddünen

Unter einer Wüste stellt man sich im allgemeinen ein endloses Sanddünenmeer vor, tatsächlich ist jedoch nur etwa ein Fünftel der Sahara Sandwüste. Der Sand entstand durch physikalische und chemische Verwitterung aus den Gesteinen, die Tausende von Jahren Tag für Tag von der Sonne erhitzt wurden und sich nachts bis unter den Nullpunkt abkühlten. Langsam lösten sich die Sandsteine in ihre mineralischen Bestandteile auf. Da Quarz der Verwitterung am längsten widersteht, bildet er meist den Hauptbestandteil des Sands. Jedes Korn, das der Wind vor sich hertreibt und das sich an anderen Körnern reibt, wird mit der Zeit gerundet und bekommt eine matte Oberfläche. Sandkörner, die vom Wasser transportiert wurden, haben dagegen eine glänzende Oberfläche. Wenn starke Winde und Böen durch die Wüste wehen und den Sand an Steinen oder Pflanzen zusammentragen, entstehen Dünen. Manche werden über 200 Meter hoch und über einen Kilometer lang. In Wüstengegenden, in denen der Wind periodisch die Richtung wechselt, kann man gelegentlich Sterndünen mit mehreren Kämmen antreffen, die alle auf einen Mittelpunkt zulaufen. Sie bleiben meist lange Zeit unverändert am gleichen Platz. In Gegenden, wo der Wind vorwiegend aus der gleichen Richtung bläst, wandern die Dünen. Eine häufige Wanderdünenform in der Sahara sind die Sicheldünen oder Barchane. Ihre Form kommt dadurch zustande, daß an ihren seitlichen Enden der lockere Sand schneller vorwärts wandert als in der kompakten Mitte. Je nach der Größe und Windstärke legen sie 20 bis 30 Meter im Jahr zurück. Wenn sich Barchane zusammenschließen, können Walldünen entstehen.

Der Dünensand stellt für jedes Lebewesen, das in oder auf ihm zu leben versucht, ein großes Problem dar. Es ist nicht einfach, auf der Oberfläche, die extrem heiß ist und ständig rutscht, einen sicheren Halt zu finden. Bei einigen Lebewesen haben sich spezielle Füße ausgebildet, die ihnen einen sicheren Stand ermöglichen. Ein Gecko der Namibwüste hat Schwimmhäute zwischen den Zehen wie ein Frosch; ein anderer besitzt lange, haarähnliche Fransen rings um die Füße, die, ähnlich wie Schwimmhäute, das Körpergewicht des Tiers auf der größeren Auf-

Eine Satellitenaufnahme der Sahara
Die Sterndünen, von denen jede einen Durchmesser von ungefähr einem Kilometer hat, treten im Grenzgebiet zwischen Libyen und Tunesien auf. Sterndünen entstehen dann, wenn der Wind periodisch die Richtung wechselt. Im Gegensatz zu Sichel-, Wall- und Bogendünen bleiben Sterndünen lange Zeit am gleichen Platz erhalten.

trittsfläche verteilen, so daß es, ohne einzusinken, leicht über den Sand huschen kann. Wenn dieser Gecko still steht, hebt er in rhythmischen Abständen einmal die Hinterfüße, dann die Vorderfüße. Auf diese Weise hält er sie kühl und läßt den Wind um seinen Körper wehen.

Auf der Oberfläche der Düne wird der Sand oft wenige Stunden nach Sonnenaufgang brennend heiß. Aber schon ein paar Zentimeter unter der Oberfläche ist es kühl. Steckt man seine Hand in den Sand, dann fühlt man, wie kühl es in der Tiefe ist. Die meisten Dünentiere tauchen darum in den Sand ein, um sich vor der schlimmsten Hitze zu schützen.

Tief im Sand verborgen, mag das Leben angenehmer sein, doch dort treten andere Schwierigkeiten auf. Die Sandkörner sind so glatt und trocken, daß sie nicht aneinanderkleben. Somit ist es unmöglich, einen Gang zu graben, wie die Tiere dies im lehmigen Erdboden tun. Der Sand fällt hinter dem Tunnelbauer einfach wieder zusammen. Im Sand können sich verschiedene Arten durch Schwimmbewegungen fortbewegen. Einige Eidechsen, die in den Sand einsinken, stoßen sich mit den Füßen vorwärts. Am besten schwimmen Kriechtiere mit Schlängelbewegungen durch den Sand. Mehrere Skinke machen das so. Mit ihren kurzen Beinen laufen sie über den Sand, doch wenn sich die Tiere im Sand bewegen, halten sie die Gliedmaßen ganz nah an den Körper, damit der Widerstand möglichst gering ist. Bei einer oder zwei Arten, die fast ausschließlich unter der Oberfläche leben, haben sich die Beine völlig zurückgebildet. Der Skink der

Der hübsche Goldmull
Die Augen und Ohren dieses kleinen Wüstenbewohners kann man nicht sehen. Sein Gehör ist jedoch so scharf, daß er jedes Insekt und jede Eidechse blitzschnell im Sand wahrnimmt. Dann „schwimmt" er mit seinen kräftigen, ruderartigen Füßen durch den Sand, um die Beute zu fassen.

Ein seltenes, feines Mahl
Die Sandgrille in der Namib lebt von Wüstengras und abgestorbenen Pflanzenteilen. Diese Nahrung enthält nur wenig Saft, aber die Grille entnimmt ihr die geringsten Mengen und konserviert sie glänzend: Die Chitinschale, die den Körper umgibt, ist vollkommen wasserdicht. So wird die Grille selbst zu einer wertvollen Nahrung. Wenn ein Wüstengecko die Grille fängt, kann er eine Woche von ihr leben. Aber noch ehe diese vergangen ist, wird der Gecko vielleicht von einer Schlange gefressen.

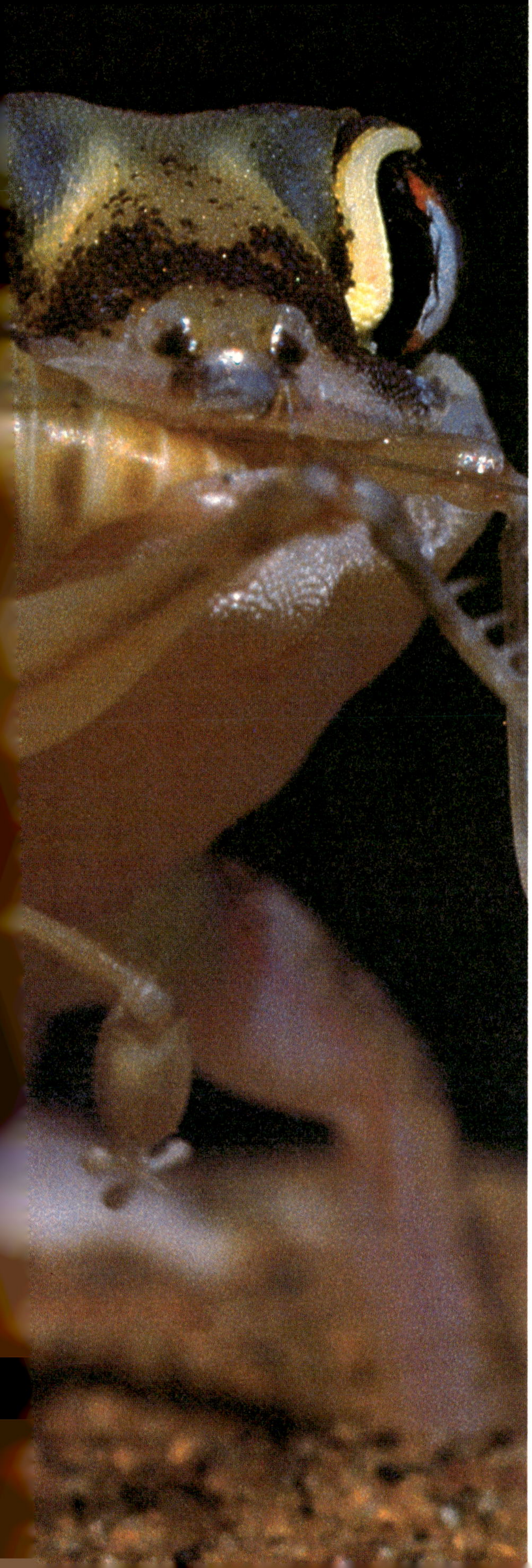

Namib, der überhaupt keine Gliedmaßen mehr besitzt, ist nur ein paar Zentimeter lang und sieht aus wie ein kleiner Aal. Seine Augen sind von je einer durchsichtigen Schuppe bedeckt, die einen Schutz vor reibenden Sandkörnern bildet, und die spitze Nase erweist sich als Hilfe, wenn er sich im Sand fortbewegt. Der Skink lebt von Insekten und Käferlarven. Er spürt jede Bewegung im Sand, die ein Insekt hervorruft. Rasch schwimmt er auf das Beutetier zu und schießt hoch, um es zu erlegen.

Der beinlose Skink wird seinerseits von einem im Sand lebenden Säugetier gejagt, dem Goldmull. Dieses Säugetier bekommt man nur sehr selten zu sehen. Gewöhnlich ist der einzige Hinweis auf seine Gegenwart eine lange Spur von Fußabdrücken, die über die Sanddünen führt, wo es in der Nacht entlanggegangen ist, und eine muldenartige Vertiefung, wo es wieder abgetaucht ist. Dieses Tier gräbt sich so geschickt ein, daß es fast unmöglich ist, ein Exemplar aufzuspüren. Der Goldmull ist ungefähr so groß wie der europäische Maulwurf, dem er etwas ähnlich sieht, aber dennoch sind die beiden nicht nahe miteinander verwandt. Die äußere Ähnlichkeit beruht darauf, daß beide zu Grabtieren geworden sind und deshalb ähnliche Anpassungen an das Leben unter der Erde entwickelt haben. Das Fell der verschiedenen Arten des Goldmulls ist unterschiedlich gefärbt. Viele sind goldgelb mit einem metallischen Glanz, einige sind grau. Der Goldmull hat keine äußeren Ohren; die Augen sind mit Fell überwachsen und ohne Funktion. Die kahle Nase bildet einen breiten, scharfkantigen Keil, mit dem er sich einen Weg durch den Sand bahnt. Die Beine haben sich ganz zurückgebildet, die Knochen der Gliedmaßen sind in den Flanken verborgen, und nur die Füße schauen heraus. Manchmal kommt der Goldmull an die Oberfläche, um Insekten zu jagen, aber seine Lieblingsbeute sind die kleinen, beinlosen Skinke, die er unter der Oberfläche verfolgt.

Der Mensch in der Wüste

Nur wenige Menschen leben in der Sandwüste. In diesem lebensfeindlichen Raum gibt es keine Tiere, die man jagen könnte, und keine Pflanzen, die der Ernährung dienen. Aber Menschen ziehen durch die Wüste. Einst brachten große Kamelkarawanen, reich beladen mit Bronze, Datteln und farbenprächtigen Stoffen, diese Güter nach Süden zu den alten Handelsstädten Timbuktu und Mopti am Niger, wo die Tuareg sie gegen Salzblöcke eintauschten, die sie dann auf ihrem Rückweg mit nach Hause nahmen. Die Tuareg, die aus dem Gebiet am nördlichen Rand der Sahara stammen, führen zum Teil auch heute noch Kamelkarawanen durch die Wüste, doch mehr und mehr übernimmt der Lastwagenverkehr den Transport von Handelswaren.

Doch auch heute noch, in unserer hochtechnisierten Zeit, ist das Kamel wichtig für die Tuareg. Woher es stammt, ist bis jetzt nicht geklärt. Es gibt vermutlich noch kleine Herden wildlebender, zweihöckriger Kamele oder Trampeltiere in abgeschiedenen Gegenden Zentralasiens, aber von wildlebenden Dromedaren, den einhöckrigen Kamelen der Sahara, ist nichts bekannt. Aller Wahrscheinlichkeit nach sah das wildlebende Dromedar nicht sehr viel anders aus als das Dromedar der Tuareg. Es ist hervorragend an das Leben in der Wüste angepaßt. Kamele sind Schwielensohler, das bedeutet, die Sohlenflächen sind mit dicken, federnden Schwielen gepolstert. Diese liegen auf den breiten Sohlen, die kaum in den Sand einsinken. Die Nüstern der Dromedare lassen sich mit Hilfe von Muskeln verschließen, wenn ein Sandsturm aufkommt. Der Rücken ist mit dicker, rauher Wolle bedeckt, die das Tier vor der Sonne schützt. Die übrigen Körperhaare sind ziemlich kurz, so daß überschüssige Wärme leicht abgegeben werden kann. Dromedare haben die erstaunliche Fähigkeit, sich von stachligen Wüstenpflanzen zu ernähren. Ihre Nahrungsreserven werden wie bei den meisten Säugetieren in Form von Fett gespeichert. Das Fett ist aber nicht über den ganzen Körper verteilt, sondern konzentriert sich im Höcker auf dem Rücken. Mit diesem Vorrat können die Tiere viele Tage überleben. Am Ende einer Hungerperiode hängt der Höcker wie ein schlaffer Sack herab.

Bekannt ist das Dromedar für seine Fähigkeit, tagelang die Wüste zu durchqueren, ohne zu trinken. Vor Beginn der Reise nehmen die Tiere große Mengen Wasser auf und speichern es im Magen. Sie sind außerdem in der Lage, einen Teil der Fettreserven zu Wasser zu verbrennen. Bei diesem Vorgang verbindet sich der Wasserstoff, der im Fett enthalten ist, mit dem Sauerstoff der Luft, und es entsteht Wasser. Auf diese Weise können Dromedare viermal so lang wie ein Esel und zehnmal so lang wie ein Mensch auskommen, ohne einen einzigen Tropfen Wasser zu trinken.

Aber auch ein Kamel kann die Sahara nicht ohne die Hilfe des Menschen durchqueren. Wenn die Tuareg nicht Wasser aus den Brunnenschächten heraufholten und in Tröge schütteten, würden die Kamele im Sand kein Wasser finden.

Die Oasen, wichtige Zwischenstationen auf dem langen Weg durch die Wüste, beziehen das Wasser entweder aus Grundwasservorräten oder aus Flüssen. Die bewässerten Gärten der Oasenbauern beweisen, wie fruchtbar die Wüste wäre, wenn man sie bewässern würde. Obst und Getreide wachsen auf intensiv bebauten Feldern. Libellen jagen über den Bewässerungskanälen, und Vögel singen in den Dattelpalmen. Aber in unmittelbarer Nähe der Oasen türmen sich die Sanddünen auf: eine permanente Bedrohung. Ein gewaltiger Sandsturm oder ständig aus einer Richtung wehende Winde verschütten die Oase. Dies ist im kleinen die Geschichte der Sahara in den vergangenen Jahrmillionen.

Die Felsmalereien im Tassili N'Ajjer zeigen, daß noch nicht allzuviel Zeit vergangen ist, seitdem sich das Klima auf der Erde änderte und sich die einst fruchtbare Sahara in eine Wüste verwandelte. Es gibt Beweise dafür, daß die meisten heutigen Wüsten ebenfalls etwa zur gleichen Zeit entstanden sind. Viele Pflanzen und Tiere wurden ein Opfer des heißen Klimas und starben aus. Anderen ist es gelungen, sich in ihrem Lebensraum zu halten, indem sie ihre Gewohnheiten änderten. Wölfe, Hyänen und Mäuse, die in Savanne und Grasland lebten, konnten sich behaupten, weil sie in der Dämmerung und bei Nacht jagen, wenn die Temperaturen der Wüste erträglich sind. Andere Lebewesen mußten ihren Körperbau den neuen Umweltbedingungen anpassen, um der Hitze und Dürre zu widerstehen. Sie änderten die Proportionen ihres Körpers. Einige verloren die Gliedmaßen, andere änderten ihre Formen ab. Die Zeitskala der Evolution ist ungeheuer groß, gemessen in Jahrmillionen. So gesehen, haben die Tiere und Pflanzen, die heute in der Wüste leben, den Anpassungsprozeß erstaunlich rasch vollzogen.

Tod einer Oase

Die Gesteinsschichten im Untergrund der Sahara enthalten große Wasservorräte. An manchen Stellen dringt Grundwasser an die Erdoberfläche. Dort gedeihen Dattelpalmen und andere Pflanzen. Wenn aber der Wind längere Zeit aus einer Richtung weht, transportiert er häufig Sand. Der Mensch kann den Vormarsch von Sanddünen eine Zeitlang aufhalten, indem er seine Häuser und Palmenhaine mit Mauern umgibt. Aber auf lange Sicht hat er nur eine Überlebenschance, wenn sich der Wind wieder dreht und den wandernden Sand in eine andere Richtung bläst, ehe er alles unter sich begräbt.

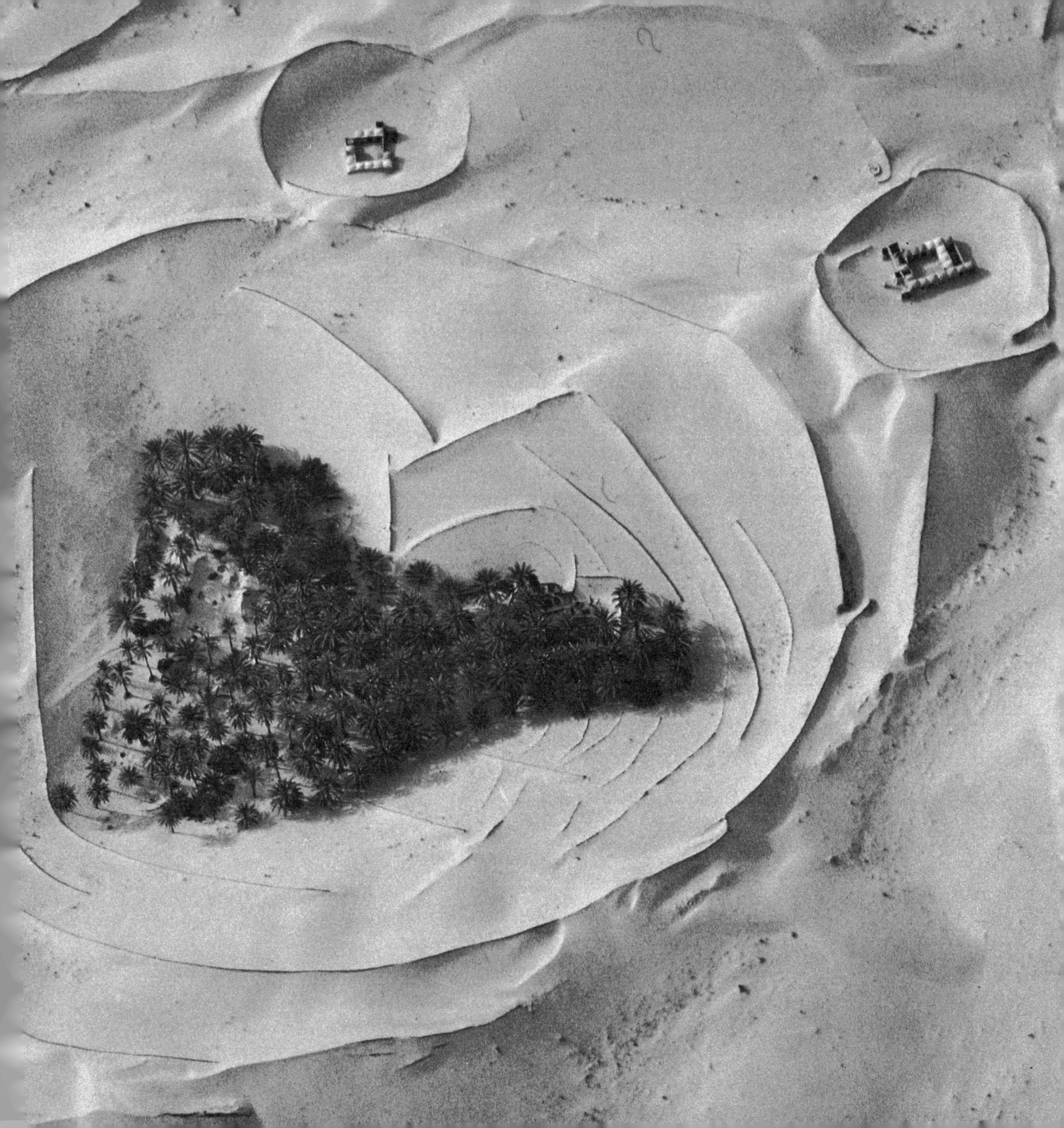

Der Luftraum

Eine Gashülle umschließt die Erde. Von dieser Schicht, so dünn sie auch ist, hängt fast alles Leben auf unserem Planeten ab. Überraschend viele Lebewesen haben diesen Raum erobert.

Wenn sich einmal irgendwo in der Wüste ein Rinnsal gebildet hat, erscheinen ringsum Lebewesen wie aus dem Nichts. Eine grüne Algenschicht legt sich um die Sandkörner in seinem Bett. Kleine Krustentiere schwimmen darin herum, Moose und Blütenpflanzen sprießen an den Rändern. Mücken schwirren über der Wasseroberfläche, und Libellen schießen hin und her, um sie zu erhaschen. Alle diese Pflanzen und Tiere sind ohne das Zutun des Menschen dorthin gelangt, ja auch ohne daß sie selbst viel dazu beigetragen hätten. Organismen, die diese Stelle nach einer Hunderte von Kilometern weiten Reise erreichen, die Jahre dauern kann, müssen lediglich eine Voraussetzung erfüllen: Sie müssen ganz leicht sein. Der Wind trägt sie mit sich fort.

An Land lebende Organismen benützen dieses Transportsystem seit mindestens 400 Millionen Jahren. Lange ehe die ersten Tiere das Wasser verließen, hatten Moose bereits das Land besiedelt. Schon bald, nachdem sie aufgetaucht waren, trug der Wind ihre Sporen weiter, und sie breiteten sich an neuen Stellen aus.

Die Sporen von Moosen bilden sich in kleinen Kapseln, die oben an der Spitze der Stiele sitzen. Wenn sie reif werden und trocknen, springt der Deckel der Kapsel auf, und ein Zahnring wird sichtbar, der die darunterliegende Kapsel bedeckt. Wenn das Wetter warm bleibt, vertrocknet auch der Zahnring, und die Zähne biegen sich langsam auf. Regnet es zwischendurch, nimmt die Kapsel Feuchtigkeit auf, und der Zahnring schließt sich, damit die Sporen nicht feucht und flugunfähig werden. Wird das Wetter wieder trocken, geht der Zahnring ganz auf, und der Wind bläst die Sporen hinaus.

Moose bringen unzählige Sporen hervor, und doch sind es nicht allzu viele, verglichen mit den wahrhaft astronomischen Mengen, die Pilze erzeugen. Aus den Lamellen eines gewöhnlichen Wiesenchampignons fallen zur Reifezeit in einer Stunde 100 Millionen Sporen heraus. Wenn der Pilz schließlich abstirbt, hat er ungefähr 16 Milliarden Sporen hervorgebracht. Der Riesenbovist übertrifft diese Zahl sogar noch. Ein durchschnittliches Exemplar mit einem Durchmesser von etwa 50 Zentimetern kann es nach der Schätzung eines Botanikers auf sieben

Das Unsichtbare sichtbar machen
Da die Gase, aus denen sich die Atmosphäre zusammensetzt, für den Menschen gewöhnlich nicht sichtbar sind, vergißt man leicht, daß sie vorhanden sind, Masse und Gewicht haben. Aber gäbe es die Atmosphäre nicht, würden die schlagenden Flügel dieser Flamingos auf keinen Widerstand stoßen, und die Vögel könnten sich nicht über der Erdoberfläche halten.

Winzige Flieger
Die Fransenflügler oder Thripse, die in einer Blume sitzen, sind nur wenige Millimeter lang. Sie besitzen zwei Paar sehr schmale Flügel, deren Ränder mit Fransen besetzt sind. Diese stehen so dicht, daß der Wind nicht zwischen ihnen durchstreichen kann. Dadurch erhalten die Flügel die stabile Tragfläche, die für den Flug notwendig ist. Bei dem ausgewachsenen Fransenflügler links sind die Flügel mit Fransen besetzt. Der Fransenflügler rechts ist noch nicht ausgewachsen; seine Flügel müssen sich erst entwickeln.

Billionen Sporen bringen. Bei einer geringen Erschütterung und jedem leichten Windstoß wirbelt dieser Pilz in braunen Rauchwolken Millionen von Sporen in die Luft.

Nicht nur niedere Pflanzen nützen den Wind auf diese Art. Auch Orchideen – hochentwickelte und sehr komplexe Organismen – können sich so fortpflanzen. Eine einzige Blüte bringt bis zu drei Millionen Samen hervor. Die stäubchengroßen Körner tragen keine Nahrungsreserven mit sich und müssen, damit sie aufgehen, auf einem Pilz landen, der an den Wurzeln bestimmter Bäume zu finden ist. Im ersten Entwicklungsstadium versorgt er den Samen mit Nahrung.

Die meisten höheren Pflanzen statten ihre Samen mit einer bestimmten Nahrungsmenge aus. Dadurch wird der Samen schwerer, und der Wind kann ihn nicht

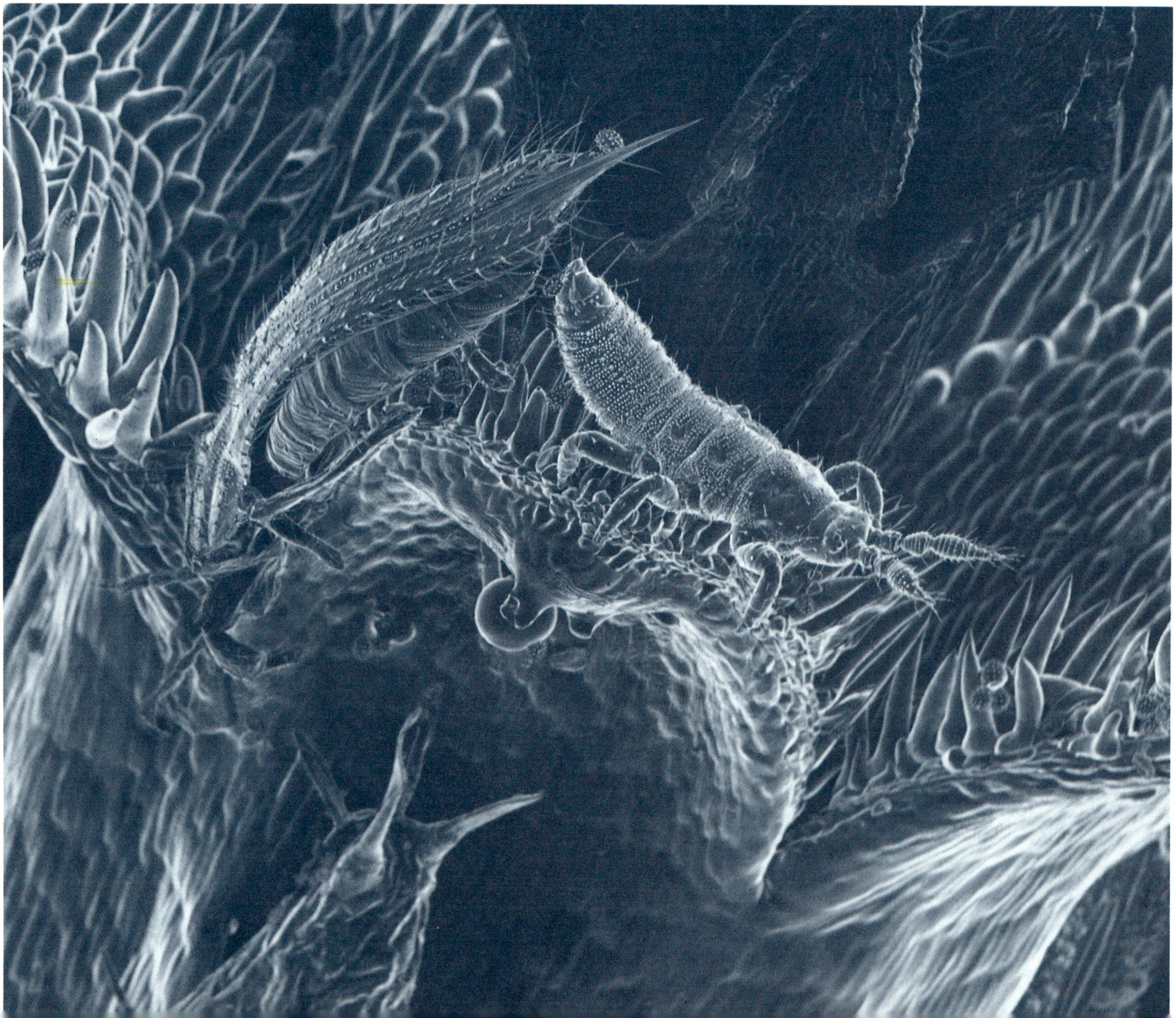

mehr so leicht forttragen, es sei denn, daß durch eine zusätzliche Vorrichtung die Tragfläche vergrößert wird. Die Samen von Disteln, Binsen und Weiden haben winzige Samenhaarbüschel. Löwenzahnsamen besitzen einen Fallschirm, der den Samen zehn Kilometer und oft auch noch viel weiter transportiert.

So sind in der Luft rings um den Erdball winzige organische Teilchen enthalten, die die Keime des Lebens in sich tragen. Die meisten davon entwickeln sich nicht. Sie werden von Insekten gefressen oder landen auf unfruchtbarem Boden und verderben. Oft werden sie so lange umhergeweht, bis das Leben in ihnen abstirbt und sie zugrunde gehen. Aber eines oder zwei von mehreren Millionen überleben, und wo sich ein geeignetes Plätzchen bietet – sei es ein Blatt oder ein brachliegendes Gartenstück, ein Wasserrinnsal, das sich über einen Felsen ergießt, oder ein Tümpel in der Wüste –, taucht ein grünes Pflänzchen auf.

Es gibt auch Tiere, die so klein sind, daß sie sich auf die gleiche Art verbreiten. Winzige Salzkrebse in den Tümpeln der Wüste schlüpfen aus staubkörnchengroßen Eiern aus, die der Wind mit sich forträgt. Blattläuse, Moskitos und andere kleine Fluginsekten weht er kilometerweit. Viele junge Spinnen nutzen ihn ebenfalls. Wenn sie aus ihrem Kokon geschlüpft sind, klettern sie auf die Spitze eines Grashalms oder auf einen Stein. Dort richten sie sich nach dem Wind aus und heben ihren Hinterleib, in dem sich die Spinndrüsen befinden, in die Luft. Dann fertigen sie einen Spinnfaden. Schon beim leisesten Lufthauch wird der Faden herausgezogen. Je länger er wird, desto stärker ist die Wirkung des Winds. Ein paar Augenblicke lang hält sich die junge Spinne mit den Beinen am Untergrund fest, aber dann fliegt sie durch die Luft davon. Solche an ihren Fäden hängende Jungspinnen sind Hunderte von Kilometern vom Festland entfernt auf hoher See auf Schiffen oder auch auf mehrere tausend Meter hohen Schneegipfeln gelandet. Wenn der Wind sie auf der Erde absetzt, befreien sie sich von ihrem Faden und richten sich in ihrem neuen Lebensraum ein. Zu bestimmten Zeiten des Jahres kann es bei besonderen Wetterlagen vorkommen, daß eine große Anzahl solcher Spinnen vom Wind an einer Stelle zusammengetragen wird. Besonders bei Beginn des Herbsts schweben in der Luft die abgeworfenen Spinnfäden, die man Sommerfäden nennt.

Flug mit eigenem Antrieb

Andere kleine Lebewesen fliegen ebenfalls umher, allerdings aus eigener Kraft. Die Fransenflügler oder Thripse – winzige, Pflanzensaft saugende Insekten – leben in Blüten, auf Blättern und Knospen. Will ein Fransenflügler von einer Pflanze zur nächsten kommen, fliegt er dorthin. Da er aber kleine Muskeln hat, ist es für ihn schwierig, die Flügel zu bewegen. Deshalb haben diese Insekten nur sehr schmale Flügel. Beim Abwärtsschlagen wird der Druck in der Luft unter dem Flügel erhöht und der Luftdruck darüber leicht vermindert. So entsteht ein Sog, der den Fransenflügler nach oben zieht, und er hebt ab. Dieser Sog ist eine der fundamentalen Kräfte, auf denen das Fliegen mit eigenem Antrieb beruht. Eine Libelle, eine Honigbiene oder eine Hummel ist viel schwerer und kräftiger als ein Fransenflügler und braucht daher breite Flügel, um genügend Antrieb erzeugen zu können. Es ist ziemlich viel Kraft nötig, damit so große Flügel bewegt werden können. Aus diesem Grund hat die Hummel in der Brust viele Muskeln. Diese müssen eine gewisse Wärme besitzen, wenn sie die Energie liefern sollen, die nötig ist, um den Körper der Hummel in die Luft zu erheben. Aber wie alle Insekten hat die Hummel keine gleichbleibende Körpertemperatur, im Gegensatz zu Säugetieren und Vögeln, und bezieht ihre Wärme normalerweise von der

Ein seidener Samen
Die Früchtchen von Disteln haben einen Fallschirm aus langen, feinen Haaren, den der Wind über weite Strecken transportiert.

Ein schwirrender Schwärmer
Das Taubenschwänzchen, ein Schwärmer und leistungsfähiger Wanderfalter, fliegt am Tag. Es schlägt so schnell mit den Flügeln, daß ein sehr hoher Ton entsteht und das Insekt in der Luft steht. So saugt es im Schwirrflug mit seinem feinen, langen Rüssel Nektar aus einer Blüte.

Sonne. Aber auch wenn sich am Morgen die Temperaturen um den Gefrierpunkt herum bewegen, kann eine Hummel fliegen. Ehe sie abhebt, bewegt sie ihre Flügel mehrmals schnell auf und ab, so daß in ihren Muskeln Wärme erzeugt wird. Sie kann sogar ihre Flügel „ausschalten“ und dennoch den Organismus aufheizen, bis die Temperatur in den Muskeln so hoch ist wie die Körpertemperatur des Menschen. Da Wärme für die Hummel so wichtig ist, genau wie für viele andere große Insekten auch, ist ihr Körper von einem Haarkleid umgeben, das den Wärmeverlust herabsetzt. Mit Hilfe ihrer kraftvollen Motoren haben viele Insektengruppen den Luftraum erobert. Eine Honigbiene kann 15000 Flügelschläge in der Minute ausführen, und eine Libelle erreicht Geschwindigkeiten von über 30 Kilometern in der Stunde.

Vom Finger zum Flügel

Zwei weitere Tiergruppen gesellten sich zu den Insekten in der Luft. Vor etwa 140 Millionen Jahren entwickelten sich aus den Vorfahren der Reptilien die Vögel, und viel später, etwa vor 60 Millionen Jahren, entstanden aus insektenfressenden Säugetieren die Fledermäuse. Bei Vögeln wie bei Fledermäusen haben sich die Vorderbeine zu Flügeln umgebildet. Bei den Fledermäusen entwickelten sich zwischen den vier stark verlängerten Fingern elastische Flughäute. Nur der hakenförmige Daumen blieb frei. Mit seiner Hilfe können sich Fledermäuse an Ästen und am Gestein festkrallen. Bei den Vögeln ist nur noch ein einziger langer, starker Finger in Form eines von Schwungfedern gesäumten Flügels übriggeblieben. Auch bei ihnen ist vom Daumen ein verkümmertes Glied zurückgeblieben, das als kleiner Fortsatz an der vorderen Kante des Flügels sitzt und auf dem ein Federbüschel wächst. Schlafende Fledermäuse haken sich mit den Fußkrallen an der rauhen Oberfläche ihres Schlafplatzes fest und hängen den Kopf nach unten. Daher können sie leicht losfliegen: Sie lassen sich einfach fallen und fangen sich dann auf. Einige der größeren, früchtefressenden Arten schlagen ein- bis zweimal mit den Flügeln, um ihren senkrecht herabhängenden Körper in die Fluglage zu bringen, aber dazu ist nur wenig Kraft nötig.

Die meisten Vögel fliegen nicht nur, sondern sie laufen auch. Um sich aus dem Stand in die Luft zu erheben, benötigen sie viel mehr Kraft. Der Antrieb, der ihnen die Kraft dazu gibt, ist das starke Muskelpaket, das sich vom Flügelgelenk bis tief hinab zum Kiel am Brustbein erstreckt. Für reichlich Sauerstoff im Blut sorgt ein großes Herz. Wie ungewöhnlich groß ein Vogelherz ist, läßt sich durch einen Vergleich verdeutlichen: Das Herz eines Sperlings ist zweimal größer als das einer Maus. Der Körper eines Vogels ist in das feinste natürliche Isoliermaterial eingehüllt, nämlich in Federn, und seine Körpertemperatur liegt um einige Grad höher als die des Menschen, so daß er jeden Augenblick schnell und kraftvoll auffliegen kann. Wenn ein Vogel dann mit den Flügeln schlägt und gleichzeitig einen Sprung nach oben macht, ist es für ihn gewöhnlich ein leichtes, sich in die Luft zu erheben. Aber je schwerer ein Vogel ist, um so größer müssen seine Flügel sein, damit er sich in der Luft halten kann, und um so mehr müssen die Muskeln leisten, um genügend Kraft und Geschwindigkeit für den Start zu haben. Es gibt aber noch eine andere Möglichkeit des Auftriebs. Wenn die Oberfläche eines Flügels die richtige Krümmung besitzt, erzeugt ein darüberwehender Luftstrom den nötigen Unterdruck über dem Flügel und den nötigen Überdruck unter dem Flügel. Der Luftstrom kann dadurch erzeugt werden, daß Wind über den Flügel streicht oder daß der Flügel schnell durch die Luft bewegt wird, am besten jedoch beides gleichzeitig, indem der Vogel beim Start gegen den Wind läuft.

Aus Armen sind Flügel entstanden
Die Vorfahren der Vögel waren die Reptilien. Im Lauf von Jahrmillionen verwandelten sich ihre Füße, und aus den Schuppen wurden Federn. Der Oberarmknochen und die beiden Knochen des Unterarms blieben erhalten, aber von den Fingern der Hand ist nur einer übriggeblieben, der die Federn der Flügelspitze trägt; dazu kommt der Daumen in der Mitte der oberen Flügelkante, auf dem ein kleiner Federbusch sitzt. Dieser Silberreiher, der soeben landet, hat die Federbüschel am Daumen aufgestellt. Silberreiher sind in der Alten und der Neuen Welt verbreitet. Ein bekanntes Brutgebiet in Mitteleuropa ist der Neusiedler See. Dort ist der prachtvolle Vogel das ganze Jahr streng geschützt.

Start aus dem Wasser
Trompeterschwäne gehören zu den schwersten flugfähigen Vögeln. Das Männchen wird noch schwerer als das Weibchen und kann 13,5 Kilogramm erreichen. Mit diesem Gewicht gelingt es den Vögeln nicht, sich aus dem Stand in die Luft zu erheben; vielmehr müssen sie den Auftrieb, der durch das Schlagen der Flügel entsteht, noch durch den Auftrieb verstärken, der entsteht, wenn die Luft in horizontaler Richtung über die Flügel strömt. Trompeterschwäne machen es wie Flugzeuge auf der Startbahn: Sie strecken den Schnabel in den Wind und laufen über die Wasseroberfläche, bis sie schließlich abheben können.

Ein unbegabter Flieger
Bläßhühner sind keine guten Flieger. Gewöhnlich tauchen sie im Wasser unter, wenn ihnen Gefahr droht. Müssen sie sich aber in die Luft erheben, gelingt ihnen der Start aus dem Wasser nur mit kurzen, schnellen Flügelschlägen.

Flügel zum Gleiten
Die langen, schlanken Flügel des Albatros sind ideal für den Gleitflug geeignet. Albatrosse können Hunderte von Kilometern übers Meer fliegen, fast ohne mit den Flügeln zu schlagen. Wissenschaftler, die einen Albatros beobachteten, stellten fest, daß er die Erde im tiefen Süden – der Erdumfang beträgt dort ungefähr 30 000 Kilometer – in acht Tagen umrundete.

Flügel zum Vorzeigen
Zu Beginn der Brutzeit stellen sich die Albatrosse einander gegenüber, breiten die Flügel aus und verbeugen sich voreinander. Die Bindung der Paare aneinander ist sehr wichtig, da die Brutzeit länger als ein Jahr dauert. Während der Vater oder die Mutter das Junge hütet, geht der andere Elternteil auf Futtersuche. Dabei entfernt er sich bis zu 4000 Kilometer vom Nest.

Der Albatros – ein Vogel mit riesigen Flügeln

Der Wanderalbatros hat die größte Spannweite aller Seevögel. Sie beträgt zwei bis drei Meter. Schnell auf- und abwärtsschlagen kann er die Flügel natürlich nicht. So muß er, wenn er starten will, die zweite Möglichkeit des Auftriebs nützen. Da er häufig an steilen Felsen nistet, kann er sich beim Start einfach in die Luft fallen lassen. Andere Albatrosarten nisten in dichten Kolonien auf flachen Inseln im Meer. Aber wie eng der Raum und wie groß der Bedarf an Nistplätzen auch sein mag – immer lassen die Vögel am Rand einen Streifen Land frei. Manchmal läuft er auch mitten durch die Kolonie hindurch. Dies ist die Startbahn, die genau entgegen der vorherrschenden Windrichtung verläuft. Die Vögel stehen am Ende der Bahn Schlange, den Schnabel in den Wind gedreht, und wenn sie an der Reihe sind, rennen sie vorgebeugt, so schnell sie können. Dabei klatschen sie mit ihren großen, mit Schwimmhäuten versehenen Füßen auf den Boden und schlagen die riesigen Flügel mehrmals auf und nieder. Ihre Kraftanstrengung und der Wind, der über die Oberfläche ihrer ausgestreckten Flügel streicht, geben ihnen schließlich den nötigen Auftrieb. Sie erheben sich in die Luft, und sofort verwandeln sie sich in Lebewesen von höchster Eleganz und Grazie und schweben übers Meer davon. Träte aber plötzlich Windstille ein, hätten die Albatrosse beträchtliche Schwierigkeiten, vom Boden abzuheben.

Wenn der Albatros erst einmal in der Luft ist, nützt er den Wind so gut, daß er sich mit geringem Energieaufwand fortbewegen kann. Dicht über der Wasseroberfläche sind die Luftströmungen schwächer. Der Albatros hält sich genau oberhalb dieser geringeren Strömung und fliegt in etwa 20 Meter Höhe mit dem schnellen Wind. Langsam verliert er an Höhe, gleitet in die tiefere Schicht und dreht sich in den Wind, wobei er durch die Geschwindigkeit Auftrieb bekommt, so daß er wieder in den stärkeren Luftstrom emporgehoben wird und erneut seine Ausgangshöhe erreicht. Die extrem langen, schmalen Flügel, die sich beim Start so schwer schlagen ließen, erweisen sich jetzt als vorteilhaft, denn der Albatros kann diesen Sturz- und Gleitflug Stunde um Stunde durchhalten, ohne ein einziges Mal mit den Flügeln zu schlagen. Einige Albatrosarten leben im sturmumtosten Bereich der Antarktis, wo sich die Temperaturen bestenfalls um den Gefrierpunkt bewegen und der Wind ständig aus östlicher Richtung weht. Die Albatrosse fliegen mit diesen Winden, umkreisen den südlichen Teil des Globus in ständigem Gleitflug und stürzen sich nur dann ins Wasser, um einen Fisch oder ein anderes Beutetier zu erjagen. Jahr für Jahr bleiben sie in luftiger Höhe, bis sie im Alter von sieben Jahren geschlechtsreif werden. Dann landen sie auf einer Insel. Einige Wochen lang verbringen sie den größten Teil ihrer Zeit auf festem Grund. Sie stehen einander gegenüber, breiten die Flügel aus, tanzen und klappern mit den Schnäbeln. Danach paaren sie sich und ziehen ein einziges Küken groß. Dann nehmen sie ihre erdumspannenden Flüge wieder auf.

Andere hervorragende Segler, die Geier Afrikas, können sich nicht auf einen so stetigen Wind verlassen. Sie machen sich eine andere Luftströmung zunutze. Die Erdoberfläche reagiert nicht überall gleich auf die Sonnenwärme. Grasgebiete und Wasserflächen absorbieren die Wärme, so daß die Luft darüber relativ kühl bleibt. Nackter Felsen und Erde dagegen reflektieren die Wärme und erzeugen eine aufsteigende Warmluftströmung, Thermik genannt. Jeden Morgen sitzen die Geier in den niedrigen Dornbüschen, wo sie die Nacht verbracht haben, und warten, bis die Sonne aufgeht und die Erde erwärmt.

Sobald sich die Thermik bildet, bewegen sich die Vögel schwerfällig auf die nach oben gerichteten Luftmassen zu, schlagen mit den Flügeln und gleiten, ohne

Aasfresser in Wartestellung
Truthahngeier sitzen auf den hohen Kandelaberkakteen Mexikos und warten darauf, daß es in der Wüste heiß wird und sich die starken Aufwinde entwickeln, die sie mühelos zu ihren Beobachtungsposten hoch am Himmel hinauftragen.

an Höhe gewinnen zu wollen, bis sie schließlich die aufsteigende Luftströmung erreicht haben, mit der sie hochschweben. Ihre Flügel sind zwar groß, aber nicht so lang und schmal wie die des Albatros, sondern kurz und breit. Diese Form ermöglicht es ihnen, enge Kurven zu fliegen und sich dadurch spiralförmig aufwärts zu bewegen und ständig die schmale Warmluftsäule zu nutzen.

Wenn die Geier Hunderte von Metern über der Savanne die Spitze der Thermik erreicht haben, ziehen sie mühelos ihre Kreise und halten mit scharfem Blick Ausschau nach toten, verletzten oder schwächlichen Tieren. Wollen sie weiterziehen, verlassen sie die Luftströmung, gleiten sanft abwärts und tauchen nach einigen Kilometern in eine andere ein. Dann schrauben sie sich wieder hoch, bis sie einen neuen Beobachtungsposten erreicht haben. Auf diese Weise können Geier auf der Suche nach Nahrung an einem Tag bis zu 100 Kilometer zurücklegen. Haben sie ein Beutetier erspäht, gleiten sie steil und schnell hinab und landen auf dem Erdboden mit gekippten Flügeln und gesenktem Schwanz, der als Bremse dient. Die Geier kämpfen miteinander um die Beute und stopfen sich mit dem Fleisch des toten Tiers voll, bis ihr Magen so sehr gefüllt ist, daß sie Mühe haben, sich wieder in die Luft zu erheben. Dann schleppen sie sich gewöhnlich bis zum nächsten Baum, lassen sich eine Zeitlang auf einem Ast nieder und verdauen ihre Mahlzeit. Danach lassen sie sich von einem Aufwind hochtragen und steigen erneut zum Himmel auf.

Gute Navigatoren

Wer sich bei hoher Geschwindigkeit durch die Luft bewegt, braucht äußerst empfindliche Navigationsgeräte, um sein Ziel zu erreichen, Hindernisse zu umfliegen, Beute in der Luft zu fangen und Entfernungen so genau abzuschätzen, daß eine sichere Landung gewährleistet ist. Fast alle Vögel fliegen bei Tag und verlassen sich dabei in erster Linie auf ihr Sehvermögen. Sie haben außerordentlich leistungsfähige Augen. Die des Falken können Einzelheiten in der Ferne achtmal besser unterscheiden als die des Menschen.

Eulen jagen bei Nacht und können Einzelheiten sehr gut wahrnehmen. Ihre Augen sind riesig, größer, als sie auf den ersten Blick wirken. Bei ihnen liegt nur der mittlere Teil der Hornhaut frei, und der Rest ist mit einer Haut bedeckt. Die Augen der Eule füllen einen so großen Teil des vorderen Schädelbereichs, daß fast kein Platz für Muskeln mehr übrigbleibt. Daher sitzen die Sehorgane fest in den Augenhöhlen. Wenn eine Eule zur Seite blicken will, muß sie den Kopf drehen, was ihr keine Mühe macht, da ihr Hals beweglicher ist als bei jedem anderen Vogel. Die große Hornhaut und die dahinterliegende Linse nehmen so viel Helligkeit auf, daß eine Eule auch noch bei einem Licht deutlich sieht, das nur ein Zehntel der Stärke besitzt, die der Mensch zum Sehen braucht.

Doch auch Eulen benötigen zum Sehen zumindest ein wenig Licht. In völliger Dunkelheit erblickt kaum ein Tier mehr etwas, selbst wenn seine Sehorgane äußerst lichtempfindlich sind. Zwei Vogelarten verfügen jedoch über Techniken, die es ihnen erlauben, auch in absoluter Dunkelheit ihren Weg zu finden. Beide leben in Höhlen. Fettschwalme, auch Guácharos – die „Schreienden" – genannt,

Ein Aasfresser auf dem Rundflug
Um in den Säulen aufsteigender Warmluft nach oben zu steigen, muß ein Vogel in kleinen Kreisen langsam gleiten können. Genau das bringt der Gänsegeier mit seinen breiten, geschlitzten Flügeln zuwege. Der gefächerte Schwanz gibt ihm einen zusätzlichen Auftrieb.

gehören der Ordnung der Nachtschwalben an. Die bekannteste Fettschwalmkolonie befindet sich in der großen Höhle von Caripé in Venezuela. Einige hundert Meter vom Eingang entfernt macht sie einen Knick, und von da an kann kein Licht mehr ins Innere dringen. Noch ein kleines Stück weiter, und alles ist rabenschwarz. Im Licht einer Fackel kann man die Fettschwalme auf Wandvorsprüngen und zwischen den Säulen der Stalaktiten und Stalagmiten sitzen sehen. Fettschwalme sind ungefähr so groß wie Tauben, und wenn sie den Kopf von einer Seite zur anderen drehen und neugierig auf den Eindringling hinabschauen, glühen ihre Augen im Lichtschein. Die Tiere sitzen auf Nestern, die aus hochgewürgter Nahrung und Exkrementen bestehen. Auf dem Felsboden entlang der Wand

Die scharfen Ohren eines Höhlenbewohners
Der Fettschwalm findet seinen Weg in der Dunkelheit der Höhle, indem er eine Reihe von Lauten ausstößt und seinen Flug nach dem Echo ausrichtet. Fettschwalme nannte man die Vögel, weil die Jungen eine dicke Fettschicht an der Unterseite haben. Früher verarbeiteten die Indianer das Fett der erlegten Vögel zu einem reinen Öl.

gehen Samenkörner auf, die mit den Exkrementen ausgeschieden worden sind, und bilden ein Dickicht fahler, dünner Triebe.

Das Licht der Fackel erschreckt die Vögel, und viele fliegen auf, schießen um den Eindringling herum, schreien und kreischen so, daß die Höhle von ihren Rufen widerhallt. Wenn man aber die Fackel löscht und eine Zeitlang geduldig im Dunkeln wartet, beruhigen sich die Tiere, und ihre Schreie verstummen. Sie fliegen aber immer noch umher, und außer dem Sausen ihres Flügelschlags kann man ein Sperrfeuer klickender Geräusche vernehmen. Dies sind die Signale, mit deren Hilfe die Fettschwalme ihren Flug steuern. Das Echo zeigt ihnen an, wo sich Felswände, Stalaktiten und Stalagmiten befinden und wo andere Vögel umherschwirren. Die Frequenz, mit der sie das Klicken ausstoßen, erhöht sich, wenn sie sich einem Gegenstand nähern. Fettschwalme können nur Objekte orten, die etwa so groß sind wie sie selber. Mehr ist nicht nötig, denn wenn sie den Weg aus der Höhle geschafft haben, reicht das Licht im nächtlichen Wald für ihre großen, empfindlichen Augen aus, um die Früchte zu suchen, von denen sie leben.

Ein anderer Vogel, der sich des Echolotsystems bedient, ist der Salangan, der in den Höhlen Südostasiens brütet. Er ist nicht mit dem Fettschwalm verwandt, stößt aber auch klirrende Klickgeräusche aus. Diese sind viel höher als die des Fettschwalms, und darum können Salangane auch kleinere Gegenstände orten.

So komplex und raffiniert die Techniken dieser beiden Vögel erscheinen mögen, sie wirken einfach im Vergleich zu dem komplizierten System, das die Fledermäuse besitzen. Die meisten von ihnen ausgestoßenen Töne sind so hoch, daß das menschliche Ohr sie gewöhnlich nicht wahrnehmen kann. Obwohl die Menschen die schwachen, quiekenden Töne der Fledermäuse, die an Sommerabenden umherflattern, hören können, liegen die meisten ausgestoßenen Signale viel höher. Die Fledermäuse geben diese Töne in Stößen bei extrem hoher Geschwindigkeit von sich. Auf diese Weise findet eine Fledermaus nicht nur ihren Weg, sondern macht auch jedes fliegende Insekt aus.

Die Beherrschung des Luftraums ist für diejenigen, die es geschafft haben, von großem Vorteil. Fledermäuse können jede Nacht große Entfernungen bewältigen, um bestimmte, manchmal nur zeitweilig zur Verfügung stehende Nahrungsquellen zu nutzen. Sie schnappen Insekten im Flug, bleiben flatternd vor Blüten in der Luft stehen, um Nektar zu saugen, und können sogar Fische fangen, die an der Oberfläche eines Gewässers schwimmen. Trotzdem sind sie nicht so vielseitig wie Vögel. Die Bartgeier, die vor allem von Knochenmark leben, fliegen mit den Knochen ihrer Beutetiere hoch in die Luft und lassen sie dann auf einen Felsen hinabfallen. Sie zerbrechen und geben das nahrhafte Mark frei. Kleinere Jagdvögel, wie Turmfalken und Sperber, können mit flatternden ausgebreiteten Flügeln in der Luft stehen; rütteln nennt man das. Dann stehen sie unbeweglich am Himmel und beobachten genau, ob sich nicht am Boden etwas rührt, vielleicht eine Maus oder eine Eidechse. Der Wanderfalke, der schnellste Greifvogel, patrouilliert hoch am Himmel. Wenn er sich einen kleineren Vogel als Beute ausgewählt hat, stürzt er, die Flügel angelegt, auf ihn hinab. Dabei erreicht er Geschwindigkeiten bis zu 130 Kilometern in der Stunde.

Der Fischadler – ein hervorragender Jäger
So wie der Fischadler jagt kein anderer Greifvogel. Mit seinem hochentwickelten Sehvermögen erspäht er ein Beutetier aus einer Höhe von bis zu 50 Metern über dem Wasser. Mit angezogenen Schwingen stößt er ungeheuer rasch auf die Wasserfläche hinab, taucht tief hinein, und mit erstaunlicher Treffsicherheit packt er das Opfer mit seinen scharfen Krallen.

◁ ***Tanz der Jungfernkraniche***
Alle Kraniche tanzen ausgesprochen gern – und dies zu allen Jahreszeiten, auch wenn es kalt ist und schneit. Mit halbgeöffneten Flügeln springen sie in die Luft, hüpfen mehrmals auf und nieder, laufen umeinander herum, verbeugen sich voreinander und springen dann wieder hoch. Früher dachte man, daß diese Tänze mit der Brautwerbung im Zusammenhang stehen, doch dann stellte man fest, daß sich auch Jungkraniche daran beteiligen. Manchmal picken die Vögel kleine Gegenstände auf – etwa eine Feder oder einen Zweig – und werfen sie hoch.

Schauflieger

Einige Vögel sind die reinsten Kunstflieger. Raben drehen sich spielerisch im Wind, offenbar aus lauter Freude an der Bewegung. Bei anderen Vögeln ist die Vorführung ihrer Flugkünste Teil der Brautwerbung. Der Grünschenkel, ein Mitglied der Familie der Schnepfenvögel, steigt 600 Meter hoch in den Himmel, dreht und wendet sich, macht Sturzflüge und singt dabei laut. Einige Vögel, wie Kiebitz und Schnepfe, haben besonders gebaute Federn, die beim Sturzflug vibrieren, so daß Töne entstehen, die Teil ihrer Brautwerbung sind. Wenn der Weißkopf-Seeadler und der Schwarzmilan ihre Balzflüge machen, können sich die Paare in der Luft mit den Fängen festhalten und gemeinsam abwärts trudeln.

Von größter Bedeutung beim Fliegen ist, daß die Vögel weite Reisen über Land und Meer machen, ohne von all den Hindernissen aufgehalten zu werden, die den Landtieren im Wege stehen. Vögel fliegen von einem Kontinent zum andern, um dem kalten Winter zu entfliehen oder um Plätze aufzusuchen, wo es zu bestimmten Jahreszeiten reichlich Nahrung gibt – Früchte oder Insekten –, an denen sie sich satt fressen. Wie Vögel navigieren, weiß man noch nicht genau. Vielleicht richten sie sich nach der Sonne oder nach den Sternen. Es kann aber auch sein,

Der unberechenbare Flug eines Nachtfalters
Ihr Echolotsystem ermöglicht es den Fledermäusen nicht nur, beim Fliegen allen Hindernissen auszuweichen, sondern auch, Insekten zu orten, die vor ihnen herfliegen. Einigen Nachtfaltern gelingt es allerdings, den Fledermäusen auszuweichen. Sie sind in der Lage, die Tonsignale der Fledermäuse wahrzunehmen, ehe diese sie packen können. Dann ändert der Nachtfalter ganz plötzlich die Flugrichtung und zieht eine Schleife nach oben, wie man auf der mehrfach belichteten Aufnahme sehen kann, oder er legt die Flügel an, läßt sich auf den Boden fallen und bringt sich so in Sicherheit.

daß sie das Landschaftsmuster unter sich erkennen. Möglicherweise reagieren sie auch auf das Magnetfeld der Erde. Sie sind aber nicht die einzigen Tiere, die lange, jahreszeitliche Flugreisen unternehmen. Fledermäuse tun das auch.

Eine riesige Wochenstubenkolonie

Im Herbst, wenn die Insektenschwärme allmählich verschwinden und das Wetter mit kalten Temperaturen droht, machen sich viele Fledermäuse auf die Suche nach Höhlen, in denen sie überwintern können. Ihr Winterquartier muß hohen Anforderungen gerecht werden. Es muß trocken und darf nicht zu kalt sein. Die Temperatur sollte möglichst konstant bleiben. Nur wenige Plätze erfüllen diese Bedingungen. Daher legen viele Fledermausarten, die im Sommer weit verstreut leben, im Herbst Hunderte von Kilometern zurück, um eine bestimmte Höhle aufzusuchen. Manche Arten versammeln sich aus anderen Gründen. In Bracken Cave, einer Höhle in Texas, kommen jeden Sommer 20 Millionen zusammen – lauter Weibchen. Sie haben ihre Männchen in Mexiko zurückgelassen, um hier ihre Jungen auf die Welt zu bringen. Diese werden nackt geboren, und vielleicht ist für sie die Wärme wichtig, die durch die Ansammlung der Fledermäuse in der Höhle entsteht.

Wandern in Etappen

Weite Luftreisen machen auch Insekten. Da man aber selten erkennen kann, ob sie bestimmte Fernziele ansteuern, dauerte es lange, bis die Zoologen ihre Flüge richtig deuteten. Schmetterlinge, die in Wiesen und Wäldern um Sommerblumen herumflattern, sehen so zart und zerbrechlich aus, daß man ihnen weite Flüge nicht zutraut. Für etliche Arten trifft das zu. Sie fressen, paaren sich, legen Eier und sterben auf demselben kleinen Streifen Land, wo sie aus dem Ei geschlüpft sind. Dagegen verbringen viele andere Schmetterlingsarten ihr Leben auf Wanderschaft. Ein Kohlweißling zum Beispiel, der im Frühling in Mitteleuropa aus dem Kokon geschlüpft ist, fliegt die meiste Zeit ungefähr in Richtung Nordwesten. Allerdings ist er nur an warmen, sonnigen Tagen unterwegs. Kommt er an Pflanzen vorbei, von denen er sich ernährt, dann hält er sich dort längere Zeit auf. Er saugt Nektar aus den Blüten und hält nach einem Weibchen Ausschau, das bald schon Eier legt. Schließlich wird die Reise fortgesetzt. Das Leben des Schmetterlings ist kurz – nur drei bis vier Wochen lang flattert er umher –, aber dennoch kann er in dieser kurzen Zeit 300 Kilometer von dem Ort aus zurücklegen, wo er aus dem Kokon gekrochen ist.

Die meisten Nachkommen des Kohlweißlings schlüpfen gegen Ende des Sommers. Auch sie wandern, aber in die entgegengesetzte Richtung, also nach Südosten. Die Kohlweißlinge, die mitten im Sommer schlüpfen, fliegen zunächst etwa eine Woche lang nach Nordwesten, wechseln aber dann nach einigen Tagen die Richtung und fliegen den Rest ihres Lebens nach Südosten. Das genaue Datum des Richtungswechsels hängt von dem Gebiet ab, in dem eine Art lebt. Für bestimmte Schmetterlinge in einem Gebiet findet der Richtungswechsel jedes Jahr zur gleichen Zeit statt. Die auslösenden Faktoren dafür sind höchstwahrscheinlich die Länge und Temperatur der Nacht. Solche Wanderfalter navigieren offenbar nach der Sonne. Sie berücksichtigen nicht den wechselnden Stand der Sonne im Lauf eines Tages und fliegen daher in einer Zickzacklinie und nicht geradeaus. Da der Zweck ihrer Reise nicht darin liegt, einen bestimmten Ort zu erreichen, sondern neue Nahrungsgründe, Geschlechtspartner und geeignete Plätze für die Eiablage zu finden, ist eine derartige Flugweise sinnvoll.

Einige Arten machen sehr unterschiedliche Wanderungen. Die bekannteste ist der Monarch. Er bevölkert in großer Anzahl die Waldgebiete im Bereich der Großen Seen Nordamerikas. Der Monarch ist ein langlebiger Schmetterling. Er kann bis zu einem Jahr alt werden. Diejenigen, die im Frühling schlüpfen, halten sich höchstwahrscheinlich ihr ganzes Leben lang in der gleichen Gegend auf. Im Frühherbst erscheint die nächste Generation. Ein Teil von ihr fliegt ebenfalls nicht sehr weit. Sie fressen sich voll und suchen dann einen geschützten Platz in einem hohlen Baum oder in Spalten zwischen dem Stamm und der Rinde von abgestorbenen Bäumen, um dort zu überwintern. Zwei Drittel dieser Herbstgene-

Eine riesige Sommerkolonie von Fledermäusen

Auch an kühlen Sommertagen fallen manche Arten in einen „Tagesschlaf", und erst am Abend, wenn ihre Bluttemperatur steigt, werden sie wieder aktiv. Nur die Fledermäuse der gemäßigten Zone halten einen Winterschlaf. Sie suchen einen möglichst geschützten Platz auf und rücken eng zusammen. Bevorzugte Quartiere sind Felshöhlen und stillgelegte Bergwerksstollen.

ration verhalten sich jedoch anders. Sie wandern nach Süden und folgen einer festen, ziemlich eng begrenzten Route. Da sie ein bestimmtes Ziel vor sich haben, legen sie nur selten eine längere Pause ein, um zu fressen oder um einen Partner zu werben. Während der Nacht rasten die Wanderer. Zu Tausenden lassen sie sich auf Bäumen nieder, die Jahr für Jahr von vielen Generationen aufgesucht worden sind. Auch sie richten sich nach der Sonne. Ihr Flug verläuft geradlinig im Gegensatz zu dem Zickzackflug der Nahrung suchenden Kohlweißlinge. Nach einer 3000 Kilometer langen Reise erreichen sie schließlich das südliche Texas und das nördliche Mexiko. Diejenigen, die in Mexiko ankommen, sammeln sich in ein paar bestimmten Tälern, wo sie sich zu Millionen auf Nadelbäumen niederlassen, die schon seit Generationen dazu gedient haben. Sie sitzen so dicht nebeneinander, daß jeder Baumstamm über und über von Schmetterlingsflügeln bedeckt ist. Andere lassen sich auf den Ästen nieder. An jeder Nadel hängt ein Falter, so daß man meinen könnte, Schmetterlinge tropften von den Bäumen. An warmen Tagen flattern zuweilen einige Exemplare der großen Schar in der unmittelbaren Umgebung umher, um Nahrung zu sich zu nehmen, aber die meiste Zeit verhalten sich alle ruhig. Erst wenn der Frühling kommt, beginnen sie sich zu regen. Bis jetzt zeigten sie noch kein Interesse an einem Partner, obwohl sie ausgewachsen sind; jetzt aber paaren sie sich, und nach ein paar Tagen setzt sich eine riesige Schmetterlingswolke nach Norden in Bewegung. Diesmal fliegen die Falter nicht so schnell. Normalerweise schaffen sie nicht viel mehr als 15 Kilometer am Tag. Auf ihrem Zug fressen sie und legen Eier. Nur wenige dieser Wanderer kehren in die Wälder im Norden zurück, wo sie aus dem Kokon geschlüpft sind, aber sie haben ihre Nachkommen entlang ihrer Flugroute zurückgelassen, und im nächsten Herbst werden sich mehr Monarchen, die aus den Eiern der im Norden ansässigen Schmetterlinge geschlüpft sind, auf die Reise in den Süden machen.

Wanderfalter fliegen mal hoch, mal niedrig. Wenn der Wind kräftig weht, halten sich die Falter mehr in der Nähe des Bodens auf und suchen Schutz hinter Baumreihen, Hecken und Mauern. An schönen, windstillen Tagen können sie bis zu 1500 Meter hoch aufsteigen. Passive Luftreisende, wie die jungen Spinnen, werden von den Luftströmungen noch höher hinaufgetragen. Unterwegs können sie die Beute von hoch fliegenden Vögeln werden. Gelingt es ihnen aber zu entkommen, erreichen sie manchmal Höhen von 5000 Metern.

Eine stille, gefährliche Welt

Wenn man in der geheizten, mit Sauerstoff versorgten Druckkabine eines Passagierflugzeugs sitzt, kann man kaum erfassen, wie der Luftraum nur wenige Kilometer über dem Erdboden beschaffen ist. Steigt man aber statt dessen mit einem Heißluftballon im offenen Korb auf, erhält man völlig andere Eindrücke. Zuerst dringt noch eine Menge Geräusche von unten herauf: die laufenden Motoren von Autos, das Schlagen einer Turmuhr, Lärm von fahrenden Zügen. Dann werden sie immer schwächer, und bald herrscht ringsum Stille, die nur von dem Knarren des Korbs unterbrochen wird und vom zeitweiligen Heulen des Brenners, der für die Heißluft sorgt und dem Ballon den Auftrieb gibt. Die Luft wird ständig

Der Zweig eines „Schmetterlingbaums“

Der Monarch, der in Mexiko überwintert, ist sehr wählerisch, wenn es um seinen Ruheplatz geht. Er bevorzugt bestimmte Bäume, deren Zweige, von unzähligen Flügeln bedeckt, fast nicht mehr zu sehen sind.

kühler. Der Ballon fliegt mit dem Wind. Auf die gleiche Weise fliegen viele andere Lebewesen auch. Nichts scheint sich mehr zu rühren, obwohl man sich ziemlich schnell fortbewegt. Aber die Erde ist vielleicht schon unter einer Wolkenschicht verschwunden. Die Luft, die man atmet, wird rasch dünner, und jeder Atemzug enthält weniger Sauerstoff.

Die Welt dort oben ist von außergewöhnlicher Schönheit. Tief unten liegt die Erdoberfläche, vielleicht hier und da von Dunst bedeckt. Bergspitzen ragen wie Inseln aus einem weißen Meer empor. Große Wolken segeln ringsherum. Ihre Unterseite ist flach und gerade, aber nach oben türmen sie sich auf und wogen in sich ständig ändernden Formen. Erreicht man die Höhe dieser Wolken, erkennt man deutlich, wie hoch die Geschwindigkeit der Luftströmungen innerhalb jeder Wolke ist. Die Luft strömt darin mit solcher Gewalt auf und ab, daß der Ballon zerreißen würde. In großer Höhe über diesen Wolken mögen noch Dunststreifen ziehen, doch jenseits davon zeigt sich das klare Dunkelblau des Alls.

Es kann durchaus sein, daß man in dieser Höhe anderen Lebewesen begegnet. So hat man dort schon Buchfinkenschwärme angetroffen, und Schnepfen wurden in der fast unglaublichen Höhe von 6000 Metern mit dem Radar geortet. Schnepfen sind Zugvögel und fliegen möglicherweise deswegen so hoch, um den Wind auszunützen, der dort normalerweise stärker und gleichmäßiger weht als in niedrigeren Höhen, oder – falls sie nachts unterwegs sind – um die Sterne gut zu erkennen, mit deren Hilfe die Vögel navigieren. Ausflüge in diese Höhen sind jedoch selten. Es gibt allerdings Lebewesen, die sich dort fast immer aufhalten. Dazu gehören einige Blattlausarten, ein paar winzige Spinnenarten sowie Blütenstaub und Pilzsporen. Dies ist die äußerste Grenze des Lebens. Kein einziger Organismus von den vielen Millionen, die in dem Bereich darunter ständig leben und sich vermehren, gelangt darüber hinaus – außer dem Menschen.

Die Schichten der Atmosphäre, durch die wir aufgestiegen sind, bilden einen außerordentlich wichtigen Schutzschild vor dem tödlichen Bombardement aus dem Weltall. Kosmische und ultraviolette Strahlen werden von dieser Gashülle absorbiert. Meteoriten – Gesteins- und Metallteile aus dem Weltraum – verbrennen durch die Reibung mit den Gasen zu Staub. Wenn sie in die Atmosphäre eintreten, kann man dies mit bloßem Auge von der Erde aus beobachten. Dann ziehen Sternschnuppen über den Nachthimmel. Nur wenige Meteoriten sind so groß, daß sie nicht verglühen, sondern in die Erde einschlagen.

Die Atmosphäre schützt uns auch vor extremen Temperaturschwankungen. Wie mörderisch sie wären, kann man erkennen, wenn man sie mit den Bedingungen vergleicht, die auf dem Mond herrschen, der keine Atmosphäre besitzt. Wenn die Sonne die Mondoberfläche bestrahlt, wird seine Oberfläche so heiß, daß Wasser sieden würde. Im Schatten und bei Nacht liegen die Temperaturen noch viel tiefer als in der Antarktis. Wenn die Sonnenstrahlen die Atmosphäre der Erde durchdringen, wird ein großer Teil der Energie absorbiert. So ist auf der Erde die Wärme erträglich, und nachts wird sie im Erdboden und in der Luft gespeichert, kann sich also nicht ins Weltall verflüchtigen.

Den Hauptbestandteil der Atmosphäre – über 78 Prozent – macht der Stickstoff aus. Dieser wurde wahrscheinlich bei ungeheuren vulkanischen Eruptionen, die die Oberfläche der Erde in einer frühen Phase ihrer Entstehung erschütterten, freigesetzt. Der Stickstoff wird seitdem durch die Schwerkraft an die Erde gebunden. Der Sauerstoff, dessen Anteil an der Atmosphäre fast 21 Prozent beträgt, kam später hinzu. Als Nebenprodukt der Photosynthese wurde er von den Pflanzen erzeugt. Der Rest besteht aus dem Edelgas Argon, und letztlich einen Anteil von 0,03 Prozent macht das Kohlendioxid aus.

Außer den Gasen ist in der Atmosphäre auch noch Wasser enthalten. Ein Teil davon besteht aus Wasserdampf, ein anderer aus kleinen Tröpfchen, die sich zu Wolken sammeln. Obwohl man meinen könnte, daß die Luft sehr viel Feuchtigkeit enthält, bildet das in der Atmosphäre vorkommende Wasser nur einen winzigen Bruchteil der Menge, die an der Oberfläche der Erde in Meeren und Seen, in Eis und Schnee gebunden ist. Tatsächlich stammt die Feuchtigkeit der Atmosphäre ja auch von der Erde. Einen Teil davon geben die Pflanzen durch ihre Blätter ab, aber der größte Teil steigt von der Oberfläche der Meere und Seen auf. Dieser Vorgang kann sich gleichmäßig über weite Gebiete vollziehen, so daß horizontale Wolkenschichten entstehen. Manchmal wird der Wasserdampf mit den aufsteigenden warmen Luftströmungen hochgetragen und kondensiert dann zu den sich auftürmenden Quellwolken.

Solche großen Ansammlungen von Wasserteilchen werden von den Winden über die Oberfläche unseres Planeten geblasen. Winde entstehen vor allem durch die Drehung der Erde um sich selbst und durch die ungleichmäßige Erwärmung der Erdoberfläche durch die Sonne. Der erste Faktor bewirkt eine Ost-West-Strömung der Luft, der zweite eine Nord-Süd-Strömung, da warme Luft am Äquator aufsteigt und an den Polen wieder absinkt. Diese beiden Strömungen beeinflussen sich gegenseitig, so daß riesige Wirbel entstehen. Die Wolken über der warmen Wasseroberfläche der Meere bilden Wirbel, die einen Durchmesser von 400 Kilometern erreichen und so hoch aufsteigen können, daß die ganze Atmosphäre davon erfaßt wird. Der Wind, der um diese Systeme weht, erreicht zuweilen Geschwindigkeiten von 300 Kilometern in der Stunde. Das sind Wirbelstürme, die gewaltigsten atmosphärischen Störungen, die Katastrophen auf der Erde auslösen. Sturzbachartige Regenfälle, vom Wind mit höchster Geschwindigkeit gejagt, peitschen Land und Meer. Stürme türmen das Wasser der Meere zu Wänden auf und ergießen sich über die Küsten. Der brausende Wind zerschmettert Bäume und zerstört Häuser, während gleichzeitig Regengüsse aus den schwarzen, dahinrasenden Wolken niederprasseln.

Doch meist fällt das Wasser sanfter vom Himmel. Manchmal steigen Quellwolken so hoch, daß die Wassertröpfchen in ihnen zu Eis werden. In besonders großen Wolken beträgt die Entfernung von der Unterseite der Wolke bis zu ihrem Gipfel vier Kilometer. Eiskörnchen, die sich in solchen Riesenwolken gebildet haben, können von der aufsteigenden Luft erfaßt und bis zur Spitze der Wolke getragen werden. Auf ihrem Weg nach oben legt sich eine weitere Eisschicht um die Eiskörnchen, sie werden schwerer, fallen und werden vom nächsten Aufwind erneut erfaßt. So steigen und fallen sie viele Male, bis sie so groß geworden sind, daß sie als Hagel auf die Erde niedergehen. Weniger große Wolken schütten die Eispartikelchen aus, solange sie noch sehr klein sind. Sie schmelzen im Fallen und werden zu Regen. Wolkenschichten werden über Bänke aus kälterer und dichterer Luft getrieben, so daß sie beim Ansteigen abkühlen und ihre Ladung Feuchtigkeit fallen lassen. Wieder andere Wolken, die über ansteigenden Grund bis hinauf zu den Flanken von Gebirgszügen treiben, regnen sich ebenfalls ab. So gelangt das Süßwasser auf die Erde zu seinem Ursprung zurück.

Ein Wirbel von Flügeln

Eine Entenschar – Stockenten, Spießenten und Krickenten – erhebt sich ganz plötzlich in die Luft. Die Vögel brauchen viel Kraft, um so rasch das Wasser zu verlassen. Sind sie aber erst einmal in der Luft, dann kann keiner ihrer Feinde, die an Land leben, sie mehr erreichen – außer dem Menschen.

Flüsse und Seen

Das Süßwasser ist für eine Vielzahl von Organismen lebenswichtig. Dort, wo es in großen Mengen vorkommt, haben sich viele Tiere und Pflanzen entwickelt, die nirgends sonst leben könnten.

Schneeflocken, die sanft auf die Berge niedergehen, tragen zu deren Zerstörung bei. Sie bedecken die Gipfel mit meterhohen Schneeschichten. Die unterste Schicht wird durch das Gewicht der darüberliegenden zusammengepreßt und verwandelt sich in Eis. Dieses umschließt alle Unebenheiten der Gesteinsoberfläche und dringt in Spalten und Fugen ein. Während es oben immer weiterschneit, schiebt sich das Eis durch sein eigenes Gewicht langsam die steilen Hänge hinab und nimmt Geröll und Felsstücke mit sich fort. Das geht ganz langsam vor sich, und das einzig sichtbare Zeichen sind die breiter werdenden Spalten, die sich quer über das Schneefeld ziehen. Aber dann kommt der Augenblick, da sich das ganze Feld plötzlich vom Untergrund löst und Tausende Tonnen Eis, Schnee und Gestein den Berg hinabrutschen.

Das gefrorene Wasser, das sich in den Schluchten zwischen den Gebirgskämmen sammelt, bildet schließlich einen Fluß aus Eis, einen Gletscher. Jetzt nimmt die Zerstörung gewaltige Ausmaße an. Während sich der Gletscher abwärts schiebt, schürft er die Talwände ab. In seiner Sohle sind Felsbrocken eingefroren, die sich wie die Zähne einer gigantischen Raspel in das Gletscherbett einfressen. Eine riesige Mauer aus Trümmergestein schiebt er vor sich her und gleitet Zentimeter für Zentimeter bis unter die Schneegrenze hinab, wo er durch die Wärme abschmilzt und milchiges Wasser aus der Gletscherzunge dringt.

Auch der Regen, der in niedrigeren Höhen auf die Berge fällt, übt eine zerstörerische Wirkung aus. Tagsüber tropft er über die nackten Felsflächen und dringt in die Spalten ein. Nachts, wenn es friert, dehnt sich das Wasser aus und löst Splitter und Plättchen ab, die dann auf die Gesteinstrümmer am Fuß der Felsen hinabstürzen. Die Wasserläufe münden ineinander und fließen mit den Gletscherbächen zusammen. Schäumend stürzen sie ins Tal und werden zu einem jungen, temperamentvollen Fluß.

Dieses Wasser ist ziemlich rar. Insgesamt 97 Prozent der Gewässer auf der Erde sind salzhaltig. Süßwasser ist anfangs nahezu chemisch rein, auch wenn es viele

Die zerstörerische und die schöpferische Kraft eines Flusses
Flüsse schaffen die unterschiedlichsten Erosionsformen. Sie lösen Kalkstein durch chemische Vorgänge auf. Kiesel und Sand schleudern sie gegen die Felsen, die ihren Lauf behindern. Sie nagen an den Ufern, und wenn die Fließgeschwindigkeit dann nachläßt, sinkt ihre Fracht allmählich in das Flußbett, und es entstehen Sandbänke. Treten Flüsse bei Hochwasser über die Ufer, senkt sich eine Schlammschicht auf den Boden des überschwemmten Landes.

Gesteinspartikelchen enthält. Auf seinem Weg durch die Luft nimmt es Kohlendioxid und Sauerstoff auf, aber sonst so gut wie nichts. Nach und nach sammelt es organische Teilchen, die von den Gebirgspflanzen am Bachrand und zwischen den Felsblöcken stammen, bis es schließlich genügend Nährstoffe enthält, um tierisches Leben zu unterhalten.

Tiere der Wildbäche

Jedes Lebewesen, das sich in rasch fließendem Wasser halten will, muß eine Technik entwickeln, die verhindert, daß es weggeschwemmt wird. Die Larven der Kriebelmücken, jener gefährlichen Blutsauger, hängen sich mit Hilfe eines dichten Kranzes von Widerhaken an ihrem Hinterende an Steinen im Wasser fest und lassen ihren wurmähnlichen Körper im Wasser treiben. Hin und wieder bewegt sich eine der Larven im Wasser fort. Dabei krümmt sie den Körper, hält sich mit den Fußstummeln des Vorderendes an einem Kieselstein fest und schlägt mit dem Körper einen Bogen, um sich schließlich mit den Haken ihres Hinterendes am nächsten Stein festzuklammern. Wenn die Larve dabei den Halt verliert, kann sie sich dennoch retten, denn sie hat eine seidene Sicherheitsleine gesponnen und an dem Kieselstein befestigt. So gelingt es ihr, sich zu ihrem Ausgangspunkt zurückzuziehen. Das schnell fließende Wasser birgt zwar Gefahren in sich, hat aber auch einen Vorteil. Es sorgt dafür, daß die wenigen Nahrungsteilchen, die darin enthalten sind, rasch transportiert werden. Die Kriebelmückenlarve braucht sie nur zu fassen. Für diesen Zweck hat sie ein Paar aus Borsten bestehende Fächer zu beiden Seiten der Mundöffnung. Mit dieser Fangvorrichtung siebt das Insekt kleine Nahrungsteilchen aus dem Wasser, und mit den Borsten des Oberkiefers werden sie aus den Fächern gekämmt und in die Mundöffnung gebracht.

Die Larven der meisten Köcherfliegenarten leben im Süßwasser. Weiter talabwärts, wo die Bäche weniger wild sind, und in den ruhigen Gewässern der Seen bauen sie Köcher aus Pflanzenteilen oder Sandkörnern, in denen sie leben wie Schnecken in einem Schneckenhaus. Gemächlich bewegen sie sich am Grund entlang, um Blätter und Algen zu fressen. Aber in Bereichen, wo es nur wenig pflanzliche Nahrung gibt, sind die Köcherfliegenlarven Jäger, die ihre Beute mit Netzen fangen. Die Larve einer Art spinnt unter einem Stein einen Trichter, in dem sie dann lebt, und wenn eine andere Insektenlarve oder ein kleines Krebstier daran vorbeitreibt, fängt sie die Beute. Eine andere Larve baut ein röhrenförmiges, etwa fünf Zentimeter langes Netz. Das Gewebe ist so engmaschig, daß auch mikroskopisch kleine Partikelchen darin hängenbleiben. Diese Larve lebt in ihrem Röhrennetz und bürstet die Innenfläche regelmäßig mit dem Bart ihrer Oberlippe aus. Eine dritte Larve fertigt einen ovalen Rahmen aus dicken Seidenfäden und befestigt ihn zwischen den Kieselsteinen. Dann legt sie sich davor, führt mit ihrem Kopf achterförmige Bewegungen aus und webt dabei ein feines Netz in den Rahmen. Dieser Vorgang dauert nur acht bis zehn Minuten. Wird das Netz von einem großen Gegenstand zerrissen, flickt die Larve es sofort wieder. Wenn sie

Ein Unterwassernetz
Einige Köcherfliegenlarven fangen ihre Nahrung im Wasser mit der gleichen Vorrichtung, die Spinnen an Land benutzen: mit einem Netz. Jede Köcherfliegenart webt ihr eigenes Muster, aber alle Netze sind grundsätzlich röhrenförmig und richten die Öffnung stromaufwärts. Der Durchmesser des Netzes kann einige Zentimeter betragen. In einem solchen Netz bleiben Mückenlarven, Flohkrebse und andere kleine Lebewesen hängen. Das abgebildete Netz mißt einen Zentimeter im Durchmesser.

Enten in weiß schäumendem Wasser
Sturzbachenten sitzen oft auf Felsblöcken, umgeben von wild schäumendem Wasser, so daß man annehmen möchte, sie könnten dorthin nur im Flug gelangt sein. Doch dann tauchen sie plötzlich in das reißende Wasser. Man könnte vermuten, daß sie fortgeschwemmt werden, aber talabwärts sucht man vergebens nach ihnen. Sie schwimmen unter Wasser gegen die Strömung und landen ein ganzes Stück weiter oben auf einem anderen Felsblock.

größer und stärker geworden ist, wagt sie sich weiter hinaus in das strömende Wasser, baut größere, festere Netze und lauert auf fettere Beute. Mit solchen Vorrichtungen gelingt es den Larven der Köcherfliegen, neben anderen Insekten – Käfern, Mücken und Eintagsfliegen – die Gebirgsbäche zu besiedeln.

Wer in einem Hochtal der Anden wandert, hat vielleicht das Glück, ein schönes Sturzbachentenpaar zu entdecken, das mitten im Bach auf einem Felsblock sitzt, umgeben von herabsprudelndem, weiß schäumendem Wasser. Das Männchen hat ein helles Gefieder und einen weißen Kopf mit einem schwarzen Strich, der vom Auge über den Hals verläuft. Der Unterkörper des Weibchens ist kastanienbraun, der Hals und der Rücken sind grau. Charakteristisch für beide Geschlechter ist der kirschrote Schnabel. Plötzlich taucht das Männchen – oder das Weibchen – ins Wasser und verschwindet. Es bleibt unter der Oberfläche, richtet den

Kopf gegen den Strom und stemmt sich mit seinen langen, versteiften Schwanzfedern gegen einen Stein. Zusätzlich hakt es sich dabei mit einem knöchernen Sporn am Bug eines jeden Flügels fest. Mit ihrem schlanken Schnabel pickt die Ente zwischen den Steinen Larven auf. Nach etwa einer Minute taucht sie plötzlich wieder auf und kehrt ohne sichtbare Anstrengung auf den Felsblock zurück, um sich eine Weile auszuruhen. Ungefähr eine halbe Stunde lang arbeitet sich das Paar von Felsblock zu Felsblock den Bach hinauf. Beide schwimmen mit den kräftigen Stößen ihrer Füße, die mit Schwimmhäuten ausgestattet sind. Es gelingt ihnen, die Geschwindigkeit von Strudeln und Stromschnellen genau richtig einzuschätzen. Manchmal landen sie auf halb überspülten Steinen, und das reißende Wasser wirbelt um ihre Beine, aber dennoch finden sie einen festen Halt. Jedes Paar betrachtet eine bestimmte Strecke des Wasserlaufs als sein Gebiet. Wenn es die obere Grenze des Reviers erreicht hat, überläßt es sich auf einmal der Wasserströmung, gegen die es so kühn gekämpft hat, und schießt, auf und ab hüpfend, das schäumende Wasser hinunter bis zum Ausgangspunkt. Nur ganz selten verlassen Sturzbachenten das strömende Wasser und erheben sich in die Luft.

Diese Schwimmvögel leben in den Hochtälern der Anden von Chile bis Peru. Im Norden teilen sie sich die Gebirgsbäche mit einem Vogel, der ähnliche Fähigkeiten wie die Sturzbachenten besitzt, aber einer anderen Ordnung angehört: der Wasseramsel. Sie hat die Größe eines Stars, ist mit dem Zaunkönig verwandt und lebt in den Gebirgsbächen Europas, Nordafrikas und Asiens. Sie frißt Kaulquappen, kleine Weichtiere, Fische sowie Insekten, die außerhalb des Wassers vorkommen. Sie kann aber auch Larven unter Wasser fangen. Dabei muß sie, da sie keine Schwimmhäute hat, eine etwas andere Technik anwenden als die Sturzbachente. Mit ihren kräftigen Beinen und Zehen läuft sie auf dem Grund von Bächen. Dabei rudert sie geschickt mit ihren kurzen Flügeln und hält so das Gleichgewicht, den Kopf nach unten geneigt, den Rumpf nach oben. Viele Bäche im nördlichen Verbreitungsgebiet der Wasseramsel, zum Beispiel in den Hochtälern des Himalajas, sind sehr kalt, aber die Wasseramseln haben ein dichtes Federkleid, und mit den Absonderungen aus großen Bürzeldrüsen fetten sie das Gefieder ein.

Die mächtigen Gebirgsbäche setzen das Zerstörungswerk fort, das Eis und Frost in den höheren Lagen begonnen haben. Während der Trockenzeit mögen die Bäche nur kleine Rinnsale sein, die von einem flachen Wassertümpel zum nächsten plätschern. Betrachtet man aber die Felsblöcke, über die das Wasser hinabstürzt, wenn die Bäche Hochwasser führen, dann kann man ihre enorme Kraft ermessen. Keiner dieser Blöcke hat scharfe Kanten wie die Gesteinsbrokken, die der Frost von den Felsen weiter oben abgesprengt hat. Alle sind rund und glatt. Manche wiegen viele Tonnen, und obenauf wachsen Pflanzen. Daran kann man erkennen, daß sie sich viele Jahre lang nicht bewegt haben. Ihre abgerundeten Formen zeigen jedoch, daß in Jahren, in denen durch starke Regenfälle der Bach angeschwollen war, die Felsblöcke von den brodelnden Fluten und mitgeführten Kieseln abgeschliffen worden sind.

Durch einen Wasserfall tauchen

Die Wasseramsel ist kein Schwimmvogel; auch hat sie keine Schwimmhäute zwischen den Zehen. Ihre nächsten Verwandten sind die Zaunkönige. Dennoch verbringt sie ihr Leben in und an Wasserläufen und bewegt sich dort mit solcher Sicherheit, daß sie nicht nur auf dem Grund von Bächen läuft und Nahrung sammelt, sondern auch im Schutze eines Wasserfalls ihr Nest baut, wo es unsichtbar ist. Sie kann es nur erreichen, wenn sie durch den Wasserfall hindurchtaucht.

Auf ihrem Weg von den Bergen herab sprudeln die jungen Gebirgsbäche über Gesteinstrümmer, ergießen sich in Wasserschleiern von steilen Felswänden und stürzen, weiße Gischt sprühend, durch Stromschnellen. Wenn sich die Bäche an der Steilwand eines Tals stauen oder über eine Hochfläche fließen, die jäh abbricht, und dann in die Tiefe stürzen, entsteht ein Wasserfall. Im Süden Venezuelas durchquert der Río Churuní eine Hochebene und überwindet dann einen Geländesprung von über 800 Metern im freien Fall. Hier handelt es sich um die berühmten Angelfälle, die höchsten Wasserfälle der Erde, deren Wasser in den Río Caroní mündet.

Auf der langen, ereignisreichen Reise des Flusses in die Ebene wird sein Wasser immer nährstoffreicher. Wo an den Ufern im Bergland Moose und Wollgräser, Heidekraut und Riedgräser gedeihen, gelangen welke Pflanzenteile ins Wasser und färben es bräunlich. Gesteinstrümmer werden in unzähligen Strudellöchern herumgewirbelt, bis sie in winzige Teilchen zerfallen, als Sand und Schlamm im Wasser treiben und sich schließlich im Flußbett absetzen. Jetzt können viele Blütenpflanzen im Grund des Bachs wurzeln. Die Strömung ist immer noch stark und droht die Pflanzen mitzureißen. Viele von ihnen setzen der Strömung einen möglichst geringen Widerstand entgegen, indem sie unter Wasser Blätter bilden, die federartig geteilt sind. Nur ihre Blätter über der Wasseroberfläche sind groß und breit, denn dort bieten sie keine Angriffsfläche mehr. Das Wasser ist jetzt viel wärmer. Daher enthält es weniger Sauerstoff als weiter oben im Tal, wo die Temperatur dem Gefrierpunkt nahe war. Aber dieser Sauerstoffmangel wird größtenteils durch die Pflanzen ausgeglichen, deren Blätter unter Wasser als Nebenprodukt der Photosynthese winzige Sauerstoffbläschen ausstoßen.

Leben in einer ständig bewegten Welt

Da sich das Wasser jetzt erwärmt und mit Sauerstoff und organischen Substanzen angereichert hat, bietet es den Fischen eine reiche Nahrungspalette: Algen und Pflanzen zum Abgrasen; Insektenlarven, Würmer und kleine Krustentiere zum Fangen; Schwärme von mikroskopisch kleinen Einzellern, die von jungen Fischen gefressen werden; und kleine Fische, die die Beute von größeren werden. Das ständig fließende Wasser bereitet den Fischen Schwierigkeiten, so wie den kleineren Organismen auch.

Einige, wie zum Beispiel der Bachsaibling, lösen das Problem ganz einfach. Sie schwimmen ohne Unterlaß. Mit Hilfe ihrer Schwanzschläge passen sie sich genau der Fließgeschwindigkeit des Wassers an. Mit Leichtigkeit halten sie sich an einer bestimmten Stelle, wo es vielleicht gerade besonders viel Nahrung gibt. Wenn ein Bachsaibling plötzlich aufgeschreckt wird, gelingt es ihm zudem noch, mit blitzschnellen Schwanzschlägen den Fluß aufwärts zu schießen.

Andere Fische, wie die Groppe, entziehen sich dem Sog des Wassers, indem sie zwischen den Steinen des Bachbetts Schutz suchen. Bei Schmerlen und Welsen, die verschiedenen Ordnungen angehören, haben sich die Flossenpaare am Bauch zu Saugorganen umgebildet. Mit diesen können sie sich an Steinen festhalten. Ein Wels in den Anden und eine Schmerle in Borneo haben unabhängig voneinander eine weitere Technik entwickelt, sich festzuhalten. Anstelle der Saugorgane am Bauch besitzen sie große, fleischige Lippen, mit denen sie sich an Gegenständen festhängen. Dies hat einen deutlichen Nachteil. Die Fische können das sauerstoffreiche Wasser, das sie für ihre Kiemen brauchen, nicht durch das Maul aufnehmen. Beide haben dieses Problem auf die gleiche Weise gelöst: Ein Hautstreifen

Die Rückkehr der Lachse
Rotlachse sammeln sich in einem Fluß in British Columbia, nachdem sie mehrere Jahre im Meer gelebt und jetzt, geschlechtsreif geworden, ihr farbenprächtiges Hochzeitskleid angelegt haben. Sie machen sich auf den Weg flußaufwärts zurück in die Gewässer, wo sie einst aus dem Ei geschlüpft sind. Dabei müssen sie Wasserfälle überspringen und Seen durchqueren.

zieht sich durch die Mitte der Kiemendeckel. Durch den oberen Teil der Kiemen tritt das Wasser ein, läuft dann über ihn hinweg und wird durch die untere Hälfte wieder ausgeschieden.

Spiel mit Millionen

Fische haben unterschiedliche Brutgewohnheiten. Manche kümmern sich überhaupt nicht um ihre Eier, erzeugen aber so riesige Mengen, daß ein paar davon mit Sicherheit überleben. Ein Kabeljauweibchen kann zum Beispiel bei einem einzigen Laichvorgang sechseinhalb Millionen Eier ausstoßen. Andere dagegen legen nur etwa 100 Eier, investieren dafür aber einen großen Teil ihrer Zeit und Kraft, sie zu bewachen und die Jungen zu hüten.

Die starke Strömung eines Flusses wirkt sich offensichtlich auf die beiden verschiedenen Arten der Aufzucht aus. Man könnte meinen, für einen Flußfisch sei es ungünstig, abgelaichte Eier sich selbst zu überlassen, wie das beim Kabeljau, der im Meer lebt, der Fall ist. Die Eier und die Larven könnten weggeschwemmt werden, und die Jungfische müßten dann die schwere Aufgabe bewältigen, den Weg flußaufwärts zu schaffen, wenn sie zu ihrer Geburtsstätte und der ihrer Eltern zurückkehren wollten. Doch genau das machen Lachse und die mit ihnen verwandten Seeforellen. Die Weibchen legen ihre Eier in flache Mulden und bedecken sie mit Sand und Kieseln, so daß die Strömung die Eier nicht mit sich fortträgt. Ein Weibchen legt etwa 14000 Eier. Diese bleiben dort den ganzen Winter über. Im nächsten Frühling schlüpfen die Jungen, bleiben noch ein paar Wochen in dem Gebiet und fressen sich satt. Dann machen sie sich auf die Reise den Fluß hinab über Wasserfälle und Stromschnellen. Sobald sie einen See erreicht haben, bleiben die Seeforellen in dem ruhigen Gewässer. Der junge Lachs zieht jedoch weiter bis zum Meer. Wenn sich junge Lachse und Seeforellen vollgefressen haben und geschlechtsreif geworden sind, versammeln sie sich in Schwärmen und schwimmen die Flüsse hinauf, die sie einst herabgekommen sind. Dabei können sie an der Mischung von gelösten Mineralstoffen und organischen Bestandteilen fast unfehlbar genau das Wasser erkennen, in dem sie aus dem Ei geschlüpft sind, und kehren so zu dem Flüßchen oder Bach ihrer Vorfahren zurück. Dort laichen sie. Viele, vor allem die Männchen, gehen dann ein. Manche dagegen schwimmen den Fluß wieder hinab bis in ruhigere Gewässer, wo sie Kräfte sammeln, um die Reise im folgenden Jahr von neuem zu wagen.

Nur wenige Flußfische unternehmen so anstrengende Touren wie der Lachs.

Junge Lachse
Diese frisch geschlüpften Lachse haben noch die Dotterreste im Magen. Wenn auch der letzte Rest aufgebraucht ist, fängt der Jungfisch an, Plankton zu fressen. Es kann drei Jahre lang dauern, bis der Lachs voll entwickelt und sein Stoffwechsel dem Leben im Salzwasser angepaßt ist. Er hat dann auch ein silbrig glänzendes Schuppenkleid und macht sich auf die lange Wanderung hinab ins Meer.

Die meisten Fische halten sich an die zweite Art der Aufzucht und schützen ihre Jungen vor der Strömung. Die kleine Groppe legt ihre Eier in Felsspalten oder gelegentlich auch in leere Muschelschalen. Das Männchen bewacht sie und greift jedes Lebewesen, das sich nähert, mutig an. Der Europäische Bitterling legt seine Eier in noch bewohnte Muscheln. Zur Laichzeit stülpt das sechs bis sieben Zentimeter lange Weibchen eine fast ebenso lange Legeröhre aus. Diese führt es vorsichtig in die Einstromröhre der Muschel ein und legt dann rund 100 Eier ab, die in die Mantelhöhle der Muschel gelangen. Das Männchen bleibt währenddessen an seiner Seite. Wenn das Weibchen mit der Eiablage fertig ist, läßt das Männchen seine Milch ins Wasser ab, die dann von der Muschel durch die Einströmröhre eingesogen wird und sich über die Eier ergießt. Die befruchteten Eier werden durch das ständig in die Muschel ein- und ausströmende Wasser gut mit Sauerstoff versorgt. Wenn die Bitterlinge schlüpfen, haben sie es nicht sonderlich eilig, ihre Brutstätte zu verlassen; vielmehr setzen sie sich mit kleinen hornartigen Auswüchsen an dem weichen Mantelfleisch der Muschel fest und fressen und wachsen. Schließlich lösen sie sich und werden in den Bach geschwemmt.

Es muß hinzugefügt werden, daß auch die Muschel von den Bitterlingen profitiert. Ihre Larven schlüpfen genau dann, wenn das Bitterlingweibchen seine Eier ablegt. Die kleinen Larven werden aus der Muschel hinausgeschwemmt und über die Bitterlinge gespült, an deren Kiemen und Flossen sie sich festsetzen. Dort bleiben sie, bis sie ausgewachsen sind und sich am Grund des Baches niederlassen können.

Ein kleiner Fisch des Amazonas, der Spitzsalmler, Copelea arnoldii, laicht außerhalb des Wassers. Dabei vollbringt er eine wahrhaft sportliche Leistung. Männchen und Weibchen umfangen sich mit den Flossen und springen gemeinsam an die Unterseite eines Blatts, das über dem Wasser hängt. Dort verharren sie einige Sekunden, wobei sie sich mit besonders lang ausgebildeten Bauchflossen an dem Blatt festklammern. Nun legt das Weibchen einen kleinen Klumpen Eier ab und läßt sich sogleich ins Wasser zurückfallen, während sich das Männchen noch am Blatt festhält, den Unterkiefer und die Flossen ans Blatt drückt und so die Eier befruchtet. In den folgenden Tagen patrouilliert das Männchen im Wasser auf und ab und bespritzt das Blatt regelmäßig mit dem Schwanz, damit die Eier nicht austrocknen.

Eine Familie der Süßwasserfische, die Buntbarsche, wachen nicht nur über ihre Eier, sondern auch über ihre Jungen. Rund 600 verschiedene Buntbarscharten leben in den Seen und Flüssen Nord-, Mittel- und Südamerikas, Afrikas und Madagaskars. Einige Arten legen ihre Eier in Vertiefungen, die sie zuvor mit kräftigen Schlägen ihrer Schwanzflosse in den Kies gegraben haben. Andere setzen ihre von einer klebrigen Schicht umgebenen Eier an peinlich genau gesäuberten Blättern und Steinen ab, wobei das Weibchen seine Legeröhre dazu benutzt, die Eier in Reihen anzuordnen. Während das Weibchen mit dem Eierlegen beschäftigt ist, schwimmt das Männchen neben ihm, die bunten Flossen ausgebreitet, und gießt seine Milch über die Eier.

Diejenigen Buntbarsche, die sich am intensivsten mit der Kinderpflege abmühen, schwimmen jetzt über den Eiern und befächeln sie mit ihren Flossen, damit sie von sauerstoffreichem Wasser umspült werden. Nähert sich ihnen ein anderer Fisch, wird er mit geöffnetem Maul und aufgestellten Kiemendeckeln bedroht und sogar angegriffen. Wenn die Jungen schlüpfen, graben viele Buntbarscharten eine neue Mulde in den Boden, packen ihre Jungen mit dem Maul und bringen sie in diese neue Kinderstube. Dabei machen sie kauende Bewegungen mit den Kiefern und wenden die Jungen vorsichtig im Maul um, so daß sie gründlich

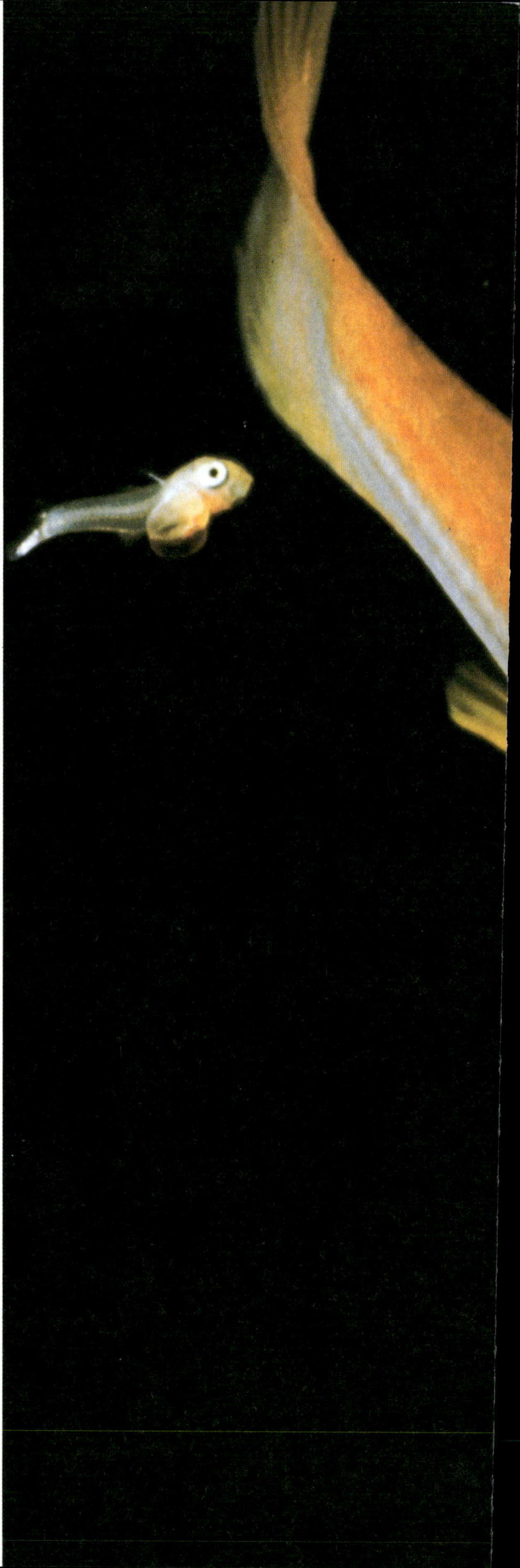

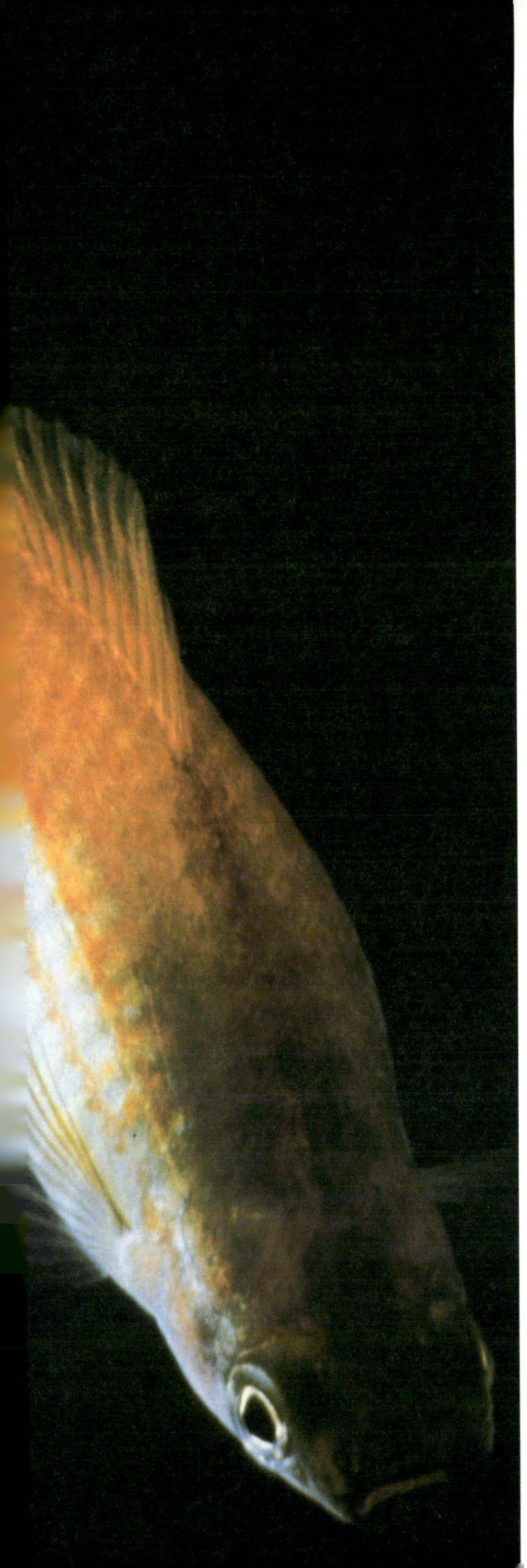

geputzt werden. Sind die Jungen größer und beweglicher geworden, schwimmen die Eltern beschützend neben ihnen her. Bummler am Ende des Schwarms werden ins Maul genommen und mit einem tüchtigen Schuß Wasser ausgespuckt, so daß sie an der Spitze der Gruppe landen.

Viele Buntbarscharten sind sogar noch fürsorglichere Eltern. Die Maulbrüter unter ihnen legen ihre Eier nicht in einem Nest ab. Gleich nach der Befruchtung nimmt eines der beiden Elternteile den Laich ins Maul und behält ihn dort etwa zehn Tage lang. Während dieser Zeit kann der Fisch nichts fressen. Er bewegt seine Kiefer sanft auf und ab, so daß die Eier sauber und frei von Bakterien sind. Auch nach dem Schlüpfen bleiben die Jungen noch im Maul des Vaters oder der Mutter. Schließlich werden sie ausgespuckt, aber wenn Gefahr droht, saugt der Buntbarsch alle wieder ein. Auch später noch suchen die Jungen im elterlichen Maul Schutz. Manchmal kommen sie, wenn die Eltern bestimmte Signale aussenden, manchmal aber auch aus eigenem Antrieb. Dann knabbern sie am elterlichen Maul, um eingelassen zu werden.

Einige afrikanische Maulbrüter haben selbst dieses Verhalten noch weiter verfeinert. Das Weibchen legt seine Eier und nimmt sie auf, bevor sie befruchtet werden. Das Männchen, das sich in der Nähe zur Schau stellt, hat auf seiner Afterflosse eine Reihe gelber Flecken mit schwarzen Umrißlinien, die fast genau gleich groß und gleich gefärbt sind wie die Eier. Das Weibchen, das gerade seine Eier aufgenommen hat, sieht die Flecken auf der Flosse seines Partners. Es schwimmt dorthin und öffnet sein Maul, um diese vermeintlichen Eier aufzusammeln. Genau in diesem Augenblick gibt das Männchen seine Milch ab, und die Eier im Maul des Weibchens werden befruchtet.

Ein anderer Buntbarsch, der Pompadour- oder Diskusfisch, versorgt seine Jungen mit einer besonderen Nahrung. Wie der Name sagt, hat der Fisch die Form eines Diskus und erreicht einen Durchmesser von 15 Zentimetern. Seine olivgrünen Flanken sind mit schillernden roten, grünen oder leuchtendblauen Streifen geschmückt. Das Weibchen legt seine Eier an Steinen oder Blättern ab. Wenn die Jungen schlüpfen, tragen die Eltern sie vorsichtig zu anderen Blättern, wo sie sich an dünnen Fäden aufhängen. Dann bildet sich bei den Eltern ein eiweißreicher, schleimiger Belag, der den ganzen Körper bedeckt. Er wird an den Flanken ausgeschieden und überzieht sogar die Augen. Die Jungen lösen sich von den Blättern und fressen in den nächsten Tagen den Schleim vom Körper ihrer Eltern.

Der beste Schutz, den ein Tier seinen Nachkommen geben kann, besteht darin, daß die Jungen im mütterlichen Körper aus dem Ei schlüpfen und dort so lange bleiben, bis sie die ersten Phasen der Entwicklung durchlaufen haben. In dieser Zeit sind sie besonders hilflos und verletzlich. Alle Säugetiere außer den Beuteltieren wenden diese Technik an, und darum ist diese Tierklasse unter anderem auch so erfolgreich gewesen. Aber schon lange, ehe sich die Säugetiere entwickelten, sorgten manche Fische auf ähnliche Weise für ihre Jungen. Haifische und Rochen, beide Meeresbewohner, pflanzen sich auf diese Art fort, und viele Süßwasserfische machen es ebenso. Der kleine Guppy ist nur ein Mitglied einer großen Gruppe von Lebendgebärenden, die in tropischen Flüssen und Seen in

Ein kleiner Fisch erblickt das Licht der Welt

Mit einem Zucken seines Körpers stößt das Schwertträgerweibchen ein winziges Junges aus. Es ist ungefähr so groß wie ein Teeblatt. Genau wie die Guppys halten auch die Schwertträger ihre Eier im Körper zurück, bis die Jungen geschlüpft sind. Das soeben ausgestoßene Junge kann vom ersten Augenblick an schwimmen und macht sich davon, um ein unabhängiges Leben zu führen.

Schwärmen leben. Die Afterflosse des Männchens hat sich in ein bewegliches Rohr umgebildet, Gonopodium genannt, durch das Spermakugeln in die Öffnung des Weibchens geschleudert werden. Das Männchen schwimmt aufgeregt um das viel größere Weibchen herum, vergewissert sich dessen Brutbereitschaft, stürzt sich dann auf seine Partnerin und führt sein Begattungsorgan ein. Mit einem Strahl werden mehrere Eierpartien befruchtet. Die Jungen schlüpfen im Körper der Mutter. Schließlich kommen sie heraus, eins nach dem andern, und sind so weit ausgebildet, daß sie schnell davonschwimmen können, um sich in den Stengeln und Blättern der Wasserpflanzen in Sicherheit zu bringen.

Ein Vertreter der verschiedenen lebendgebärenden Zahnkärpflinge, der in den Flüssen im Süden Brasiliens lebt, verfügt über eine noch ungewöhnlichere Variante des Geschlechtsapparats. Sein Gonopodium ist nicht so beweglich wie das des Guppymännchens; vielmehr zeigt das Begattungsorgan des Männchens immer

Eine geduldige Anglerin
Die Geierschildkröte, eine Riesenschildkröte, kann bis zu 100 Kilogramm schwer werden. Ihr Rückenpanzer weist viele kleine Höcker auf. Sie lebt im Mississippi und in anderen nordamerikanischen Flüssen. Im Schlamm vergräbt sie sich und wartet mit weit aufgerissenem Rachen auf Beute. Auf der Oberseite ihrer Zunge wächst ein hellroter, zweizipfeliger Fortsatz, den sie als Köder benutzt und mit dem sie dann und wann zuckende Bewegungen macht. Kommt ein Fisch vorbei, auf den dieser Fortsatz wie ein Wurm wirkt, so klappt die Schildkröte ihre Kiefer zusammen und verschluckt ihn.

Ein Piranha zeigt seine Zähne
Die Indianer des Amazonas fangen Piranhas, die Gesundheitspolizisten der Flüsse, wegen ihrer Zähne, die sie seit jeher zum Schneiden benützen. Als die Europäer ihnen Scheren aus Stahl brachten, nannten die Indianer sie prompt Piranhas.

Killer gegen Killer
Die Anakonda verbringt die meiste Zeit im Wasser und ernährt sich gewöhnlich von Säugetieren und Vögeln, die zum Trinken hierherkommen. Aber diese Anakonda tötet einen jungen Kaiman.

nach einer Seite, bei einigen nach rechts, bei anderen nach links. Die entsprechende Öffnung bei den Weibchen ist ebenfalls asymmetrisch angeordnet. So kann ein Männchen mit einem nach links weisenden Begattungsorgan sich nur mit einem Weibchen mit einer Öffnung an der rechten Seite paaren.

Die vielen Flußfische locken naturgemäß Räuber an. Unter den Fischen selber haben sich einige der gefährlichsten Räuber entwickelt – die Piranhas oder Pirayas der südamerikanischen Flüsse. Die meisten von ihnen sind klein – die größten werden höchstens 60 Zentimeter lang. Gefürchtet werden die Fische wegen ihrer dreieckigen, überaus scharfen Zähne, die von den Indianern des Amazonasgebiets zum Schneiden benutzt werden. Die Piranhas machen normalerweise Jagd auf andere Fische, vorwiegend auf verwundete oder kranke, fallen aber auch große Tiere an: Tapire, Wasserschweine und Pferde, die gerade im Fluß schwimmen. Sie greifen in Schwärmen an. Wenn sie an einem toten oder lebenden Tierkörper fressen und immer mehr Blut ins Wasser läuft, werden sie immer wilder und kämpfen miteinander um den letzten Bissen Fleisch. So furchterregend ein solcher Angriff wirken mag – für den Menschen sind Piranhas nicht so gefährlich, wie oft behauptet wird. Sie fallen ihn selten an, es sei denn, das Blut einer offenen Wunde färbt das Wasser rot.

Flußfische werden aber auch noch von anderen Jägern angegriffen. Schildkröten liegen auf der Lauer. Sie sind keine schnellen Schwimmer und fangen ihre Beute durch eine List. Der breite, flache Hals der Matamata- oder Fransenschildkröte, einer südamerikanischen Art, ist mit lappigen Hautfransen besetzt. Über den Panzer verlaufen drei Längsreihen von Höckern. Wenn diese Schildkröte zwischen welken Blättern und verrottenden Zweigen am Grund eines Gewässers sitzt, fallen ihre Umrisse nicht auf. Kommt ein Fisch in ihre Reichweite, schnappt sie rasch zu. Die Geierschildkröte, eine der größten im Süßwasser lebenden Arten, ist ein gewandter Angler.

Krokodile und ihre amerikanischen Verwandten, die Kaimane und Alligatoren, jagen, solange sie jung sind, Fische, aber ausgewachsen stellen sie ihre Ernährungsweise um und fressen Aas. Eine andere Familie dieser Ordnung, der Gavial, lebt in Indien und ernährt sich sein ganzes Leben lang nur von Fischen. Er hat eine lange, schmale Schnauze, die sich unter Wasser leichter schließen läßt als das breite Maul der Krokodile. Mit einer Seitwärtsbewegung des Kopfs fängt dieses riesige Reptil seine Beute. Es kann sieben Meter lang werden. Gaviale haben einen weniger starken Biß als die Krokodile, die das Bein einer Antilope abreißen können. Daß Gaviale Menschen angreifen, ist nicht bekannt.

Reiches Leben im langsam dahinfließenden Fluß

Ein junger Fluß springt kraftvoll in schnellem, kurvenreichem Lauf den Berg hinab. Im Mittel- und Unterlauf wird er ruhiger. Er schleift und gräbt kaum mehr am Flußbett. Sein Wasser mag nun schlammig sein, aber er lagert mehr Schlamm ab, als daß er neues Material aufnimmt. Von seinen mit Wald und Wiesen bewachsenen Rändern wird Erdreich ins Wasser geschwemmt und macht es fruchtbarer. Schilf und Binsen säumen die Ufer und wachsen dicht in Altwasserschlingen. Die verschiedensten Landtiere kommen zum Trinken und holen sich ihre Nahrung aus dem Wasser.

Ein bemerkenswertes Mitglied der Familie der Marder ist der Fischotter. Er hat verschließbare Ohren und Nasenflügel und einen wasserdichten Pelz. Zwischen den Zehen der Hinterbeine entwickelten sich bei ihm Schwimmhäute. Er ist ein geschickter Jäger und macht häufig Jagd auf Fische. Manchmal treibt er einen

Der große Jäger des Amazonas
Von den verschiedenen Otterarten ist der brasilianische Riesenotter (rechts) der größte und seltenste. Er wird ein bis eineinhalb Meter lang und kann bis zu 24 Kilogramm wiegen. Männchen und Weibchen trennen sich nach der Paarung nicht. Auch die Jungen bleiben gern bei den Eltern, und die ganze Familie jagt dann gemeinsam in der Gruppe (oben). Otter sind sehr lebhafte Tiere; sie jagen und fressen oft viermal am Tag. Meist verlassen sie das Wasser, wenn sie sich ausruhen wollen (links). Jede Ottergruppe säubert bestimmte Uferstellen ihres Territoriums und markiert sie mit dem Duft aus den Schwanzdrüsen. Otter benutzen auch gemeinsame Plätze zum Absetzen von Kot und Urin. Sie drücken ihre Ausscheidungen in den schlammigen Boden, so daß an der Stelle eine Geruchsmarke entsteht, die wochenlang duftet.

Ein Eisvogel macht einen Fang

Die farbenprächtigen Eisvögel werden als „fliegende Edelsteine" bezeichnet. Sie leben vor allem von kleinen Fischen, fangen aber auch Insekten und Kriechtiere. Mit großer Treffsicherheit stürzt sich der Eisvogel auf seine Beute im Wasser, packt mit seinem langen, spitzen Schnabel ein Fischlein, zieht es heraus und verspeist es an Land.

ganzen Schwarm mit Schwanzschlägen in seichteres Wasser, wo er dann die Beute leicht fassen kann. Doch außerdem verzehrt er Wasservögel und deren Eier, Schermäuse und Bisamratten.

Im Geäst der Bäume am Ufer sitzen Eisvögel auf der Lauer. Sie können genauso geschickt rütteln wie Falken. Wenn ein Eisvogel einen Fisch an die Wasseroberfläche schwimmen sieht, taucht er kopfüber ins Wasser, packt ihn mit seinem scharfen Schnabel und kehrt dann zu seinem Ausgangspunkt zurück. Dort schlägt er den Fisch mehrmals gegen einen Ast und betäubt oder tötet ihn so. Dann verschluckt er ihn mit dem Kopf voran.

In Südostasien und Afrika suchen Eulen nachts die Flüsse auf, um zu fischen. Mit ihren unbefiederten Beinen gleiten sie leicht durchs Wasser. Die Unterseiten ihrer Füße sind mit scharfkantigen, stacheligen Schuppen versehen. So können die Vögel die schlüpfrigen, sich windenden Fische besser festhalten. Diese Eulen

Eine Fledermaus schnappt sich einen Frosch
Einige Fledermausarten, die in Mittelamerika leben, ernähren sich hauptsächlich von Fröschen. Die Fledermäuse haben die Fähigkeit, am Ruf der Frösche zu erkennen, ob sie giftig oder genießbar sind und auch, ob sie nicht zu groß sind, um sie zu fassen. Wenn die Fledermäuse ihre Beutetiere gewählt haben, fliegen sie über das Wasser so tief an, daß die Frösche keine Chance haben zu entkommen.

Eine Eule fängt einen Fisch

Die Afrikanische Fischeule lebt an den Flüssen des Schwarzen Kontinents. Tagsüber ruht sie in Baumwipfeln. Wenn der Vogel die an der Wasseroberfläche schwimmende Beute entdecken will, verläßt er sich in erster Linie auf seine scharfen Augen. Stößt er dann hinab, streckt er seine Beine aus, die unten nackt sind. Wenn sie befiedert wären, wie die vieler anderer Eulen, würden sie die Bewegung im Wasser bremsen, und die Fischeule könnte nicht schnell genug zuschlagen. Ihre Zehen sind mit langen, gebogenen Krallen bewaffnet und an der Unterseite stachelig, so daß auch der schlüpfrigste Fisch kaum entkommen kann.

fliegen und stoßen anders auf ihre Beute herab als Eulen, die im Wald leben. Bei jenen sind die Flugfedern von fransigen Daunen gesäumt, so daß die Geräusche gedämpft werden und sich Mäuse und andere Beutetiere nicht davonmachen. Aber fischende Eulen brauchen keine Schalldämpfer, da Fische im Gegensatz zu kleinen Säugetieren, die auf dem Land leben, Schallwellen in der Luft kaum wahrnehmen.

Landschaftsbau in den Wäldern Nordamerikas
Der Lebensraum des Bibers sind Fluß- und Seenlandschaften, wo die Nagetiere unablässig arbeiten. Jede Generation fällt Bäume, baut und repariert Dämme. So entsteht im Lauf der Jahre ein großer See im Wald. Trotz aller Mühen verlandet das Gewässer eines Tages, und die Biber müssen sich einen neuen Platz suchen. Sie hinterlassen einen Sumpf, in dem neue Pflanzen Wurzeln schlagen. Langsam entsteht hier eine große, fruchtbare Wiese, durch die sich ein Bach schlängelt – ein idealer Platz für Menschen, die sich in dem Wald niederlassen wollen.

Festungsbauer der Flüsse

Andere Landtiere kommen zu den Flüssen, um Wasserpflanzen abzuernten. In Europa sind es die Schermäuse – auch Wasserratten genannt – mit ihren pelzigen Gesichtern und langen Schwänzen, die eifrig das Gras entlang den Uferböschungen mähen und Schilfrohre abbeißen. Obwohl sie sehr tüchtige Schwimmer und Taucher sind, weist ihr Körper keine besonderen Anpassungen an die Lebensweise im Wasser auf. Dagegen ist der Biber, der früher in Europa sehr zahlreich auftrat und in bestimmten Gebieten Nordamerikas heute noch häufig vorkommt, ein hervorragender Schwimmer. An den Hinterfüßen haben sich zwischen den Zehen Schwimmhäute gebildet, der Pelz ist dicht und wasserabstoßend, die Ohren und die Nasenlöcher sind verschließbar, der Schwanz ist flach, breit und unbehaart und somit als Ruder glänzend geeignet. Biber graben nach Seerosenwurzeln und kauen an Binsen, aber ihre hauptsächliche Nahrung finden sie nicht im Wasser, sondern in den Uferbereichen, wo sie die Rinde von Laubbäumen abziehen und Zweige und Blätter kauen. Sie nagen die Stämme durch und fällen auf diese Weise Bäume. Dann ziehen sie sie an eine Stelle am Fluß, wo das Wasser flach ist. Sie schleppen Schlamm und Steine heran und türmen Äste, Baumstümpfe und Pflanzen auf. So bauen sie einen Damm quer durch den Fluß. Dahinter staut sich das Wasser, und es entsteht ein bemerkenswert großer See. An seinen Ufern bauen diese rastlos tätigen Tiere ihre Wohnung, einen kuppelartigen Bau mit einem oder mehreren Eingängen unter Wasser. Dort lebt die ganze Familie. Das gestaute Wasser des künstlichen Sees dient auch als Speisekammer. Die Biber ziehen Äste von Bäumen und Büschen ins Wasser und versenken sie, so daß sie im Winter, wenn die Erde mit Schnee bedeckt ist und der See eine Eisschicht trägt, immer noch grüne Rinde aus dem Wasser holen und sie fressen können. Durch die Unterwasserausgänge ihres Baus gelangen sie auch noch trotz der dicken Eisschicht in den See. Zusätzlich bietet er ihnen große Sicherheit, denn solange die Biber den Damm in Schuß halten und der Wasserspiegel nicht sinkt, sind die Eingänge von außen nicht erreichbar.

Der größte Flußbewohner ist das afrikanische Flußpferd. Auch dieses Tier sucht den Fluß eher zum Schutz auf als zur Nahrungssuche. Tagsüber liegen Flußpferdherden im Wasser, grunzen, schnappen und balgen sich gelegentlich. Das Wasser trägt ihre riesigen, schwerfälligen Körper, so daß sie sich mit Leichtigkeit darin bewegen und ihre Füße den Boden nur ganz leicht berühren. Die Nacht, ihre aktive Zeit, verbringen die Tiere an Land. Am späten Abend trotten sie die Uferböschung hinauf, meist auf Pfaden, die die Herden schon seit Generationen benutzen, und grasen. Jedes Flußpferd frißt in einer Nacht ungefähr

Faulenzen in einem Fluß in Afrika
Flußpferde sind keine guten Schwimmer. Am liebsten lassen sie sich im Wasser treiben und stoßen sich mit kleinen Tritten ab. So bevorzugen sie die flacheren Stellen im Fluß. In tiefem, schnellem Wasser werden sie leicht abgetrieben.

20 Kilogramm Grünfutter. Noch vor dem Morgengrauen kehren sie zum Fluß zurück. Dort gibt es kein anderes Tier, das groß und kräftig genug wäre, sie anzugreifen. Der Wechsel zwischen Wasser und Land ist für andere Flußbewohner von großer Bedeutung, denn im Wasser entleeren die Tiere gewöhnlich ihren Darm. Jeden Tag geben sie Nährstoffe in den Fluß ab, die von Landpflanzen stammen. Schwärme von Fischen schwimmen ständig um das Hinterteil der Flußpferde herum und warten auf die nächste Ladung.

Wie Wasserfälle entstehen

Manchmal trifft ein Fluß auf seinem Weg zum Meer auf eine harte Gesteinsschicht, die seinen Lauf behindert und gegen die seine Schneidwerkzeuge, Sand und Kieselsteine, die er mitführt, wenig ausrichten können. Wenn das Gefälle abnimmt, wird der Fluß breiter. Schließlich erreicht das Wasser die äußerste Kante der harten Bodenschicht, schwappt darüber hinweg und nimmt weiter unten seine Erosionstätigkeit wieder auf. So entstehen eine steile Felswand, die quer zum Flußlauf gerichtet ist, und ein Wasserfall, der über ihre Kante hinabstürzt. Die meisten großen Wasserfälle der Erde sind so entstanden: die Victoriafälle des mittleren Sambesis, die Iguazúfälle eines Nebenflusses des Paranás und die Niagarafälle des Niagaras, der zwei der Großen Seen miteinander verbindet.

Keiner dieser Wasserfälle ist so hoch wie die schwindelerregenden Angelfälle, aber bei den drei zuvor genannten stürzt mehr Wasser in die Tiefe, und sie sind wesentlich breiter. Das hinabstürzende Wasser schlägt auf das weichere Gestein am Fuß der Felswand und unterhöhlt sie, bis Gesteinsbrocken von der Kante oben abbrechen und in die Tiefe fallen. So wandern die Wasserfälle ständig rückwärts und hinterlassen dabei tiefe Schluchten. Die Niagarafälle bewegen sich zur Zeit mit einer Geschwindigkeit von über einem Meter im Jahr flußaufwärts.

Die großen Wasserfälle schaffen ihr eigenes Mikroklima. Durch die niedergehenden Wassermassen wird die Luft verdrängt. An den Wänden der Schlucht weicht sie nach oben aus und tränkt sie mit Feuchtigkeit. Auf diese Weise ist an den Victoriafällen ein Miniaturregenwald entstanden, der in scharfem Gegensatz zu den verbrannten Savannen ringsum steht. Dort wachsen und blühen Orchideen, Palmen und Farne, und in das Tosen des Wassers mischen sich die Rufe von Fröschen und das Gezirp von Insekten.

Die Felsen hinter dem Wasservorhang der Iguazúfälle werden von vielen Seglervögeln als Zufluchtsstätte benutzt. Tagsüber fliegen sie hoch am Himmel, fast außer Sichtweite, und jagen Insekten. Am Abend versammeln sie sich in riesigen Schwärmen, immer noch in großer Höhe, und erst kurz vor Sonnenuntergang fliegen sie sehr rasch zur Erde zurück. Im Sturzflug schießen sie auf den Wasserfall zu. Kurz ehe sie ihn erreichen, legen sie die Flügel an und stoßen durch den Wasservorhang hindurch. Mit einem Aufwärtsschwung bringen sie ihre Füße nach

Eine Jassana landet

Die Jassana hat nicht nur lange Zehen, sondern an jeder Zehe sitzt wiederum eine stark verlängerte, gerade, spitze Kralle. Die an der nach hinten gerichteten Zehe ist sogar länger als die Zehe selbst. Die riesigen Füße sind zwar von Vorteil, wenn der Vogel über schwimmende Pflanzen läuft, da sich sein Gewicht dann auf eine große Fläche verteilt. Will er sich aber in die Luft erheben, sind diese Füße etwas hinderlich. Wenn die Jassana von einem Pflanzenbüschel zum andern hüpft, läßt sie ihre Füße einfach hängen. Fliegt sie dagegen, dann nimmt sie die Füße hoch und zieht sie hinter sich her.

vorn und klammern sich an den Felsen fest. Dort hängen sie dann, die einen an einem trockenen Platz, die anderen unter einem spritzenden Wasserstrahl, und offenbar genießen sie das Bad. Sie putzen sich und trinken hin und wieder. Aus der Sicht des Menschen setzen sich die Segler einer Gefahr aus, die in keinem Verhältnis zu der bescheidenen Errungenschaft eines Ruheplatzes steht. Aber die Segler sind so geschickte Flieger und tauchen so unfehlbar durchs Wasser, daß es für sie keinerlei Risiko bedeutet, wenn sie auf diese Weise einen sicheren, trockenen Schlafplatz aufsuchen.

Die letzten, langsamen Windungen bis zum Meer

Allmählich kommt der Fluß am Ende seiner Reise an. Breit und träge fließt er dahin. Noch immer nimmt er Schlamm und Sand auf, lagert ihn aber bald wieder an einer anderen Stelle ab. An einer Flußbiegung fließt das Wasser am Prallhang schneller als am Gleithang, da es dort einen weiteren Weg zurücklegen muß, und daher erhöht sich die Strömungsgeschwindigkeit. Sand und Schlamm werden an einer solchen Stelle nicht abgelagert, vielmehr nagt das Wasser an der Uferböschung. Am Gleithang fließt das Wasser dagegen langsamer, Sand und Schlamm sinken auf den Grund, und es entstehen Sandbänke. So arbeitet sich der Fluß in seinem Unterlauf mäandrierend durch die Ebene. Manchmal sind die Windungen so ausgeprägt, daß die eine Schleife fast die nächste berührt. Es kann dann geschehen, daß der Streifen Land dazwischen sehr schmal wird und einbricht. Der Fluß nimmt nun den kürzeren Lauf, und der abgeschnittene Flußarm, das Altwasser, wird zuweilen nach geraumer Zeit zum See.

Dort ist das Wasser ruhig. Die Strömung, die bestimmend war für den Körperbau und die meisten Verhaltensweisen der Flußbewohner, ist zum Stillstand gekommen. Das Leben kann jetzt neue Formen annehmen. Pflanzen halten sich nicht länger zäh an Uferböschungen fest oder klammern sich an Felsen. Jetzt lassen sie ihre Blätter an der Wasseroberfläche schwimmen und können viel Licht aufnehmen. Seerosen, deren Wurzeln sich in den dicken Schlickgrund eingegraben haben, senden ihre Triebe bis an die Wasseroberfläche, und ihre runden Blätter entfalten sich dann. Das größte Seerosengewächs, die Victoria amazonica, auch Victoria regia genannt, verdrängt dabei alle anderen Pflanzen aus ihrem Bereich. Ihre riesigen Blätter werden durch dicke, mit Luft gefüllte Rippen verstärkt, tragen auf der Unterseite Dornen und haben senkrecht aufgestellte Ränder. Die 25 bis 35 Zentimeter großen Blüten sind zunächst weiß, wenn sie sich am späten Nachmittag öffnen. Ihr Duft zieht besonders bestimmte Käfer an, die schwerfällig herbeifliegen und den süßen Nektar fressen. In einer voll aufgeblühten Victoria amazonica können 40 solcher Käfer sitzen. Die meisten bringen eine Ladung Pollen mit, die sie auf anderen Blüten gesammelt haben und die jetzt an den Fruchtblättern der Blume hängenbleiben. Gegen Morgen schließen sich die Blüten langsam, und die Insekten werden darin festgehalten. Sie bleiben in der Blüte, bis sich die Blütenblätter am Abend wieder öffnen. Die Käfer sind jetzt gründlich mit Pollen eingestäubt und fliegen mit ihrer Ladung zu einer anderen Pflanze. Die befruchtete Blüte verfärbt sich dunkelrosa und verwelkt.

Über die großen Blätter laufen elegante Vögel, die Jassanas. Die Zehenspannweite der Männchen beträgt 16 Zentimeter. Mit gespreizten Füßen können die Vögel nicht nur auf den Blättern der Victoria amazonica umherlaufen, sondern auch auf einem lockeren Gerüst aus großen und kleinen Schwimmpflanzen. Diese Vögel nisten sogar auf dem Wasser. Sie ziehen Schwimmpflanzen zu einem Netz zusammen und verankern es im Schilf. Teilweise ernähren sie sich von Pflanzen,

Vom Wasser in die Luft
Eine Stechmücke legt ihre Eier auf die Wasseroberfläche. Wenn die winzigen Larven schlüpfen, hängen sie sich mit ihrem Atemrohr an der Oberflächenhaut des Wassers fest. Werden sie von oben bedroht, schlängeln sie sich abwärts. Sie ernähren sich von mikroskopisch kleinen Algen. Sobald die Larve ausgewachsen ist, verpuppt sie sich. Aus der Puppe schlüpft dann die Stechmücke.

aber auch von kleinen Insekten. Diese jagen sie zwischen den Schwimmpflanzen auf der Wasseroberfläche.

Wasser ist nicht eine Masse, die aus einzelnen Tröpfchen besteht, sondern es setzt sich aus Wassermolekülen zusammen, die sich gegenseitig anziehen. Die Moleküle an der Wasseroberfläche kommen mit den Molekülen der Luft in Berührung, von denen sie aber nicht annähernd so stark angezogen werden. Ihre Kräfte richten sich daher auf die Wassermoleküle unter und neben ihnen. Die festen Bindungen, die auf diese Weise entstehen, bilden an der Wasseroberfläche eine Art elastischer Haut, die so stabil ist, daß sie kleine Insekten tragen kann.

Wenn sich ein Tier auf dieser Haut aus Wassermolekülen halten will, darf es sie natürlich nicht zerreißen. Das kann mit Hilfe von Wachs oder Fett erreicht werden, da beide Stoffe die Wassermoleküle abstoßen. So können Wasserläufer mit ihren wachsbeschichteten Füßen auf der Wasseroberfläche stehen. Dabei sind ihre sechs kleinen Beine weit gespreizt, und jedes Bein drückt eine kleine Delle in die Wasserhaut. Springschwänze, so klein wie Stecknadelköpfe, sind fast am ganzen Körper von einer Wachsschicht überzogen. Sie sind so leicht, daß ihr Problem nicht darin besteht, in die Wasserhaut nicht einzubrechen, sondern sich darauf zu halten und nicht vom Wind davongeweht zu werden. Sie besitzen auf der Unterseite einen Körperanhang, der fettfrei ist und in die Wasserhaut einsticht. Auf diese Weise halten sich die Tiere an der Oberfläche fest. Die Krallen der Beine sind ebenfalls fettfrei. Sie dringen in die Wasseroberfläche ein, und auch mit ihnen halten sich die Springschwänze fest.

Die auf der Wasseroberfläche lebenden Springschwänze ernähren sich von Pollen und Algensporen, die hergeweht wurden. Die meisten anderen Insekten, die hier leben, ernähren sich von angewehten kleineren Insekten. Durch den Auftrieb des Wassers sinken diese nicht ein. Da sich aber die Wassermoleküle der Wasserhaut mit den Molekülen verbinden, die in den Tierkörper eingedrungen sind, werden die ins Wasser gefallenen Insekten von der Oberflächenspannung gehalten. Es ist so, als wären sie in Klebstoff gefallen. Sie kämpfen, um sich zu befreien. Dadurch entstehen Schwingungen, und kleine Wellen laufen über die Oberfläche. Diese auf dem Wasser lebenden Insekten reagieren schnell und eilen herbei. Der erste, der ankommt, zieht das Opfer aus dem Wasser, so daß niemand ihm die Mahlzeit streitig macht.

Jagdspinnen sitzen am Wasserrand. Ihre Vorderbeine liegen auf dem Wasser und nehmen die Schwingungen der Wasseroberfläche in der gleichen Weise auf wie ihre an Land lebenden Verwandten die Bewegungen ihrer Spinnennetze. Wenn eine Jagdspinne auf ihren acht wasserabstoßenden Füßen losläuft und sich auf den Verursacher der Schwingungen stürzt, schießt sie gleichzeitig einen Spinnfaden ab, der an ihrem Platz am Ufer befestigt ist. Mit Hilfe dieses Fadens zieht sie sich mit ihrer Beute an Land zurück.

Taumelkäfer entnehmen den Oberflächenwellen eine andere Art von Information. Sie erzeugen selber Wellen, indem sie sich ständig auf der Wasseroberfläche drehen. Dann beobachten sie die Echowellen und schließen daraus, welche Dinge sich in ihrer Umgebung befinden. Wasserläufer können die Schwingungen noch besser deuten. Sie bewegen den Körper ruckweise und erzeugen so Oberflächenschwingungen mit bestimmten charakteristischen Frequenzen, die den anderen Wasserläufern kundtun, daß sie zur Paarung bereit sind.

Am spektakulärsten ist wahrscheinlich die Art und Weise, wie der Kampferkäfer die Oberflächenspannung des Wassers nutzt. Er lebt die meiste Zeit an Land am Rand des Wassers. Wenn er aber einmal ins Wasser fällt, entkommt er allen Wasserläufern und Spinnen auf besondere Art. Er produziert eine spezielle

Fische aufspießen
Ein Louisiana-Reiher stolziert auf seinen langen Beinen durch einen seichten Fluß, den Hals S-förmig gebogen. Mit seinen ausgebreiteten Flügeln beschattet er das Wasser, so daß es nicht reflektiert und er die Lebewesen dort besser beobachten kann. Sobald er einen Fisch entdeckt hat, streckt er blitzschnell den Kopf vor, um die Beute mit seinem spitzen Schnabel zu durchbohren.

chemische Flüssigkeit, die an der Spitze seines Hinterleibs austritt und die gegenseitige Anziehung der Wassermoleküle herabsetzt. Sein Hinterleib wird von der Oberflächenspannung nicht länger gehalten, wohl aber seine Vorderbeine. So schießt der Käfer über die Wasseroberfläche, als ob er von einem winzigen Außenbordmotor angetrieben würde. Er kann sogar steuern, indem er das Gewicht seines Körpers von einer Seite auf die andere verlagert.

Wie Seen entstehen

Seen, die aus den Altwasserarmen mäandrierender Flüsse entstehen, sind relativ

FLÜSSE IM DUNKELN

Flüsse, die über einen Untergrund aus Kalkgestein fließen, verschwinden plötzlich zwischen dem Geröll ihres Betts. Hier fällt ein Fluß in einen tiefen Schacht, dort sprudelt einer aus einer Felsspalte am Abhang. Solche Flüsse führen in eine seltsame Welt, von Tieren bevölkert, die niemals ans Tageslicht kommen.

Regenwasser nimmt Kohlendioxid aus der Luft und aus dem Untergrund auf, durch den es sickert. Dadurch kann es Kalziumkarbonat lösen, die Verbindung, aus der Kalkgestein hauptsächlich besteht. Wenn also Wasser in einem Bett aus diesem Material fließt, frißt es sich durch alle Ritzen, macht sie breiter und tiefer, bis sich schließlich unterirdische Gänge gebildet haben, durch die kleine Bäche strömen. Fließt das Wasser aber nicht schnell und reichlich, sondern rieselt es nur als dünnes Rinnsal über eine Felswand oder tropft langsam von der Decke, dann verdunstet es, und ein Teil des Kohlendioxids entweicht als Gas. Jetzt lagert sich Kalziumkarbonat in Stalaktiten ab, die von der Decke der Höhle hängen, oder als Stalagmiten, die vom Boden nach oben wachsen. So verwandelt das Wasser die unterirdischen Gänge und Höhlen, durch die es fließt, in bizarr gestaltete Räume.

Fällt ein Tier in einen solchen Schacht oder wird es von dem sprudelnden Wasser in eine Höhle geschwemmt, findet es meist in der Dunkelheit wenig oder nichts zu fressen und geht ein. Im Lauf von Jahrhunderten hat es Fische, Lurche, Krebse, Grillen, Spinnen und Tausendfüßer auf diese Weise in den Untergrund verschlagen, und manche haben überlebt. Nachdem sie erst einmal dort seßhaft geworden waren, paßten sie sich über Generationen hinweg der neuen Umwelt an. Ihre Hautpigmente, die sie an der Erdoberfläche vor den Sonnenstrahlen schützten oder sie gegen Feinde tarnten, hatten in der Dunkelheit keine Funktion mehr, und die Färbung verblaßte. Auch die Augen verloren ihre Sehkraft und bildeten sich meist zurück. Dennoch müssen die Höhlenbewohner in der Dunkelheit ihren Weg finden. So wuchsen den Insekten extrem lange Fühler. Bei den Fischen vergrößerten sich die Sinnesorgane an den Seitenlinien, so daß sie Wasserbewegungen nun noch besser wahrnehmen können. Viele Arten von Höhlenfischen verloren ihre Färbung.

Wasserfälle aus Stein *Seit Jahrtausenden fließt kalkhaltiges Wasser durch die Carlsbad Caves in New Mexico. So wurden Wände und Decken mit Kaskaden und Zapfen aus Kalkstein geschmückt.*

Ein Höhlensalamander aus Texas *Kopf und Flanken weisen vergrößerte Sinnesorgane auf. Die Augen sind nur noch kleine, schwarze Flecken unter der Haut.*

Lange Beine und Fühler *Die Höhlenschrecke (oben) und die Höhlenassel (unten) haben zurückgebildete Augen. Dagegen sind die Fühler bei beiden ungewöhnlich lang. Mit ihnen tasten sie sich durch die dunklen Höhlen.*

Ein mexikanischer Höhlenfisch *Dieses bleiche, blinde Lebewesen hat einen sehenden, gelbgrün gefärbten Verwandten an der Oberfläche. Der junge Fisch hat kleine, voll funktionsfähige Augen. Wenn er größer wird, wächst eine Haut darüber.*

klein. Größere Seen bilden sich auf andere Weise. Manche sammeln sich in Tälern, in denen ein Erdrutsch einen Damm hinterlassen oder in denen ein inzwischen abgeschmolzener Gletscher eine Barriere aus Gesteinsbrocken aufgetürmt hat. Manche Dämme baut auch der Mensch, um einen Stausee zu schaffen. Der Baikalsee in Zentralasien und die Seen Ostafrikas entstanden infolge tektonischer Bewegungen. Die Großen Seen verdanken ihre Entstehung der letzten Eiszeit, als der größte Teil des nordamerikanischen Kontinents von einer Eiskappe bedeckt war. Die aus dem Eis hervorstoßenden Gletscher höhlten tiefe Becken aus. Außerdem lastete das Gewicht der Eisschicht auf dem Festland und drückte es tief in die darunterliegenden Erdschichten. Als das Eis am Ende der Kaltzeit ziemlich schnell schmolz, wurde das Festland im Norden entlastet und hob sich dort, im Süden – also im Gebiet der Seenplatte – sank es etwas ab.

In den Randbereichen großer Seen, in flachen Buchten zwischen Binsen, kann das Leben ganz ähnlich aussehen wie in bestimmten Abschnitten von Bächen und Flüssen. Libellen und Schlankjungfern, Zuck- und Stechmücken vermehren sich in dem Pflanzenbewuchs; Schnecken und Muscheln leben im Schlamm; Karpfen und Buntbarsche fressen Wasserpflanzen. Aber dort, wo der Seegrund in große Tiefen abfällt, verändern sich die Lebensbedingungen völlig.

Der Baikalsee, der tiefste See der Erde, reicht an manchen Stellen bis zu 1620 Meter unter die Wasseroberfläche. Die Flüsse, die in solche Seen münden, führen ziemlich warmes Wasser, das nicht in die kalten Tiefen absinkt. Gelegentlich wühlt ein Sturm die obersten Schichten auf, so daß das warme Wasser mit kühleren Schichten in Berührung kommt. Die meiste Zeit über bewegen sich die Temperaturen der tiefen Schichten nahe dem Gefrierpunkt, das Wasser ist schwarz, sauerstoffarm und größtenteils ohne jedes Leben.

Dennoch weisen diese Seen biologische Unterschiede zu den Flüssen auf. Da sie abgeschlossene Wasserbereiche bilden, tauchen bei den bereits bestehenden Tiergemeinschaften höchst selten Neuankömmlinge auf. Für wandernde, im Wasser lebende Tiere sind die Gemeinschaften nur über die Flüsse erreichbar. Die Reise flußaufwärts würde erfordern, gegen die Strömung zu schwimmen, andere kleinere Seen zu durchqueren und Wasserfälle zu überwinden. Wenige Lebewesen bringen das fertig, und die meisten Bewohner der großen Seen sind die Nachfahren von Arten, die in den Zuflüssen der Seen gelebt haben. Leichte genetische Abänderungen, die bei den Individuen dieser kleinen Gemeinschaften auftreten können, sind auch bei den nachfolgenden Generationen vorhanden. Tiere, die in Seen leben, neigen also dazu, ihre charakteristische Art zu entwikkeln. Im Tansaniasee, der ungefähr eineinhalb Millionen Jahre alt ist, leben 130 Buntbarscharten und 50 weitere Fischarten, die heute nur dort vorkommen. Ähnlich ist es mit vielen Krabben und Muscheln. Der Baikalsee hat vielleicht noch mehr bemerkenswerte Bewohner. In ihm leben 1200 Tierarten und 500 Pflanzenarten, und mehr als 80 Prozent von ihnen kommen sonst nirgendwo vor. Es gibt riesige Plattwürmer, rote und orangefarbene, gestreifte und gefleckte; Groppen leben am Grund des Sees in 1000 Meter Tiefe und Weichtiere, deren Schalen wesentlich dünner sind als die ihrer Verwandten im Meer. Der Baikalsee hat auch ein einmaliges Säugetier: eine Robbe. Sie gleicht der arktischen Ringelrobbe, von der sie auch mit ziemlicher Sicherheit abstammt. Aber der See ist über 2000 Kilometer vom Nordpolarmeer entfernt, und um ihn über Flüsse zu erreichen, müßte eine Robbe unzählige Stromschnellen und Wasserfälle überwinden, was sie kaum schaffen würde. Allerdings kann es sein, daß die Robben in der Eiszeit in den Flüssen bis zum Baikalsee gewandert sind. Damals war der Weg wahrscheinlich kürzer. Heutzutage ist die Baikal-Ringelrobbe neben dem Seal-Lake-Seehund die einzige Robbe, die im Süßwasser lebt. Sie ist wesentlich kleiner als alle anderen Robben.

Aus geologischer Sicht sind Seen Übergangserscheinungen. Die abgeschnittenen Flußschlingen verschwinden manchmal innerhalb von Jahrzehnten. Größere Seen können Jahrtausende bestehen, aber auch sie schrumpfen. Sobald ein Fluß in das ruhige Gewässer des Sees einmündet, lagert er mitgeführten Sand und Schlamm ab, und es entsteht ein Delta, das sich langsam in den See vorschiebt. Die ausgewaschene Erde des umliegenden Landes lagert sich in den Uferbereichen ab, und das Wasser wird immer flacher. Sobald Licht bis zum Seegrund vordringt, siedeln sich Pflanzen an, die mit ihren Wurzeln und Stielen und den immer wieder sprießenden und welkenden Blättern den See mehr und mehr füllen. So verwandelt er sich langsam in einen Sumpf und schließlich in eine fruchtbare Wiese.

In den Ebenen, die sich zur Küste hin neigen, spielt sich der letzte Akt der Geschichte der Flüsse ab. Das Gefälle ist jetzt so gering, und das Wasser fließt so langsam, daß alles Mitgeschwemmte bis auf die kleinsten Teilchen zu Boden sinkt. Sand- und Schlammbänke unterteilen immer wieder das Flußbett, und es entsteht ein Labyrinth aus miteinander verflochtenen Flußarmen.

Die fruchtbaren Überschwemmungsgebiete

Plötzlich schwillt ein Fluß an und tritt über seine Ufer. Tage zuvor sind in seinen Quellgebieten im Gebirge, Hunderte von Kilometern entfernt, Regenfälle niedergegangen. Während das Flußwasser das umliegende Flachland überschwemmt, bildet sich eine Ablagerungsschicht aus feinem Schlamm. Auf diese Weise können durch regelmäßige Überschwemmungen in einer Wüste grüne Felder entstehen. In gemäßigten Klimazonen ergeben sich dadurch sehr fruchtbare Landstriche, wo kultivierte Pflanzen üppig gedeihen. Das Überschwemmungsgebiet des Amazonas wird vor allem vom tropischen Regenwald eingenommen, und die riesigen Bäume sind die Nutznießer des Flusses. Wenn die Flut steigt, schwimmen die Fische in dem Überschwemmungsgebiet zwischen den Baumstämmen umher und suchen Nahrung. Viele sammeln die Früchte auf, die von den Zweigen herunterfallen. Für die Fische ist dies die Zeit im Jahr, in der sie Fett ansetzen können. Unter den Piranhas haben sich Arten entwickelt, die kein Fleisch fressen, sondern sich fast ausschließlich von solchen Früchten ernähren. Einige Salmlerarten haben große Backenzähne und sehr kräftige Kiefermuskeln, so daß sie sogar Paranüsse knacken können. Die Samen der Bäume werden jedoch von den Verdauungssäften der Fische nicht angegriffen. Sie bleiben unversehrt, und der Fisch scheidet sie irgendwo in der flachen Überschwemmungszone aus. So wird der Samen der Bäume der Amazonasniederung von Fischen verbreitet, während dies in anderen Regenwaldgebieten die Vögel tun.

Endlich nähert sich der Fluß dem Meer. Für manche Flüsse ist der Weg von der Quelle zur Mündung nur ein paar Kilometer lang. Andere durchwandern halbe Kontinente, und es dauert Monate, bis das Quellwasser die Mündung erreicht.

Ein reich gedeckter Tisch

Je mehr sich ein Fluß seiner Mündung nähert, desto langsamer fließt er, und alles, was er auf seinem Weg an organischem und anorganischem Material gesammelt hat, sinkt zu Boden. So wird sein Delta zu fruchtbarem Land. Schilf und Wasserpflanzen gedeihen üppig, und das Wasser wird von vielen Fischen bevölkert. Diese wiederum ziehen viele Vögel an, zum Beispiel Pelikane und Kormorane, die, wie man hier sieht, im Donaudelta nisten.

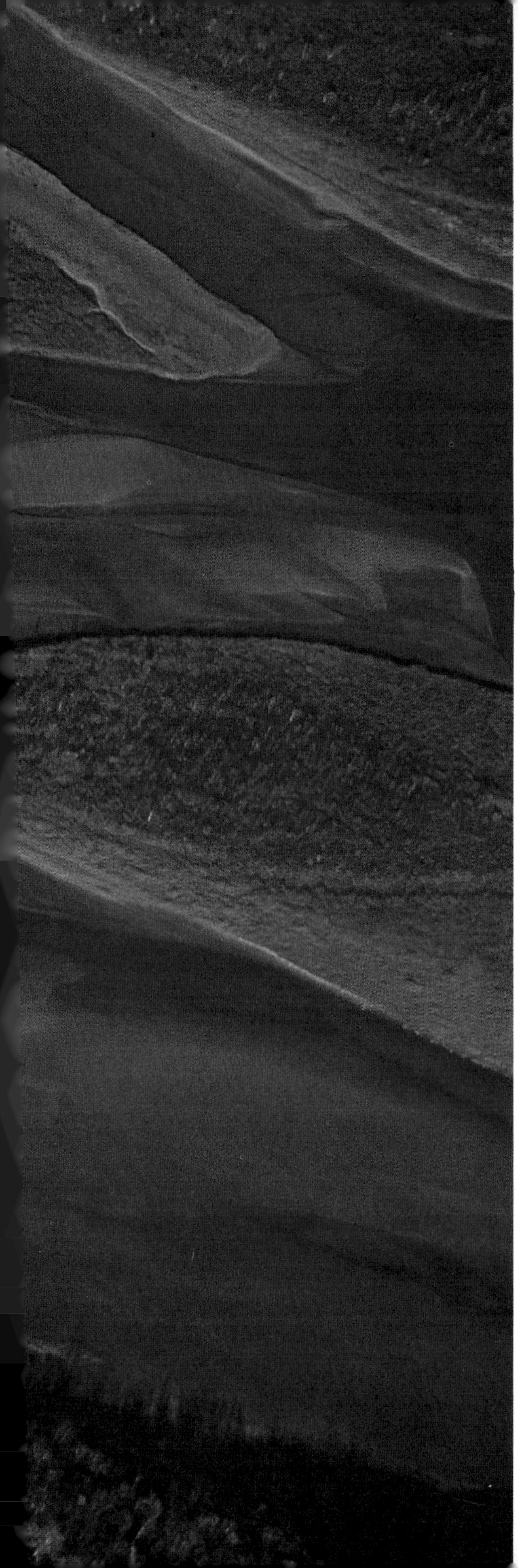

Die Küstenzonen

Im Grenzbereich zwischen Land und Meer müssen Lebewesen zweimal täglich einen grundlegenden Wandel durchmachen. Einige Stunden lang werden sie vom Wasser überspült, dann wieder sind sie der Luft ausgesetzt.

Das Wasser aller großen Ströme der Erde – des Nils, des Amazonas, des Mississippis und des Huang Hes – sowie unzähliger kleinerer Flüsse ist im Mündungsbereich von Sinkstoffen getrübt. Selbst im klaren Wasser werden riesige Mengen mikroskopisch kleiner Teilchen von Mineralien und zersetztem organischem Material mitgeführt. Sie verbinden sich mit dem im Meerwasser gelösten Salz, setzen sich ab und bilden große Bänke.

Der Schlick einer Flußmündung ist so fein, daß keine Luft eindringen kann. Organische Bestandteile zersetzen sich, und es entstehen dabei Gase, die eingeschlossen bleiben, bis sie durch Menschen oder größere Tiere, die darüber hinweggehen, freigesetzt werden. Dabei verbreitet sich Fäulnisgeruch.

Zweimal täglich wandelt sich der Charakter des Wassers, das über den Schlamm flutet. Bei Ebbe, insbesondere dann, wenn die Flüsse durch Regenwasser anschwellen, herrscht das Süßwasser vor. Zur Zeit der Flut hingegen kann das Wasser der Mündung ebenso salzhaltig wie das Meer werden. Zweimal am Tag sind weite Flächen überhaupt nicht bedeckt, sondern der Luft ausgesetzt. So leuchtet es ein, daß Lebewesen an einem solchen Ort mit den verschiedenartigsten Lebensbedingungen fertig werden müssen. Andererseits aber werden sie dafür reichlich belohnt, denn täglich werden sowohl vom Meer als auch vom Land her Nahrungsteilchen in die Flußmündung transportiert, und das Wasser ist viel nährstoffreicher als fast jedes andere Gewässer. Deshalb findet man die wenigen Arten, die hier existieren können, in riesiger Zahl.

Im oberen Bereich der Flußmündung, wo das Wasser nur leicht salzig ist, leben fadendünne Schlammwürmer, den Kopf in den Boden eingegraben. Sie fressen sich durch den Schlamm hindurch, während sie die Körperenden hin und her bewegen und einen Strom sauerstoffreiches Wasser herbeistrudeln. Auf einem einzigen Quadratmeter Schlamm kann eine viertel Million dieser Würmer leben und ihn wie ein dünner roter Pelz überziehen. Weiter dem Meer zu, wo das Wasser mehr Salz enthält, bauen sich riesige Mengen winziger Garnelen Höhlen, von wo aus sie vorbeitreibende Nahrungspartikel mit ihren hakenförmigen Antennen

Eine Grenze, im ewigen Wandel begriffen

Die Nahtstelle zwischen Land und Meer unterliegt ständigen Veränderungen. Wenn im Frühjahr auf den Bergen im Landesinnern die Schneeschmelze einsetzt, schwellen die Fluten dieses skandinavischen Flusses plötzlich stark an und fressen sich durch die Sandbänke, die im Sommer des vergangenen Jahres angeschwemmt wurden. Dabei entstehen neue Rinnsale.

packen. Wattschnecken, kaum größer als ein Weizenkorn, arbeiten sich durch den frisch abgelagerten Schlick und suchen nach Nahrung. Sie gedeihen so prächtig, daß man auf nur einem Quadratmeter bis zu 42 000 Exemplare gefunden hat.

Etwas näher der Niedrigwassergrenze – und vor allem dort, wo der Sand mit Schlick vermischt ist – gräbt sich der Sand- oder Köderwurm ein. Auch er sucht sich Nahrung im Schlick. Der bis zu 40 Zentimeter lange, ungefähr bleistiftdicke Wurm schafft eine U-förmige Röhre, deren Wände er mit Hautabscheidungen verfestigt. Eine Seite füllt er mit lockerem Sand. Dann heftet er sich mit den Borsten seines Körpers an den Wänden der Röhre fest und bewegt sich in ihr auf und ab wie ein Kolben in einer Pumpe. Dadurch wird Wasser durch den Sandstrang gesaugt, und die im Wasser enthaltenen Nahrungsteilchen bleiben darin hängen. Nach einiger Zeit hört der Wurm auf zu pumpen. Er hat genügend Nahrungsteilchen herausgefiltert, und auch mit Sauerstoff ist er nun gut versorgt. Nachdem er sich satt gefressen und die Nahrung verdaut hat, wird der Rest im anderen Ende der Röhre ausgeschieden. Etwa alle 45 Minuten schiebt er den Sand aus dem Gang hinaus, wo sich oben ein kleiner Hügel bildet. Im gleichen Bereich liegen auch, direkt unter der Oberfläche, Herzmuscheln eingegraben. Sie konkurrieren aber nicht mit den Würmern um die Nahrung im Schlick, sondern schieben ihre kurzen, fleischigen Siphonen heraus und filtern Nahrung direkt aus dem Wasser.

Wenn bei Ebbe das Wasser zurückweicht, nehmen alle diese Lebewesen keine Nahrung mehr auf und treffen Vorkehrungen, um sich vor der Austrocknung zu schützen. Der Schlick, in dem die Wattschnecken leben, ist so locker, daß das zurückfließende Wasser viel davon mitnimmt und die winzigen Schnecken zusammengedrängt in dicken Schichten an der Luft liegen. Jede verschließt den Eingang ihres Gehäuses mit einer kleinen Scheibe unten am Fuß. Auch die Herzmuscheln machen ihre beiden Schalenklappen so dicht, daß kein Wasser mehr entweichen kann, und die Sandwürmer ziehen sich einfach in ihre Wohnröhren zurück, die so tief sind, daß sie stets mit Wasser gefüllt bleiben.

Aber nun drohen den Tieren noch andere Gefahren als die der Austrocknung. Alle sind Angriffen aus der Luft ausgesetzt, wenn riesige Vogelschwärme auf die Mündung hinabstoßen. Bei den Vögeln bestimmt im wesentlichen die Form des Schnabels und dessen Größe, welche Nahrung sie zu sich nehmen. Reiher- und Tauchenten planschen durch den Schlamm und suchen nach Würmern. Die Sandregenpfeifer mit ihren kurzen, spitzen Schnäbeln sind auf Wattschnecken aus. Mit einem einzigen Schnabelhieb holen sie ihre Beute aus den Gehäusen. Doppelt so lang sind die Schnäbel von Knutts und Rotschenkeln, mit denen sie die obere Schicht des Schlamms nach Garnelen und kleinen Würmern durchforsten. Die Austernfischer mit ihren gedrungenen, scharlachroten Schnäbeln machen Jagd auf Herzmuscheln. Einige der Vögel brechen die Schalen auseinander, andere wählen kleinere Herzmuscheln mit dünneren Schalen und zertrümmern sie. Die längsten Schnäbel haben Brachvögel und Pfuhlschnepfen. Mit ihnen können sie Sandwürmer aus ihren tiefen Wohnröhren zerren.

Gäste am reichgedeckten Tisch der Küste

Auf ihrem Zug stellen sich Watvögel immer wieder an bestimmten Zwischenlandestationen ein, wo sie besonders reichlich Nahrung finden, bevor sie zur nächsten Etappe ihres Fluges aufbrechen. Diese Wasser- und Schlammläufer haben ihre Wanderung von den Winterquartieren in Kalifornien und Peru zu den Brutstätten in Alaska und Sibirien auf Schlammflächen an der Pazifikküste Nordamerikas unterbrochen.

Wie durch Pflanzen Land entsteht

Während die Flüsse immer mehr Sedimente herbeitragen, werden die Schlammflächen langsam höher. Bald bildet sich auf ihnen ein Film aus Grünalgen, der die Schlammpartikel zusammenhält, und wenig später finden auch andere Pflanzen Halt. Rasch werden die Bänke größer, denn der von den plätschernden Wellen herbeigetragene Schlamm wird nicht mehr weggespült, sondern bleibt zwischen den Wurzeln und Sprossen der Pflanzen hängen. Schließlich ragt die Oberfläche so weit über das Wasser hinaus, daß sie nur noch von hohen Tiden überflutet wird. Die Ufer werden gefestigt, und die Bewohner der Flußmündung haben ihren Lebensraum an die Landtiere abgegeben.

An den europäischen Küsten wird diese Arbeit der Landgewinnung vom Queller geleistet, einer kleinen Pflanze, die mit ihren schuppenartigen Blättern und aufgeblähten glasigen Stengeln an eine wasserspeichernde Wüstenpflanze erinnert. Dieser Vergleich ist durchaus angebracht. Blütenpflanzen haben sich auf dem Land entwickelt und alle ihre Lebensprozesse dem Süßwasser angepaßt. Dagegen bereitet ihnen das Meerwasser große Probleme; weil es eine höhere Salzkonzentration enthält als ihr Saft, tritt durch ihre Wurzeln Wasser leichter aus dem Gewebe aus, als es aufgenommen werden kann. Deshalb ist für Pflanzen in einem solchen Lebensraum die Speicherung von Süßwasser ebenso wichtig wie für Kakteen in der Wüste.

In den Tropen befestigen die Mangroven die Flußmündungen. Es gibt verschiedene Gattungen und Arten, von denen manche nur etwa so groß wie Büsche sind, andere aber 25 Meter erreichen. Sie gehören unterschiedlichen Pflanzenfamilien an, doch aufgrund der Tatsache, daß sie in brackigen Sümpfen wachsen, haben alle ähnliche Eigenschaften entwickelt.

Schwierig für baumgroße Pflanzen ist es, Halt in dem unbeständigen Untergrund zu finden. Da sie hier keine tiefgehenden Wurzeln in den Boden entsenden können, weil dieser schon wenige Zentimeter unter der Oberfläche keinen Sauerstoff mehr enthält, bedecken Mangrovewurzeln weite Flächen. Einige der größeren Arten bekommen zusätzlich Halt durch Luftwurzeln, die weit oben vom Stamm abzweigen und als Stützen dienen. Die Wurzeln geben den Bäumen eine gewisse Standfestigkeit und versorgen sie zudem mit Nahrung. Das flache Wurzelsystem der Mangroven erfüllt diese Aufgaben sehr gut, denn die notwendigen Nährstoffe liegen nicht tief im Schlick vergraben, sondern an der Oberfläche.

Ferner geben die Pflanzen durch die Wurzeln Kohlendioxid ab und nehmen Sauerstoff auf. Da aber der Schlick so gut wie keinen Sauerstoff enthält, nehmen die Mangroven ihn direkt aus der Luft auf. Diejenigen, die in der Nähe des Meeres wachsen, wo sich der Schlick am schnellsten ansammelt, bilden konische Wurzeln aus. Sie dienen der Atmung. Anders als gewöhnliche Wurzeln wachsen sie nicht abwärts, sondern senkrecht nach oben und halten dabei mit dem Schlick Schritt. Um den Baum herum entsteht so ein Teppich aus spitzen Spießen, der an ein mittelalterliches Verteidigungssystem erinnert.

Der Salzgehalt des Meerwassers ist für Mangroven ebenso problematisch wie für den Queller. Auch sie müssen Süßwasser in ihrem Gewebe bilden, und eine dicke, wachsartige Haut verhindert, daß Feuchtigkeit aus den Blättern entweicht. Die Pflanzen ertragen zwar ein gewisses Quantum Salz, doch darf es in ihrem Gewebe nicht zu starken Konzentrationen kommen, weil dadurch die Lebensprozesse gestört werden würden. Einige – wie der Queller – filtern das Salz durch eine besondere Haut, welche ihre Wurzeln überzieht, aus dem Wasser aus. Andere besitzen diese Haut nicht und nehmen das gelöste Salz über ihre Wurzeln

auf, geben es aber wieder ab, ehe es gefährliche Konzentrationen erreicht. Es wird entweder über spezielle Drüsen auf den Blättern ausgeschieden oder über den Saftstrom zu alten Blättern transportiert, die der Baum rechtzeitig abwirft, zusammen mit dem unerwünschten Salz.

Sowie sich auf der dem Meer zugewandten Seite des Sumpfs Schlick sammelt, dringen die Mangroven vor und erobern ihn. Dazu dienen ihnen besondere Samen, die bereits keimen, während sie noch an den Zweigen hängen. Sie schieben einen kräftigen grünen Trieb nach unten, der bei manchen Arten 40 Zentimeter lang werden kann. Einige fallen direkt in das unter ihnen liegende Wurzelgewirr. Am unteren Ende entwickeln sich Würzelchen, am oberen ein Sproß mit Blättern. Andere fallen bei Flut ins Wasser und treiben davon. Zuerst schwimmen sie senkrecht in der brackigen Flußmündung, doch wenn die Sämlinge von der Ebbe hinausgetragen werden, gibt ihnen das salzhaltigere Wasser einen größeren Auf-

Pioniere der Tropensümpfe
Die gebogenen Wurzeln eines Mangrovebaums bilden ein Gerüst, das auf dem klebrigen Schlamm sitzt. Am äußeren Rand des Sumpfs (links) stehen die Bäume einzeln, und um sie herum kräuselt sich klares Wasser. Doch rasch festigen diese Pioniere ihre Stellung. Wenn ihre Samen bei Flut hinabfallen, schwimmen sie davon und besiedeln dann neue Orte. Bei Ebbe dagegen fallen sie zwischen die Wurzeln der Mutterpflanze (oben), und bald ist der Schlamm zwischen den Bäumen von einem dichten Gewirr bedeckt.

trieb. Dann legen sie sich auf die Seite und schwimmen waagrecht weiter. Die grünen Zellen ihrer Haut vollziehen die Photosynthese und versorgen die junge Pflanze mit Nahrung. Die zarte Knospe am Ende, aus der einmal Blätter hervorbrechen, bleibt naß und vor der Sonne geschützt. In diesem Zustand kann der Sämling bis zu einem Jahr überleben und Hunderte von Kilometern im Meer treiben. Sollte die Strömung ihn schließlich zu einer anderen brackigen Flußmündung tragen, nimmt er wieder seine ursprüngliche aufrechte Stellung ein, so daß die Wurzel nach unten zeigt. Kommt sie dann während der Ebbe mit dem Schlick in Berührung, bilden sich schnell weitere Würzelchen aus, und ein neuer Mangrovebaum entsteht.

Auch wenn Mangrovesümpfe von einigen Kanälen durchzogen sind, stehen an den meisten Stellen die Bäume so dicht, daß nicht einmal ein kleines Boot zwischen ihnen hindurchfahren kann. Wer diesen Lebensraum erforschen will, muß dies zu Fuß bei Ebbe tun. Es ist kein angenehmer Aufenthaltsort. Die dicht stehenden, geschwungenen Luftwurzeln sind zumeist nicht so kräftig, daß sie einen Menschen gut tragen könnten. Sie biegen sich durch, und dann rutscht man leicht ab. Überall riecht es nach faulenden Pflanzen. Von den Wurzeln trieft das Wasser. Man hört klickende und knallende Geräusche in der von Wasserdampf gesättigten Luft, wenn sich Weichtiere und Krebstiere in ihren Höhlen regen, die Scheren zusammenschlagen oder die Schalen zuklappen. Moskitos surren umher und suchen sich ein Opfer. Das Laubdach ist so dicht, daß nicht das geringste Lüftchen durchdringt. Dennoch ist die Sumpflandschaft von einer bestrickenden Schönheit. Das sich um die Wurzeln kräuselnde Wasser wirft einen silbrigen Schimmer auf die Unterseite der Blätter. Die geschwungenen Stützwurzeln ragen kreuz und quer aus dem Schlick heraus und schaffen endlose Muster. Überall machen sich Tiere bemerkbar.

Nahrungsspendende Flut

Eine ganze Armee unterschiedlicher Lebewesen rafft emsig die Nahrung zusammen, die das zurückweichende Wasser hinterlassen hat. Kleine Meeresschnecken, Strandschnecken ähnlich, kriechen langsam über den Schlick und verzehren Algenreste. Nur fünf Zentimeter große Sand- und Reiter- oder Geisterkrabben rennen auf der Suche nach organischen Resten hin und her. Dabei halten sie unablässig nach lauernden Gefahren Ausschau. Die Krabben haben außerordentlich scharfe Augen, die an Überaugenhörnern sitzen. Sie ermöglichen eine 360-Grad-Sicht. Winkerkrabben kommen vorsichtig aus ihren Höhlen und durchsuchen die oberen Schlammschichten. Mit ihren Eßscheren nehmen sie eine „Handvoll" der Schlicknahrung auf und führen sie zu den mit Haaren besetzten Mundwerkzeugen. Löffelförmige Haare halten die ungenießbaren Teile zurück. Sie sammeln sich am Ansatz der Mundwerkzeuge, werden zu einer kleinen Kugel zusammengepreßt und ins Freie geschafft, während alles, was eßbar ist, in die Mundöffnung befördert wird.

Weibliche Winkerkrabben haben zwei gleich große Eßscheren, die Männchen dagegen nur eine. Die zweite Schere der Männchen hat sich zu einer wesentlich vergrößerten Winkschere entwickelt, die bei Balzspielen von Bedeutung ist. Mit ihr winken die Männchen den Weibchen zu und führen gleichzeitig Tänze auf. Diese sind von Art zu Art verschieden. Manche Winkerkrabben stellen sich auf die Zehenspitzen und schwingen ihre Scheren im Kreis, andere fuchteln wild mit ihnen hin und her. Wieder andere bewegen die Scheren nicht, hüpfen aber dafür auf und nieder. Die Botschaft ist jedoch stets die gleiche: Das Männchen ist bereit

Krabben fern vom Wasser
Viele Krabben überleben auch an Land. Sofern sie ihre Kiemenkammer feucht halten können, sind sie in der Lage, den für sie notwendigen Sauerstoff aufzunehmen. Eine Krabbenart (rechts) klettert auf Mangrovebäume, wo sie die Blätter abpflückt. Eine andere, die Geisterkrabbe (unten), lebt in Höhlen und geht nachts am Strand auf Nahrungssuche.

für die Paarung. Schließlich gesellt sich ein Weibchen zu ihm. Es folgt ihm in seine Höhle, wo gewöhnlich die Begattung stattfindet.

Die Krabben entwickelten sich einst im Meer, wo die meisten Arten auch heute noch leben. Bei der Atmung lassen sie sauerstoffreiches Wasser durch ihre Kiemenkammer laufen. Die Landkrabben sind vom Wasser weitgehend unabhängig. Meist graben sie sich tiefe Löcher, aus denen sie nur nachts hervorkommen, um Nahrung zu suchen. Ihre Kiemenhöhlen sind stark erweitert und zu einer Art Lunge geworden. Vor Austrocknung müssen sie sich aber dennoch schützen.

Kämpfende Krabben
Das Winkerkrabbenmännchen führt mit seiner stark vergrößerten Schere, der Winkschere, Balzgesten aus. Die kleinere Schere ist die Freßschere. Dringt ein anderes Männchen in das Territorium einer Winkerkrabbe ein, kommt es zum Kampf. Die Weibchen haben zwei gleich große Scheren.

Fische auf dem Land

Es gibt Fische, die zuweilen das Wasser verlassen und sich auf dem Schlick zwischen den Mangroven hindurchschlängeln. Es sind die Schlammspringer, von denen die größten eine Länge von ungefähr 20 Zentimetern erreichen können. Wie die Krabben füllen sie ihre Kiemenkammer mit Wasser, doch sie lassen es nicht zirkulieren, wie dies zum Beispiel bei den Winkerkrabben der Fall ist. Um den Sauerstoff zu erneuern, kehren sie regelmäßig zum Wasser zurück und versorgen sich mit einem frischen Vorrat. Wie Frösche können sie einen großen Teil

Krabben beim Bau
Wenn die Flut steigt, zieht sich das Winkerkrabbenweibchen in seine Höhle zurück und verschließt sie mit einem Deckel aus Schlamm und Sand. Im Innern hat es einen Luftvorrat.

Krabben auf dem Marsch
Diese kleinen Krabben klauben Nahrungspartikel aus dem Sand. Ganze Heerscharen laufen über die Strände. Dabei stoßen sie mit einer solchen Präzision vor und ziehen sich wieder ebenso akkurat zurück, daß man ihnen den Namen Grenadierkrabben gab.

des Sauerstoffs durch die Haut aufnehmen. Voraussetzung dafür ist, daß die Haut feucht bleibt. So lassen sich die Schlammspringer immer wieder in den Schlamm fallen und wälzen sich darin, um die Flanken zu befeuchten.

Wenn sie schnell vorankommen wollen – sei es, um eine Krabbe zu fangen oder einer Gefahr zu entgehen –, drehen sie den Schwanz zur Seite, lassen ihn zurückschnellen und schießen so über den Schlick davon. Die meiste Zeit bewegen sie sich jedoch gemächlich, wobei sie die beiden armartig verlängerten Brustflossen als Stützen benutzen. Sie sind durch Knochen verstärkt und sehr muskulös. In der Mitte befindet sich ein Gelenk, so daß man meinen könnte, die Schlammspringer robbten auf den Ellenbogen über den Schlick. Bei einigen Arten wurden die Bauchflossen zu zwei Hebelarmen umgeformt, mit denen sich die Fische an Wurzeln festhalten können.

Schlammspringer leben in den Mangrovesümpfen vieler Länder, und gewöhnlich findet man drei Arten. Die kleinste verbringt die meiste Zeit im Wasser und wagt sich nur bei Ebbe heraus. Dann aber schlängeln sich am Ufer ganze Herden über den nassen Schlamm auf der Suche nach winzigen Würmern und Krebstieren. Im mittleren Gezeitenbereich lebt eine wesentlich größere Art. Als Vegetarier ernährt sich dieser Schlammspringer von Algen oder einzelligen, mikroskopisch kleinen Pflanzen. Er ist ein Einzelgänger, hat ein festes Territorium, gräbt sich eine Höhle und patrouilliert auf dem Schlamm um sie herum. Manchmal errichtet er entlang der Grenze niedrige, mehrere Meter lange Schlammwälle, um die Nachbarn fernzuhalten. Bei einer großen Populationsdichte grenzen solche Territorien aneinander, und die Schlammfläche wird von den Wällen in vieleckige Felder unterteilt. Über jedes Revier wacht der Eigentümer. Eine dritte Schlammspringergruppe bevölkert den höchsten Bereich des Sumpfs. Sie lebt räuberisch, jagt kleine Krabben und gräbt ebenfalls Höhlen. Auf ein eigenes Territorium erhebt sie jedoch keine Besitzansprüche und teilt ihr Revier mit Nachbarn.

Auch die Balz findet bei den Schlammspringern außerhalb des Wassers statt. Wie die meisten Fische bewegen sie dabei ihre Flossen, da aber die Brust- und die Bauchflossen der Fortbewegung dienen, müssen sie die beiden langen Rückenflossen dazu benutzen. Diese liegen normalerweise flach an, doch wenn die Balz beginnt, richtet das Männchen sie auf und stellt ihre prächtige Färbung zur Schau. Dies allein reicht aber nicht aus, um einen Partner anzulocken, denn die Schlammfläche ist vollkommen eben, und ein kleiner Fisch wird dort nur von seinem unmittelbaren Nachbarn wahrgenommen. Deshalb schlägt ein Schlammspringermännchen, das auf sich aufmerksam machen will, mit dem Schwanz und springt mit aufgestellten Flossen senkrecht in die Luft.

Die an der Niedrigwassergrenze lebende Art betreibt, nachdem die Jungen geschlüpft sind, keine Brutpflege. Die winzigen Lebewesen werden ins Meer gespült, wo Larven und junge Fische im Oberflächenwasser treiben. Die meisten von ihnen werden gefressen oder in Gegenden getragen, wo sie nicht überleben.

Die Schlammspringer des mittleren Bereichs schützen ihren Nachwuchs besser. Das Männchen gräbt in der Mitte seines abgegrenzten Territoriums ein Loch und umgibt es mit einem Wall. Weil das Grundwasser unmittelbar unter der Schlickschicht liegt, entsteht ein kleiner Teich. Das Männchen hält sich in der Nähe des Tümpels auf, bis sich ein Weibchen zu ihm gesellt. Die Begattung findet in der Grube am Grund des Teichs statt. Hier werden auch die Eier abgelegt und der Nachwuchs aufgezogen, bis er Feinden gegenüber nicht mehr völlig hilflos ist.

Die Schlammspringer, die den höchsten Bereich bevölkern, bauen keine Teiche, sondern tiefe Höhlen. Am Grund steht immer etwas Wasser, so daß die Jungen zu Beginn ihres Daseins ebenfalls geschützt sind.

Schlammspringer sind, wie Winkerkrabben und Austern, eigentlich Meeresbewohner, die sich aber einem Leben anpaßten, das sich teilweise im Wasser und teilweise außerhalb davon abspielt. Es gibt auch Tiere, die ursprünglich auf dem Land lebten, in die Mangrovesümpfe kamen und sich dort auf ähnliche Weise anpaßten.

Eine Schlange auf Fischfang

In Südostasien sucht eine kleine Schlange Sumpfgebiete auf, um dort Schlammspringer zu jagen. Sie verfolgt sie über die Schlammflächen bis in ihre Reviere. Dem Leben im Wasser hat sie sich ausgezeichnet angepaßt: Sie kann ihre Nasenlöcher verschließen, und im Schlund sitzt eine Klappe, die geschlossen werden kann, wenn die Schlange unter Wasser das Maul öffnet und einen Fisch packt. Eine andere eng verwandte Schlange jagt nicht nur Fische, sondern auch Krabben. Sie hat ein für Krebstiere besonders wirksames Gift entwickelt. Eine dritte Schlangenart hat an der Nase zwei bewegliche Fühler, die möglicherweise dazu dienen, daß sie sich im schlammigen Wasser besser zurechtfindet. In diesen Sümpfen lebt ein recht seltsamer Frosch, der einzige auf der Erde, dem Salzwasser auf der Haut nicht schadet. Er ernährt sich von verschiedenen Insektenarten und kleinen Garnelen.

Der unternehmungslustigste, neugierigste und gefräßigste Besucher der Sümpfe ist jedoch der Javaneraffe, ein Makak. Beherzt watet er auf den Hinterbeinen durchs Wasser – falls nötig, bis zur Brust. Eine besondere Vorliebe hat er für Krabben. Zunächst sind diese zu flink für den Jäger. Eilig ziehen sie sich in ein Versteck zurück, doch er setzt sich daneben und wartet, bis die Beutetiere wieder zum Vorschein kommen. Dann packt er zu. Dabei muß er sich aber in acht nehmen, denn die Krabben besitzen scharfe Scheren, und so manche Jagd endet damit, daß der Jäger wütend aufheult, während die Krabbe unversehrt davoneilt.

Fische mit Kinderstube

Da sich der Nachwuchs von Schlammspringern im Wasser aufhalten muß, graben die Männchen einen Teich. Dann locken sie ein Weibchen an, indem sie mit ausgestreckten Flossen in die Luft springen (rechts). Nach der Paarung bewachen Männchen und Weibchen den Teich gemeinsam (unten und ganz rechts).

Leckerbissen aus dem Meer
Mehrere Wasservögel haben ein rötliches Gefieder, wie der Rosalöffler, der Rosarote Flamingo und dieser Rote Sichler. Die Färbung läßt sich auf ein Pigment zurückführen, das in manchen Krebstieren vorkommt, die diesen Vögeln als Nahrung dienen. Das Gefieder von Vögeln, die in Gefangenschaft leben, verblaßt nach der Mauser, wenn sie nicht regelmäßig ein paar Krebstiere bekommen.

Ein Fisch, der genau zielen kann
Schützenfische leben an den Küsten Südostasiens und Australiens. Sie laichen im Meer, schwimmen dann aber in Brackwassersümpfe und sogar in Flüsse, um dort zu jagen. Ein Schützenfisch kann Insekten, die hoch über ihm an einem Blatt sitzen, mit einem wohlgezielten Wasserstrahl abschießen.

Leise kehrt die Flut zurück

Zweimal innerhalb von 24 Stunden liegen die Schlammflächen frei, und zweimal werden sie überflutet. Rasch und fast lautlos kommt das Wasser wieder. Die Stelzwurzeln der Mangroven verschwinden unter einer sich kräuselnden Wasserdecke. Für einige der Schlammbewohner – Würmer, Krebs- und Weichtiere – ist das günstig, denn sie sind nun nicht länger der Gefahr der Austrocknung oder Angriffen aus der Luft ausgesetzt. Dies trifft jedoch nicht für alle Tiere zu. Manche Krabben haben sich so weit der Atmung an Land angepaßt, daß sie einen längeren Aufenthalt im Wasser nicht überleben würden. Deshalb bauen sie über ihren Schlupfwinkeln wasserdichte Dächer aus Schlick. Unter diesen werden Luftblasen mit ausreichend Sauerstoff eingeschlossen, die den Krabben das Überleben ermöglichen, bis die Ebbe wieder einsetzt. Kleine Schlammspringer erklimmen die Wurzeln und suchen Zuflucht vor dem Wasser. Vermutlich sind es Jungtiere, die bisher auf dem Schlick kein eigenes Territorium erobern oder sich keine Behausung bauen konnten, in der sie Schutz fänden, wenn mit der Flut große, räuberische Fische in den Mangrovewald kommen.

Außer den Schlammspringern klettern auch Meeresschnecken, die sich von Algen ernähren, an den Wurzeln empor. Blieben sie auf dem Schlick, wo sie sich nicht verbergen können, würden auch sie den Fischen zum Opfer fallen. Doch sie sind langsamer als die Schlammspringer und nicht in der Lage, mit dem steigenden Wasser Schritt zu halten. Deshalb verlassen sie ihre Futterplätze, lange ehe die Flut sie erreicht. Sie beweisen dabei ein bemerkenswertes Zeitgefühl. Ihre innere Uhr verrät ihnen darüber hinaus noch mehr. Einmal im Monat steigt die Flut besonders hoch. Dann bliebe den Schnecken nicht genügend Zeit, so weit an den Mangroven emporzuklettern, daß sie vor dem Wasser sicher wären. Darum lassen sie sich bei Ebbe gar nicht erst hinab, sondern kriechen noch höher an den Wurzeln empor, wo sie außer Gefahr sind.

Auch Insekten, die auf dem freiliegenden Schlick nach Nahrung suchen, werden vom Wasser vertrieben und lassen sich in großer Zahl auf den Mangrovewurzeln und an den Unterseiten der Blätter nieder. Doch ganz in Sicherheit sind sie dort nicht. Unter den Fischen, die mit der Flut einströmen, befindet sich der Schützenfisch, der sich nahe der Oberfläche bewegt. Er erreicht eine Länge von 24 Zentimetern, hat große, bewegliche Augen und eine schräg nach oben gerichtete Mundspalte. Er sieht so scharf, daß er auch durch die das Licht brechende Wasseroberfläche Insekten auf den Bäumen genau erkennen kann. Hat er seine Beute ausgemacht, drückt er seine dicke Zunge gegen eine lange Rinne im Gaumendach und preßt seine Kiemendeckel zusammen, so daß ein Wasserstrahl aus seinem Maul schießt wie aus einer Wasserpistole. Verfehlt der Fisch sein Ziel das erstemal, korrigiert er den Abschußwinkel, und in den meisten Fällen plumpst das Insekt bereits beim zweiten Versuch ins Wasser und wird dann sofort verschlungen. Auch weiter oben in den Bäumen sind die Insekten durch Angreifer bedroht. Reiterkrabben, auch Geisterkrabben genannt, steigen in den Bäumen empor, drehen die Blätter um und sammeln mit ihren Scheren die Fliegen ab, die sich dort verstecken.

Mehrere Stunden lang werden die Flüchtlinge auf den Wurzeln belagert. Dann legen sich die kleinen Wellen, und kurze Zeit ist das Wasser glatt wie ein Teich. Nun setzt die Ebbe ein. Wenn das Wasser abgeflossen ist, bleibt zunächst ein reichgedeckter Tisch zurück, über den sich Krabben und Schlammspringer hermachen, und eine weitere Schlammschicht, die das Gebiet für das Wachstum von Mangroven ein kleines Stück weiter ins Meer hinausschiebt.

Liebhaber von Meeresfrüchten
Der Javaneraffe ist in ganz Südostasien heimisch, wo er im Dschungel und auf Plantagen, in Baumwipfeln wie auch an Meeresstränden auf Nahrungssuche geht. Er kann gut schwimmen, und auf der Jagd nach Krabben und Austern kommt er oft in die Mangrovesümpfe.

Wo sich das Land zurückzieht

Während im Gebiet vieler Ästuare neues Land entsteht, ist es an anderen Stellen der Küste auf dem Rückzug. Wo diese steil zum Meer abfällt, schlagen die Wellen hart gegen die Felsen. Bei Stürmen donnern sie mit solcher Gewalt heran, daß Felsblöcke und Sand emporgewirbelt und gegen die Klippen geschleudert werden. Unweigerlich trifft der Anprall der Wogen auch Schwachstellen im Gestein – Schichten, die ein wenig weicher sind als die übrigen. Sie werden rascher und tiefer ausgewaschen, und bald entstehen Spalten und Höhlen. Durch Abtragung wird das Land zurückgedrängt, und nur einzelne Teile bleiben als Felssäulen und -türme stehen. Am empfindlichsten treffen riesige Wogen die Klippen an ihrer Basis und unterspülen sie. Schließlich bricht eine ganze Felswand zusammen. Eine Zeitlang werden die Klippen durch die herabgestürzten Felsmassen geschützt, doch das Meer schleudert die Trümmer empor, wälzt die größeren Blöcke hin und her, zerschmettert die kleineren und zermalmt sie zu immer kleineren Brocken. Allmählich sind die Stücke so winzig, daß sie von der Strömung entlang der Küste weggeführt werden.

Selbst in dieser Gefahrenzone leben Tiere und tragen sogar noch zu der Zerstörung des Landes bei. An weichen Gesteinen, etwa an Sandstein, Kreide oder Kalk, lebt die Gemeine Bohrmuschel. Ihre beiden Schalenklappen sind nur durch Muskeln miteinander verbunden, im Gegensatz zu manchen anderen Muschelarten, die Gelenkscharniere besitzen. An einem Ende der Schale schiebt die Bohrmuschel einen fleischigen Fuß hinaus, heftet sich am Gestein fest und zieht dann die scharfgezähnten Ränder der beiden Klappen darüber. Durch drehende Bewegungen raspelt sie einen bis zu 30 Zentimeter langen Gang ins Gestein. Die Muschel schiebt aus ihrer Schale zwei miteinander verbundene Siphonen zum Eingang der Röhre. Durch diese saugt sie Wasser ein und stößt es wieder aus. Dabei kann Geröll, das die Wellen gegen den Felsen schmettern, ihr nichts anhaben, solange der Fels, den sie bewohnt, nicht von so vielen Löchern durchzogen ist, daß er zusammenbricht. Dann muß die Bohrmuschel, ehe sie zermalmt wird, weiterwandern.

Auch die Stein- oder Seedattel bohrt sich in Kalkgestein ein, doch nicht mechanisch, sondern mit Hilfe von Säure. Ihre Schale besteht aber, wie die anderer Weichtiere, aus der gleichen Substanz wie Kalkstein, nämlich aus Kalziumkarbonat. Diese würde von der selbst erzeugten Säure angegriffen werden, schützte sie nicht eine braune Schicht an der Oberfläche, die ihr ein dattelähnliches Aussehen verleiht.

Je weiter die Meerestiere von der Niedrigwassergrenze entfernt leben, um so größeren Belastungen sind sie ausgesetzt. Je länger sie sich während der Ebbe über der Wasseroberfläche befinden, um so eher werden sie von der Sonne ausgetrocknet, und um so mehr sind sie starken Regenfällen ausgeliefert. Bedingt durch diese verschiedenen Gefahrenstufen, entsteht eine Reihe charakteristischer Zonen. In jeder dominieren die Lebewesen, die am besten mit so gegensätzlichen Schwierigkeiten fertig werden. So kommt es, daß Felsküsten in äußerst eindrucksvoller Weise gebändert sind.

Wie das Meer für Pflanzen sorgt

Anders als Schlick und Schlamm bildet Gestein einen festen Untergrund, auf dem sich Pflanzen ansiedeln können, und die meisten Felsküsten sind mit Meeresalgen überzogen. Auf den ersten Blick mag es seltsam erscheinen, daß es im Meer keine

Pflanzen gibt, die den hochentwickelten Blütenpflanzen an Land vergleichbar wären. Landpflanzen müssen Schwierigkeiten bewältigen, die es im Meer nicht gibt. So ist eine Landpflanze darauf angewiesen, das notwendige Wasser selbst zu finden, aufzunehmen und in das Gewebe zu leiten. Sie muß so hoch wachsen, daß sie von Konkurrenten nicht überschattet und des Sonnenlichts beraubt wird. Sie hat Vorrichtungen zu entwickeln, die eine Vereinigung von männlichen und weiblichen Geschlechtszellen ermöglichen. Außerdem muß die Verbreitung der befruchteten Eizellen sichergestellt werden. Deshalb haben Landpflanzen Wurzeln, Stämme, Blätter, Blüten und Samen entwickelt. Im Meer dagegen werden die Algen vom Wasser getragen und mit der erforderlichen Flüssigkeit versorgt. Es transportiert die reifen Geschlechtszellen und gewährleistet die Verbreitung der befruchteten Eizellen. Da Algen keine mit Gewebsflüssigkeit gefüllten Zellen besitzen, brauchen sie auch nicht für das Süßwasser in den Zellen Sorge zu tragen. Aber natürlich brauchen Meeresalgen so wie fast alle anderen Pflanzen – die Pilze ausgenommen – Licht. Da es nicht sehr tief ins Wasser eindringt, schwimmen Algen zumeist nahe der Oberfläche oder siedeln sich an Plätzen an, wo das Meer relativ flach ist.

Direkt unterhalb der Niedrigwassergrenze wachsen der Riemen- und der Fingertang, bandförmige Pflanzen, die an manchen Stellen dichte Bestände bilden, bis drei Meter lang werden und nahe der Oberfläche treiben. Ihre pilzförmige Basis, mit der sie sich am Grund festhalten, nimmt im Gegensatz zu den Wurzeln einer Landpflanze keine Nährstoffe auf, sondern dient lediglich der Verankerung. Bei ungewöhnlich niedrigem Wasserstand können diese Algen es aushalten, vorübergehend der Luft ausgesetzt zu sein; weit oberhalb der Niedrigwassergrenze gedeihen sie jedoch nicht mehr. Hier tritt der Blasentang an ihre Stelle, kleinere, reich gegliederte Pflanzen. Sie besitzen links und rechts der Mittelrippe Luftblasen. Bei Flut treiben die Pflanzen an der Oberfläche und nehmen das für die Photosynthese notwendige Sonnenlicht auf.

In der obersten Gezeitenzone, der Spritzwasserzone, tritt der Rinnentang auf, eine kleinere Pflanze ohne Auftriebskörper. An den Enden des Thallus sitzen keulenförmige Vermehrungskörper. Alle diese Algen der Gezeitenzone sind mit einem Schleim überzogen, der lange Zeit die Feuchtigkeit erhält und dazu beiträgt, daß sie nicht vollkommen austrocknen. Obwohl es an den Küsten noch viele andere Algenarten gibt, dominieren doch die Tangarten, die jeder Zone ihren besonderen Charakter verleihen.

Tiere an der Küste

Ähnlich wie die Algen leben auch einige der Küstentiere in unterschiedlichen Zonen. Oberhalb des widerstandsfähigen Rinnentangs in der Spritzwasserzone leben winzige Seepocken. Die kegelförmige Außenschale besteht aus sechs dicht aneinandergefügten Platten. Die Öffnung kann durch vier Innenplatten verschlossen werden, so daß die Seepocke im Innenraum Wasser speichern kann. Ihre Nahrungsbedürfnisse sind so gering, daß sie genügend eßbare Teilchen aus dem

Mörder auf der Lauer
Fast alle Seesterne fressen gern Mollusken. Da die Seesterne aber außerhalb des Wassers weder Nahrung aufnehmen noch lange überleben können, sind Miesmuscheln im oberen Bereich der Küste vor ihnen sicher. Näher der Niedrigwassergrenze stürzen sich die Seesterne auf jede Muschel, die sie bei steigender Flut erreichen können.

Spritzwasser aufnehmen kann, um zu überleben. Diese Tiere setzen sich an allen harten Unterlagen fest.

Weiter unten bilden häufig Miesmuscheln ein dichtes, dunkelblaues Band an den Felsen. Sie dürfen nicht so lange der Luft ausgesetzt sein wie die Seepocken; dadurch ist die obere Grenze ihres Lebensraums genau festgelegt. Die untere wird durch die Seesterne bestimmt, die von Miesmuscheln leben. Seesterne erlegen ihre Beute langsam. Sie schieben sich über eine Muschel und umschließen sie mit den Armen, an deren Unterseiten Reihen von Saugfüßchen sitzen. Langsam zieht der Seestern die Schalen der Muschel auseinander. Dann stülpt er seinen Magen aus der Mundöffnung heraus, drückt einzelne Magenlappen in die Körperöffnung der Muschel ein, löst sie auf und absorbiert sie. Seesterne leben unterhalb der Niedrigwassergrenze auf dem Meeresgrund, wo sie außer Muscheln auch Schnecken, Krebstiere, Seeigel und Schlangensterne verzehren. Seesterne können zwar außerhalb des Wassers einige Zeit leben, doch zur Nahrungsaufnahme sind sie dort nicht fähig. So sind die Lebensbedingungen ungefähr 30 Zentimeter über der Niedrigwassergrenze für Miesmuscheln etwas günstiger, und noch weiter oben beherrschen sie die Küste.

Miesmuscheln halten sich mit Haftfäden an Felsen und Pfählen fest. Mit ihrem Fuß können sie die Fäden durchreißen und sich an einer anderen Stelle wieder ansiedeln. Dann wird ihr Platz vielleicht von der Entenmuschel, einem Krebstier, eingenommen. Ihr Körper wird von fünf dünnen Platten umschlossen, die mit einem fingerdicken, langen, runzligen Stiel sehr fest auf Treibgut oder an Schiffsrümpfen sitzen.

In der Gezeitenzone leben außer Muscheln und Seepocken noch viele andere Lebewesen. Die Schalen der Miesmuscheln werden von Gemeinen Seepocken verkrustet, die größer sind als die in der Spritzwasserzone. Von ihnen ernähren sich gehäuselose Meeresschnecken. In Felsmulden, in denen selbst bei Ebbe das Wasser stehen bleibt, schwenken farbenprächtige See-Anemonen ihre Tentakel. Seeigel, stachelig wie Nadelkissen, kriechen langsam über algenverkrustete Steine. Mit den spitzen Zähnchen an der Unterseite ihres Körpers zerkleinern sie die Nahrung.

An den Küsten des Nordatlantiks gibt es eine Algenart, die in Miesmuschelkolonien eindringt. Sie besitzt einen dicken Stiel, der in einer Krone aus tief eingeschnittenen, bandförmigen Lappen endet und ihr das Aussehen einer kleinen Palme verleiht; daher auch der Name Palmentang. Mit Hilfe dieser einzigartigen Krone kann er die Muscheln angreifen. Im Frühjahr gelingt es einer Jungpflanze gelegentlich, sich an die Schale einer Miesmuschel zu heften. Wenn der Palmentang im Sommer bei Ebbe frei liegt, bildet er Sporen aus, die von den Wedeln auf die umliegenden Muscheln hinabfallen und zwischen den Weichtieren heranwachsen. Kommen dann die Herbststürme, verfängt sich mitunter eine Welle, die normalerweise keine Gefahr für die Muscheln bildet, im Palmentang und zerrt ihn mit sich fort. Da die Pflanze fester an der Muschel sitzt als diese am Felsen, reißt die Alge sie mit. Der kleine Palmentang in der benachbarten Muschelkolonie kann sich nun rasch ausbreiten, und die nächste Generation siedelt sich auf dem freigelegten Felsen an.

An den Felsküsten hat keines der Individuen eine hohe Lebenserwartung, denn die ständig anprallenden Wogen zermalmen allmählich das Gestein in kleine Stücke. Küstenströmungen nehmen sie auf und tragen sie mit sich fort. Dabei werden die einzelnen Teile nach ihrer Größe sortiert, an der Küste entlangtransportiert und schließlich, wenn die Strömung weniger stark ist, an einer geschützten Stelle abgelagert.

Das artenarme Leben an einer Sandküste

Von der Flut ernährt
Entenmuscheln heften sich dort an Felsen, wo die Brandung für Miesmuscheln und viele andere Lebewesen der Gezeitenzone zu stark ist. Wenn die Wellen auf die Felsen donnern, schließen sie ihre Schalen; doch läuft das Wasser langsam ab, strecken sie rasch ihre Rankenfüße heraus und greifen mit ihnen nach Nahrungsteilchen.

Sandküsten werden von weniger Tieren bevölkert als andere Uferzonen. Hier, wo die Oberfläche des Sands von der Flut einige Zentimeter tief aufgewühlt wird, können sich Algen nicht ansiedeln. Deshalb entstehen auch keine Gemeinschaften pflanzenfressender Tiere. Auch gibt es hier keine Flüsse, die Nahrung herbeibringen. Selbst jene eßbaren Teilchen, die die Wellen anschwemmen, reichen nur für wenige Lebewesen.

Im sauerstoffreichen Wasser der Brandung gedeihen hingegen Bakterien, die den größten Teil des organischen Materials, welches das Meerwasser mit sich führt, zersetzen und vertilgen. Die Bewohner von Sandküsten müssen also die

Neues Leben in einem Gezeitentümpel
Die Besamung der Purpurrose, einer See-Anemonenart (links), kann im Wasser oder im Magen des weiblichen Tiers erfolgen. Nach einiger Zeit entläßt die Purpurrose kleine Polypen aus ihrem Innern (links im Bild).

Verschiedenartige Weichtiere
Mollusken schützen ihren Körper gewöhnlich entweder durch ein Schneckengehäuse oder durch zwei Muschelschalen. Beim Chiton (rechts) besteht die Schale aus mehreren sich überlappenden Platten, während die Nacktschnecke (oben) sich mit Tentakeln schützt, an denen Nesselzellen sitzen.

Nahrung aus dem Wasser fischen, ehe sich die im Sand lebenden Bakterien ihrer bemächtigen können.

Der Bäumchenröhrenwurm, auch Muschelsammlerin genannt, tut dies, indem er aus Sandkörnern und Muschelschalenstückchen Wohnröhren baut, die mehrere Zentimeter über die Bodenoberfläche hinausragen. Oben auf der Röhre errichtet dieser Vielborster ein bäumchenartiges Gerüst aus verklebten Sandkörnern und Muschelschalen. Darin bleiben im Wasser schwimmende Nahrungsteilchen hängen, die dann mit den Tentakeln abgesammelt werden. Scheidenmuscheln graben sich mit ihrem langen Fuß in den Sand ein. Durch die Einstromröhre versorgt sich die Muschel mit frischem Wasser und Nahrung. Ähnlich lebt die Maskenkrabbe. Da ihr der fleischige Sipho einer Molluske fehlt, legt sie ihre Antennen zu einem Atemrohr zusammen. Auch mehrere Seeigelarten graben sich ein. Ihre Stacheln sind sehr viel kürzer als die ihrer Verwandten an der Felsküste. Sie benutzen sie zum Graben, indem sie sie in Kugelgelenken drehen. Hat sich ein Seeigel eingegraben, überzieht er den Sand um sich her mit Schleim, so daß eine kleine Kammer mit festen Wänden entsteht. Seeigel besitzen – wie Seesterne – Saugfüßchen. Bei den grabenden Arten sind zwei Saugfüße stark verlängert und winden sich durch Kanäle im Sand nach oben. Die Saugfüße sind mit Haaren bedeckt, die durch die Kanäle Wasser herbeistrudeln, so daß ein eingegrabener Seeigel durch einen Kanal gelösten Sauerstoff und Nahrungsteilchen aufnehmen und durch den anderen Abfallprodukte abgeben kann. Da diese Seeigel ein Leben im Untergrund führen, sieht man sie selten, solange sie leben, doch nachdem sie verendet sind, werden ihre oft halbkugeligen Panzer an den Strand gespült. Die tiefer grabenden Arten sind herzförmig; nahe der Oberfläche leben runde, flache Formen, deren volkstümlicher Name Sanddollars lautet.

Eine unzugängliche Speisekammer

Der größte Nahrungsvorrat des Strands, außerhalb der Reichweite der meisten Meerestiere, liegt an der Hochwassergrenze, wo die Wellen riesige Mengen organischen Materials anspülen und zurücklassen: Algen, von Felsen entlang der Kü-

Sanddollar
Selten sieht man, wie Seeigel aus dem Sand auftauchen (links). Gewöhnlich verraten nur die Panzer toter Tiere, daß eine Bucht von Seeigeln bevölkert ist. Hier ein abgeflachter Seeigel, Sanddollar genannt.

Ebbe und Flut

Zweimal täglich tritt das Wasser der Weltmeere, bedingt durch den Einfluß des Monds – und auch der Sonne –, über die Ufer und fließt vom Land wieder zurück.

Ebbe und Flut beruhen vor allem auf der Anziehungskraft des Monds – doch auch der Sonne – auf verschiedene Teile der Erde. Bei den Gezeiten spielt außerdem die Fliehkraft eine Rolle, die durch die Bewegungen der Erde und des Monds entsteht. Auf der dem Mond zugewandten Erdseite sind die Anziehungskräfte des Monds größer als die Fliehkräfte. Darum bildet sich hier ein Flutberg. An der dem Mond abgewandten Seite übersteigen die Fliehkräfte die Anziehungskräfte, und so entsteht hier ein zweiter Flutberg. Das Steigen des Meeresspiegels wird Flut, das Fallen Ebbe genannt. Der höchste Wasserstand heißt Hochwasser, der niedrigste Niedrigwasser.

Der Einfluß der Sonne
Auch die Sonne übt eine Anziehungskraft auf die Erde aus, doch ihre gezeitenerzeugende Kraft ist nur etwa halb so stark wie die des Monds. Zweimal im Monat, bei Vollmond und bei Neumond, stehen Sonne, Mond und Erde auf einer geraden Verbindungslinie, und die Anziehungskräfte von Sonne und Mond addieren sich. Dadurch steigt die Flut besonders hoch an. Man nennt dies eine Springtide. Bei Halbmond hingegen stehen Sonne und Mond – von der Erde aus gesehen – im rechten Winkel zueinander. Ihre Kräfte wirken deshalb gewissermaßen gegeneinander, und infolgedessen bleibt das Wasser einige Dezimeter unter der mittleren Hochwassermarke. Dies ist die sogenannte Nipptide.

Der Einfluß der Erdoberfläche
Solche Vorgänge werden durch die verschiedenartige Oberflächengestalt von Land und Meeresgrund noch komplizierter. Wenn an einem Küstenabschnitt zwei Flüsse ins Meer münden und dem einen eine Insel vorgelagert ist, steigt dort die Flut später an als in dem anderen. Dadurch entstehen an diesem Küstenabschnitt täglich vier Gezeiten – eine Erscheinung, die für die Seefahrt von großer Bedeutung ist. In trichterförmigen Buchten staut sich das Wasser durch die Einengung der Ufer bei steigender Flut auf und schwillt dann höher an. So entsteht in der Fundybucht an der Ostküste Kanadas der höchste Tidenhub der Erde. Liegt am Ende einer solchen Bucht eine Flußmündung, wie das bei der Fundybucht der Fall ist, kann die Flutwelle weiter ins Land eindringen, und es entsteht eine Wasserwand, die sich flußaufwärts bewegt. Dies nennt man eine Bore.

Auflaufende Flut *Viele kleine Wellen bewegen sich in diesem Ästuar Brasiliens stromaufwärts. Dringt eine Flutwelle mauerartig ins Innere eines Landes ein, spricht man von einer Bore. Sie entsteht, wenn der Wasserstand nach dem Niedrigwasser sprunghaft ansteigt, vor allem dort, wo bei Ebbe Sandbänke die Strommündung zum Tal hin versperren.*

Ebbe bei Baxter's Harbour *nahe am oberen Ende der Fundybucht an der Ostküste Kanadas. An der Spitze eines breiten Strands befinden sich steile Felsklippen.*

Drei Stunden später *hat das hereinströmende Wasser den sanft abfallenden Kiesstrand bedeckt und ist an den Felswänden des Kliffs über acht Meter gestiegen.*

Nach weiteren drei Stunden *befindet sich das Meer nun 16,3 Meter über der Niedrigwasserlinie. Das ist der höchste Tidenhub auf der Erde.*

ste losgerissen, angeschwemmte Quallen und tote Fische. Die Zusammensetzung ändert sich bei jeder Flut und zu allen Jahreszeiten. Strandflöhe, die zu den Krebstieren gehören, finden die notwendige Feuchtigkeit im Sand und verstecken sich die meiste Zeit des Tages unter angeschwemmten Tanghaufen. Wenn die Nacht hereinbricht und sich die Luft abkühlt, schwärmen sie in großen Mengen aus und fallen über verrottende Algen und faulendes Fleisch her. Doch sie bleiben gewöhnlich unter sich. Dieser reichgedeckte Tisch ist für die meisten Meerestiere, die am Strand leben, unerreichbar.

An den Südküsten Afrikas gibt es eine Meeresschnecke, die eine Methode entwickelt hat, diese Speisekammer mühelos zu erreichen. Sie lebt an der Niedrigwassergrenze im Sand vergraben, doch wenn die Flut ihr Versteck überspült und den Strand emporsteigt, kommt sie heraus und saugt ihren Fuß voll Wasser. Er bläht sich auf, nimmt die Form einer Pflugschar an und dient dem Tier als Surfbrett. Auf ihm reitet die Schnecke mit den Wellen zum Strand, wo diese sie mit dem übrigen Treibgut absetzen. Die Schnecke nimmt den Zersetzungsgeruch intensiv wahr. Sobald sie ihn im Wasser ausmacht, zieht sie ihr Surfbrett ein und kriecht über den Sand. Eine gestrandete Qualle lockt innerhalb von Minuten Dutzende solcher Meeresschnecken an. Sie machen sich sofort über sie her, ehe die Flut ihren höchsten Punkt erreicht. Sich von den Wellen bis zur höchsten Wassergrenze an der Küste tragen zu lassen wäre für die Schnecken jedoch gefährlich, denn wenn sie sich dort zu lange aufhielten und vielleicht den richtigen Zeitpunkt für den Rückzug zum Strand versäumten, wären sie verloren. Noch während die Flut höher steigt, nehmen sie keine Nahrung mehr zu sich und graben sich in den Sand ein. Erst wenn die Ebbe einsetzt, kommen sie wieder hervor, blasen ihr Surfbrett auf und lassen sich in tieferes Wasser zurücktragen, wo sie auf die nächste Flut warten.

Landtiere, die im Meer heimisch wurden

Nur sehr wenige Meereslebewesen können oberhalb der Flutmarke überleben. Eine Ausnahme bilden die Meeresschildkröten, deren Vorfahren auf dem Land lebten und den Sauerstoff der Luft atmeten. Im Lauf der Jahrtausende haben sie sich zu hervorragenden Schwimmern entwickelt, die lange Zeit tauchen und sich mit Hilfe ihrer Vorderbeine, die sich zu langen, breiten Schwimmflossen umgewandelt haben, mit großer Geschwindigkeit vorwärts bewegen können. Aber ihre Eier reifen nur an der Luft. Die Embryos im Innern brauchen zum Atmen den Sauerstoff der Luft, ohne den sie ersticken würden. So müssen die erwachsenen Schildkrötenweibchen jedes Jahr nach der Paarung den Schutz des offenen Meeres hinter sich lassen und an Land gehen.

Bastardschildkröten werden bis zu einem Meter lang. Um zu ihren Nistplätzen zu gelangen, unternehmen diese Tiere oft lange Wanderungen. Zuerst schließen sie sich zu kleinen Gruppen zusammen, dann zu Massenzügen. In einigen Nächten zwischen August und November, deren Zeitpunkt die Wissenschaftler bis jetzt noch nicht voraussagen können, kommen unzählige Schildkröten an einigen abgelegenen Stränden Mexikos und Costa Ricas an Land. Da sie von ihren an Land wohnenden Vorfahren Lungen und eine wasserundurchlässige Haut geerbt haben, können sie weder ersticken noch austrocknen, doch ihre Flossen sind für die Fortbewegung außerhalb des Wassers wenig geeignet. Aber nichts kann sie aufhalten. Sie kämpfen sich aufwärts, bis sie schließlich die höher gelegenen Dünen über der Flutmarke erreicht haben. Dort graben die Weibchen mit ihren vier Flossen eine Nestmulde. So viele Schildkröten haben sich versammelt, daß

Bastardschildkröten erobern das Land
In einer Stunde kriechen Tausende von Bastardschildkrötenweibchen einen Strand in Costa Rica hinauf zu ihren Nistplätzen. Sobald sie ihre Eier abgelegt haben, kehren sie ins Meer zurück. Dort erwarten sie im flachen Küstenwasser die gleiche Anzahl Männchen. Die Schildkröten paaren sich sogleich wieder.

sie bei der Suche nach einem geeigneten Platz übereinander klettern. Beim Graben fegen sie mit ihren Flossen hin und her, wobei die Nachbarinnen mit ihren Panzern aneinanderkrachen und sich mit Sand bewerfen. Wenn eine Schildkröte schließlich ihre Mulde ausgehoben hat, legt sie etwa 100 Eier hinein, bedeckt sie sorgfältig mit Sand und kehrt ins Meer zurück. Die Eiablage wird an drei oder vier aufeinanderfolgenden Nächten fortgesetzt. In dieser Zeit können sich etliche zehntausend Bastardschildkröten an einem einzigen Strand einfinden. Bis die

Ablage der Eier
Innerhalb einer halben Stunde legt ein Bastardschildkrötenweibchen etwa 100 Eier ab. Dann schaufelt es behutsam Sand in die Grube zurück. Um ihn zu festigen, stemmt sich die Schildkröte auf ihren vier Flossen empor und läßt sich wieder fallen.

Jungen schlüpfen, vergehen 48 Tage, doch oft kommt vorher ein zweites Schildkrötenheer an. Wieder ist der Strand von unzähligen Kriechtieren bedeckt. Während sie graben, befördern die Neuankömmlinge viele Eier, die ihre Vorgängerinnen gelegt haben, zutage und zerstören sie. Dann ist der Sand mit pergamentartigen Eihüllen und faulenden Embryos übersät. Nicht einmal eines von 500 Eiern bleibt erhalten, bis eine junge Schildkröte geschlüpft ist.

Welche Ursachen dieser Massenversammlung zugrunde liegen, ist noch nicht vollständig erforscht. Möglicherweise kommen die Bastardschildkröten deswegen zu diesen Stränden, weil die Strömung sie zufällig dorthin treibt. Vielleicht aber ist es für sie auch vorteilhaft, wenn sie ihre Eier alle zur selben Zeit ablegen, denn würden die Schildkröten in regelmäßigen Abständen das Jahr über erscheinen, lockten die Strände große Populationen von Räubern, wie Schlangen, Leguanen, Krabben und Geiern, an. So aber gibt es hier die meiste Zeit des Jahres nur wenig Nahrung, und darum halten sich dort nur wenige Tiere auf, wenn die Schildkröten eintreffen. Sollte hierin der Grund für das Verhalten der Bastardschildkröten liegen, erfüllt es seinen Zweck, denn sowohl im Pazifik als auch im Atlantik zählen sie zu den häufigsten Schildkrötenarten, während viele andere zurückgehen und einige sogar vom Aussterben bedroht sind.

Die größte Schildkröte ist die Lederschildkröte, die über zwei Meter lang und mehr als 600 Kilogramm schwer werden kann. Sie unterscheidet sich von allen anderen Arten, denn sie besitzt statt eines Knochenpanzers nur Knochenplättchen, die in einer ledrigen Haut eingebettet liegen. Lederschildkröten sind Einzelgänger, die man überall in tropischen Meeren antreffen kann. Es wurden aber auch schon Exemplare in Argentinien und in Norwegen gefangen. Noch vor 25 Jahren kannte niemand die wichtigsten Nistplätze dieser Art. Dann entdeckte man zwei Stellen, eine an der Ostküste Malaysias, die andere in Surinam in Südamerika. An beiden legen die Lederschildkröten innerhalb von drei Monaten ihre Eier ab.

Die Weibchen kommen zumeist nachts und bei Flut, wenn der Mond aufgegangen ist. Dann erscheinen in der Brandung dunkle Höcker, die im Mondlicht glitzern. Mit ihren riesigen Flossen klettern die Tiere die nassen Dünen hinauf. Immer wieder müssen sie einhalten und sich ein wenig ausruhen. Es mag eine halbe Stunde oder noch länger dauern, bis die Tiere weit genug oben sind, denn die Nester müssen außerhalb der Reichweite der Wellen liegen; andererseits aber muß der Sand so feucht sein, daß er nicht zusammensackt, während die Schildkröten graben. Nachdem sie einen geeigneten Platz gefunden haben, heben sie mit ihren Flossen eine flache Mulde aus, während hinter ihnen ein wahrer Sandregen niedergeht. Nach einigen Minuten ist sie tief genug, und mit den breiten Hinterflossen schaufeln die Weibchen am Boden eine röhrenförmige Grube.

Geräusche in der Luft nehmen sie zu der Zeit fast überhaupt nicht wahr, und es stört sie nicht, wenn man sich in ihrer Nähe unterhält. Hätte man, während sie den Strand erklommen, den Strahl einer Taschenlampe auf sie gerichtet, wären sie wahrscheinlich ins Meer zurückgekehrt, ohne ihre Eier abzulegen. Nun aber

Auf dem Weg zum Wasser
Nach knapp sieben Wochen schlüpfen die kleinen Bastardschildkröten. An den Nistplätzen scheint der Strand von Jungtieren zu explodieren, wenn diese sich mit ihren kleinen Flossen den Weg ins Freie schaufeln. Doch manchmal fällt das Schlüpfen mit einer neuen Massenankunft von Weibchen zusammen, die ihre Eier ablegen wollen. Dann fällt es den Jungtieren besonders schwer, ans Meer zu gelangen.

lassen sie sich auch durch helles Licht nicht davon abhalten. Rasch legen sie ihre Eier in Gruppen ab, während sie ihre Hinterflossen um den Legeapparat halten und so die Eier nach unten leiten. Dabei geben sie stöhnende Laute von sich. Aus ihren großen, glänzenden Augen tropft eine zähe Flüssigkeit. In weniger als einer halben Stunde haben sie alle Eier abgelegt, und behutsam füllen sie die Grube mit Sand auf, den sie mit den Hinterflossen andrücken. Höchst selten kehren sie dann sofort ins Meer zurück, sondern graben noch wahllos an anderen Stellen des Strandes, als wollten sie ihre Spuren verwischen. Wenn sie sich schließlich wieder dem Wasser zuwenden, ist der Strand so aufgewühlt, daß man kaum feststellen kann, wo die Eier liegen. Doch menschliche Beobachter wissen es genau. In Malaysia und in Surinam patrouillieren die Einheimischen während der Brutsaison Nacht für Nacht am Strand entlang und sammeln die Eier ein, noch ehe die Weibchen ihre Neströhren wieder aufgefüllt haben. Dortige Regierungsstellen richten in neuerer Zeit Schutzgebiete ein, und nur ein geringer Teil der gelegten Eier darf noch auf den örtlichen Märkten verkauft werden.

Vielleicht wurden noch nicht alle Brutplätze der Lederschildkröten entdeckt. Möglicherweise gelangen einige der Schildkröten auf ihren Wanderungen durch die Meere zu einsamen Inseln, wo sie sich, vom Menschen ungestört, noch vermehren können. Übrigens sind sie nicht die einzigen Lebewesen, die solche Wanderungen unternehmen. An der Küste lebende Organismen können zwar im Erwachsenenstadium die flachen Gewässer nicht mehr verlassen, doch in jungen Jahren wandern auch sie über weite Strecken, als Samen, Larven, Eier oder junge Fische. Für sie alle ist eine Insel vielleicht nicht nur eine andere dichtbesiedelte Heimstätte ähnlich den Küstenlandschaften, von denen sie herkommen, sondern auch ein Zufluchtsort, an dem sie neue Formen entwickeln können.

Spießrutenlauf ans Wasser
Auf ihrem Weg zum Meer sind die jungen Bastardschildkröten vielen Feinden ausgesetzt. Bei Nacht fallen Geisterkrabben (links) über sie her und verschlingen sie bei lebendigem Leib. Tagsüber stürzen sich Möwen auf sie. Kaum eine von 100 Schildkröten schafft den kurzen Weg zum Meer, wo neue Gefahren auf sie lauern. In den Küstengewässern patrouillieren Barrakudas und Haie. Nicht einmal eine von 1000 Schildkröten erreicht das Erwachsenenalter. Aber da so viele Eier abgelegt werden, geht die Zahl der Bastardschildkröten nicht zurück.

Einsame Inseln

Isoliert von der übrigen Welt, entwickeln Tiere, die in kleinen Gemeinschaften auf Inseln leben, Körpermerkmale und Gewohnheiten, durch die sie sich von ihren Artgenossen auf dem Festland unterscheiden.

Mitten im Indischen Ozean, etwa 600 Kilometer östlich von Afrika und ungefähr 500 Kilometer nordwestlich von Madagaskar entfernt, liegt Aldabra, eine kleine Insel, die zu den Seychellen gehört.

Aldabra ist ein Atoll, eine ringförmige Insel aus Korallenkalk, die sich aus einem Saum von Korallenriffen entwickelte, der einst eine Vulkaninsel umgab. Als sich der Meeresgrund unter ihr langsam senkte, tauchte die ursprüngliche Insel ins Meer ab. Ihr ringförmiger Kranz aus Korallenriffen glich die Absenkung durch das Wachstum der Korallenstöcke aus und blieb an der Wasseroberfläche als Atoll erhalten. Durch die Einwirkung von Regenfällen erhielt die Oberfläche Platten mit scharfen Kanten und tiefen Spalten. Eingeschlossen in den Korallenkalk sind Schichten geröllhaltiger, sandiger Erde. Sie geben darüber Aufschluß, daß das Atoll mehrmals über den Meeresspiegel stieg und wieder untertauchte, so wie sich der Meeresboden hob und senkte. Zuletzt stieg es vor etwa 50 000 Jahren aus dem Meer auf. Als die Riffe langsam höher wurden und die Wellen immer seltener über sie hinwegbrandeten, lief das Wasser schließlich von den Kalkflächen ab, und ein neues Atoll war entstanden. Zu diesem Zeitpunkt hatte es dort natürlich noch keine Landbewohner gegeben, aber im Lauf der Jahrtausende stellten sich zahlreiche Tier- und Pflanzenarten ein, und heute ist Aldabra die Heimat einer großen, mannigfaltigen Fauna und Flora.

Seevögel finden sich hier in riesigen Scharen ein, doch das überrascht nicht. Diese routinierten Reisenden erreichen auch eine so abgelegene Insel wie Aldabra ohne Mühe, und zu manchen Jahreszeiten ist der Himmel über dem Atoll durch kreisende Schwärme von Rotfußtölpeln und Fregattvögeln verdunkelt.

Beide Vogelarten finden ihre Nahrung im Meer. Die Fischgründe der Rotfußtölpel erstrecken sich in allen Richtungen über mehrere hundert Kilometer. Wenn sie Fischschwärme oder Kalmare entdecken, stürzen sie sich ins Wasser und tauchen mehrere Meter tief, um ihrer Beute habhaft zu werden. Fregattvögel, schwarze Riesen mit einer mächtigen Flügelspannweite und einem tief gegabelten

Neues Land entsteht
Wie viele andere Inseln im Meer verdanken die Galápagosinseln ihr Dasein den Lavaströmen, die sich aus untermeerischen Vulkanen ergossen. Dieser Prozeß setzt sich auch heute noch fort. Nicht allzu lange, nachdem die Lava erkaltet war, entdeckten Seevögel, Seelöwen, Schildkröten und andere Lebewesen, die im Meer oder in der Nähe von Küsten lebten, das neue Land und kamen zum Brüten an den Strand. Erreichen Landtiere eine junge Insel, entstehen oft Populationen, die sich von ihren Artgenossen auf dem Festland deutlich unterscheiden.

Besucher einsamer Inseln
Fregattvögel mit einer Flügelspannweite von mehr als zwei Metern können entlegene Inseln aufsuchen. Ihre Füße sind klein und fast ohne Schwimmhäute. Fregattvögel ernähren sich vor allem von Fliegenden Fischen, die sie knapp über der Wasseroberfläche im Flug fangen. Auch jagen sie hinter Tölpeln her und setzen ihnen so zu, daß sie ihren Mageninhalt erbrechen. Die erbrochene Nahrung fangen die Fregattvögel in der Luft auf.

Schwanz, wenden andere Fangmethoden an. Sie jagen mit hoher Geschwindigkeit über die Meeresoberfläche hinweg und fischen mit ihren langen, gebogenen Schnäbeln gewandt einen Fliegenden Fisch aus dem Wasser. Aber sie kreisen auch über der Insel und warten auf die Rückkehr der Rotfußtölpel. Wenn sich einer einstellt, nachdem er seine Beute verzehrt hat, verfolgen ihn die Fregattvögel hartnäckig, bis der Tölpel seine Nahrung schließlich erbricht. Dann stößt einer der Fregattvögel hinab und fängt das Erbrochene auf, ehe es ins Wasser fällt.

Sowohl Rotfußtölpel als auch Fregattvögel verbringen die meiste Zeit in der Luft und lassen sich nur selten auf dem Wasser nieder. Aldabra suchen sie zum Brüten auf. Inseln, auf denen es weder Katzen noch Ratten, noch irgendwelche anderen Tiere gibt, die ihre Eier und Jungen fressen, sind rar, und Aldabra dient den Fregattvögeln im Indischen Ozean als wichtigste Brutstätte. Sie kommen von weit her, manche von der über 3700 Kilometer entfernt liegenden Küste Indiens, und sie nisten in den niedrigen Mangrovewäldern am Ostende der Insel. Zuerst finden sich die Männchen ein. Sie sitzen in den Ästen, blasen ihre riesigen, scharlachroten Kehlsäcke auf und laden die in der Luft kreisenden Weibchen ein, sich zu ihnen zu gesellen, um mit der Brut zu beginnen.

Neben ihnen nisten die Rotfußtölpel, ungeachtet des räuberischen Benehmens ihrer Nachbarn. Da die Vögel auf der Insel keine Feinde haben, brauchen sie ihre Nester nicht zu verstecken oder an unzugänglichen Stellen zu bauen. Die Nester liegen oft so dicht beieinander, daß ein Vogel beim Nestbau das Baumaterial seines Nachbarn stibitzen kann, ohne sich von seinem Platz zu erheben.

Vom Meer transportierte Samenkörner

Neben Mangroven wachsen auf der Insel noch zahlreiche andere Pflanzen. Die Strände werden von Kokospalmen gesäumt, und in den Spalten des Korallenkalks haben sich niedrige Dornensträucher angesiedelt. Aber wie kamen all diese Pflanzen hierher? Einige Samen sicher durch die Luft an den Schnäbeln, Füßen und Federn von Vögeln. Manche legten wohl die Reise im Magen eines Vogels zurück und wurden mit seinen Exkrementen am Strand ausgeschieden. Kleinere Samen mögen bei einem Sturm vom Festland herübergeweht worden sein, an winzigen Fallschirmchen aus feinen Haaren schwebend, und nicht wenige wurden von den Wellen angeschwemmt. Wer am Strand die Hochwasserlinie abschreitet, kann auf wenigen Metern ein halbes Dutzend verschiedener Samen entdecken. Manche sind tot, andere aber noch keimfähig, und einige haben vielleicht bereits Würzelchen und Blätter ausgebildet.

Häufig findet man Kokosnüsse, und in der Tat gehört die Kokospalme zu jenen Pflanzen, die sich am erfolgreichsten über die Erde verbreiteten. Sie ist an den Stränden tropischer Inseln zu Hause, in einem schmalen Streifen oberhalb der Hochwassergrenze, wo sie nicht von anderen Bäumen überschattet oder vom Unterholz erstickt wird. Sie neigt sich über den Strand, so daß ihre Nüsse, wenn sie hinabfallen, ins Wasser rollen und von den Wellen ins Meer hinausgetragen werden. Dort schwimmen sie an der Oberfläche, geschützt von einer dicken Hülle aus groben Fasern, die den harten Steinkern mit dem Samen umschließt. Kokosnüsse können im Meer bis zu vier Monate überleben und während dieser Zeit Hunderte von Kilometern zurücklegen, bevor sie an einen Strand geschwemmt werden, ans Ufer einer noch unbesiedelten Insel.

Zum Strandgut an der Hochwasserlinie gehören auch Treibholz, Wurzelgeflecht und andere Pflanzenreste. Auch wenn sie die Reise übers Meer nicht lebend überstanden haben, können sie dennoch Passagiere befördert haben. Viele der Schnecken, Tausendfüßer, Spinnen und andere kleine wirbellose Tiere sind wohl auf diese Weise nach Aldabra gelangt. Selbst größere Tiere haben die Überfahrt vielleicht auf diese Weise gemacht. Reptilien sind besonders zähe Seefahrer und überstehen auf solchen Flößen lange Reisen. Amphibien dagegen besitzen – anders als Reptilien – keine wasserdichte Haut, und wenn sie vom Meerwasser durchnäßt werden, gehen sie ein. So kommt es, daß sich auf Aldabra, wie auf fast allen Inseln im Meer, zwar zahlreiche Eidechsen auf dem Gestein wärmen, doch in den Sümpfen keine Frösche rufen.

Nachdem sich Pflanzen und Tiere auf einer Insel festgesetzt haben, beginnen sich im Lauf der Zeit die meisten zu wandeln. Bei der Fortpflanzung treten in den

Fregattvögel an Land
Fregattvögel nisten auf Felsen oder Bäumen, von denen sie sich in die Luft schwingen können. Das Männchen lockt seine Partnerin mit seinem aufgeblasenen Kehlsack an und stellt ihn auch dann noch zur Schau, wenn sie sich bereits zu ihm gesellt hat.

Genstrukturen minimale Veränderungen auf, die dann bei den Nachkommen anatomische Abweichungen bewirken. In kleinen Inzuchtgesellschaften verlieren sich solche Mutationen nicht so wie möglicherweise in größeren Populationen auf dem Festland und bleiben bei künftigen Generationen eher erhalten. Deshalb laufen die Evolutionsprozesse auf Inseln besonders rasch ab. Manchmal scheinen die Mutationen recht unbedeutend zu sein. Eine der schönsten Blütenpflanzen auf Aldabra, eine Art der Gattung Lomatophyllum, bringt in der Mitte ihrer sukkulenten Blattrosette orangefarbene Blütenstände hervor, die sich in der Tönung nur wenig von denen unterscheiden, die einige hundert Kilometer entfernt auf den übrigen Seychellen gedeihen. Ähnlich verhält es sich mit dem einzigen auf Aldabra lebenden Raubvogel, einem kleinen Turmfalken, der einen etwas röteren Bauch hat als seine Vettern auf Madagaskar. Dieser Unterschied ist jedoch so eindeutig, daß der Vogel als Unterart klassifiziert wird.

Vögel, die nicht fliegen können

Andere Mutationen, die bei den Inselbewohnern auftreten, sind jedoch schwerwiegender. Beispielsweise trippelt da eine kleine, unglaublich neugierige Ralle durch den Busch. Schon allein dadurch, daß man mit einem Kieselstein auf einen Stein klopft, läßt sie sich anlocken. Rallen sind Boden- und Wasservögel, die man in beinahe allen Erdteilen findet. Die Aldabraralle sieht fast wie ihre Artgenossin auf dem afrikanischen Festland aus. Sie hat den gleichen Körperbau und verhält sich ähnlich, aber es gibt einen wesentlichen Unterschied: Die Aldabraralle kann nicht fliegen.

In Afrika müssen sich Rallen in die Luft erheben, um den zahlreichen Tieren zu entgehen, die Jagd auf sie machen. Auf Aldabra gibt es solche Gefahren nicht, und deshalb haben die Vögel ihre Flugfähigkeit verloren. Dies hat sogar Vorteile. Bei einem flugfähigen Vogel machen die Muskeln und Knochen, die er zum Fliegen benötigt, etwa 20 Prozent des Körpergewichts aus, und für ihre Entwicklung braucht er große Mengen Nahrung. Darüber hinaus verbraucht ein Vogel, der sich in die Luft erhebt, sehr viel Energie. So ist es nicht verwunderlich, daß Vögel gewöhnlich nicht fliegen, wenn dazu keine Notwendigkeit besteht, wie dies bei der Aldabraralle der Fall ist. Tatsächlich könnten für sie Flüge sogar gefährlich sein, denn über die Insel wehen meist heftige Winde hinweg, die die Vögel womöglich so weit aufs Meer hinaustrügen, daß eine Rückkehr sehr schwierig werden würde. Daher sind die Flügel der Rallen klein und wenig muskulös. Gewöhnlich schlagen sie nicht einmal mit ihnen.

Die Aldabraralle ist nicht das einzige Mitglied ihrer Familie, das in dieser Weise auf die Isolation reagierte. Auch auf Tristan da Cunha, Ascension, Gough Island und anderen Inseln im Pazifik leben Rallen, die entweder gar nicht fliegen oder nur eben in die Luft flattern können. In Neukaledonien im Westpazifik hat der Kagu, der eine eigene Familie bildet, doch wie die Rallen zu der Ordnung der Kranichvögel gehört, seine Flugfähigkeit verloren. Dieser wunderschöne Vogel richtet bei seinem temperamentvollen Balztanz die Kopffedern auf und spreizt die Flügel vom Körper ab, bis die Spitzen den Boden berühren. Auf den Galápagosinseln haben die Kormorane eine ähnliche Entwicklung durchgemacht. An ihren verkümmerten Flügeln sitzen ausgefranste Federn, mit denen die Vögel sich nicht mehr in die Luft erheben können.

Die vielleicht berühmtesten der flugunfähigen Inselbewohner lebten einst auf Mauritius im Indischen Ozean, etwa 900 Kilometer östlich von Madagaskar. Sie waren so groß wie Schwäne und hatten Schnäbel, die denen von Raubvögeln

Aussterbende flugunfähige Inselbewohner

Viele Landvögel, die verschiedenen Familien angehören und auf einsamen Inseln leben, haben in der Abgeschiedenheit ihre Flugfähigkeit verloren.

Beim Fliegen verbraucht ein Vogel viel Energie. Wenn er seine Nahrung am Boden findet und keine Feinde hat, vor denen er flüchten muß, besteht für ihn keine Notwendigkeit, sich in die Luft zu erheben. Bei vielen Inselbewohnern ist dies der Fall. Kräfte, die darauf verwendet werden, Muskeln und Federn zu entwickeln, die der Vogel nicht braucht, sind reine Verschwendung. Unter diesen Umständen verkümmern solche Organe häufig. Dafür können die Vögel größer werden. Als sie noch auf dem Festland lebten, mußten sie ihr Gewicht möglichst niedrig halten, um fliegen zu können. Große, flugunfähige Vögel können sich dagegen schlecht verteidigen.

Der Einsiedler lebte auf der Insel Rodrigues im Indischen Ozean 500 Kilometer östlich von Mauritius, der Heimat der Dronte. Beide Vögel waren etwa gleich groß. Bis zum Ende des 17. Jahrhunderts hatten Seeleute die Dronte ausgerottet und 100 Jahre später auch den Einsiedler.

Takahe

Galapagos-Kormoran

Der Galapagos-Kormoran, auch Stummelkormoran genannt, ist seinen flugtüchtigen Verwandten auf dem südamerikanischen Festland immer noch sehr ähnlich. Seine Flügel haben sich jedoch so weit zurückgebildet, daß sich der Vogel nicht mehr in die Luft erheben kann. Auch beim Tauchen nützen sie ihm nicht mehr. Unter Wasser bewegt sich der Vogel ausschließlich mit seinen Schwimmfüßen fort. Nach jedem Fischzug breitet er seine Flügel zum Trocknen aus.

Kagu

Die neuseeländische Takahe, ein Mitglied der Familie der Rallen, ist so groß wie eine Gans. Die Maoris jagten sie wegen ihres Fleischs, und als die Europäer kamen, war sie schon selten geworden. Es gibt zwei Unterarten: Die eine ist ausgestorben, die zweite galt bereits als untergegangen, bis sie 1948 wiederentdeckt wurde. Sie lebt auf der Südinsel.

Der Kagu entwickelte sich auf Neukaledonien. Er ist so groß wie ein Huhn und gehört der Gattung der Kranichvögel an. Nachts durchstreift er die Wälder auf der Suche nach Schnecken, Würmern und Insektenlarven. Besonders hübsch wirkt er, wenn er während der Balz seine Kopffedern aufstellt. Als Siedler auf die Insel kamen, jagten sie den Kagu mit Hunden und holzten darüber hinaus große Flächen des Waldes ab, der ihm Zuflucht bot. Heute ist er fast ausgestorben.

Flugunfähige Rallen wurden auf 20 Inseln der Seychellen entdeckt. Ratten und Katzen, die mit den Menschen auf die Inseln kamen, erwiesen sich für die Vögel als tödlich, und heute sind sie von 15 Inseln verschwunden. Die hier abgebildete Aldabraralle ist eine der wenigen überlebenden.

Kakapo

Aldabraralle

Der Kakapo oder Eulenpapagei entwickelte sich in Neuseeland. Da er sich ursprünglich nicht gegen Feinde verteidigen mußte, wurde er groß. Er ist so gut wie flugunfähig. Dieser Erdbrüter wurde durch die Einfuhr kleiner Säugetiere gefährdet. Heute gibt es nur noch wenige wildlebende Exemplare.

ähnelten. Ihre Nahrung suchten sie auf der Erde. Die Federn am Körper waren mit der Zeit weich und flaumig geworden und die Flügel stark verkümmert. Die einstmals aerodynamisch geformten Steuerfedern hatten sich zurückgebildet, und aus den Brustfedern war ein dekoratives Federsträußchen geworden. Die Portugiesen nannten die Vögel Dodo oder Simpel, denn sie waren so zutraulich, daß man sie leicht mit einem Schlag auf den Kopf töten konnte. Bei uns sind sie unter dem Namen Dronte bekannt. Seeleute aller Nationalitäten metzelten diese Vögel für die Versorgung mit Fleisch in großer Zahl nieder, und auf die Insel eingeführte Schweine fraßen ihre Eier. Die letzte Dronte wurde Ende des 17. Jahrhunderts getötet, knapp 200 Jahre nachdem die Vögel erstmals von Reisenden beschrieben worden waren.

Auf nahe gelegenen Inseln lebten zwei weitere flugunfähige Vögel, die eine auf Réunion, die andere auf Rodrigues. Obwohl es sich offensichtlich um verschiedene Arten handelte, nannten die europäischen Seeleute beide Einsiedler, da sie die Vögel in den Wäldern immer nur einzeln antrafen. Sie waren etwa ebenso groß wie die Dronte, hatten aber längere Hälse und einen würdevolleren Gang als die watschelnde Dronte. Auch sie waren Ende des 18. Jahrhunderts ausgerottet.

Die glücklichen Riesen von Aldabra

Neben den Dronten und den Einsiedlern lebten auf Mauritius, Réunion und Rodrigues auch gewaltige Schildkröten. Sie wurden über einen Meter lang und bis zu 200 Kilogramm schwer. Andere bewohnten die Komoren und Madagaskar. Sie waren für die Seeleute noch wertvoller als die Dronten, denn sie überlebten lange in den Laderäumen der Schiffe und lieferten in den Tropen frisches Fleisch noch Wochen, nachdem ein Schiff den Hafen verlassen hatte. Daher erlitten die Riesenschildkröten das gleiche Schicksal wie die Dronten und die Einsiedler. Ende des 19. Jahrhunderts waren alle Riesenschildkröten aus dem Indischen Ozean verschwunden, mit Ausnahme derjenigen auf Aldabra. Sie lebten so weit entfernt von den Hauptschiffahrtswegen, daß selbst die Aussicht auf frisches Fleisch nur wenige Kapitäne dazu verleitete, so stark von ihrem Kurs abzuweichen. Heute gibt es auf der Insel noch ungefähr 150 000 Riesenschildkröten.

Es besteht kaum ein Zweifel daran, daß sie – wie ihre ausgestorbenen Verwandten auf anderen Inseln – von Schildkröten normaler Größe abstammen, die auf dem afrikanischen Festland heimisch sind. Von diesen traten möglicherweise vor vielen tausend Jahren einige, auf Pflanzenflößen treibend, die Fahrt nach Madagaskar an. Es ist auch möglich, daß sie von dort aus – nachdem sie zu Riesen herangewachsen waren – die anderen Inseln schwimmend erreichten. Solche Reisen könnten wohl damit begonnen haben, daß eine Schildkröte, die zwischen den Mangroven Nahrung suchte, von der Flut erfaßt und aufs offene Meer hinausgetragen wurde. Man hat Riesenschildkröten schon weit entfernt vom Land beobachtet, und wahrscheinlich können sie im Wasser viele Tage überleben. Von

Riesenschildkröten im Pazifik

Auf den Inseln im Indischen Ozean, zum Beispiel auf den Seychellen, entwickelten sich Schildkröten zu riesenhafter Größe. Eine andere Art entwickelte sich ähnlich auf den Galápagosinseln im Pazifik. Unbarmherzig wurden die mächtigen Reptilien auf den Inseln beider Weltmeere von Seeleuten erlegt. Auf Galápagos findet man die größte noch lebende Population im Krater des Alcedo (rechts), eines erloschenen Vulkans. An ihm regnen sich die Wolken ab, und so entstehen zahlreiche Tümpel, in denen die Schildkröten ein Bad nehmen.

Madagaskar aus geht eine Meeresströmung nach Aldabra. Mit ihrer Hilfe könnte eine Riesenschildkröte in etwa zehn Tagen die Strecke zurücklegen.

Unklar aber ist, warum Schildkröten zu Riesen heranwachsen, wenn sie isoliert auf Inseln leben. Vielleicht kann ein großes Tier mit umfangreichen Fettreserven ein schlechtes Jahr besser überleben als ein kleineres. Möglicherweise gibt es jedoch eine noch einfachere Erklärung. Vielleicht wachsen langlebige Tiere wie Schildkröten immer weiter, wenn natürliche Feinde und Konkurrenten fehlen, die ihnen die Nahrung streitig machen. Aber die Inselschildkröten wurden nicht nur größer, sondern sie veränderten sich auch auf andere Weise. Auf vielen Inseln ist das Nahrungsangebot nicht sehr üppig, und auf Aldabra ist es besonders knapp. Darum erweiterten die Kriechtiere ihren Speisezettel und bezogen alles ein, was eßbar war. Jeder, der einmal auf der Insel zeltet, wird dies bald feststellen, denn die Tiere hocken nicht nur, wenn man sein Essen einnimmt, erwartungsvoll um einen herum, sondern demolieren auf der Suche nach Eßbarem auch Zelte. Nicht einmal herumliegende Kleidungsstücke sind vor ihnen sicher. Ungewöhnlich ist es auch, daß sich die Schildkröten an die eigenen Artgenossen heranmachen. Wenn eine von ihnen stirbt, verzehren die sonst vegetarisch lebenden Tiere die Weichteile des eingegangenen Tiers.

Die Körperproportionen der Schildkröten haben sich ebenfalls verändert. Ihre mächtigen Panzer sind nicht mehr so dick und hart wie die ihrer afrikanischen Verwandten, und auch die Brücken, durch die Rücken- und Bauchpanzer miteinander verbunden sind, sind schwächer geworden. Leicht werden die Panzer beschädigt. Darüber hinaus bieten sie nicht mehr den vollkommenen Schutz wie der der Festlandsschildkröten. Die vordere Öffnung hat sich verbreitert, und der Körper steht weiter vor. Dadurch haben die Schildkröten bei der Nahrungssuche zwar eine größere Bewegungsfreiheit, doch andererseits können sie die Gliedmaßen und den Kopf nicht mehr vollkommen in den Panzer zurückziehen. Würde man sie nach Afrika zurückbringen, könnten Hyänen und Schakale leicht ihre Zähne in den Hals der Schildkröten schlagen und sie töten.

Auch auf anderen abgeschiedenen Inseln haben sich Schildkröten auf ähnliche Weise verändert. Auf den Galápagosinseln leben Exemplare, die gleich groß sind, doch deren nächste Verwandten sind nicht etwa die Riesen des Indischen Ozeans, sondern die sehr viel kleineren Schildkröten Südamerikas.

Die Insel der „Drachen"

Die Tendenz inselbewohnender Tiere, zu Riesen heranzuwachsen, beschränkt sich nicht allein auf Schildkröten. In Indonesien hat sich eine Echse ähnlich entwickelt. Man findet sie hauptsächlich auf Komodo, einem winzigen Eiland der Kleinen Sundainseln westlich von Flores im Indischen Ozean. Diese Echse, der Komodo-Waran, zuweilen auch Drachenechse genannt, ist nahe verwandt mit dem Buntwaran Australiens und den Wasserwaranen, die in vielen tropischen Ländern von Afrika bis Malaysia vorkommen. Der Komodo-Waran erreicht eine Länge von drei Metern und ist damit länger als jeder andere Waran. Darüber hinaus hat er einen gedrungeneren Körper. Während bei anderen Waranen der Schwanz etwa zwei Drittel der Gesamtkörperlänge ausmacht, sind beim Komodo-Waran Kopf und Rumpf so lang wie der Schwanz.

Der Komodo-Waran ist ein Fleischfresser. Als Jungtier jagt er, auf Bäumen kletternd, Insekten und kleine Echsen. Halbwüchsig hält er sich fast ausschließlich auf dem Erdboden auf und fängt Ratten, Mäuse und Vögel. Erwachsene Tiere leben vor allem von Wildschweinen und Schweinshirschen, die auf der Insel heimisch sind, wie auch von Ziegen, die der Mensch hierher brachte. Vorwiegend ernährt sich der Komodo-Waran von Aas, aber er ist auch ein aktiver Jäger. Oft verfolgt er trächtige Ziegen und packt die neugeborenen Kitzlein, sobald die Mutter sie zur Welt gebracht hat. Im Hinterhalt lauert er erwachsenen Tieren auf. Wenn eines vorbeikommt, schlägt er die Hornschneiden seiner Kiefer in ein Bein und wirft sein Opfer im Kampf zu Boden. Ehe es sich befreien kann, reißt ihm der Waran den Bauch auf, und rasch geht das Beutetier ein.

Auf Komodo erzählt man, die Warane fielen auch Menschen an, und es ist offenbar gesichert, daß in der Vergangenheit ein paar Menschen bei der Begegnung mit einem solchen Tier schwer gebissen wurden und sie später ihren Verletzungen erlagen. Zweifellos würden sich die Warane an den toten Körper eines Menschen ebenso heranmachen wie an jeden Tierkadaver. Unwahrscheinlich dagegen ist, daß sie Menschen als Beute betrachten. Wenn man einen Waran beobachtet, fühlt man sich nicht bedroht. Nur gelegentlich blinzelt er einmal oder schnalzt mit seiner langen, gegabelten Zunge, mit der er die von Gerüchen schwere Luft prüft. Selbst wenn er sich dann erhebt und zielstrebig auf seinen Beobachter zuläuft, ist er sichtlich froh, schwerfällig vorbeitrotten zu können, ohne daß ihm etwas zustößt. Wenn man aber sieht, wie sich Komodo-Warane auf ihre Opfer stürzen, dann werden einem ihre enorme Kraft und Wildheit bewußt. Ein ausgewachsener Waran kann ohne weiteres eine tote Ziege mit dem Maul packen und davonzerren. Fallen zwei große Tiere über eine Beute her, schlagen sie die scharfen Hornschneiden ihrer Kiefer hinein und reißen das Opfer mit ruckartigen Bewegungen auseinander. Falls ein jüngeres Tier so unvorsichtig ist, einem älteren die Nahrung streitig zu machen, wird es erbarmungslos vertrieben. Es handelt sich dabei keineswegs um Scheinangriffe. Untersuchungen von Exkrementen haben gezeigt, daß erwachsene Warane regelmäßig kleinere fressen.

Möglicherweise sind diese Echsen deswegen so riesengroß geworden, weil sie sich so ernährten. Auf Komodo gibt es keine anderen großen Fleischfresser, keine anderen Jäger, die dem Wild und den Wildschweinen nachstellen. Die Vorfahren der Warane ernährten sich vermutlich von Aas, Insekten und kleinen Säugetieren, so wie kleinere Warane und junge Komodo-Warane heute noch. Doch mit der Zeit wurden einige so groß und kräftig, daß sie Pflanzenfresser überwältigten und sodann ein reichhaltiges, von keinem Konkurrenten beanspruchtes Nahrungsangebot nutzen konnten. Schließlich übernahm die ganze Art diese Ernährungsweise, und der Komodo-Waran entwickelte sich dann zur größten Echse der Erde.

Heute leben die Warane nicht nur auf Komodo, sondern auch auf den Nachbarinseln Padar und Rintja sowie im westlichen Teil der sehr viel größeren Insel Flores. Komodo-Warane sind gute Schwimmer. Man sieht sie regelmäßig schmale Wasserstraßen durchqueren, um auf den vor Komodos Küsten gelegenen Eilanden zu jagen. Man weiß aber nicht, ob sie sich auf diese Weise über die Inseln verbreitet haben. Es könnte auch sein, daß in dieser vom Vulkanismus geprägten Gegend vor erdgeschichtlich nicht allzu langer Zeit Land im Meer versank und

Komodo-Warane verzehren ein Beutetier
Viele Jahre lang wurde behauptet, daß auf einer Insel östlich von Java riesige Reptilien lebten. Schließlich im Jahr 1910 entdeckte man auf Komodo, einer Insel der Kleinen Antillen, tatsächlich eine Echse – einen Waran, der ungefähr drei Meter maß. Auch heute noch findet man diese Riesenechsen auf Komodo. Sie sind Fleischfresser, die sich sowohl von Aas als auch von lebenden Tieren ernähren.

von einer einstmals großen Insel, auf der die Echsen ursprünglich zu Hause waren, nur noch die höchsten Erhebungen übrigblieben.

Merkwürdige Geschichten von Inseln

Manche Tier- und Pflanzenarten einer Insel breiten sich nur dort aus, wo sie entstanden sind, und wurden häufig zum Gegenstand phantastischer Berichte von Reisenden, die die entlegene Heimat der Arten besuchten. Der Komodo-Waran verdankt seinen Beinamen Drachenechse solch märchenhaften Übertreibungen. Als man zu Beginn dieses Jahrhunderts erstmals von seiner Existenz erfuhr, kursierten Gerüchte von einem Ungeheuer, das sieben Meter lang sei. Noch abenteuerlichere Dinge erzählte man sich vor 500 Jahren von einer Pflanze.

Damals wie heute wurden hin und wieder riesenhafte Nüsse, ähnlich einer doppelten Kokosnuß, an die Küsten des Indischen Ozeans gespült, zumeist in ihrer faserigen Hülle. Die Araber, die sie fanden, bewahrten sie wie einen Schatz auf, und das taten auch die Inder und die Menschen Südostasiens. Doch niemand wußte, von welchem Baum sie stammten. Da die Nüsse selbst nicht keimten, konnte man wenig über ihre Herkunft sagen. Am verbreitetsten war die Ansicht, es handle sich um die Frucht eines Baums, der im Meer wuchs.

Phantasievolle Menschen fühlten sich beim Anblick der Frucht mit den zwei tiefen Einbuchtungen an ein weibliches Becken erinnert. Aus dem Fruchtfleisch bereitete man einen Liebestrank, und auch die Fruchtwände sollten Zauberkraft besitzen. Trinkschalen, die man aus ihnen herstellte, machten angeblich selbst das stärkste Gift wirkungslos. So wurde die Nuß als ungemein wertvoll betrachtet, und im ganzen Orient, ja selbst an europäischen Königshöfen verzierte man sie mit kunstvollen Schnitzereien sowie mit silbernen und goldenen Ornamenten.

Erst Ende des 18. Jahrhunderts entdeckte man den Baum, von dem die Nüsse

Die größte Frucht der Erde

Die Seychellenpalme kann eine Höhe von 30 Metern erreichen und wächst wild nur auf den Seychellen. Die männlichen Palmen entwickeln lange Blütenschäfte (oben), und auf beinahe jedem lebt ein kleiner Gecko, der sich vom Nektar der Blüten ernährt. Die weiblichen Bäume (rechts) bilden riesige Früchte aus, die zwei tiefe Einbuchtungen aufweisen und nach sechs bis acht Jahren ihre volle Größe erreichen.

stammten. Er wuchs auf den Seychelleninseln Praslin und Curieuse. Hiervon leitet sich auch der deutsche Name Seychellennuß ab. Diese Palmen sind so aufsehenerregend wie ihre Früchte. Auf Praslin bilden sie einen dichten Wald. Die riesigen Bäume, von denen viele mehrere Jahrhunderte alt sind, haben säulenförmige Stämme und erreichen eine Höhe von 30 Metern. Ihre gefiederten Blätter können sechs Meter breit werden. Die Pflanze ist zweihäusig, das heißt, ein Baum hat entweder nur männliche oder nur weibliche Blüten. Die weiblichen Palmen sind höher als die männlichen. In ihrer Krone hängen in dicken Büscheln gigantische Nüsse, die zum Reifen sechs bis acht Jahre benötigen. Die kleineren männlichen Bäume entwickeln lange, schokoladenbraune Blütenstände. Auf beinahe jedem sitzt eine wunderhübsche Echse, ein mit roten Flecken geschmückter, leuchtend smaragdgrüner Gecko. Auch er ist ein einzigartiges Geschöpf. Er gehört der Gattung Phelsuma an. Das sind Taggeckos, die sich ursprünglich auf Madagaskar entwickelten, doch heute auch auf Praslin und auf anderen Seychelleninseln leben. Ihre Färbung reicht von Olivgrün bis Türkis und Dunkelgrün.

Die Seychellennuß ist die größte Baumfrucht. Im Gegensatz zu der Kokosnuß, die tief im Innern nur eine schmale Schicht Fruchtfleisch besitzt, ist die Seychellennuß vollkommen mit hartem Fleisch gefüllt. Dadurch ist sie so schwer, daß sie – anders als die Kokosnuß – nicht im Wasser schwimmt. Die Seychellenpalme ist also, im Gegensatz zur Kokospalme, nicht nur ausschließlich auf dieser kleinen Inselgruppe verbreitet, sondern muß sich auch dort entwickelt haben – oder auf einer größeren Landfläche, von der einst große Teile versanken und deren Reste diese kleinen Inseln sind.

Mannigfaltigkeit der Arten

Die Inseln, von denen bisher die Rede war, sind alle verhältnismäßig klein. Auf ihnen wuchs jeweils nur eine einzige neue Art heran. So gibt es auf Komodo nur eine Riesenechse, auf Aldabra nur eine Riesenschildkröte, und auf Mauritius lebte nur eine Drontenart. Auf einer großen Insel jedoch, die die unterschiedlichsten Lebensräume besitzt, oder auf einer Gruppe von Inseln, von denen jede ihren eigenen Charakter hat, kann ein Einwanderer nicht nur eine, sondern mannigfaltige Formen entwickeln.

Das berühmteste Beispiel für dieses Phänomen sind die Vögel, die Charles Darwin eingehend erforschte: die Galapagos- oder Darwinfinken. Man nimmt an, daß vor vielen tausend Jahren bei einem Sturm ein Schwarm von der Küste Südamerikas hinaus auf den Pazifik getragen wurde. Er hatte Glück und fand schließlich Zuflucht auf den vulkanischen Galápagosinseln, ungefähr 1000 Kilometer von der Westküste Südamerikas entfernt. Zu dieser Zeit gab es auf dem Archipel offenbar bereits Pflanzen und Insekten, denn die Finken fanden ausreichend Nahrung und blieben dort. Doch die Galápagosinseln haben einen verschiedenartigen Charakter. Manche sind trocken, und es wachsen dort in erster Linie nur Kakteen. Andere dagegen sind relativ feucht und mit Gras und Büschen bestanden. Einige sind flach; auf anderen erheben sich Vulkane, die bis in eine Höhe von 1700 Metern reichen, und in Tälern mit hohen Niederschlägen gedeihen Farne und Orchideen. So fanden die Finken die verschiedenartigsten Lebensräume vor, in denen überdies keine anderen Vögel lebten: weder Spechte, die Larven aus der Rinde oder dem Holz der Bäume hackten, noch Grasmücken, die Jagd auf Insekten machten, noch Honigfresser, die vom Blütennektar lebten. Im Lauf der Zeit nutzten verschiedene Finkengruppen immer geschickter das Nahrungsangebot eines Lebensraums, und dabei veränderte sich ihr Schnabel.

Heute findet man auf einer einzigen Insel zehn verschiedene Finkenarten. Ihre Größe, Körpergestalt und die Färbung ihres Gefieders sind bei allen sehr ähnlich, doch aufgrund ihrer Schnabelform und ihrer Lebensweise kann man sie gut voneinander unterscheiden. Einer, der sich vor allem von zerquetschten Körnern ernährt, hat einen großen, kräftigen Schnabel. Ein anderer, der kleine Insekten und Larven aufpickt, besitzt einen schlanken Schnabel, den er mit großer Treffsicherheit verwendet. Bei einem dritten, dem Samen als Nahrung dienen, ist der Schnabel mittelgroß und gleicht dem unserer Sperlinge. Dann gibt es einen Finken, der sein Verhalten statt der Körpermerkmale änderte. Er benutzt heute ein Werkzeug. Behutsam bricht er von einem Kaktus einen Stachel ab, sticht mit ihm

Ein Spechtfink mit seinem Werkzeug

Der Vorfahr der Darwinfinken, ein kleiner Fink, kam vermutlich vom amerikanischen Festland, lebte am Boden und fraß Körner. Der Spechtfink hat seine Lebensweise geändert. Er ernährt sich von Insektenlarven. Um sie herauszuholen, bohrt er Löcher in einen Stamm; und da er sie mit seinem kurzen, breiten Schnabel nicht herausholen kann, benutzt er dazu einen Kaktusstachel.

Die verschiedenartigen Kleidervögel Hawaiis
Die Apapane (unten) und der Amakihi (rechts) haben spitze Schnäbel, mit denen sie Nektar aus Blüten und Saft aus Beeren saugen. Der Iiwi (unten rechts) besitzt einen sehr langen, gebogenen Schnabel, mit dem er aus schmalen Röhrenblüten Nektar trinkt. Der Pseudonestor (links), der, wie die Ornithologen sagen, mit einiger Sicherheit bereits ausgestorben ist, hatte einen kurzen, kräftigen Schnabel, mit dem er Käfer aus Ästen und Zweigen heraushackte.

in Löcher in verrottendem Holz und holt äußerst geschickt Insektenlarven heraus. Insgesamt gibt es heute auf dem Galápagosarchipel 14 verschiedene Finkenarten.

Noch fortgeschrittener ist ein solcher Prozeß auf den Hawaii-Inseln. Sie liegen noch weiter vom Festland entfernt als die Galápagosinseln: 3700 Kilometer sind es bis zur Küste Kaliforniens. Die Hawaii-Inseln sind noch größer, erdgeschichtlich älter und ihre Lebensräume noch mannigfaltiger. Die Tiere, die auf dem Archipel leben, haben ihn sehr viel früher erreicht.

Die charakteristischste Vogelgruppe dort sind die Kleidervögel. Sie weisen so viele Ähnlichkeiten auf, daß man auf gemeinsame Vorfahren schließen kann, aber sie haben sich im Lauf der Zeit sehr stark verändert. Deshalb kann man nicht

Unzählige Tierarten bevölkern Hawaii

Die Vielfalt der Vogelwelt Hawaiis hat lange die Aufmerksamkeit von anderen bemerkenswerten Inselbewohnern abgelenkt. Als sich die Wissenschaftler den Insekten und Weichtieren zuwandten, entdeckten sie, daß die Abgeschiedenheit auf diese sich noch weitaus dramatischer ausgewirkt hatte.

Die Hawaii-Inseln liegen über 3000 Kilometer vom amerikanischen Festland entfernt. Nur wenige Lebewesen haben den Archipel in den ungefähr fünf Millionen Jahren seit seiner Entstehung besiedelt. So gibt es dort mit Ausnahme einer Fledermausart weder heimische Säugetiere noch Schildkröten, Leguane oder andere Reptilien, und bei den Insekten fehlen Stechmücken, Ameisen und Schaben. Hawaii ist jedoch sehr groß. Die Hauptinsel hat eine Fläche von über 10 000 Quadratkilometern und erhebt sich mehr als 4000 Meter über den Meeresspiegel. Daher bietet die Inselgruppe die verschiedenartigsten Lebensbedingungen.

Flugunfähige Insekten

Die natürliche Auswahl setzt bei Tieren in einem frühen Stadium ein. Ausgesondert werden diejenigen, die ihrer Umgebung weniger gut angepaßt sind als andere. Die Geschwindigkeit, mit der sich Veränderungen vollziehen, hängt davon ab, wie rasch sich die Tiere vermehren. Insekten pflanzen sich mitunter jede Woche fort. Daher kann bei ihnen die Evolution sehr rasch wirksam werden. Heutzutage gibt es auf Hawaii unzählige Insektenarten. Viele von ihnen sind flugunfähig geworden. Wo weder Frösche noch Eidechsen auf sie Jagd machen, müssen sie sich nicht in die Luft retten. Wahrscheinlich sind sie am Boden sogar sicherer, denn Insekten können meist nicht sehr gut fliegen und werden leicht aufs Meer hinausgeweht. So gibt es heute eine flugunfähige Wanze. Sie besitzt Flügel und kann auch mit ihnen schlagen, aber ihr Surren ist nur Teil des Balzrituals. Auch eine flugunfähige Fangheuschrecke hat ihre Flügel behalten, doch sind sie zu einer Art schützender Schale verschmolzen, und eine Schnake besitzt überhaupt keine Flügel mehr.

Eine unendliche Vielfalt

Auf jeder Insel eines Archipels kann sich eine etwas andere Form einer bestimmten Tierart entwickeln. Bekannte Beispiele sind hier die Schildkröten auf den Seychellen und die Finken auf den Galápagosinseln. Auf den Hawaii-Inseln tritt dieses Phänomen noch verstärkt auf. Zwischen den Lavaströmen häufiger Vulkanausbrüche sind isolierte Flächen des Waldes verschont geblieben. Da Waldinsekten nicht in das öde Gebiet erkalteter Lavaströme vordringen, wird jedes Waldstück zu einer Insel, wo sich die Insekten untereinander kreuzen und Inzuchtpopulationen entstehen. Eines der interessantesten Beispiele für diese Entwicklung sind die Taufliegen Hawaiis. Diese Insekten mit dem wissenschaftlichen Namen Drosophiliden finden sich in den meisten Ländern der Erde und sind gewöhnlich etwa so groß wie ein Stecknadelkopf. Wis-

Fleischfressende Raupen *Auf Hawaii heftet sich eine Spannerraupe in der Ruhestellung mit ihren Bauchfüßen an einem Ast fest und biegt den Körper dann rechtwinklig ab. Wenn eine Fliege vorbeikommt und ihre empfindlichen Haare am Hinterende streift, schwingt sich die Raupe rasch herum, packt das Insekt mit ihren kräftigen Vorderbeinen und streckt sich dann wieder, um ihre Beute zu verspeisen. Nachdem die Raupen diese Fangmethode entwickelt hatten, variierten sie sie, und nun können sie sich an Blatträndern, Blattstielen, Zweigen und Fallaub festhalten.*

Farbenprächtige Schnecken *Irgendwann einmal erreichte ein Vorfahre der auf Bäumen lebenden Schnecken Hawaii. Seine Nachkommen entwickelten sich in riesiger Zahl und mannigfaltiger Weise. Nun aber werden sie von Schnecken verdrängt, die vom Festland mitgebracht wurden.*

ACHATINELLA LILA

PARTULINA MIGHELSIANA

NEWCOMBIA PLICATA

senschaftler fanden heraus, daß vor langer Zeit höchstwahrscheinlich nur eine einzige Art nach Hawaii vorgedrungen ist. Heute weisen die Nachfahren eine erstaunliche Mannigfaltigkeit auf. Bisher wurden 500 Arten entdeckt, und in abgelegenen Teilen der Insel gibt es vermutlich noch viele weitere.

Die Fülle des Nahrungsangebots, das neue Einwanderer vorfinden, bewirkt, daß sie sich rasch ganz anders ernähren als ihre Verwandten anderswo. Auf Hawaii lebt ein Falter aus der Familie der Spanner. Andernorts ernähren sich Spannerlarven von Blättern. Diese jedoch hat sich zu einem Jäger entwickelt. Da es auf der Insel keine Eidechsen gibt, die Fliegen nachstellen, bot sich hier offensichtlich eine Chance für andere Arten von Insektenfressern. Der Spanner Hawaiis hat sie genutzt und ist so zur einzigen Raupe auf der Erde geworden, die ihren Opfern auflauert.

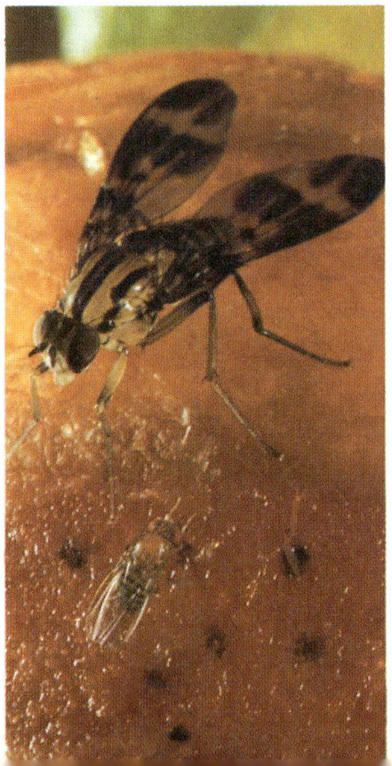

Riesige Taufliegen
Die meisten Taufliegen sind so klein wie das Exemplar im unteren Teil des rechten Fotos. Daneben sieht man eine Art aus Hawaii, die im Vergleich dazu zu einem Riesen herangewachsen ist. Viele haben sich so entwikkelt, und bei manchen (oben) entstanden Unterschiede zwischen den Geschlechtern. Das Männchen dieser Art hat Fortsätze am Kopf, mit denen es seine Rivalen boxt.

mit Sicherheit sagen, wer die Vorfahren waren. Es können Finken oder auch Tangaren gewesen sein. Die Kleidervögel unterscheiden sich nicht nur voneinander durch die Schnabelform, wie die Darwinfinken, sondern auch durch die Färbung des Gefieders. Einige sind scharlachrot, andere grün, gelb oder schwarz. Manche haben wie Papageien kräftige Schnäbel, die zum Aufknacken von Samen dienen; bei anderen sind die Schnäbel lang und gebogen, damit die Vögel beim Nektarsaugen sie tief in die Blüten senken können. Eine ausgestorbene insektenfressende Art besaß einen Schnabel mit unterschiedlich langen Hälften. Die obere war gebogen und diente zum Prüfen der Nahrung, die untere war kurz und gerade wie ein Dolch. Sie wurde zum Aufhacken von Holz verwendet. Als Menschen zum erstenmal auf die Inseln kamen, gab es dort mindestens 22 verschiedene Kleidervogelarten. Leider ist heute fast die Hälfte ausgestorben.

Neben den Kleidervögeln findet man auf dem Archipel Vertreter von lediglich fünf anderen Vogelfamilien. Eine Erklärung, warum sich nicht mehr ansiedeln konnten, ist nicht nur darin zu suchen, daß Hawaii so abgeschieden liegt. Die Kleidervögel waren die ersten, die sich auf den Inseln niederließen, und alle anderen Einwanderer, die nach ihnen kamen, hatten geringe Chancen, dort heimisch zu werden, denn die meisten ökologischen Nischen waren bereits durch die verschiedenen Kleidervogelarten besetzt.

Überlebende eines alten Kontinents

Sowohl die Hawaii- als auch die Galápagosinseln sind überwiegend vulkanischen Ursprungs. Nachdem sie aus dem Meer aufgetaucht waren, boten sie den ersten Siedlern, die durch die Luft und über das Meer kamen, vollkommen leeres, ödes Land. Nicht anders war es auf Aldabra im Indischen Ozean. Andere Inseln dagegen sind Teile eines Kontinents und wurden abgetrennt, als das Land größtenteils im Meer versank und nur noch die Bergspitzen über die Wasseroberfläche emporragten. Wenn Inseln auf diese Weise entstehen, nehmen sie oft eine ganze Arche Noah unfreiwilliger Passagiere mit in die Isolation.

Ein solcher Vorgang vollzog sich vor etwa 100 Millionen Jahren, als der große südliche Superkontinent auseinanderbrach und Südamerika, Antarktika und Australien entstanden. Zu dieser Zeit waren Amphibien und Reptilien weit verbreitet, und auch Vögel fanden sich vielerorts. Neuseeland spaltete sich schon sehr früh ab und nahm Vertreter aller Gruppen mit. In Australien entwickelten sich später Beuteltiere, die das Gleichgewicht der dortigen Tiergemeinschaft nachhaltig veränderten, Neuseeland aber nicht erreichten. So konnten hier niedere Amphibien und Reptilien länger überleben.

In den kühlen, feuchten Wäldern findet man auch heute noch drei Arten kleiner, ursprünglicher Frösche, und Echsen – Glattechsen wie auch Geckos – kommen ebenfalls recht häufig vor. Ein Reptil ist von besonderem Interesse: die Brückenechse. Äußerlich wirkt sie wie eine ganz gewöhnliche, echte Echse, doch ihre wahre Natur erkennt man erst, wenn man ihr Skelett untersucht. Das wichtigste Merkmal ist eine zweite Knochenbrücke über der oberen Schleifenöffnung des Schädels – daher der Name Brückenechse. Auch das große Auge verrät, daß sie nicht wie die übrigen Schuppenkriechtiere ein Tagtier, sondern ein Nachttier ist. Fossile Knochen eines nahezu identischen Lebewesens fand man in 200 Millionen Jahre altem Gestein. Man kann die Brückenechse dennoch als lebendes Fossil bezeichnen.

In den Wäldern Neuseelands, die aus uralten Pflanzenarten bestehen, wie Kaurifichte, Südbuche und Baumfarne, wohnt ein weiterer Überlebender aus frühe-

Plankton – schwebende Tier- und Pflanzenwelt
Einzellige Algen bilden die Basis allen Lebens im Meer. Sie dienen einer Vielzahl anderer Organismen, die zwischen ihnen treiben, als Nahrung. Laomedea-Medusen und Krabbenlarven setzen sich später auf dem Meeresgrund fest, während Rippenquallen, Ruderfüßer, Pfeilwürmer und Myriaden anderer Organismen immer im Wasser schweben.

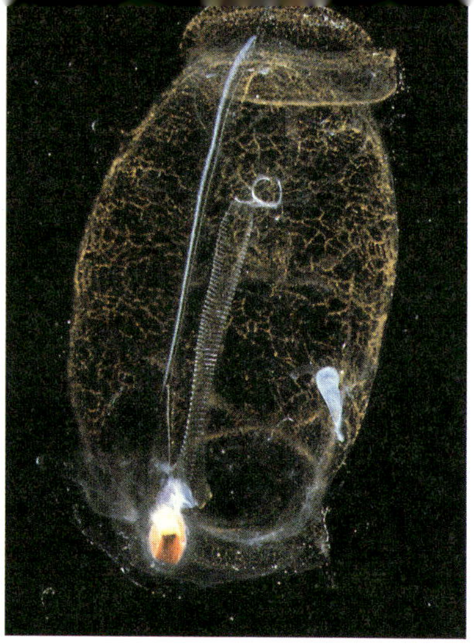

RIPPENQUALLE

KIESELALGE

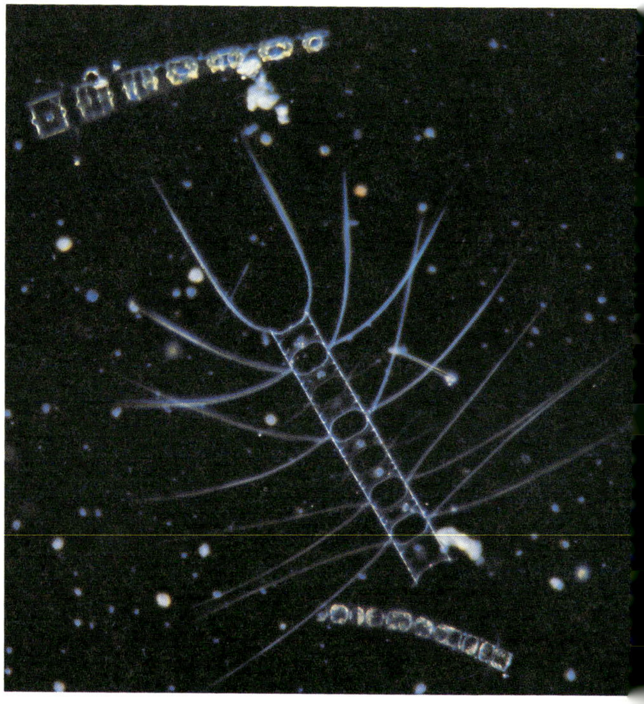

RUDERFÜSSER

MARINE FLÜGELSCHNECKE

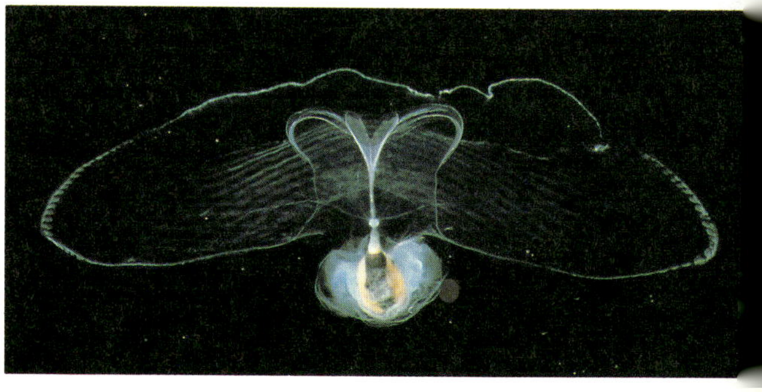

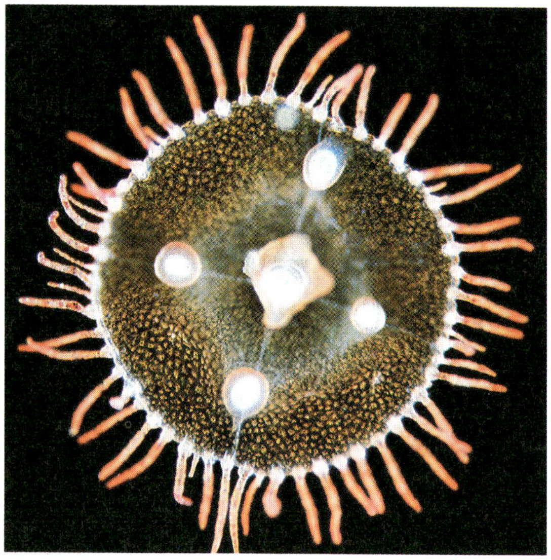

LAOMEDEA-MEDUSE

PFEILWURM

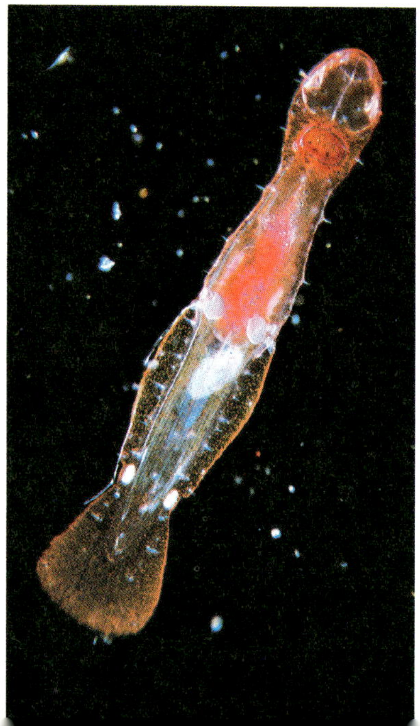

KRABBENLARVE

einige aus Kalziumkarbonat, andere aus Silikaten bestehen. Sie weisen eine Vielzahl großartiger Formen auf: Zacken und Spitzen, strahlenförmig angeordnete Dornen und zarte Gitter. Manche erinnern an winzige Meeresmuscheln, andere sehen wie Fläschchen, Pillendöschen oder Helme aus. Sie existieren in riesiger Zahl. In einem Kubikmeter Wasser können 200 000 vorkommen. Da sie sich nicht aus eigenem Antrieb bewegen, sondern im Wasser schweben, bezeichnet man sie als Phytoplankton. Das Wort wurde aus dem Griechischen abgeleitet und bedeutet „umherschweifende Pflanze". Diese Organismen sind es, die die Sonnenenergie nutzen, um aus den einfachen chemischen Substanzen im Meerwasser die komplexen Moleküle herzustellen, welche ihre Bausteine bilden. So wandeln sie Mineralstoffe in pflanzliche Substanz um.

Ein Planktonfresser
Die Ohrenqualle gehört zu den verbreitetsten Quallenarten. Sie kann sich mit einer Geschwindigkeit von mehreren Kilometern in der Stunde fortbewegen, indem sie ihren Schirm rhythmisch zusammenzieht. Manchmal sammeln sich Ohrenquallen in großen Schwärmen, die sich über riesige Flächen erstrecken. Auf einem Quadratkilometer finden sich dann mehr als 40 000 Individuen.

Zwischen ihnen treiben in gewaltigen Mengen kleine Tiere, die man als Zooplankton bezeichnet. Es besteht überwiegend aus Einzellern, genau wie das Phytoplankton, besitzt jedoch kein Chlorophyll und ist daher zur Photosynthese nicht fähig. Darum leben diese Organismen von denen, die zur Photosynthese befähigt sind. Es gibt auch größere Lebewesen vieler unterschiedlicher Arten: durchscheinende Würmer mit phosphoreszierenden Lichtern, kleine Quallen, Plattwürmer, die sich in einer einzigen seilförmigen Kolonie von einem Meter Länge wellenförmig durch das Wasser bewegen, schwimmende Krabben und gewaltige Mengen kleiner Garnelen. Alle gehören dieser Gemeinschaft ständig an. Andere dagegen sind nur vorübergehende Besucher, wie die Larven von Krabben, Seesternen, Würmern und Weichtieren. Sie haben keinerlei Ähnlichkeit mit den erwachsenen Tieren, sondern sehen wie winzige transparente Kugeln aus, die mit Reihen wogender Wimpern besetzt sind. Alle diese verschiedenartigen Lebewesen verschlingen treibende einzellige Algen oder fressen sich gegenseitig auf, und in ihrer Gesamtheit bilden sie eine lebende Suppe, die man als Plankton bezeichnet. Sie dient vielen anderen größeren Tieren als Nahrung.

Planktonfresser in seichterem Wasser können sich am Meeresgrund festsetzen und sind darauf angewiesen, daß Gezeiten und Strömungen ihnen Nahrung liefern. See-Anemonen und Korallenpolypen packen sie mit ihren Tentakeln, Seepocken greifen mit ihren fedrigen Extremitäten nach ihr, Mördermuscheln und Seescheiden filtern sie aus dem Wasser aus.

Das Maul eines Mantas
Die Maulöffnung eines zwei Tonnen schweren Mantas kann über einen Meter breit sein. Die beiden dunklen Punkte zu beiden Seiten sind nicht die Augen, sondern die Nasenlöcher, und die armartigen Glieder sind keine Flossen, sondern sogenannte Hörner, die das planktonreiche Wasser zum Maul leiten.

Giganten unter den Planktonfressern

Weiter draußen im Ozean erreicht das Sonnenlicht den Meeresgrund nicht mehr, und deshalb können hier Planktonfresser nicht am Meeresboden leben, sondern müssen sich nahe der Oberfläche aufhalten. Obwohl sich Planktonfresser langsam bewegen, finden sie so reichlich Nahrung, daß sie mitunter stattliche Größen erreichen.

Der Riesenmanta, ein gewaltiger, rautenförmiger Fisch, kann über sieben Meter breit und zwei Tonnen schwer werden. Seine Schnauze läuft in zwei löffelartigen Verlängerungen aus, die auch Hörner oder Kopfflossen genannt werden. Sie lenken Wasser in den siebartigen Kiemenkorb seines riesigen Mauls, der das Plankton festhält.

Auch der Riesenhai, ein entfernter Verwandter des Mantas, besitzt zum Seihen der gleichen Nahrung eine derartige Vorrichtung. Mit einer Länge von 14 Metern und einem Gewicht von vier Tonnen ist er noch gewaltiger als der Manta. In einer Stunde kann er 1000 bis 1500 Tonnen Wasser filtern. Er bewegt sich so langsam vorwärts, daß Menschen, die ihn beobachteten, glaubten, er sonnte sich im lichtdurchfluteten Wasser. Das Verbreitungsgebiet des Riesenhais erstreckt sich von Nordafrika bis nach Island und Nordnorwegen. Warme Gewässer bevorzugt der Walhai. Man findet ihn vor allem in tropischen Meeren. Dieses riesige Lebewesen erreicht eine Länge von 15 bis 18 Metern und ein Gewicht von 40 Tonnen. Man sieht ihn nur selten, wenn er im offenen Ozean an der Oberfläche Nahrung sammelt. Seine immense Größe, seine langsame Art der Fortbewegung und seine gutartige Natur machen auf jene, die das Glück haben, ihm zu begegnen, stets ungemeinen Eindruck. Hin und wieder wurde ein Walhai versehentlich von einem Schiff gerammt und hing am Bug, bis das Schiff zum Stillstand kam. Dann löste sich der riesige, schwer verletzte Körper langsam und sank in die Tiefe.

Die großartigsten Begegnungen erleben Taucher, die das Glück haben, auf einen oder mehrere Walhaie zu stoßen, denn oft schwimmen diese Fische in kleinen Gruppen. Der Walhai nimmt weniger oder gar keine Notiz von menschlichen Beobachtern, die um seinen gewaltigen Körper herumschwimmen oder sich den Fischen anschließen, welche ihn ständig begleiten. Diese schwimmen um sein Maul herum, um alles abzulesen, was in seinen winzigen Zähnen hängenbleibt, oder sie lungern um seinen Schwanz herum, damit sie seine Exkremente nach etwas Eßbarem durchsuchen können. Wenn der Walhai aber seiner Begleiter überdrüssig geworden ist, krümmt er auf einmal seinen großen Körper und gleitet in die Tiefen, wobei er seine Schwanzflosse elegant dreht, so daß kaum ein Laut beim Untertauchen entsteht.

Der größte aller Fische
Der Walhai ist wie der Manta ein Planktonfresser. Im Gegensatz zu anderen Haien liegt sein Maul nicht an der Unterseite seines Kopfes, sondern vorn. Die riesigen Kiemenspalten, durch die er das gefilterte Wasser ausstößt, befinden sich direkt über seinen Vorderflossen. Dies ist ein junges Exemplar. Der größte bekannte Walhai war über 18 Meter lang, etwa doppelt so lang wie dieser.

Furchterregende Jäger des Meeres

Riesenmantas, Riesenhaie und Walhaie gehören einer alten Gruppe von Fischen an, den Plattenkiemern, die als Unterklasse der Knorpelfische geführt werden. Ihr Rücken ist aus einzelnen Knorpeln aufgebaut, einer Substanz, die weicher und biegsamer als Knochen ist. Als sich die Knorpelfische entwickelten, existierten bereits alle anderen wirbellosen Tiergruppen, die heute im Meer leben. So stand den frühen Plattenkiemern eine große Auswahl tierischer Nahrung zur Verfügung. Heute gehören die verbreitetsten Vertreter der Gruppe, die Haie, zu den gefürchtetsten Jägern der Meere.

Die Gefahr, die sie für den Menschen darstellen, wird allerdings häufig übertrieben. Auch wenn manche Arten, wie der große Weißhai oder Menschenhai, der gewöhnlich eine Länge von fünf bis sechs Metern erreicht und manchmal sogar neun bis zwölf Meter lang wird, zweifellos Menschen wie jedes andere Lebewesen in den Ozeanen angreifen, jagen viele der kleineren Haie bedeutend kleinere Beute. Im Gebiet der Malediven haben sich die Haie, die dort in den Riffen leben, so sehr an Taucher gewöhnt, daß man an mehreren Stellen zum Meeresgrund hinabschwimmen und sie in etwa 15 Meter Tiefe aus allernächster Nähe beobachten kann. Wenn man sie dort unten erblickt, so bestaunt man die vollendete Form dieser Geschöpfe. Jede Linie ihres Körpers ist hydrodynamisch durchgebildet. Nichts hemmt ihren Schwung, wenn sie lautlos durchs Wasser gleiten. Und doch sind sie nicht vollkommen. Da das Flossenpaar direkt hinter dem Kopf starr ist, können Haie nicht anhalten. Sie müssen entweder sofort zuschnappen oder an der Beute vorbeischießen. Da ein Mensch aber sehr viel größer ist als die normale Beute der Haie, schwimmen sie einfach davon.

Bald nachdem die Plattenkiemer entstanden waren, entwickelte sich aus den frühen Tierformen eine weitere Klasse von Fischen. Ihre Rückensaite bestand nicht aus Knorpeln, sondern aus Knochen. Schließlich bildeten sich zwei Schwimmhilfen aus, die den Plattenkiemern fehlen: zum einen eine Luftblase im Körper, die es den Fischen möglich macht, in jeder beliebigen Tiefe zu schweben, zum anderen Flossenpaare, die vorn und hinten sitzen und sich in beinahe jede Richtung drehen lassen und daher den Fischen im Wasser eine große Manövrierfähigkeit verleihen.

Einige Nachfahren dieser ersten Knochenfische wurden ebenfalls zu Planktonfressern, aber keiner erreichte je die Größe der Plattenkiemer. Sie beuten den Planktonreichtum auf andere Weise aus, indem sie riesige Schwärme bilden, die sich wie eine Einheit bewegen und Nahrung suchen. So gesehen, übertreffen die Planktonfresser unter den Knochenfischen sogar den Walhai, denn die Schwärme erreichen mitunter einen Durchmesser von mehreren Kilometern und schwimmen so dicht nebeneinander, daß ihre Mitte wie ein Höcker aus dem Wasser auftaucht. Dies ist beispielsweise bei den Sardellen der Fall, die sich vorwiegend von pflanzlichem Plankton ernähren. Heringe fressen vor allem tierisches Plankton. Andere Knochenfische sind wie die Haie Jäger geworden und bilden heute eine Gruppe mit etwa 20000 Arten, die praktisch jede Nahrungsquelle der Ozeane nutzen.

Die Herrschaft der Fische im Meer blieb aber nicht unangefochten. Vor etwa

Haie durchstreifen ein Riff

Haie kommen oft mit dem kalten, klaren Wasser der Flut ins Riff. Sie fressen Weichtiere, Krebstiere und Aas, doch wenn sie nichts Brauchbares entdecken, verschwinden sie bald wieder in der blauen Ferne.

200 Millionen Jahren, als sich sowohl die Knochen- wie die Knorpelfische bereits weiterentwickelt hatten und zahlreich vertreten waren, begannen einige Kaltblüter, die zu diesem Zeitpunkt vier Beine ausgebildet und das Land bevölkert hatten, ins Meer zurückzukehren. Die ersten waren Reptilien, und hier sind vor allem die Meeresschildkröten zu erwähnen. Später gaben verschiedene Gruppen von Wasservögeln unabhängig voneinander das Fliegen auf und paßten sich dem Leben im Wasser an. Pinguine sind heute im nassen Element ebenso schnell und wendig wie Fische – und das müssen sie auch sein, denn sie leben von Fischen.

Rückkehr ins Meer

Vor etwa 150 Millionen Jahren entwickelten sich auf dem Land die Säugetiere. Diese Warmblüter waren behaart, und schließlich gingen aus ihnen Arten hervor, die ins Meer zurückkehrten. Die ersten waren vor etwa 50 Millionen Jahren die Vorfahren der Wale. Heute gibt es davon noch zwei recht unterschiedliche Gruppen, die Zahnwale, zu denen Pottwale und Schnabelwale gehören, und die Bartenwale, die Glattwale, Grauwale und Furchenwale umfassen. Die Bartenwale sind die Nahrungskonkurrenten der Riesenhaie, da sie ebenfalls die größeren Bestandteile des Planktons, etwa den Krill, fressen. Bartenwale werden sie genannt, weil von ihrem Gaumen viele Hornplatten – Barten – herabhängen, die als Sieb bei der Nahrungsaufnahme dienen.

Mehrere Millionen Jahre später stieß eine andere Gruppe von Säugetieren, die wahrscheinlich von alttertiären Bären abstammt, ins Meer vor. Aus ihr gingen vermutlich die heutigen Seebären, Seelöwen, Hundsrobben, Walrosse und See-Elefanten hervor. Diese Tiere sind dem Leben im Wasser noch nicht so vollkommen angepaßt wie die Wale. Im Gegensatz zu diesen besitzen sie noch Gliedmaßen, und ihre Schädelform erinnert an die fleischfressender Landtiere. Darüber hinaus sind sie, anders als die Wale, noch nicht in der Lage, sich im Meer zu paaren und dort zu gebären. Dazu müssen sie jedes Jahr ans Land zurückkehren.

Diese Abwanderung von Landsäugern ins Meer ist offenbar noch nicht abgeschlossen. Der Eisbär der Arktis verbringt bei seiner Jagd auf Robben die meiste Zeit im Wasser oder auf Eisschollen. Er sieht wie ein Landtier aus und ähnelt, abgesehen von der Farbe, stark dem Grizzlybären, mit dem er auch nah verwandt ist, hat aber bereits die Fähigkeit entwickelt, unter Wasser die Augen offenzuhalten und die Nasenlöcher zu schließen. Dadurch ist er in der Lage, zwei Minuten lang zu tauchen. Auch er steht vielleicht am Beginn einer Evolution, die dazu führen könnte, daß seine Nachfahren in einigen Millionen Jahren ausschließlich im Meer leben.

So hat sich in den mehr als 600 Millionen Jahren von dem Erscheinen der ersten mehrzelligen Lebewesen bis heute in den Meeren eine riesige, verschiedenartige Tierwelt entwickelt. Es gibt dort Vertreter aller wichtigen Klassen des Tierreichs. Selbst ein Mitglied der am stärksten landgebundenen Tiergruppe, der Insekten, bewohnt die Wasseroberfläche. Es ist der Meeresläufer, der über die Wellen schnellt. Die große Mehrheit der Weichtiere, Krebstiere und Würmer lebt heute noch im Meer. Viele große Gruppen, wie Seesterne und Seeigel, Quallen und

Der warme Atem der Schwertwale schwebt über der Meeresoberfläche
Wale sind Säugetiere und atmen den Sauerstoff der Luft. Die meisten Säugetiere tauschen bei einem Atemzug nicht mehr als 20 Prozent der Luft in ihren Lungen aus. Wale aber können beim explosionsartigen Ausatmen ihre Lungen bis zu 90 Prozent leeren.

Korallen, Kalmare und Kraken sowie auch Fische, können nicht längere Zeit außerhalb des Wassers überleben. Der Ozean war die Geburtsstätte und Kinderstube des Lebens auf der Erde und ist heute noch der bedeutendste Lebensraum.

Parallelen zwischen Land und Meer

So wie es auf dem Land eine Vielzahl unterschiedlicher Lebensräume mit speziell angepaßten Tier- und Pflanzengemeinschaften gibt, ist dies auch im Meer der Fall. Man findet erstaunliche Parallelen zwischen beiden Bereichen.

Der tropische Regenwald, wo sich Pflanzen und Tiere am üppigsten entfalten, findet im Meer sein Äquivalent im Korallenriff. Schon oberflächlich betrachtet, ist eine gewisse Ähnlichkeit vorhanden. Die Wälder, die aus den verschiedensten Korallenarten bestehen, von denen einige ihre Stämme und Äste zum Licht strekken, während andere mit waagrechten Verzweigungen den Sonnenschein einfangen, gleichen Pflanzen. Die Korallenpolypen, die das Riff bilden, erinnern an Aktinien oder See-Anemonen. Ihr Körper beherbergt eine große Zahl kleiner, gelbbrauner Organismen, bei denen es sich um winzige Algen handelt. In dem Polypen verwerten diese Algen die Abfallprodukte ihres Wirts. Phosphate und Nitrate verwandeln sie in Proteine, und aus Kohlendioxid stellen sie mit Hilfe der Sonne und des Wassers Kohlenhydrate her. Im Verlauf des Prozesses geben sie zuletzt Sauerstoff als Abfallprodukt ab, und genau ihn benötigt der Polyp zum Atmen. Außer den Algen in den Polypen leben noch viele andere unabhängig auf den toten Teilen der Korallenkolonie. Insgesamt drei Viertel der Lebewesen einer Korallenkolonie sind pflanzlicher Natur.

Sowohl Korallen als auch Algen, die nicht in Symbiose leben, gewinnen aus dem Meerwasser Kalk, der die Hauptsubstanz für das Riff bildet. Die wichtigsten Baumeister sind die Korallenpolypen. Wenn ein Polyp seine winzige schützende Kammer aus Kalk gefertigt hat, schickt er Tentakel aus, aus denen durch Knospung ein neuer Polyp entsteht. Dieser baut direkt über seinem Erzeuger, der, weil er begraben wird, stirbt. So besteht die Kolonie in ihrer Gesamtheit aus einer dünnen, lebenden Außenschicht, die auf vielen Schichten leerer Kalkkammern liegt. Die riesige Masse verlassener Behausungen mag tot und unbelebt sein, doch dient sie der Kolonie weiterhin als massiver Halt. So gesehen, kann sie mit dem Holz eines abgestorbenen Baumstamms verglichen werden. Da die Algen in den Korallen Sonnenlicht brauchen, wachsen sie selten tiefer als 150 Meter unter der Wasseroberfläche.

In den starren Dickichten und Ästen des Riffs sucht eine Vielzahl von Lebewesen Nahrung oder Schutz. Papageifische haben vorn scharfe Zähne, mit denen sie Teile von Korallenzweigen abbrechen, und weiter hinten runde Zähne, mit denen sie die Stücke zermahlen und die Polypen herausholen. Andere Fische plündern die Korallen auf geschicktere Weise. Der leuchtendgrüne, orange gefleckte Feilenfisch legt seine Mundöffnung um den Eingang einer Polypenkammer und saugt den Bewohner heraus. Seesterne produzieren einen Verdauungssaft, den sie in die kleinen Kammern spritzen, um den Polypen herausschlürfen zu können.

Eine uralte Lebensgemeinschaft

Die Lebensgemeinschaft eines Korallenriffs gehört zu den ältesten der Erde. Korallen und Schwämme, die sie überziehen, Seesterne, die über die Korallen klettern, und Würmer, die sich in sie hineinbohren – alle lebten schon vor 500 Millionen Jahren zusammen. Fische gesellten sich erst 100 Millionen Jahre später dazu.

Andere Lebewesen nutzen das Riff, um sich zu verstecken oder eine Behausung zu bauen. Seepocken und Pilgermuscheln bohren Löcher in den Kalk, in denen sie sicher sind, während sie Plankton aus dem Wasser filtern. Seelilien und Schlangensterne, Vielborster und schalenlose Weichtiere klettern unablässig durch das Netzwerk der Äste. Muränen lauern in kleinen Höhlen, um jederzeit herauszuschießen und sich auf ein Beutetier zu stürzen. Schwärme von kleinen, leuchtendblauen Riffbarschen halten sich wie Vogelschwärme in den Zweigen der Hirschgeweihkoralle auf. Sie schwimmen um einen Korallenstock herum und sammeln dabei kleine, organische Nahrungsteilchen im strudelnden Wasser, doch wenn irgendwo Gefahr droht, suchen sie augenblicklich Schutz zwischen den starren Zweigen. In, um und zwischen den Korallenkolonien wachsen dicht an dicht Schwämme, Aktinien, Seegurken, Seescheiden und Pilgermuscheln.

Merkwürdige Behausungen und Partnerschaften
Eine kleine Grundel findet in einer Hirnkoralle (unten) Unterschlupf. Ein Putzerfisch sucht im Maul einer Muräne Nahrung und reinigt dabei deren Zähne (ganz unten).

Schützende See-Anemonen
See-Anemonen haben Nesseln an ihren Tentakeln, mit denen sie kleine Fische töten können. Sie sind daher gute Leibwächter, und Einsiedlerkrebse tragen sie oft auf ihren Schalen herum (oben). Die See-Anemone profitiert von der Partnerschaft, da bei den Mahlzeiten der Krabbe auch für sie etwas abfällt. Manche Garnelen (rechts) leben zwischen den wogenden Tentakeln einer See-Anemone, ohne genesselt zu werden.

Zuflucht in einer Koralle
Schraubensabellen bohren sich in eine Korallenkolonie hinein (links). Da die Polypen um sie herum weiterwachsen, müssen die Würmer ihre Röhre ständig verlängern. Eine Schraubensabelle verläßt ihre Röhre nie, sondern streckt nur den Teil ihres Kopfs mit den spiralförmigen Kiemen heraus, mit denen sie atmet und Nahrung sammelt. Wenn sich das sie umgebende Wasser plötzlich bewegt oder Schatten auf sie fällt, bringt sie sich sogleich in Sicherheit.

Die Vielfalt der Lebewesen im Regenwald ist einerseits auf die ausgezeichneten Lebensbedingungen zurückzuführen – vor allem auf die Wärme und eine hohe Luftfeuchtigkeit –, andererseits auf das lange Zeit konstant gebliebene Klima. Die Lebensfülle im Korallenriff ist durch ähnliche Faktoren bedingt. Die Wellen, welche regelmäßig gegen das Riff schlagen und durch die Korallenstöcke fluten, reichern das Wasser mit Sauerstoff an, während die tropische Sonne das ganze Jahr hindurch für reichlich Licht sorgt. Darüber hinaus ist das Korallenriff als Lebensraum noch älter als der Regenwald. Korallen, Seeigel, Schlangensterne, Weichtiere und Schwämme – alle eng verwandt mit Arten, die man heutzutage in den Riffen findet – waren schon vor etwa 200 Millionen Jahren vielerorts in Riffen heimisch, wie zahlreiche Fossilienfunde beweisen. Seitdem gibt es in vielen Teilen der tropischen Meere Riffe, wo sich die Larven im Plankton behaupten können.

Ein Beispiel dafür ist das Große Barrier-Riff vor der Ostküste Australiens. Hier leben über 3000 Tierarten und die meisten in riesiger Zahl.

Doch die dichte Besiedlung birgt Probleme besonderer Art. Jedes Loch oder jeder Spalt, der Schutz bieten kann, ist heiß begehrt. So wühlt sich eine bestimmte Garnelenart mühevoll ein Loch in den Sand zwischen den Korallen, und mit großer Regelmäßigkeit zieht dort ein Schleimfisch mit ein, der das Loch ebenfalls als Zuflucht benutzt. Das Innere leerer Molluskenschalen wird von Einsiedlerkrebsen, das Äußere von Schwämmen bewohnt. Letztere ernähren sich von den Resten, die bei den Mahlzeiten des Einsiedlerkrebses abfallen, und hüllen die Schale so vollkommen ein, daß die Behausung des Krebses für Räuber unsichtbar wird. Der lange, schlanke Eingeweidefisch findet im Körper eines anderen Tiers Schutz. Zuerst sucht er mit dem Kopf den After einer Seegurke. Dann führt er

MALAYISCHER EINFLECKFALTERFISCH

FÄHNCHENFALTERFISCH

MASKENFALTERFISCH

ZITRONENFALTERFISCH

Erkennungsmarken

Mit ihren brillanten Farben und Mustern machen die Falterfische – früher wurden sie Gauklerfische genannt – den Schmetterlingen Konkurrenz. Jede Art sucht im Riff ihre spezielle Nahrung. Das charakteristische Muster der Fische bewirkt, daß sie Partner und Rivalen erkennen. Doch entwickeln sie auch individuelle Zeichnungen, die man kein zweites Mal bei der gleichen Art findet – weder im selben noch in einem anderen Ozean.

den Schwanz in die Öffnung ein und verkriecht sich schließlich völlig in dem Wirtstier. In der Seegurke ist er nicht nur vor Feinden geschützt, sondern auch reichlich mit Nahrung versorgt, denn er frißt die inneren Organe der Seegurke auf. Diese bildet sie so rasch wieder nach, wie sie sie verliert.

Hier wie auch anderswo muß ein einzelner Fisch erkennen können, welcher der vielen Fischschwärme um ihn her von seiner eigenen Art ist, damit er weiß, wo sich Partner oder Rivalen aufhalten. Da die Zahl der Arten wie der Individuen sehr hoch ist, müssen die charakteristischen Merkmale sehr auffallend sein. Das ist dort besonders notwendig, wo sich mehrere verwandte Arten der gleichen Form und Größe, die sich aber unterschiedlich ernähren, im selben Bereich aufhalten. Ein gutes Beispiel dafür sind die Falterfische, früher Gauklerfische genannt. Jede Art hat ihre besonderen Augenflecken, Streifen, Punkte und Tupfen.

NÖRDLICHER FALTERFISCH

ORANGESTREIFEN-FALTERFISCH

TABAKFALTERFISCH

RIPPELSTREIFENFALTERFISCH

PFAUENAUGENFALTERFISCH

Eine großartige Tarnung
Selbst relativ begrenzte Lebensräume im Meer können ihre eigenen Bewohner haben, die so stark spezialisiert sind, daß sie nirgendwo anders leben können. Die Tangfelder in den etwa 15 Meter tiefen Gewässern vor der Ostküste Australiens sind beispielsweise der einzige bekannte Lebensraum des Großen Fetzenfischs. Dieses außergewöhnliche Lebewesen ist gut getarnt, weil es sich dem Tang hervorragend angepaßt hat. So ist es wirklich sehr schwierig, im Tang den Fisch zu entdecken. Er ist mit dem Seepferdchen und den Seenadeln verwandt. Wie sie hat er eine lange, röhrenförmige Schnauze, einen gerippten knochigen Panzer und eine Rückenflosse, mit deren Hilfe er sich langsam durch das Wasser bewegt. Alle diese charakteristischen Merkmale werden fast völlig versteckt durch die lappenartigen Fortsätze seiner Haut, die an Schwanz, Flanken, Kiefern und über den Augen sitzen. Sein Maul ist zu klein für Angelköder, selbst wenn der Fisch jemals durch die richtige Art in Versuchung geführt werden sollte. Und mit Netzen kann man in den Tangfeldern nicht fischen. Deshalb werden Fetzenfische nur ganz selten gefangen, und lange Zeit fand man regelmäßig nur jene Exemplare, die tot an die Küste gespült wurden. Da man aber heute weiß, wo sie leben, können geduldige Taucher die etwa 30 Zentimeter langen Lebewesen gelegentlich aufspüren, wenn sie mit den Fingern den Tang durchkämmen.

Pflanzen der Meere

Wenn man die Korallenriffe mit den Regenwäldern der Tropen vergleicht, entsprechen die Oberflächengewässer des offenen Ozeans den Savannen und Steppengebieten. Hier gedeiht Jahr für Jahr das Phytoplankton. Wie Gras entwickelt es sich in den verschiedenen Jahreszeiten unterschiedlich, denn wie alle Pflanzen braucht es nicht nur Licht, sondern auch Nährstoffe. Diese stammen von den Ausscheidungen und Überresten vieler Tiere, die an der Oberfläche leben. Langsam und stetig sinken sie nach unten und sammeln sich als Schlamm auf dem Meeresgrund. Wenn die jahreszeitlich bedingten Stürme die Meere aufwühlen, wird der nahrhafte Schlamm nach oben gewirbelt, und plötzlich gedeiht das pflanzliche Plankton wieder üppig. Sind die ruhigeren Monate verstrichen, hat sich das Phytoplankton so stark vermehrt, daß die meisten Nährstoffe erschöpft sind. Dann gehen große Teile des Planktons ein, und es bleibt nur wenig übrig, bis die jährlichen Stürme das Wasser erneut düngen.

Die Schwärme von Sardellen und Heringen, Sardinen und Fliegenden Fischen, die sich auf diesen endlosen Weidegründen gütlich tun, werden von Schwärmen gieriger Fische gejagt, ähnlich wie die Antilopenherden in der Steppe Afrikas von Löwen und Geparden. Manche dieser Meeresjäger sind kaum größer als ihre Beute, beispielsweise die Makrele; andere, etwa der ein bis drei Meter lange Barrakuda, haben es nicht nur auf die Planktonfresser, sondern auch auf kleinere Jäger abgesehen. Die größten sind die riesigen Haie und die Thunfische. Beide schwimmen sehr schnell, was notwendig ist, damit sie ihre Beute fassen können. Sie werden etwa gleich groß und haben ähnliche Körperformen, doch die vollkommensten Schwimmer sind die Thunfische und einige andere Vertreter der makrelenartigen Fische. Zu ihnen gehören unter anderem der Rote und der Weiße Thunfisch, die Königsmakrele, der Unechte Bonito, der Marlin, der Pelamide, der Wahoo, die Familie der Fächerfische und die der Schwertfische. Der Gewöhnliche oder Rote Thunfisch wird fünf Meter lang und 820 Kilogramm schwer. Bei allen ist die Körperform gestreckt und fast torpedoförmig, also noch idealer als bei den Haien. Die Schnauzen sind spitz und mitunter schnabelförmig stark verlängert. Das hintere Ende des Körpers verjüngt sich leicht und endet in einem sichelförmigen Schwanz. Die Augen sind so geformt, daß sie weder vorstehen noch die Stromlinienform des Kopfs unterbrechen. Bei Thunfischen und einigen anderen Gattungen und Familien setzt direkt hinter dem Kopf ein Panzer aus Schuppen an, der an der breitesten Stelle des Körpers den Strömungswiderstand herabsetzt. Wenn die Fische mit hoher Geschwindigkeit schwimmen, legen sie ihre Flossen in Vertiefungen, damit das Tempo nicht gebremst wird. Einer der eindrucksvollsten Fische, der Fächerfisch, hält unter den Meereslebewesen den Schnelligkeitsrekord. Über kurze Strecken kann er 110 Kilometer in der Stunde erreichen. Damit ist er sogar schneller als der Gepard, das schnellste Tier zu Lande.

Eine Mahlzeit aus Millionen Fischen
Viele Meeresfische bringen Jahr für Jahr unzählige winzige Eier hervor, die leichter als Wasser sind und dicht an der Oberfläche schwimmen. Eine Flunder erzeugt eine Million, ein Steinbutt neun Millionen, und bei einem anderthalb Meter langen Lengweibchen wurden 28 Millionen gefunden. Nur eine kleine Anzahl der geschlüpften Fischchen lebt so lange und wird so groß, daß man sie mit dem unbewaffneten Auge erkennen kann, aber dennoch bilden die Überlebenden im Meer riesige Wolken und dienen einer Vielzahl größerer Fische als Nahrung.

Der gefährlichste Hai
Weißhaie erreichen gewöhnlich eine Länge von sechs Metern und wiegen bis zu drei Tonnen. Sie ernähren sich von Schildkröten, Delphinen, Seelöwen und Fischen aller Art und auch von anderen Haien. Diese gefürchteten Meerestiere können den Körper eines Menschen mit einem einzigen Biß durchtrennen.

Für solche Geschwindigkeiten ist sehr viel Energie und damit auch eine hohe Sauerstoffzufuhr erforderlich. Den Sauerstoff erhalten die Fächerfische, indem sie während des Schwimmens das Maul ständig offenhalten und einen starken Wasserstrahl über ihre großen Kiemen drücken. Die Energieleistung ihrer Muskeln und die blitzschnellen Reaktionen werden auch noch dadurch verbessert, daß in ihrem Körper der Stoffwechsel bei hohen Temperaturen abläuft. Anders als andere Fische sind diese tatsächlich warmblütig, und ihre Körpertemperatur kann bis zu 12 °C über dem Wasser liegen, in dem sie leben.

Schwertfische jagen gewöhnlich allein. Sie stürzen sich in die Schwärme, wobei sie die Beute mit ihrer langen, spitzen, schnabelförmigen Schnauze verletzen oder betäuben. Thunfische dagegen jagen in der Regel in Gruppen. Man hat schon beobachtet, daß sie mit großem Geschick ganze Schwärme vor sich hertreiben, indem manche hinter ihnen schwimmen und andere an den Seiten, damit sie dicht beisammenbleiben. Greifen die Thunfische dann an, findet ein furchtbares Gemetzel statt. Wenn sie losschießen und die kleinen Fische mit vernichtender Genauigkeit und Geschwindigkeit packen, gerät der Schwarm in Panik. Auf der Flucht vor den zuschnappenden Feinden schießen die Beutefische zu Hunderten aus dem Wasser.

Das karge Leben in den Wüsten des Ozeans

Außer den Savannen hat das Meer auch seine Wüsten. In der Nähe der Kontinente bedecken riesige Sandflächen den Meeresgrund. Verglichen mit der Wasseroberfläche, scheint dieser Teil des Meeres unbelebt zu sein. Strömungen, die über den Sand fegen, türmen ihn zu langen Wellen und Dünen auf, so wie es der Wind in einer Wüste auf dem Land tut. Der Sand selbst enthält keine Nährstoffe, und jene organischen Teilchen, die sich zwischen den Körnern ablagern, werden von den Strömungen wieder ausgewaschen. Tiere können hier leben, so wie an den sandigen Stränden nahe der Küste. Der Röhrenaal gräbt sich mit dem Schwanz in den Sand ein und sondert einen Schleim ab, der die Sandkörner zusammenhält. Dann richtet er den oberen Teil des Körpers auf, um Nahrung aus dem Wasser zu filtern. Eine See-Anemonenart baut, ähnlich wie der Sandröhrenwurm, eine Röhre in den Sand. Solche Lebewesen sind auf den ersten Blick die einzigen Bewohner dieser sonst öden Region des Meeresgrunds. Aber das täuscht! Im Sand selbst leben viele Tiere. Nahe der Oberfläche liegen, unter einer dünnen Sandschicht hervorragend getarnt, Plattfische: Schollen, Seezungen, Rochen und Heilbutte. Tiefer vergraben leben viele verschiedene wirbellose Tierarten: Weichtiere, Würmer und Seeigel.

Der einsamste Ort der Erde

Für einen Bereich des Ozeans gibt es auf dem Land kein Gegenstück. Jenseits der sandigen Wüsten, weit unter den Planktonwiesen an der Wasseroberfläche, liegen die schwarzen Tiefen. Bis vor kurzem beruhte unser Wissen über Lebewesen dort

Ein Tintenfisch verschwindet
Tintenfische ändern ihre Farbe, um sich ihrer Umgebung anzupassen. Doch damit nicht genug: Mit ihrem Flossensaum wirbeln sie auch Sand auf und graben sich halb in den Boden ein.

Ein Angler auf dem sandigen Meeresgrund
Hautfortsätze am flachen Körper des Atlantischen Seeteufels bewirken, daß er auf dem sandigen Meeresboden kaum erkennbar ist. An seinem ersten Rückenflossenstrahl hängt ein Hautfetzen, den der Fisch hin und her bewegt, um kleinere Lebewesen in die Nähe seines breiten Mauls zu locken.

fast ausschließlich auf einem weitgehend zufälligen Sammelsurium verstümmelter Körper, die von Schleppnetzen ans Tageslicht befördert wurden. Heute aber gibt es eine Anzahl von Tauchfahrzeugen, die mehrere tausend Meter tief tauchen können. Der Strahl ihrer Scheinwerfer verschafft uns Einblick in eine Welt, deren räumliche und physikalische Bedingungen uns fremder sind als jeder andere Ort auf dem Planeten, im Wasser wie auch auf dem Land.

Je tiefer man hinabsteigt, um so kälter wird das Wasser. Unterhalb von 600 Metern dringt das Tageslicht nicht mehr in die Tiefe. Alle zehn Meter steigt der Druck um eine Atmosphäre an, so daß in 3000 Metern etwa das 300fache des Drucks an der Oberfläche herrscht. Die Nahrung ist hier außerordentlich knapp. Die toten Körper, die von oben kommen, sinken sehr langsam hinab. Bis eine kleine Garnele unten ankommt, kann eine Woche vergehen. Infolgedessen werden die meisten Tiere gefressen, ehe sie in diese Tiefen gelangen, oder sie haben sich schon zu sehr zersetzt. Dann eignen sie sich nur noch zum Düngen des Planktons.

Obgleich das Leben in der Tiefe der Weltmeere noch wenig erforscht ist, fanden die Zoologen doch bereits über 2000 Fischarten und eine ebenso große Zahl wirbelloser Tiere. Mehr als die Hälfte von ihnen ist mit eigenen Lichtquellen ausgestattet. Die Lichter bestehen in fast allen Fällen aus Bakterienkolonien, die als Nebenprodukt ihres Stoffwechsels leuchten. Diese Kolonien befinden sich in besonderen Taschen seitlich im Kopf, an den Flanken oder am Ende eines Flossenstrahls. Die Bakterien leuchten ununterbrochen, doch ist dies nicht immer günstig für die Fische, die ab und zu nicht gesehen werden wollen. Dann klappen sie undurchsichtige Gewebestücke hoch oder schränken die Blutzufuhr ein, und schon ist das Leuchten erloschen.

Da viele Fische in den mittleren und tiefen Bereichen der Ozeane leuchten, dienen die Lichter dort offenbar einem wichtigen Zweck. Aber über ihre genaue Bedeutung muß noch viel geforscht werden. Beim Kleinen Laternenfisch sitzen die Bakterien in Kammern unter den Augen. Die Fische schwimmen in Schwärmen und schalten ihre Lichter an und aus, indem sie winzige Hautlappen hochziehen und wieder fallen lassen. Vermutlich kann ein Schwarm aufgrund einer besonderen Folge von Lichtsignalen beisammenbleiben, und die Männchen finden auch auf diese Weise ein Weibchen. Wenn sich ein Feind nähert und der Schwarm erschreckt wird, schalten alle Fische ihr Licht aus und schwimmen rasch davon. An einer anderen Stelle blinken sie dann wieder. Bei vielen Fischen sitzen die Lichter unten am Bauch. Dies legt die Vermutung nahe, daß sich die Meerestiere, für die sie bestimmt sind, im darunterliegenden Wasser aufhalten. Möglicherweise dienen diese Lichter auch als Tarnung. In jenen höheren Bereichen der Tiefsee, wo gerade noch so viel Licht von der Wasseroberfläche hereinfällt, daß die Silhouette eines Fischs zu erkennen ist, kann er mit einer beleuchteten Unterseite weniger gut sichtbar sein.

So unwahrscheinlich dies alles klingen mag, so steht doch außer Frage, daß das Licht in der Dunkelheit als Köder dient und von einigen Fischen benutzt wird, um Beute anzulocken. In flacherem Gewässer locken die Seeteufel ihre Opfer mit einem langen Rückenstachel an, der vor ihrem Maul baumelt. An seinem Ende sitzt ein winziger Hautfetzen, der hin und her flattert, während ihn der Fisch wie einen Angelköder bewegt. Die Weibchen der Tiefseeangler haben ein Leuchtorgan am Ende der Angel. Davon werden die kleinen Fische unwiderstehlich angezogen. Sie kommen immer näher, bis das Weibchen sie schließlich in sein Maul saugt.

Das Anlocken von Beutetieren hat eine besondere Bedeutung, denn obwohl in

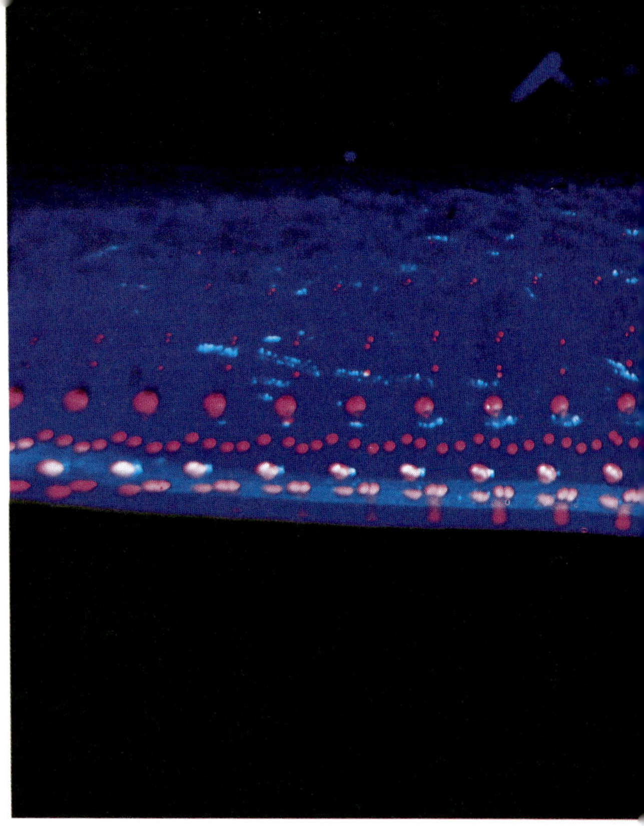

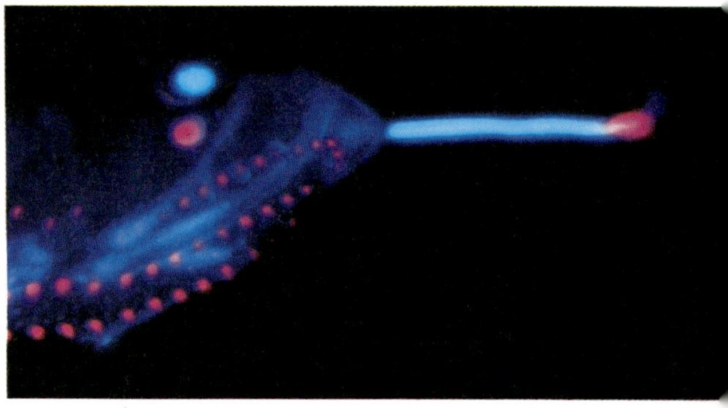

Ein Tiefsee-Drachenfisch
Wenn der Schuppendrachenfisch auf Beutefang geht, bewegt er den Bartfaden an seinem Kinn hin und her und läßt am Ende ein Licht aufleuchten – für andere Fische eine tödliche Verlockung.

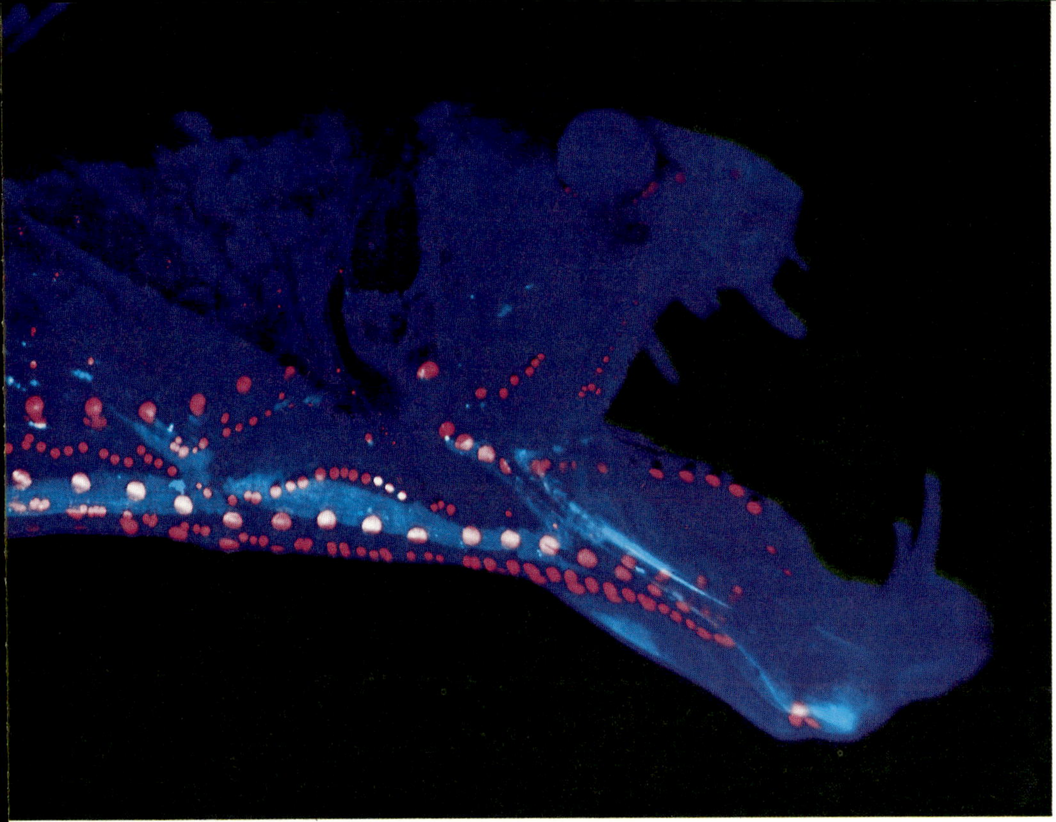

Ein Viperfisch
Seinen Namen hat dieser Tiefseefisch seinen langen, gebogenen Giftzähnen zu verdanken. Wenn er angreift, klappt er den Schädel zurück, und das Maul wird riesengroß. Man findet ihn in Tiefen von 2800 Metern, und sein Körper ist, wie bei vielen anderen Fischen dieses Lebensraums, mit Leuchtorganen besetzt. Nachts unternimmt er lange Ausflüge in höhere Regionen, wo es mehr Nahrung gibt, und manchmal wird er nahe der Oberfläche gefangen, während seine Lichter noch hell leuchten.

Ein Tiefsee-Beilfisch
Der Beilfisch ist nur etwa neun Zentimeter lang, also halb so groß wie der Viperfisch, dem er oft zum Opfer fällt. Seine teleskopartigen Augen sind ständig nach oben gerichtet. An seinem Bauch sitzen nach unten weisende Lichterreihen. Vermutlich dienen sie anderen Fischen als Signale.

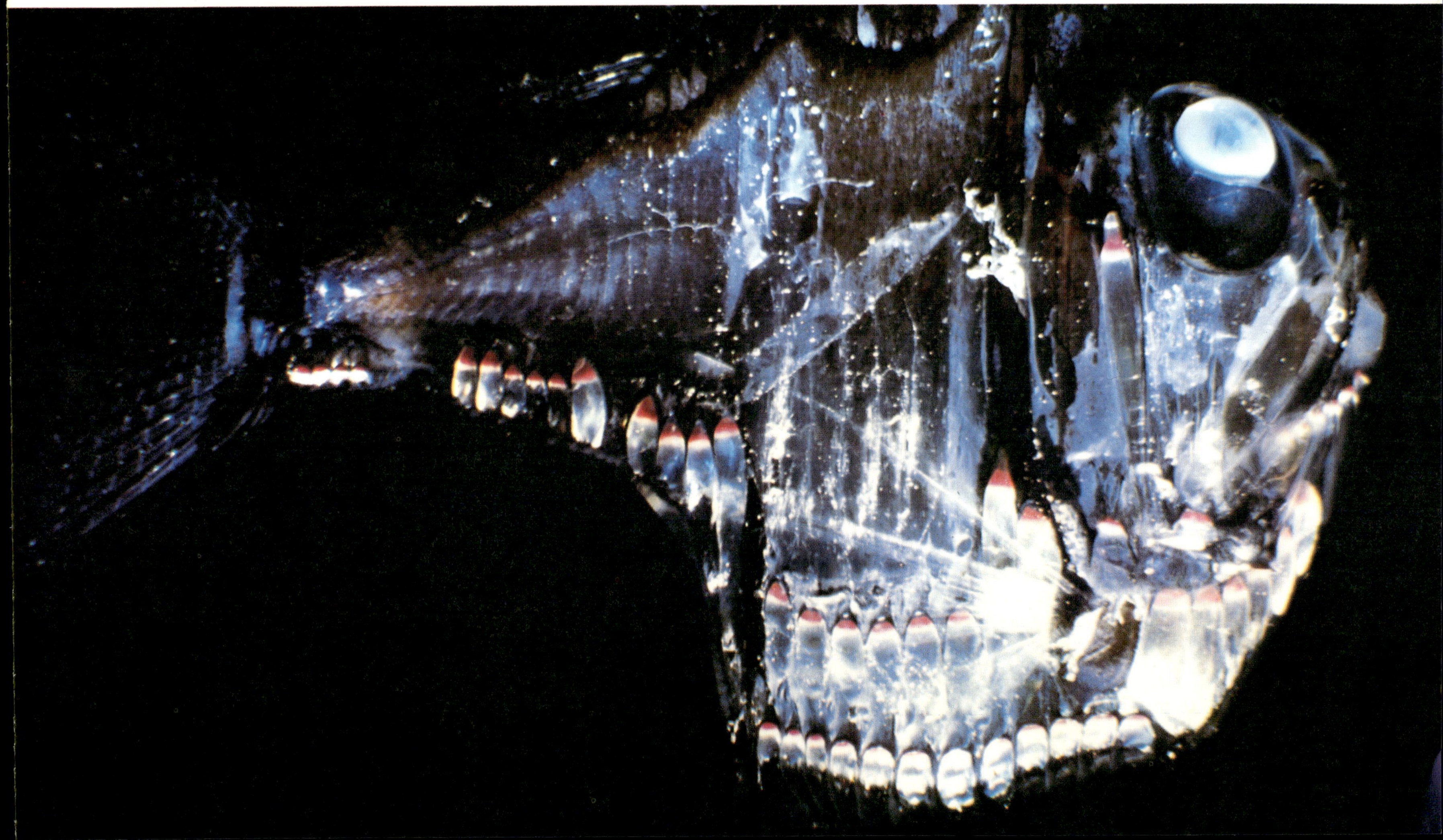

der Tiefsee viele Arten leben, gibt es doch sehr wenige Individuen. Die Fische begegnen sich daher nur selten, aber wenn es geschieht, muß daraus der größtmögliche Nutzen gezogen werden. Dies mag eine Erklärung dafür sein, warum viele Tiefseefische riesige, dehnbare Bäuche besitzen, in denen Beute Platz hat, die beträchtlich größer ist als der Jäger, ehe er sie verschlingt. Hierin liegt wohl auch der Grund für das merkwürdige Geschlechtsleben vieler Tiefseeangler. Ein junges Männchen ist etwas kleiner als das Weibchen, unterscheidet sich sonst aber kaum von ihm. Wenn es ihm gelingt, ein Weibchen ausfindig zu machen, heftet sich das Männchen mit Hilfe seiner Zähne nahe der Geschlechtsöffnung an die Partnerin. Dann beginnt es langsam zu degenerieren. Sein Blutkreislauf verbindet sich mit ihrem, und sein Herz wird schwach. Schließlich bleibt von ihm kaum mehr als ein Sperma erzeugender Beutel übrig, und damit befruchtet es für den Rest seines Lebens die Eier des Weibchens. Es nutzt das einzige Zusammentreffen mit einem Geschlechtspartner sehr gut.

Die tiefsten Bereiche des Ozeans liegen unterhalb der Meeresströmungen, und so ist das Wasser dort extrem ruhig. Dies wirkt sich auf die Form der Fische aus. Da sie nicht gegen Strömungen ankämpfen müssen, brauchen sie nur wenige Muskeln und sehen dadurch sehr zierlich aus. Viele von ihnen sind fast durchsichtig und erinnern an die Schöpfungen venezianischer Glasbläser. Außerdem können sich jene Fische, die direkt auf dem Grund leben, auf zarten, stelzenartigen Flossen fortbewegen.

Die tiefsten Stellen der Meeresbecken sind meist weit entfernt von den Gebieten, wo mineralische Teilchen vom Land hinabschweben. Die einzigen Partikel, die hier ankommen, stammen aus der Atmosphäre und sind vulkanischen Ur-

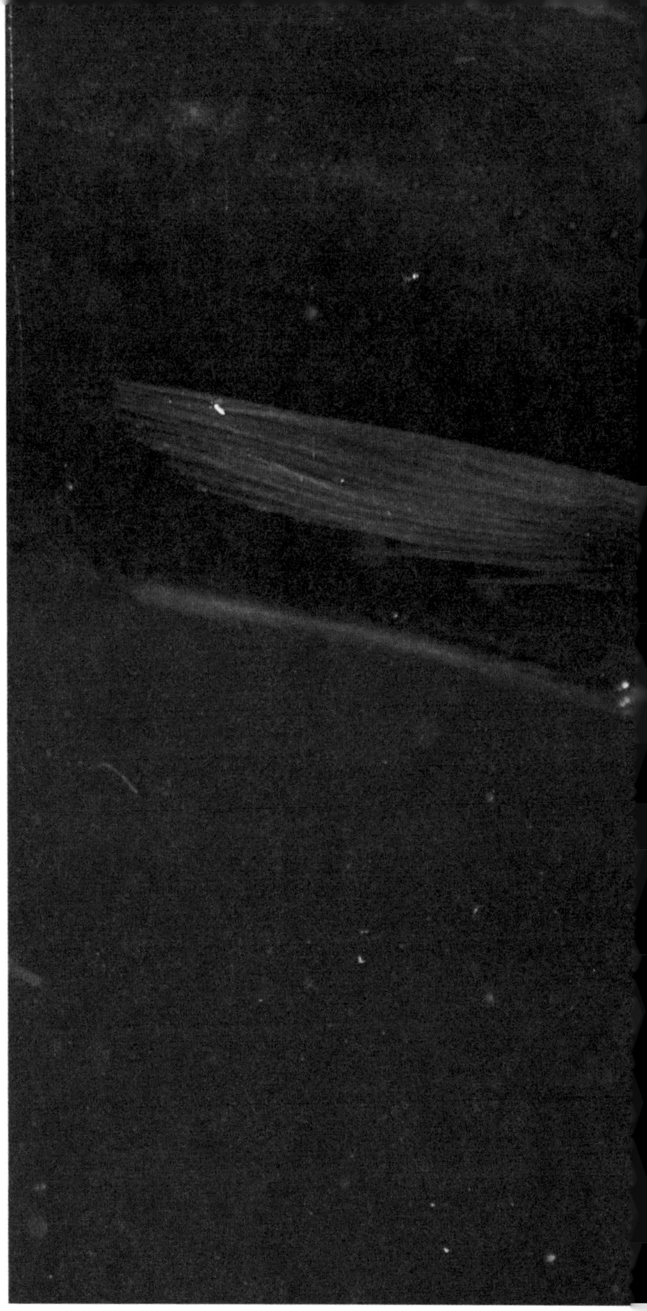

Seltene Mahlzeit
In den schwarzen Tiefen der Ozeane gibt es nur sehr wenige Fische. Ein Jäger trifft selten auf Beute, und wenn dies geschieht, darf er die Chance nicht ungenutzt lassen. Wie dieser Laternenfisch, der im Mittelmeer in einer Tiefe von 500 Metern lebt, haben die meisten Raubfische riesige Mäuler, mit denen sie die verschiedenartigsten Beutetiere verschlingen.

Vorteile der Meeresstille

Die meisten Fische haben an den Flanken mit den Seitenlinien Sinnesorgane, die auf Änderungen des Wasserdrucks reagieren und so Bewegungen in ihrer Umgebung wahrnehmen. In der Tiefsee ist das Wasser so still, daß selbst die leichteste Störung spürbar ist. Hier nutzen die Fische diesen Sinn sehr häufig. Beim Sackmäuler (oben) sitzen die Organe am Kopf aufgereiht. Die Stille macht es manchen Fischen wie den Schwarzen Schlingern (links) auch möglich, Beute zu verschlingen, die größer ist als sie selbst. In unruhigeren Wassern könnte dies für sie tödlich sein, da sie dadurch sehr schwerfällig schwimmen.

MITTELPUNKT DES OZEANS

Am stärksten brennt die Sonne am Äquator auf die Erde und heizt nicht nur das Land, sondern auch das Wasser auf. Dadurch entstehen im Wasser Strömungen, die nach Norden und Süden zu den kälteren Regionen fließen. Gleichzeitig werden die Strömungen durch die Drehung der Erde abgelenkt, und es bilden sich mächtige Ströme, die in den Ozeanbecken zirkulieren.

Im Zentrum vieler gewaltiger Strömungen ruht die See wie die Nabe eines Rads. Die Luft darüber, die den gleichen Kräften unterworfen ist, verhält sich ähnlich still, und so werden diese ruhigen Gewässer nur selten von starken Winden bewegt. Das außergewöhnlichste derartige Gebiet liegt im westlichen Teil des Nordatlantiks. Es ist eine riesige Wasserfläche von ungefähr 4,5 Millionen Quadratkilometern. Die ersten Menschen, die dorthin vordrangen, waren im 16. Jahrhundert die Portugiesen, die von Europa aus westwärts in die Neue Welt segelten. Als sie das Gebiet fast erreicht hatten, trat Windstille ein, und die Segel der Schiffe hingen schlaff herab. Noch alarmierender war, daß sie sich scheinbar einer Küste oder einem flachen Riff näherten, denn auf der Wasseroberfläche schwammen Tangstücke. Die Pflanzen trieben an der Oberfläche mit Hilfe kleiner, runder Schwimmblasen, welche die Seeleute an eine kleine Traubenart erinnerten, die in ihrer Heimat in Portugal wuchs. Deshalb gaben sie ihnen denselben Namen: Sargassum.

Weil der im Meer treibende Beerentang eine ungewöhnliche Erscheinung ist, berichteten die Seeleute in alter Zeit von Schiffen, die sich im dichten Tanggeflecht festgefahren haben sollen, und von Besatzungen, die einen grausamen Durst- und Hungertod gestorben seien. Tatsächlich aber bildet der Beerentang selten größere Flächen und niemals Teppiche von einer Größe, die ein Schiff ernsthaft behindern könnte. Er wächst an den Küsten des Golfs von Mexiko. Durch die Brandung werden viele Pflanzen abgerissen und mit dem Golfstrom in die Sargassosee geschwemmt. Beerentange können sich gut auf offener See halten und vermehren sich vegetativ. Bis heute bestimmten Botaniker mindestens acht verschiedene Arten dieser Tange.

Eine unfruchtbare See

Die Sargassosee ist wenig fruchtbar. Da die großen Meeresströmungen um sie herum und nicht durch sie hindurchfließen, können sie keine düngenden Nährstoffe von anderen Teilen der Erde dorthin transportieren. Auch gibt es keine Aufwärtsströmungen, die mineralhaltigen Schlamm aus der kalten Tiefe an die von der Sonne erwärmte Wasseroberfläche befördern. Lediglich einzellige Organismen, vor allem Blaualgen, sind außer den Beerentangen im Oberflächenbereich reichlich vertreten. In den Tangmatten existieren noch mehr Lebewesen. Bisher wurden dort 67 verschiedene

Eine perfekt getarnte Garnele *Wie bei fast allen Lebewesen der Sargassosee harmoniert ihre Färbung mit der des Tangs, doch hat die Garnele noch eine besondere Eigenschaft. Die weißen Flecken auf ihrem Körper ahmen die weißen Krusten an den Tangwedeln nach.*

Ein Sargassofisch klettert durch den Beerentang *Die zehn Strahlen an beiden Vorderflossen kann der Fisch wie Finger zusammenführen. Mit ihnen hält er sich fest, wenn er auf der Suche nach Beute durch die Pflanzen klettert. Er gehört der Familie der Seeteufel an, und wie seine Verwandten benutzt er die Stacheln auf seiner Nase als Angelrute.*

Tierarten entdeckt. Dies ist, verglichen mit anderen Bereichen des Ozeans, natürlich verschwindend wenig. Zu ihnen gehören kleine Krabben, Weichtiere, Seenadeln und Seepferdchen. Fast alle haben eine gelblichbraune Färbung.

In diesem öden Teil des Ozeans leben die Aale. Jedes Jahr versammeln sie sich in der Sargassosee zum Laichen. Danach gehen sie ein. Wenn die jungen Aale geschlüpft sind, treten sie, unterstützt durch die Meeresströmungen, eine Reise an, die mehrere Jahre dauert. Manche schwimmen nach Nordamerika, andere über Tausende von Kilometern nach Europa und steigen dort die Flüsse hinauf. Hier leben sie bis zu 15 Jahre. Dann schwimmen sie wieder ins Meer und kehren, der Strömung folgend, in die Sargassosee zurück, wo sie ablaichen und sterben.

Die Verwandten der Kolumbuskrabbe *Dieses Tier, auch Sargassumkrabbe genannt, ist nicht mit schwimmenden, sondern mit kletternden Arten verwandt. Wenn Seeleute es einst entdeckten, meinten sie, sie näherten sich Klippen oder dem Land.*

sprungs. Knochen und Kalkschalen lösen sich unter dem enormen Druck auf, den das Wasser in der Tiefe ausübt. Beständiger sind Skelette des Phytoplanktons, die aus Silikaten bestehen, und seltsamerweise auch Gehörknochen von Walen, Kiefer von Kalmaren und Zähne von Haifischen. Aufgrund des großen Drucks werden einige der im Wasser gelösten Mineralien ausgefällt, und viele der tiefsten Bereiche des Meeresgrunds sind übersät mit Magnesium-, Eisen- und Nickelknollen, von denen manche die Größe von Weintrauben, andere die von Kanonenkugeln haben. Aber selbst hier konnten die Forscher der Tiefsee Hinweise auf Leben finden – Spuren im Schlamm, hinterlassen von Würmern, die sich durch ihn hindurchfressen, um ihm auch das letzte eßbare Teilchen abzuringen.

Doch ein großer Teil des Schlamms ist ungenießbar, selbst jener, der durch Überreste oder Exkremente von Tieren, die weiter oben leben, entstanden ist. Er hat sich in seine chemischen Bestandteile zersetzt, etwa in Phosphate oder Nitrate, die nur von Bakterien und Pflanzen wieder in organische Substanz umgewandelt werden können. Aber da in diesen lichtlosen Tiefen keine Algen leben, bleibt der fruchtbare Schlamm außerhalb der Reichweite des Phytoplanktons, bis er durch Stürme aufgewühlt wird.

Ein warmer Fluß im Meer

Eine Meeresströmung, die Karibische Strömung, stellt die Fortsetzung des Südäquatorialstroms dar. Sie durchzieht ein relativ flaches Becken vor der Ostküste Mittelamerikas und wird von den Westindischen Inseln begrenzt. Die durch die Erddrehung entstehenden Kräfte, unterstützt von den Passatwinden, drücken die Karibische Strömung zwischen Kuba und der Halbinsel Yucatán nach Norden und Westen in den Golf von Mexiko. Von dort aus steigt sie wie ein mächtiger, warmer, 80 Kilometer breiter und 500 Meter tiefer Fluß weiter durch das kältere Wasser des Westatlantiks die Ostküste Amerikas hinauf, wobei sie viel tropisches Plankton mit sich führt. Dies ist der Golfstrom. Nachdem er etwa 5000 Kilometer zurückgelegt hat, trifft er auf eine andere große, aber kalte Strömung, die von der Arktis nach Süden fließt: den Labradorstrom. Die warme und die kalte Luft, die die beiden Strömungen begleiten, vermischen sich, und es entsteht Nebel, der das ganze Jahr über dem Meer liegt. Darunter brodelt und kocht das Wasser.

Zufällig erhebt sich an jener Stelle, an der die beiden Ströme aufeinandertreffen, die Große Neufundlandbank, ein 300 Kilometer breites und 500 Kilometer langes untermeerisches Plateau, aus den Tiefen des Atlantiks. Sie liegt so nahe an der Oberfläche, daß sich das darüberliegende Wasser durch die Reflexion der Sonnenstrahlen besonders stark erwärmt und das Phytoplankton üppig gedeihen kann. Aber im Gegensatz zu anderen Stellen im Ozean wird der Nährstoffvorrat niemals erschöpft, denn die Strömungen, die von allen Seiten gegen die Erhebung schlagen, befördern den fruchtbaren Schlamm der Tiefsee dauernd nach oben. Infolgedessen bildet sich hier ständig eine außerordentlich nährstoffreiche Planktonsuppe nach, und Fischschwärme gedeihen hier besser als sonst irgendwo.

Direkt vom Phytoplankton ernährt sich die Lodde, ein kleiner Lachsfisch. Während des Sommers färben riesige Loddenschwärme das Wasser an den Sandküsten Neufundlands dunkel. Bei Springflut kommen sie an die Küste und schwimmen mit dem Hochwasser bis zum Strand. Jede Welle trägt Abertausende mit sich. Sobald sie die Fische auf dem Sand abgesetzt hat, graben die Weibchen mit einer hastigen Drehung ihres Körpers eine flache Grube und legen ihre Eier hinein. Die Männchen stoßen daneben ihr Sperma aus. Dann trägt die nächste Welle sie ins Meer zurück. Fast alle Fische sterben nach dem Laichen, und ihre fahlen Körper werden in riesigen Haufen in den Untiefen vor der Küste zusammengeschwemmt.

Die Loddenschwärme locken viele andere Fische an. Sie dienen Millionen von Dorschen als Nahrung. Seevögel stoßen vom Himmel auf sie herab, und Tölpel, die nach ihnen tauchen, schlagen schwer ins Wasser. Zwischen ihnen paddeln Dreizehenmöwen und Tordalken. Robben durchschneiden die aufgewühlten Wasser und tun sich an den winzigen Lodden gütlich. Die imposantesten Jäger aber sind die Buckelwale, die jedesmal, wenn sie ihr Maul aufmachen, Zehntausende von Fischen hinunterschlucken.

Auch der Mensch findet sich ein, um an dem Reichtum teilzuhaben. Seit der Entwicklung der Fischereiindustrie ist die Große Neufundlandbank immer stärker ausgebeutet worden. Jahr für Jahr machten sich die Fischer neue Methoden zunutze, um mit Hilfe von Radar und Sonar die Schwärme zu orten. Neue Netze und Techniken verhalfen ihnen zu immer größeren Fängen. Aber selbst die Große Neufundlandbank ist nicht unerschöpflich. Heute stehen moderne Fischfabriken, die erst vor wenigen Jahren in der Annahme errichtet wurden, daß der Reichtum nie versiegt, verlassen da. Nun finden die Fischer immer weniger in ihren Netzen. Die Gier des Menschen hat sogar den Fortbestand der reichsten und fruchtbarsten Region unseres Planeten bedroht.

Reichgedeckter Tisch der Meere

Meeressäugetiere und Seevögel legen große Strecken zurück, um an den Küsten Neufundlands junge Lodden zu verspeisen. Im Wasser stellen ihnen Robben und Dorsche nach, aus der Luft werden sie durch Seevögel bedroht, und aus der Tiefe kommen die Buckelwale nach oben, um sie gleich tonnenweise in ihrem riesigen Maul zu sammeln. Dieses Festessen kann sich über mehrere Wochen hinziehen. Dann zerstreuen sich die Vögel, und die Wale zerteilen ein letztes Mal mit ihren Schwanzflossen das Wasser, ehe sie abtauchen und davonschwimmen.

Schöne neue Welt

Der Mensch schafft neue Lebensräume aus Beton und Stahl, Kunststoff, Glas und Stein. Doch er verändert auch die Erde, indem er Nahrungsquellen und Rohstoffe immer mehr ausbeutet.

Lebewesen sind außerordentlich anpassungsfähig. Tier- und Pflanzenarten verändern sich etwa gleich schnell, wie sich das Klima und die geographische Beschaffenheit der Erdoberfläche wandeln. Eulen, die in den hohen Norden zogen, entwickelten ein dickeres, helleres Gefieder, das sie heute in der schneebedeckten Tundra wärmt und tarnt. Wölfe, deren Lebensraum sich in eine Wüste verwandelte oder die ihre Territorien dorthin ausdehnten, verloren ihren dicken Pelz, damit sich ihr Körper nicht überhitzt. Antilopen, die aus den Wäldern kamen, um in der Steppe zu grasen, bekamen längere Beine und wurden flinke Läufer, denn nur so können sie den Gefahren eines Lebens in der offenen Landschaft begegnen.

Auch der Mensch bewies schon sehr früh große Anpassungsfähigkeit. Die Eskimo in der Arktis bekamen kurze, untersetzte Körper, die nicht so viel Wärme abgeben wie große. Die Indianer im Amazonas-Regenwald sind hochgewachsen und haben lange Gliedmaßen – eine Körperform, die mehr Wärme abgibt. Menschen, die in Gegenden mit intensiver Sonneneinstrahlung leben, haben eine dunkle Haut. Bewohner kühlerer Regionen, in denen die Sonne selten und so schwach scheint, daß sie kaum ausreicht, um die Bildung von Vitaminen im Körper anzuregen, haben dagegen eine hellere Haut.

Vor etwa 12 000 Jahren erwarb der Mensch neue Fähigkeiten. Weil damals die Lebensbedingungen für ihn sehr ungünstig waren und der Körper sich nicht so rasch anpaßte, wie dies notwendig gewesen wäre, gestaltete er seine Umgebung um. Er veränderte das Land, auf dem er lebte, und griff auch in die Tier- und Pflanzenwelt ein, auf die er angewiesen war. Erste Schritte in diese Richtung machten Menschen in Vorderasien. Es waren Nomaden, die wilde Tiere jagten und Wurzeln, Blätter und Früchte sammelten. Oft folgten Wölfe den jagenden Menschen und holten sich von den erlegten Beutetieren die übriggelassenen Eingeweide. Vielleicht war es manchmal auch umgekehrt, und ein Wolfsrudel erlegte ein Beutetier, von dem auch die Jäger ihren Teil forderten.

Muster, die Pflüge hinterließen
Wenn der Mensch Ackerbau treibt, nimmt er zunächst alle Pflanzen aus dem Boden und setzt ihn Wind und Regen aus. Geht er dabei zu sorglos vor, kann der Boden leicht zerstört werden. Hier hat ein amerikanischer Farmer Erbsen um seine Maisfelder gesät. Nachdem nun die Ernte eingebracht ist, pflügt er die Erbsenpflanzen unter. So schützt er die Erde vor Erosion durch heftige Winterregen.

Menschen und Wölfe bewohnten nicht nur die gleichen Landstriche und teilten sich die Beute, sondern sie besaßen auch das gleiche soziale Gefüge. Beide jagten in Gruppen, und beide hatten komplizierte Rangordnungen, innerhalb derer sich durch Unterwerfung und Beherrschung eine Autoritäts- und Machtstruktur herausbildete. Schließlich gingen die beiden ein Bündnis ein.

Wölfe werden gezähmt

Man kann sich leicht vorstellen, wie es dazu kam. Einige der frühen Jäger fingen junge Wolfswelpen und zogen sie auf. Vielleicht nahmen sich Mütter sogar verwaister Welpen an und gaben ihnen Milch zu trinken. Die jungen Wölfe, die in der menschlichen Gemeinschaft aufwuchsen, erkannten das Oberhaupt der Familie als Führer an, so wie die in Rudeln lebenden Wölfe das Leittier. Als sie dann ausgewachsen waren, blieb diese Rangordnung bestehen, und sie folgten ihrem Herrn auf die Jagd, gehorchten seinen Anweisungen und wurden mit einem Anteil an der Beute belohnt.

Zu den Tieren, die der Mensch und der Wolf damals jagten, gehörten Wildschafe. Der Mufflon, das kleinste Wildschaf der Erde, das heute auf Sardinien und Korsika noch wild vorkommt, ähnelt vermutlich den damaligen Wildschafen. Sowohl die Männchen als auch die Weibchen tragen kreisbogenförmig geschwungene Hörner. Die des Männchens sind wesentlich schwerer als die des Weibchens. In der kalten Jahreszeit wächst dem Mufflon ein wolliges Winterkleid, das er im Sommer wieder verliert. Möglicherweise entwickelte der Mensch vor etwa 8000 Jahren eine besondere Beziehung zu diesen Tieren, doch muß sich alles anders abgespielt haben als beim Wolf, dem späteren Hund. Vielleicht folgte der Mensch den Mufflons einst wie heute den Rentieren, die die Tundra und die nördlichen Waldgebiete von Europa, Asien und Amerika bewohnen.

Die Rentiere wandern umher, denn ihre Weidegründe sind vor allem im Winter so karg, daß sie ständig von einer Fläche zur anderen ziehen müssen, um neues Moos, Flechten oder einige Blütenpflanzen zu finden. Ihnen folgen die Lappen – Nomaden, die ursprünglich vielleicht in Mitteleuropa heimisch waren und vor etwa 10 000 Jahren in die Arktis zogen. Für diese Menschen bilden Rentiere die Existenzgrundlage und versorgen sie mit allen lebenswichtigen Dingen: mit Fleisch und Milch, dichten Fellen für die Kleidung, Häuten für Zelte, Sehnen zum Nähen, ungegerbtem Leder für Seile und Geweihen oder Knochen für Werkzeuge. Die Lappen sind aber keine Jäger im herkömmlichen Sinn, denn die Rentiere leben heute nicht mehr vollkommen wild.

Auch wenn die Lappen die Wanderungen der Tiere nicht lenken, betrachten einzelne Familien bestimmte Herden als ihr Eigentum und ebenso die Kälber, die im Frühjahr zur Welt kommen. Junge Männchen werden jedoch oft von den ranghöheren Hirschen aus der Herde vertrieben und ziehen fort, um eigene Herden zu gründen. Dann können sie ihren Besitzern verlorengehen. Werden sie aber kastriert, fordern sie die Leithirsche nicht heraus und bleiben in der Herde. Deshalb fangen die Lappen ihre Tiere jedes Jahr ein und kastrieren sie.

Halb wild, halb gezähmt
Die meiste Zeit des Jahres ziehen die Rentiere in Lappland frei umher, um Nahrung zu suchen. Nur manchmal lenkt die Lappenfamilie, der die Tiere gehören, ihren Weg. Doch einmal im Jahr wird die Herde zusammengetrieben, damit Jungtiere markiert und die heranwachsenden Männchen kastriert werden können.

Einige der jungen Männchen dürfen natürlich nicht kastriert werden, damit der Fortbestand der Herde gesichert ist. Es liegt nahe, für diesen Zweck jene Tiere auszuwählen, die am unterwürfigsten sind und auch dann höchstwahrscheinlich bei der Herde bleiben, wenn sie sexuell aktiv werden. Diese Auswahl findet seit vielen Jahrhunderten statt, und so haben die Lappen – vielleicht ohne es zu wollen – ihre Rentiere selektiv gezüchtet. Heute bleiben sie das ganze Jahr über in großen Herden zusammen, die aus mehr als 1000 Tieren bestehen können – eine Verhaltensweise, die dem vollkommen wilden nordamerikanischen Verwandten des Rentiers, dem Karibu, fremd ist.

Der Ur wird gezähmt

So schuf der Mensch schließlich viele Herden gezähmter Schafe und Ziegen. Etwa 1000 Jahre lang blieben sie seine einzigen domestizierten Fleischlieferanten. Schließlich gelang es ihm, auch Rinder zu zähmen. Dies muß sehr viel schwieriger und auch recht gefährlich gewesen sein. Das Wildrind, welches vor 8000 Jahren Europa und Vorderasien durchstreifte – der Ur –, war ein gewaltiges Tier. Das letzte starb vor 300 Jahren in den Wäldern Polens, doch kennen wir aufgrund von Knochenfunden seine Größe, und Malereien an Höhlenwänden in Frankreich und Spanien, die von Jägern einer sehr viel früheren Periode geschaffen wurden, zeigen uns, wie eindrucksvoll der Ur war. Er erreichte eine Schulterhöhe von zwei Metern. Die Bullen waren schwarz und hatten einen weißen Strich auf dem Rükken; Kühe und Kälber waren etwas kleiner und rostbraun. Sie müssen furchteinflößend gewirkt haben, aber dennoch jagte sie der Mensch. Es war wohl eine sehr erfolgreiche Jagd, denn man hat die Überreste seiner Beutetiere und Festmähler gefunden. Aber die Menschen jagten den Ur nicht nur, sondern beteten ihn auch an. In Çatal Hüyük, einem vorgeschichtlichen Ruinenhügel in der Türkei, dessen Besiedlung etwa bis ins Jahr 6500 v. Chr. zurückreicht, entdeckte man einen Raum, in dem Hörner des Urs auf einer Tonbank aufgereiht waren. Dabei kann es sich nur um eine Kultstätte handeln.

Lange Zeit wurde das Wildrind verehrt. Bei den Hindus gilt die Kuh heute noch als heilig. Im Mithraskult spielte der Stier eine wichtige Rolle, und die Anhänger brachten ihn als Opfer dar. Das rituelle Töten von Stieren in einer Arena findet man im Stierkampf wieder. Im Lauf der Jahrhunderte wurden die Rinder gezähmt, und der Mensch begann sie selektiv zu züchten, um eine Rasse zu schaffen, die seinen Bedürfnissen am besten entsprach. Es ist nicht verwunderlich, daß zu den ersten Erbabänderungen eine Verringerung der Größe gehörte, denn Tiere, die so groß wie der Ur waren, konnte man nur sehr schwer bändigen.

Einige dieser frühen domestizierten Rassen gibt es auch heute noch. Im Norden Englands wurde im 13. Jahrhundert eine Herde eingehegt, deren Nachfahren nach wie vor in einem von hohen Mauern umgebenen Park in den Cheviot Hills leben. Obgleich diese Rinder, verglichen mit dem Ur, harmlos wirken, sind die Bullen immer noch außerordentlich aggressiv. Wenn sich ein Mensch nähert, bilden sie – die Hörner nach außen gewendet – einen Ring und sind bereit, jeden Störenfried anzugreifen. Ein großer Bulle beherrscht die ganze Herde. Er deckt die Kühe und kämpft mit den jungen Männchen, die ihn herausfordern. Nach zwei oder drei Jahren unterliegt er schließlich und muß seinen Platz räumen. Niemand versucht, diese Tiere zu bezwingen, und wenn ein Mensch ein Kalb berührt hat, wird es angeblich von der Herde getötet.

Die Rinder in den Cheviot Hills haben im Gegensatz zum wilden Ur eine reinweiße Färbung. Dieser Unterschied mag bedeutungsvoll sein, denn viele gezähmte Tiere sind weiß oder gescheckt. So wie Schafe und Ziegen zeigen auch später hinzugekommene Haustiere, wie Schweine, Pferde oder die Lamas der Neuen Welt, diese auffällige Färbung. Wenn solche Exemplare durch eine Laune der Natur in einer Population wildlebender Tiere auftreten, sind sie beträchtlich im Nachteil, denn sie werden von Feinden rasch entdeckt. Da diese Gefahr nicht besteht, wenn die Tiere bei Menschen leben, kann sich dort die Erbabänderung weiterentwickeln. Da die Hirten die in den Wäldern grasenden Tiere besser sehen konnten, haben sie diese lebhafte Färbung vielleicht sogar bevorzugt und deshalb zu einem sehr frühen Zeitpunkt helle Tiere selektiert und gezüchtet.

Seltene Besucher einer Monokultur
Monokulturen sind großen Gefahren ausgesetzt. Da Schädlinge nicht von anderen Tier- oder Pflanzenarten aufgehalten werden, breiten sie sich rasch aus und vernichten riesige Anbauflächen. Wenn der Landwirt pflügt, folgen ihm hin und wieder einige Vögel, hier Möwen, die keinen Schaden anrichten und darum geduldet werden. Andere Tiere – oder Pflanzen – werden hingegen mit allen Mitteln bekämpft.

Die Urbarmachung des Landes

Ungefähr zur gleichen Zeit, als der Mensch Tiere zu züchten begann, befaßte er sich auch mit den Pflanzen. Schon lange hatte er Grassamen gesammelt und gegessen, so wie die Buschmänner der Kalahari und die Aborigines Australiens das heute noch machen. Gräser, die besonders kräftige Samen ausbildeten, wurden von Frauen, denen vermutlich die Arbeit des Sammelns oblag, ausgewählt. Als die Stämme seßhaft wurden und feste Siedlungen errichteten, besaßen die Gräser, die nun ausgesät wurden und schon als Getreide bezeichnet werden können, diese Eigenschaft. So schuf der Mensch, ohne von den Gesetzen der Züchtung etwas zu wissen, eine neue Pflanzenart, die nicht nur ergiebiger war, sondern sich auch leichter ernten ließ. Er lichtete das Land um seine Siedlungen, fällte Bäume und riß Büsche aus, um Platz für seine Nahrungspflanzen zu schaffen. Der Mensch war zum Bauern geworden.

Die neuen Pflanzen- und Tierarten verbreiteten sich in Vorderasien allmählich von Dorf zu Dorf und gelangten schließlich nach Europa. Im Lauf größerer Zeiträume gestalteten die Menschen die Landschaft um. Wie dramatisch und umfassend diese Veränderungen letzten Endes waren, läßt sich am Beispiel Großbritanniens sehr gut demonstrieren. Vor 10 000 Jahren waren die Britischen Inseln fast vollkommen von Wald bedeckt. Im Norden Englands und in Schottland gab es immergrüne Kiefernwälder, im Süden gemischte Laubwälder, in denen Eichen, Linden und Ulmen vorherrschten und auch Haselnußsträucher, Birken, Erlen und Eschen gediehen. Nur die Berghänge oberhalb von 700 Metern und die Moore waren nicht bewaldet. Seit Tausenden von Jahren lebten Menschen in den Wäldern, doch bis dahin hatten sie sie kaum verändert. Sie sammelten Haselnüsse und Wildfrüchte und jagten mit Hilfe ihrer Hunde Rotwild, Elche, Biber, Rentiere und Wildschweine. Dann kamen vor etwa 5500 Jahren Bauern vom europäischen Festland nach Südengland. Sie brachten Weizen, Schafe und Rinder mit. Mit Steinäxten rodeten sie die Wälder, um Raum für Siedlungen, Weiden für das Vieh und Felder für den Anbau von Getreide zu schaffen.

Heute vertreten viele Leute die Meinung, daß die Landschaft, die diese Menschen schufen, charakteristisch für das ursprüngliche England sei, etwa das von Gras bedeckte Kreidehügelland im Süden, über das sich im Frühjahr ein goldener Schleier aus Schlüsselblumen breitet und auf dem im Sommer dicht gedrängt leuchtende Blumen wachsen, während Lerchen ihre silberhellen Lieder in den klarblauen Himmel schmettern. Tatsächlich aber ist alles in dieser Landschaft, von der Form der Kreidehügel abgesehen, durch den Einfluß des Menschen und seiner Tiere entstanden. Das Vieh verhinderte, daß sich der gerodete Wald regenerierte, da es die jungen Schößlinge abfraß. Ähnliche Veränderungen vollzogen sich in jedem Landstrich Großbritanniens. Die Norfolk Broads, jene Wildnis aus Schilf und Wasserflächen, sind nicht etwa natürliche Seen, sondern Gruben, die Torfstecher im Mittelalter zurückgelassen hatten und die sich später mit Wasser füllten. Wo sich heute die vom Heidekraut bewachsenen Gebiete des Schottischen Hochlandes ausdehnen, standen einst Kiefernwälder, von denen einige erst vor 200 Jahren gerodet wurden. Der Mensch förderte an ihrer Stelle die Verbreitung der Heidelandschaften, damit sich die Rauhfußhühner, die sich von Beeren und Körnern ernähren, rasch vermehrten. Und er hält diese Bedingungen aufrecht, indem er die Flächen alle 10 bis 15 Jahre systematisch abbrennt. Die uniformen Koniferenplantagen, welche die Hänge vieler Berge Großbritanniens überziehen, sind nur zu offensichtlich das Werk des Menschen, aber selbst die Mischwälder und Haine, die dem Tiefland eine besondere Note verleihen und einer

Vielzahl von Tieren Lebensräume gewähren, wurden größtenteils angepflanzt, um dem Wild Schutz zu bieten und um Bauholz zu gewinnen.

So wie der Mensch die Landschaften Großbritanniens veränderte, beeinflußte er auch die Tiere, die dort lebten. Jene, die ihm gefährlich erschienen, wie Wölfe und Bären, löschte er bewußt aus. Andere, etwa Biber, Rentiere und Elche, gingen unbeabsichtigt unter. Er jagte sie zu stark und zerstörte ihre Lebensräume. Gleichzeitig siedelte er dort andere Tiere an. Im zwölften Jahrhundert führte er Kaninchen ein, die ursprünglich im Mittelmeerraum heimisch waren, da sie ihm Fleisch und Felle lieferten. Innerhalb von zwei Jahrhunderten waren sie zu den häufigsten größeren Vierfüßern geworden. Etwa zur gleichen Zeit brachte er auch Fasane ins Land, die ursprünglich aus dem Kaukasus stammten. Seitdem kamen immer wieder neue Rassen dieses Vogels hinzu, von denen die bedeutendste der Jagdfasan aus China ist. Auch sie sind heute weitverbreitete Bewohner. So wurden in Großbritannien über die Jahrhunderte immer mehr Lebewesen eingeführt, und heute gibt es mindestens 13 Säugetier-, zehn Vogel-, drei Amphibien- und zehn Fischarten aus fremden Ländern, die hier eine neue Heimat fanden.

Die Züchtung von Hunden

Der Mensch formte die Haustiere weiter und paßte sie seinen Bedürfnissen an. Er züchtete Schafe mit dickerem Fell, welches im Sommer nicht ausging, sondern das ganze Jahr über gleich dicht war. Nun konnten die Tiere geschoren werden, wann die Hirten Wolle brauchten. Rinder, die nicht mehr so angriffslustig waren und viel Milch gaben, wurden herangezogen.

In besonderem Maße aber veränderte der Mensch die Eigenschaften der Hunde. Er züchtete große Doggen, die kraftvolle Beschützer und Verteidiger ihres Herrn und seines Besitzes sind. Bekannt ist unter anderen die Deutsche Dogge, die – wie die anderen Doggen auch – von den tibetischen Molossern abstammt. In den Polargebieten Eurasiens wurden die Sibirischen Huskys, die sich schon vor ungefähr 2000 Jahren entwickelt hatten, als Schlittenhunde gezüchtet und dafür ausgebildet. Ein alter Begleiter des Menschen ist auch der Schäferhund. Er ist wohl vor 10 000 Jahren aus dem nordeuropäischen Wolf hervorgegangen und zeichnete sich stets durch Mut und Intelligenz aus.

Für die Jagd hat der Mensch die verschiedensten Hunderassen gezüchtet. Bekannt und beliebt ist der Dachshund, der sich durch einen hervorragenden Geruchssinn auszeichnet und Wild selbst dann aufspürt, wenn es nur ein paar Tropfen Blut verloren hat. Kampfeslustig ist der Jagdterrier, der vor allem auf Füchse und Dachse angesetzt wird. Auch die kräftigen, sehr widerstandsfähigen Vorstehhunde waren schon früh unentbehrlich für die Jagd. Zu ihnen zählen die heutigen Rassen, wie der Große und der Kleine Münsterländer, der Setter und der Spaniel.

Eine Gruppe für sich bilden die sogenannten Haushunde. Zu ihnen zählen auch die Zwerghunde, die verhältnismäßig spät – zur Zeit der Renaissance – gezüchtet wurden und die Lieblinge von Hofdamen und reichen Bürgersfrauen waren. An-

Ein lustiger Flickenteppich

In Ländern, in denen kleinere Felder im Familienbetrieb bewirtschaftet werden, wie hier im Iran, sind Monokulturen für internationale Märkte mit allen ihren Vorteilen und auch Gefahren nicht möglich. Statt dessen erstreckt sich um die Siedlungen herum ein Flickenteppich aus eingefriedeten Gärten. Auf jedem Fleckchen werden in Intensivkultur solche Pflanzen angebaut, die für den täglichen Gebrauch am wichtigsten sind.

Unterschiedliche Ansprüche der Kulturen
Die Reisterrassen Javas (unten) müssen genau horizontal sein, weil Reis meist in flachem Wasser wächst. Sie werden den Oberflächenformen eines Geländes angepaßt. Die Orangenbäume (oben) sind geradlinig gepflanzt worden. Auf diese Weise lassen sich die Plantagen mit landwirtschaftlichen Maschinen am besten pflegen und die Bäume mühelos abernten.

dere Haushunde, etwa die Pinscher und die Schnauzer, sind verläßliche Wachhunde, die sich gut ausbilden lassen.

Auch Pflanzen wurden überall auf der Erde gezüchtet und durch die Seefahrer nach Europa gebracht. In unseren Küchengärten wachsen heute Gemüsearten aus aller Welt: Kartoffeln, Zuckermais und Tomaten, die erstmals wahrscheinlich in den Anden kultiviert worden sind. Der Rhabarber kam vermutlich aus China und der Spinat aus dem Kaukasus, aus Pakistan und dem Iran. Die Busch- und die Feuerbohnen stammen ursprünglich aus Mittel- und Südamerika. Die Heimat der Aubergine ist das tropische Ostindien. Die Stammform der Kulturgurken kommt aus dem Himalaja. Aus diesen Pflanzen wurden im Lauf der Jahrhunderte die verschiedensten Sorten gezüchtet, wobei die schmackhaftesten Teile stark vergrößert wurden.

Eine Umwelt aus Menschenhand

Darüber hinaus schuf der Mensch neuartige Lebensräume. Er baute Dörfer, aus denen sich im Lauf der Zeit Städte entwickelten. Die ersten entstanden in Vorderasien, offenbar ungefähr zu der Zeit, als man Pflanzen und Tiere zu züchten begann. Solche Siedlungen, deren Einwohnerzahl manchmal schon mehrere Hundert erreichte, wurden aus luftgetrockneten Lehmziegeln errichtet und waren zunächst nicht lebensfeindlich. Pflanzen fanden in dem bröckelnden Mauerwerk leicht Halt, überall gab es Ecken, in denen Spinnen ihre Netze webten, und Abfallhaufen boten Feldmäusen Unterschlupf. Doch der Mensch entwickelte ein immer größeres technisches Geschick, und als er dann zum Bauen dauerhaftes Material verwendete, wie Steine oder gebrannte Ziegel, und die Straßen pflasterte, da wurden die Städte für wildlebende Tiere immer unwirtlicher. Heute ist der Mensch als Ingenieur so einfallsreich, als Hersteller neuer Materialien so erfinderisch, daß sich in seinen Städten oft wenig findet, was nicht aus seiner Hand stammt. Man kann sich kaum einen Ort vorstellen, der der Natur mehr entfremdet ist als das Sears Building in Chicago. Mit 450 Metern ist es das höchste Gebäude, das jemals gebaut wurde. Das Skelett besteht aus Stahlträgern, die Außenflächen sind aus bronzefarbenem Glas und rostfreiem Stahl. Jeden Morgen finden sich in dem Gebäude 12000 Menschen ein und verbringen dort den Tag. Sie atmen gereinigte, befeuchtete und temperierte Luft ein. Viele Kilometer im Umkreis ist die Erde unter Asphalt und Beton verschwunden, die Luft von Autoabgasen erfüllt. Fast könnte man meinen, daß in solchen Städten kein Platz für andere Lebewesen als für die Menschen ist. Und doch haben sich auch hier Pflanzen und Tiere angepaßt, so wie an jeden anderen Lebensraum der Erde. Sie kommen nicht nur mit diesen neuen Bedingungen zurecht, sondern ziehen sie in manchen Fällen sogar anderen vor.

Aufgezwungene Architektur
Die traditionellen Lehmhütten der Songhai im zentralafrikanischen Mali (ganz links) waren rund und hatten Strohdächer. An sie schloß sich eine Reihe kleinerer Kornspeicher an. Als der Islam Staatsreligion wurde, änderte sich der Baustil, denn die Häuser der Mohammedaner sind rechteckig und flach. Ein solches Haus zu besitzen gilt als modern und als ein Zeichen der Loyalität gegenüber dem Staat. So wandelten sich die Songhai-Dörfer. Auch im islamischen Iran entstand eine neue Architektur (links). Architekten aus der Sowjetunion, die ins Land gerufen worden waren, errichteten direkt aneinandergereihte Häuserblocks, die eher für in Großstädten wohnende große Menschenmengen geeignet wären.

Vom Ätna bis nach Großbritannien

Die Sterilität des Mauerwerks und der Betonwände der Städte findet in der Natur ein Gegenstück: die Aschenfelder und Lavaflächen der Vulkane. Pflanzen, die den einen Lebensraum besiedeln, können mitunter auch in dem anderen vorkommen. Im 18. Jahrhundert sammelte ein Botaniker aus Oxford an den Hängen des Ätnas auf Sizilien leuchtendgelb blühende Pflanzen, die zu der Familie der Korbblütler gehören und deren lateinischer Name Senecio squalidus lautet. Er pflanzte sie im botanischen Garten der Universität, und dort gediehen sie bis zum Ende des Jahrhunderts nicht nur sehr gut, sondern siedelten sich auch auf den Kalksteinwänden der Collegegebäude an.

Mehrere Jahrzehnte lang breiteten sie sich nicht weiter aus. Doch als um die Mitte des 19. Jahrhunderts im ganzen Land Eisenbahnlinien gebaut wurden, deren Dämme und Böschungen ständig mit glühenden Kohlen- und Aschenteilchen der Lokomotiven besprüht wurden, stellten sie sich schon bald entlang der Schienen ein und eroberten neue Gebiete. Heute gibt es in Großbritannien kaum mehr eine Stadt, wo man sie auf verlassenen Grundstücken zwischen bröckelndem Mauerwerk nicht findet.

In der Geschichte des Waldweidenröschens, welches auf den Hängen nordamerikanischer Vulkane wächst und seit kurzem die von Aschen bedeckten Flächen des Mount St. Helens wiedererobert, ereignete sich ähnliches. Im letzten Jahrhundert kam die Pflanze in Großbritannien nur selten vor, doch nachdem zahlreiche Häuser großer Städte während des Zweiten Weltkriegs durch Bomben zerstört worden waren, gedieh das Waldweidenröschen plötzlich üppig und hüllte die Ruinen in dichte violette Schleier ein. Heute gehört es zu den verbreitetsten Wildpflanzen Großbritanniens, die in Städten gedeihen.

Auch Tiere fanden in den von Menschenhand geschaffenen Lebensräumen eine neue Heimat. Die moderne Architektur hat Gebäude entstehen lassen, deren Fassaden fast die gleichen Nistbedingungen bieten wie die Wände einer Klippe, so daß Vögel, die solche Lebensräume bewohnen, leicht in Städte übersiedeln können. Die Haustaube, einer der am weitesten verbreiteten Stadtvögel, stammt von der Felsentaube ab, die einst Klippen im Meer bewohnte und heute nur noch in Irland und einigen Teilen Schottlands anzutreffen ist. Diese ursprüngliche Art wurde vor etwa 5000 Jahren domestiziert und in besonderen Schlägen gehalten. Später verwilderte sie und zog in die Städte, wo sich wildlebende Artgenossen ihr anschlossen. Sie kreuzten sich untereinander, und so entstanden bunte Schwärme, die heute auf den Straßen und Plätzen, den Bahnhöfen und Häfen aller großen Städte zu Hause sind. Unter ihnen finden sich Exemplare, die an die ursprüngliche Felsentaube erinnern, ein blaugraues Gefieder, einen weißen Bürzel sowie glänzendviolette und grüne Köpfe und Hälse haben. Andere weisen Eigenschaften auf, die im Lauf vieler Jahrhunderte herausgezüchtet wurden, sind weiß, schwarz, gescheckt oder zimtfarben. Stadttauben bauen ihre Nester auf Mauervorsprüngen und in Nischen wie früher auf den Klippen.

Preis des Stadtlebens

Die Vorfahren der Stadttaube lebten auf Meeresklippen und nisteten auf Felsvorsprüngen. Ihre Nachkommen finden heutzutage Gebäudefassaden ebenso geeignet für ihre Nester. Über viele Generationen haben sich die Vögel – ebenso wie der Mensch – an ein Leben in der Enge der Stadt, an dicht stehende Gebäude, Verkehrslärm und selbst aufleuchtende Lichter gewöhnt. Es ist der Preis, den sie für das reichliche Nahrungsangebot bezahlen müssen.

Im Herbst versammeln sich in den Städten Zehntausende von Staren, um Schlafstätten in Gebäuden zu beziehen, wo es an kalten Tagen etwas wärmer ist als im Umland. Turmfalken halten sich gern in Kirschbäumen auf, wo sie auch nisten. Viele Häuser haben unter dem Dach dunkle Speicher, die durch einen hinabgefallenen Ziegel für Fledermäuse zugänglich sind. Diese suchen solche Plätze gerne zum Schlafen auf. Der nordamerikanische Kaminsegler baute ursprünglich sein Nest in hohle Bäume, doch seit geraumer Zeit brütet er fast nur noch in der Stadt in Schornsteinen und Luftschächten. In den Städten der Tropenzone stellen senkrechte Betonwände und Fensterscheiben ein ideales Territorium für Eidechsen dar, die normalerweise an Baumstämmen emporlaufen. So kann man heute in diesen Gebieten des Fernen Ostens an vielen Häusern Geckos beobachten, wie sie emsig nach Insekten schnappen.

Termiten mit einer Vorliebe für Kunststoffe

Manche dieser Einwanderer in die Städte haben dort große Mengen der Nahrung vorgefunden, die sie bevorzugen. Die Larven einiger Falter werden fett, wenn sie sich durch Berge wollener Kleidung fressen. Rüsselkäfer vernichten ganze Getreidelager. Sie fressen ununterbrochen und vermehren sich sehr rasch. Schließlich ist das ganze Futter vertilgt oder verunreinigt. Termiten und Käferlarven bohren Gänge in das Holz von Balken und Möbeln. Einige Termiten haben sogar eine Vorliebe für Kunststoff entwickelt, legen Kabel frei und verursachen auf diese Weise beträchtliche Störungen. Noch kein Wissenschaftler hat herausgefunden, was sie an dem Kunststoff reizt, den sie so unermüdlich kauen, denn er besitzt keinen erkennbaren Nährwert.

Die meisten Tiere wurden durch eine andere Nahrungsquelle in die Stadt gelockt: den Abfall. Essensreste, verstreute Krümel, die Abfalltonne und die Müllkippe – all das sind die städtischen Gegenstücke zum Plankton des Ozeans oder zum Gras der Steppe. Sie liefern die Grundlage, auf der ganze Nahrungsketten basieren, deren Lebewesen sich gegenseitig fressen. Die größten Konsumenten dieses Abfalls sind die Nagetiere, zum Beispiel die Mäuse.

Die Hausmaus und die Feldmaus gehören zwei völlig verschiedenen Gattungen an. Während die Hausmaus fast ausschließlich in Häusern lebt, dringt die Feldmaus niemals in Städte vor. Wo die Hausmaus herstammt, läßt sich schwer feststellen, aber möglicherweise lebte sie ursprünglich in den Halbwüsten des Vorderen Orients oder in den Steppen Mittelasiens. Sie schloß sich dem Menschen an, bald nachdem er seine ersten Siedlungen errichtet hatte, und ist ihm seitdem überallhin gefolgt. Alle Hausmäuse gehören der gleichen Art an, doch gibt es verschiedene Formen. In Europa kennt man die Westliche und die Nördliche Hausmaus. Populationen in Städten bilden isolierte Gemeinschaften, die durch das dazwischenliegende Land voneinander abgeschnitten sind. Auf diesen städtischen Inseln läuft der Evolutionsprozeß besonders schnell ab, so wie dies auch auf Inseln oder in Seen der Fall ist. Dies bewirkt, daß geringe Abweichungen des Körperbaus fortbestehen, und bringt gelegentlich sogar spezielle Anpassungen hervor. So gibt es in mehreren großen Städten Südamerikas eigene, bestimmbare Formen von Hausmäusen, und in einigen Kühlhäusern haben dort lebende Mäuse ein besonders dickes Fell entwickelt.

Auch die Hausratte war schon früh ein Nutznießer des Menschen. Ihre Heimat ist das tropische Asien, wo sie auf Bäumen lebte. Ihre Neigung zum Klettern hat sie bis heute nicht verloren. Deshalb fühlt sie sich auf Schiffen, insbesondere hölzernen Segelschiffen, zu Hause, wo sie mit großem Geschick in der Takelage herumklettert. Weil sie diese Vorliebe für Schiffe besitzt, breitete sie sich so rasch über die Erde aus. Im zwölften Jahrhundert war die Hausratte in allen europäischen Städten anzutreffen, und kurze Zeit später erreichte sie auch Großbritannien, auf den Schiffen heimkehrender Kreuzfahrer, wie man vermutet. Mitte des 16. Jahrhunderts hatte sie den Atlantik überquert und sich in den Städten Südamerikas angesiedelt.

Die Wanderratte stieß etwas später zum Menschen. Sie kam aus den Steppengebieten Asiens und wohnte dort in Erdbauten. Sie behielt die Vorliebe ihrer

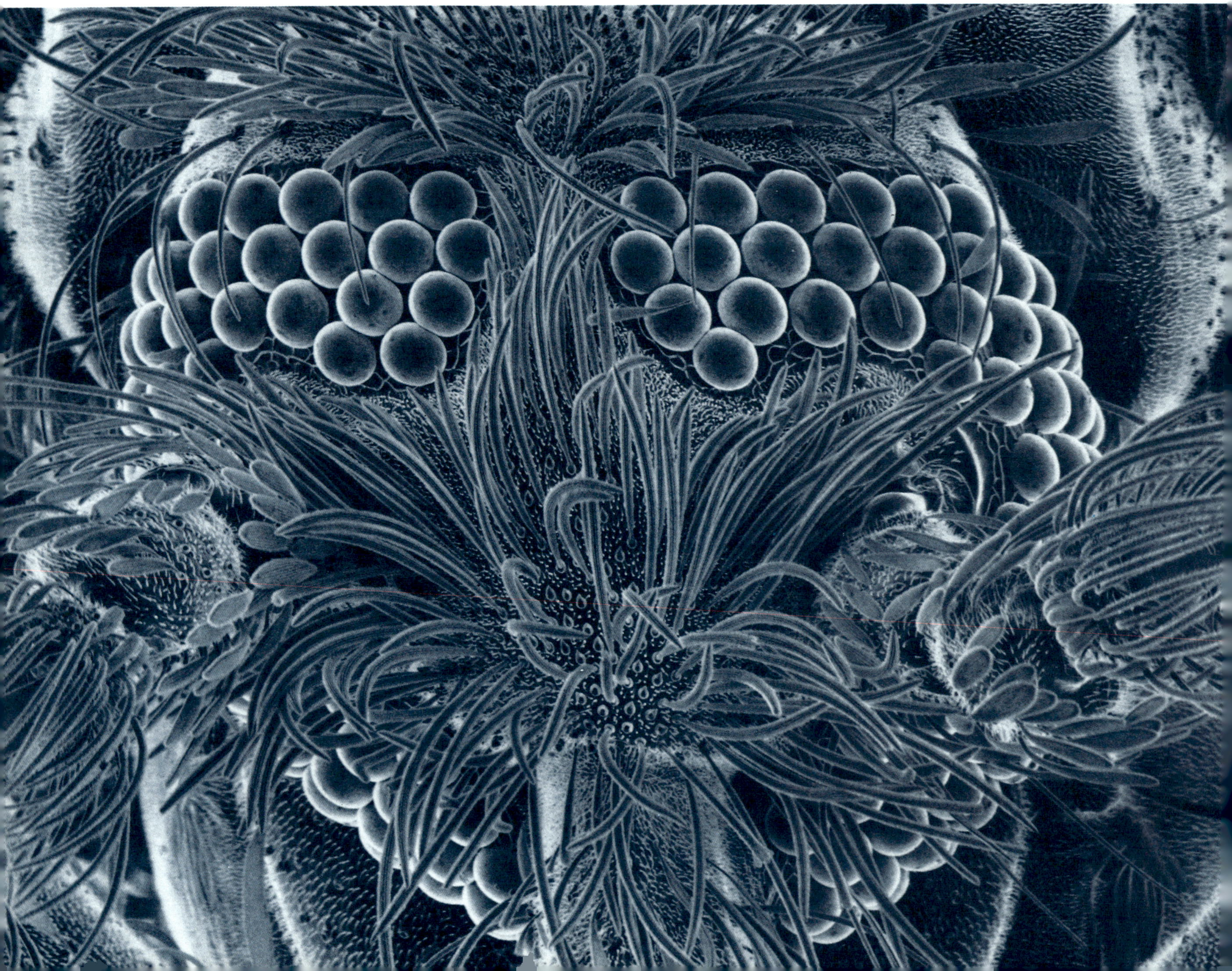

Vorfahren für tiefgelegene Räume bei, und wenn sich heute Haus- und Wanderratte im gleichen Gebäude einfinden, läßt sich die Hausratte in den oberen Stockwerken nieder, wo sie auf Rohren und Dachbalken entlangläuft, während die Wanderratte den Keller und die Abwasserkanäle bewohnt oder unter den Fußböden im Gebälk umhertrippelt. Der Speisezettel der Wanderratte ist reichhaltiger als der der Hausratte, die Pflanzenkost, besonders Samenkörner und Früchte, bevorzugt, während die Wanderratte ein Allesfresser ist. Heutzutage hat sie die meisten Bereiche in den Städten erobert, und die Hausratte, die in Mitteleuropa

Unsere unbekannten Nachbarn
Die Stadt gewährt einer riesigen Schar winziger Lebewesen Schutz und Nahrung, deren Aussehen uns weitgehend unbekannt ist. Der Kopf der Schmetterlingsmücke (links 1000fach vergrößert) ist mit Haaren bedeckt. Sie hat winzige Augen, die aus einigen Dutzend runder Elemente bestehen. Sie lebt von verrottendem Pflanzenmaterial in Abflußrohren. Der Rüsselkäfer (unten 30fach vergrößert) ist erheblich größer. Er frißt alle Arten von Samen, und wenn er nicht bekämpft wird, kann er ganze Getreidelager zerstören.

Eine Fliege mit obstfressenden Nachkommen
Diese Fliege (rechts 100fach vergrößert) hat im Vergleich zur Schmetterlingsmücke sehr viel bessere Augen mit weit mehr Facetten. Sie legt ihre Eier an Früchten ab, und wenn die Larven schlüpfen, zerstören sie zuweilen ganze Obstgärten.

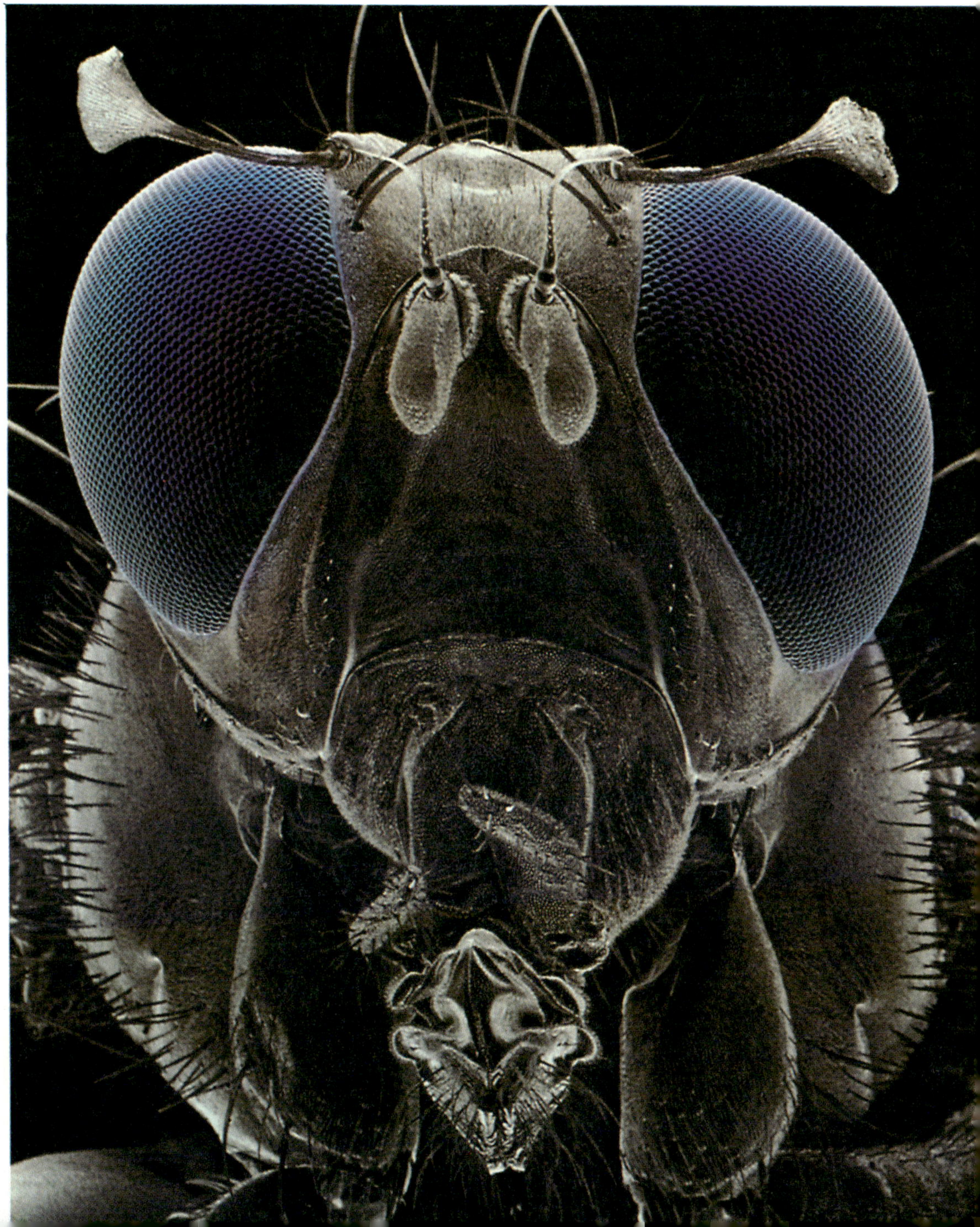

sehr selten geworden ist, hat sich in die Getreidespeicher der Hafenviertel zurückgezogen, wo sie von Kolonien, die heute noch auf Schiffen leben, Zuwachs erhält.

Aber auch wenn sich Ratten, Tauben, Termiten und Geckos dem Dasein in der Stadt anpaßten, so ist doch die Zahl der Tierarten, die den Problemen des Lebens dort gewachsen sind, relativ gering, verglichen mit der riesigen Zahl von Arten, die in der freien Natur auftreten. Das Nahrungsangebot in den Städten ist jedoch üppig und das ganze Jahr vorhanden. Infolgedessen vermehren sich jene Arten, die dort leben, oft sehr stark. Ratten, die in Gebäuden vor kaltem Wetter geschützt sind, pflanzen sich ständig fort und bringen etwa alle acht Wochen Würfe mit bis zu 15 Jungen zur Welt. Tauben leben zwar im Freien, doch können auch sie mehrmals im Jahr Eier legen und im Sommer wie im Winter brüten.

Überträger von Krankheiten

Die enorme Vermehrung dieser Lebewesen birgt für die Menschen große Probleme. Ratten und Mäuse fallen in Scharen über Lebensmittelvorräte her und vertilgen oder – in noch stärkerem Maße – verunreinigen sie. Der Kot der Tauben frißt sich ins Mauerwerk ein, verschmutzt und schädigt die Gebäude. Aber es gibt noch ernstere Probleme. Da weder Ratten noch Tauben in Städten echte Feinde haben, werden kranke Tiere nicht rasch getötet und beseitigt, sondern überleben lange Zeit und verbreiten ihre Infektionen.

So kommen außer der Nagetierinvasion noch die Krankheiten in Wohnbauten. Flöhe, die auf den Ratten schmarotzen, waren die Überträger der Pest, die im 14. Jahrhundert in Europa wütete und in fünf Jahren 25 Millionen Menschen – ein Viertel der damaligen Bevölkerung Europas – hinwegraffte. Vor weniger als einem Jahrhundert starben in Indien an einer ähnlichen von Ratten übertragenen Krankheit elf Millionen Menschen.

Auch wenn Tauben nicht solche verheerenden Seuchen verbreiten, sind auch sie Träger von Krankheitskeimen. Bei etlichen fand man Milben, Salmonellen und Erreger der Papageienkrankheit. Verwilderte Hunde, die die Straßen vieler Städte durchstreifen, können die Tollwut verbreiten. Um sich vor derartigen Gefahren zu schützen, müssen die Städte solche Tierpopulationen so gut wie nur möglich in Grenzen halten.

Kaum jemand hat etwas gegen die Vernichtung von Kleidermotten oder Holzwürmern einzuwenden, und nur wenige verurteilen das Töten von Ratten und Mäusen, die in unsere Häuser eindringen. Mehr Widerstand regt sich indessen, wenn man Tauben nachstellt, obgleich sie fast ebenso großen Schaden anrichten können wie Ratten. Dennoch sehen die meisten Menschen heute ein, daß in den Städten die Tierpopulationen nicht überhandnehmen dürfen.

Glücklicherweise begrenzen wir aber nicht nur den Nachwuchs bestimmter Tierarten, sondern fördern auch die Verbreitung vieler Tier- und Pflanzenarten, indem wir Parks anlegen, Bäume und Sträucher anpflanzen, Nistkästen aufhängen, Blütenpflanzen setzen, die Schmetterlinge anlocken, und die Gärten so gestalten, daß Vögel, Insekten und andere schöne und nützliche wildlebende Tiere einen Lebensraum finden.

Auch die Landschaft ist unser Werk, doch auch sie muß gepflegt werden. Jahrhundertelang wurden Entscheidungen, was sich dort ansiedeln sollte, von vielen verschiedenen Leuten getroffen, die sich zumeist keine klare Vorstellung von den langfristigen Auswirkungen ihrer Beschlüsse machen konnten. Erst heute, sehr spät, versuchen wir Maßnahmen zu treffen, die allen Lebewesen dienen, und berücksichtigen dabei die Ratschläge von Biologen, welche die

Ein wertvoller Vogel
Der Kot des Guanokormorans, der auf den Inseln vor der peruanischen Küste nistet, ist so reich an Phosphor und Stickstoff, daß er lange der am meisten geschätzte natürliche Dünger war. Man nannte ihn Guano, und der Guanokormoran galt als der wertvollste Vogel der Erde. Doch nachdem der Kunstdünger erfunden war, bauten die Peruaner den Guano nicht mehr ab, sondern fischten die Sardellenschwärme, von denen sich der Guanokormoran ernährt. Die Sardellenschwärme verschwanden, die Zahl der Kormorane nahm rapid ab, und Peru verlor eines seiner wichtigsten Wirtschaftsgüter.

Wechselbeziehungen von Tier- und Pflanzenpopulationen genau kennen. Aber selbst so weitreichende Entscheidungen sind nicht richtig wirksam, wenn sie nur von einzelnen Nationen getroffen werden. Ein Land schützt die Brutplätze eines Zugvogels sehr gut, doch er stirbt vielleicht trotzdem, wenn er in einem anderen Land, wo seine Winterquartiere liegen, gejagt werden darf. In Seen gehen die Fische ein, selbst wenn die Bevölkerung an ihren Ufern die größten Anstrengungen unternimmt, der Verschmutzung entgegenzuwirken, solange Fabriken in einem anderen Land ihre Abgase hoch in die Luft blasen, die dann als saurer Regen Hunderte von Kilometern entfernt ein paar Tage später niedergehen. Selbst dort, wo diese Verkettungen von Ursache und Wirkung erkannt wurden, glauben immer noch viele, daß die Natur außerhalb der Städte so unerschöpflich ist, daß sie sich von jeder Schädigung wieder erholen kann. Welch ein Irrtum das ist, hat sich immer und immer wieder erwiesen.

Eine Schatzkammer im Ozean

Einige der fruchtbarsten Gewässer der Erde befinden sich vor der Küste Perus, bei den Chincha- und den Sangallan-Inseln. Hier transportiert eine Meeresströmung Nährstoffe vom Grund an die Oberfläche. Infolgedessen gedeiht das Plankton üppig und ernährt große Fischschwärme. Der wichtigste Planktonfresser ist ein kleiner Fisch, die Südamerikanische Sardelle. Sie wird von größeren Fischen gefressen, zum Beispiel von den Sägebarschen und den Thunfischen, sowie von einer riesigen Anzahl Vögel, die auf den Felsen der Insel schlafen und nisten. Man findet hier gewaltige Schwärme von Seeschwalben, Möwen, Pelikanen und Tropischen Tölpeln. Am zahlreichsten aber war bis vor 50 Jahren der Guanokormoran vertreten, von dem dort fünfeinhalb Millionen Exemplare nisteten. Anders als Tölpel und Pelikane sucht der Guanokormoran seine Nahrung in der unmittelbaren Umgebung; auch taucht er nicht tief. Er ernährt sich ausschließlich von den Sardellenschwärmen, die dicht an der Wasseroberfläche schwimmen.

Der Guanokormoran ist ein schlechter Futterverwerter. Nur einen kleinen Teil der in den Sardellen enthaltenen Nährstoffe nimmt er auf. Der Rest wird ausgeschieden. Der größere Teil des Kots fällt ins Meer, wo er das Wasser düngt und das Wachstum des Planktons fördert. Etwa ein Fünftel der Exkremente gelangt auf die Felsen der Inseln. Da es in diesem Teil Perus nur selten regnet, wird der Kot nicht weggespült, sondern sammelt sich an und bildet mächtige Lagerstätten, die einst eine Dicke von 50 Metern besaßen. Den Indianern auf dem Festland war bereits in vorkolumbianischer Zeit bekannt, daß dies ein ausgezeichneter Dünger war, aber erst im 19. Jahrhundert machten auch andere Völker diese Entdeckung. Man nannte ihn Guano, und wie sich herausstellte, enthält er 30mal mehr Stickstoff als gewöhnlicher Stallmist, dazu noch viele andere wichtige Elemente. Er wurde in alle Welt exportiert. Ferne Länder gründeten ganze Industrien auf ihm. Sein Preis stieg ständig. Die Guanoverkäufe ins Ausland machten zeitweise mehr als die Hälfte des peruanischen Nationaleinkommens aus. Und in den Gewässern um die Inseln fingen die Fischer große Mengen Sägebarsche und Thunfische, mit denen die Menschen in ganz Peru mit Nahrung versorgt werden konnten.

Vor ungefähr 30 Jahren wurden chemische Dünger entwickelt und auf den Markt gebracht. Zwar waren sie nicht so gut wie der Guano, aber dennoch fiel sein Preis. Nun ging man dazu über, die Sardellenschwärme zu fangen. Allerdings eigneten sie sich nicht so gut für die Ernährung des Menschen, aber man konnte aus ihnen ein Fischmehl herstellen, mit dem Hühner, Rinder und andere Haustiere gefüttert wurden. Es war einfach, diese riesigen Schwärme zu fangen. In

Erzeugung der Wasserkraft

Da die Weltbevölkerung ständig wächst, braucht man zunehmend mehr Energie. Bei deren Gewinnung werden riesige Gebiete verwüstet.

Pflanzen lieferten uns von jeher Energie. Sie entsteht beim Verbrennen von Holz und Kohle. Vor ungefähr einem Jahrhundert begann man, einen weiteren fossilen Brennstoff auszubeuten: das Erdöl. Aber die Bäume der Erde decken unseren Bedarf nicht mehr, und die Kohle- und Ölvorkommen, die in Jahrmillionen entstanden, sind begrenzt und werden irgendwann erschöpft sein. Darüber hinaus entstehen beim Verbrennen von Holz und Kohle Gase, die die Luft verschmutzen.

In den vergangenen 50 Jahren wurde die Nutzung der Atomenergie entdeckt, aber der entstehende Abfall bedroht unser Leben, und der Gewinnungsprozeß birgt das Risiko einer Katastrophe.

Die Wasserkraft besitzt keinen dieser Nachteile. Erforderlich sind lediglich ein geeignetes Tal aus festem Gestein, in dem ein tiefer See angelegt werden kann, regelmäßige Regenfälle und ein Damm mit Turbinen, die – durch die herabströmenden Wassermassen angetrieben – Elektrizität erzeugen. Bei diesem Prozeß entstehen keine gefährlichen Nebenprodukte, und er funktioniert, solange Regen fällt und es Flüsse gibt. Aber selbst diese Technik wirft große Probleme auf. Der aufgestaute Fluß lädt Schlamm ab, sobald er das ruhige Wasser des Sees erreicht. Wenn große Schlammengen transportiert werden, füllen sie den See rasch, der so flach wird, daß sich die Turbinen nicht mehr drehen. Darüber hinaus düngt der Schlamm nicht mehr die Ebenen des Flußdeltas, die dadurch weniger fruchtbar werden und, wenn ihnen das Wasser entzogen wird, steppenähnlichen Charakter annehmen.

Energie für eine Nation
Allmählich werden Lösungen für derartige Probleme gefunden. Der gewaltige Staudamm bei Itaipú, der 1984 in Betrieb genommen wurde, ist heute der größte Damm der Erde. Er überragt das Bett des Paranás, der über weite Strecken die Grenze zwischen Paraguay und Brasilien bildet. Der Itaipú-Stausee erstreckt sich stromaufwärts über eine Länge von 160 Kilometern. An seinen Ufern wurden eine Million Bäume gepflanzt, um sicherzustellen, daß die Erde nicht in den See gespült wird. Neben der eigentlichen Finanzierung des Damms gab es andere enorme Kosten. Ein Gebiet, in dem jährlich 200 000 Tonnen Nahrungsmittel produziert werden, versank im Wasser, und 40 000 Menschen verloren ihre Heimat. Aber auch der Nutzen ist immens. Der Damm erzeugt genügend Energie für die gesamte Bevölkerung Paraguays sowie für die großen Städte Brasiliens, Rio de Janeiro und São Paulo.

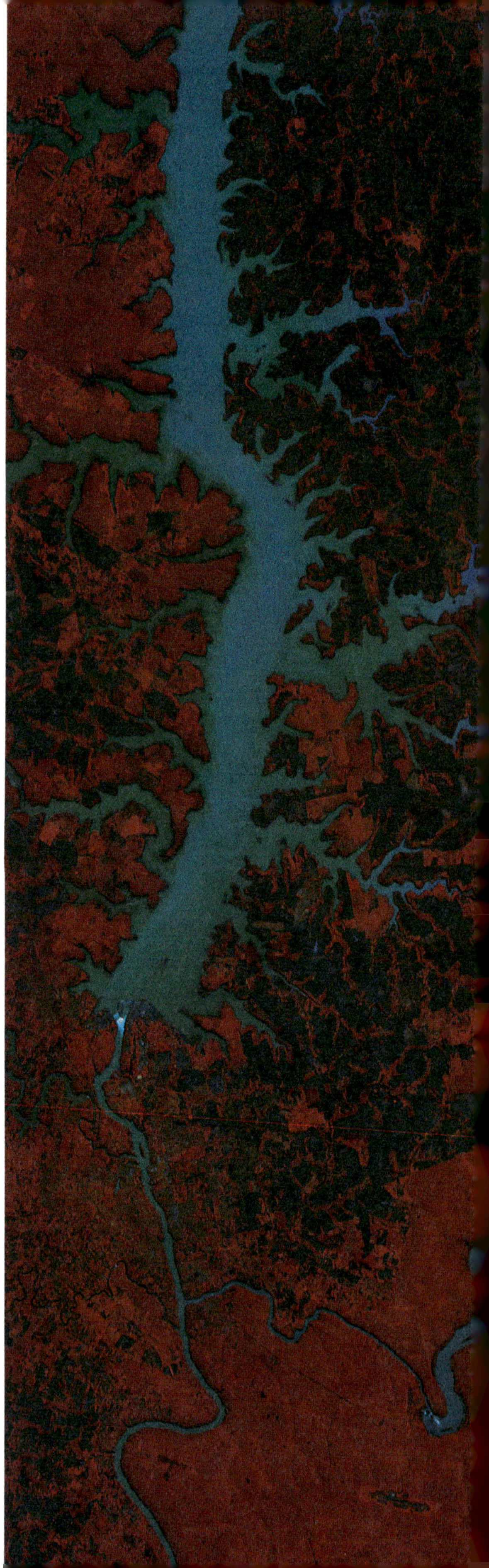

Ein künstlicher See, aus der Luft gesehen *Blaues Licht, das einen großen Teil des Spektrums bildet, das unser Auge wahrnimmt, wird durch die Atmosphäre gestreut, und das Bild verschwimmt. Rotes und gelbes Licht erhält sich reiner. Deshalb bedienen sich Satellitenkameras dieser Wellenlängen, zusammen mit Infrarot. Auf derartigen Falschfarbenaufnahmen ist die Vegetation rot. Hinter den großen roten Flächen verbergen sich Regenwälder. Auffallend sind die braungrünen Flächen. Dabei handelt es sich um gerodete Gebiete. Das leuchtende Türkisblau zeigt klares Wasser an. Der Itaipú-Stausee bedeckt eine Fläche von 1460 Quadratkilometern und erstreckt sich im Tal des Paranás 160 Kilometer lang.*

Der größte Staudamm der Erde *Ehe man mit den Bauarbeiten bei Itaipú beginnen konnte, mußte der Paraná umgeleitet werden. In der Nähe wurden drei Fabriken errichtet, die die erforderlichen zwölf Millionen Kubikmeter Zement produzierten. 28 000 Männer arbeiteten neun Jahre rund um die Uhr, um die Staumauer zu errichten, die so hoch wie ein Gebäude mit 60 Stockwerken ist.*

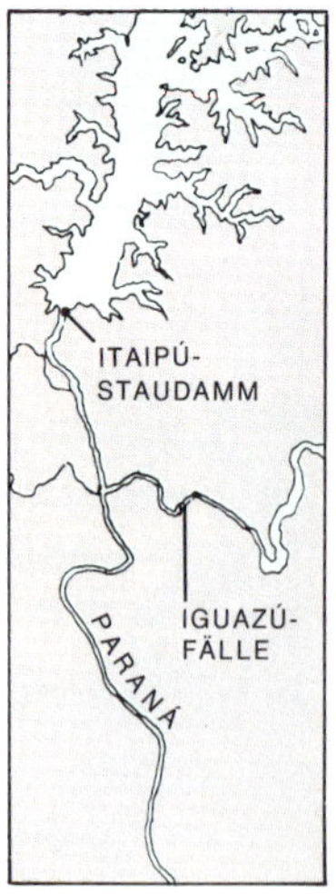

einem einzigen Jahr holte man 14 Millionen Tonnen Sardellen aus dem Wasser, und innerhalb weniger Jahre waren die Schwärme verschwunden. Die Folge davon war, daß die Guanokormorane verhungerten. Millionen von Vögeln wurden tot an die Küsten Perus gespült. Die wenigen Überlebenden erzeugten nicht so viel Guano, daß die Gewinnung rentabel gewesen wäre, und der Markt brach dann nach geraumer Zeit zusammen.

Auch wird das Meer nun nicht mehr so reich gedüngt, daß das Plankton wie einst gedeiht, und obwohl die Sardellenfischerflotte ihre Fänge eingestellt hat, ist keineswegs sichergestellt, daß die Population der Fische wieder den früheren Umfang erreicht. Auf jeden Fall wird es ein langsamer Prozeß sein. Der Mensch, der seine Verantwortung nicht auf sich nahm, hat nicht nur Guanokormoranen, Sardellen und Thunfischen geschadet, sondern auch sich selbst.

Rücksichtslose Ausbeutung der Wälder

Zu den großen natürlichen Ressourcen der Erde gehört, gleich nach den Ozeanen, der tropische Regenwald. Aber auch er wird ebenso verantwortungslos geplündert. Wir wissen, daß er im Gleichgewicht der Natur eine Schlüsselrolle spielt. Er nimmt die heftigen tropischen Regenfälle auf und gibt sie durch die Flüsse gleichmäßig wieder ab, die wiederum fruchtbare Täler bewässern. Er schenkt uns immense Reichtümer. Etwa 40 Prozent aller Arzneimittel, die wir benutzen, enthalten natürliche Substanzen, von denen viele von dort stammen. Das Holz seiner Bäume gehört zu dem kostbarsten der Erde. Jahrhundertelang wurden besondere Baumarten ausgewählt und gefällt, ohne dem Wald nachhaltig Schaden zuzufügen. Danach wurden viele Jahre lang im selben Gebiet keine Bäume gefällt, damit sich der Wald regenerieren konnte.

Nun aber ist der Regenwald in Bedrängnis geraten. Das Anwachsen der Bevölkerung hat dazu geführt, daß immer größere Gebiete gerodet werden mußten, um Land für Ackerbau und Rinderzucht zu gewinnen. Wie man heute weiß, ist der Boden des gerodeten kultivierten Lands schon nach wenigen Jahren ausgelaugt und unfruchtbar. Dann ziehen die Bauern weiter und fällen in einem anderen Gebiet noch mehr Bäume. Darüber hinaus machen es moderne Motorsägen und Traktoren leichter denn je, Edelhölzer zu schlagen und abzutransportieren. Ein Baum, der zwei Jahrhunderte zum Wachsen brauchte, kann heute in einer Stunde zu Fall gebracht werden. Mächtige Traktoren schleppen die gefällten Bäume rasch aus dem Wald heraus und beschädigen dabei häufig viele andere Bäume, die keinen so großen Wert darstellen. So verschwindet der Regenwald schneller als zuvor. Jedes Jahr wird eine Fläche von der Größe der Schweiz und von Österreich zusammen vernichtet. Wenn die Bäume einmal weg sind, wird der Boden nicht länger festgehalten. Die schweren Regenfälle spülen ihn fort. Dann verwandeln sich die Flüsse in reißende braune Fluten, das Land wird zu einer öden Wüste, und unzählige Pflanzen und Tiere existieren dort plötzlich nicht mehr.

Die Aufzählung solcher ökologischer Katastrophen könnte endlos fortgesetzt werden. Nur allzu leicht läßt sich der Schaden aufzeigen, den der Mensch der Natur zugefügt hat. Doch was kann man dagegen tun?

Wir müssen erkennen, daß die alte Sicht von der Erde, in der der Mensch eine relativ unbedeutende Rolle spielte, heute nicht mehr realistisch ist. Die Vorstellung, eine ewig freigebige Natur decke stets die Bedürfnisse der Menschen, wieviel er sich auch nehmen oder wie sehr er sie auch mißhandeln mag, ist falsch. Wir können bei der Erhaltung der Gemeinschaft von Tieren und Pflanzen, die in leicht verletzbaren Wechselbeziehungen zueinander stehen, nicht mehr unbeteiligt bleiben. Die erfolgreiche Beherrschung der Natur, die vor 10 000 Jahren im Vorderen Orient begann, hat nun ihren Höhepunkt erreicht. Heute üben wir auf jeden Teil des Erdballs einen beträchtlichen positiven und negativen Einfluß aus.

Der rasche Wandel der Natur

Die Natur ist nicht unveränderlich und war es nie. Wälder wurden zu Grasland, Savannen zu Wüsten, Flußmündungen verlandeten und verwandelten sich in Sümpfe, Gletscher schoben sich vor und zogen sich wieder zurück. So rasch sich diese Veränderungen aus erdgeschichtlicher Perspektive auch vollzogen, konnten sich Tiere und Pflanzen ihnen doch anpassen und auf diese Weise fast überall den Fortbestand der Art sichern. Heute jedoch unterwirft der Mensch die Natur einem so raschen Wandel, daß die Lebewesen selten Zeit haben, sich anzupassen. Und das Ausmaß dieser Veränderungen ist gewaltig. Wir haben die Technik perfektioniert und so viele Chemikalien erfunden, daß wir heute innerhalb von wenigen Monaten nicht nur einen Flußabschnitt oder ein Waldstück, sondern ein Flußsystem und einen ganzen Wald verändern können.

Wenn wir die Erde klug und effektiv nutzen wollen, müssen wir genau überlegen, welche Ziele wir ansteuern. Um sie festzulegen, haben sich drei weltweite Organisationen zusammengetan: der World Wildlife Fund, der Internationale Naturschutzbund und die UNEP – das Umweltprogramm der Vereinten Nationen. Sie haben drei Grundregeln aufgestellt, die als Richtschnur dienen sollten.

Erstens dürfen natürliche Tier- und Pflanzenbestände nicht so ausgebeutet werden, daß sie sich nicht mehr erneuern können und letztlich untergehen. Das ist vernünftig. Dennoch wurden die Sardellenschwärme vor Peru überfischt und die Heringe aus ihren alten Laichgründen in europäischen Gewässern vertrieben. Viele Walarten werden noch immer gejagt, obwohl sie auszusterben drohen.

Zweitens dürfen wir in die natürlichen Prozesse der Erde nicht so stark eingreifen, daß die lebenserhaltenden Kräfte gestört werden und damit der Sauerstoffgehalt der Luft und die Fruchtbarkeit der Meere bedroht werden; aber genau das könnte geschehen, wenn wir weiterhin die Wälder vernichten und die Ozeane als Mülldeponie verwenden.

Drittens müssen wir große Anstrengungen unternehmen, um die Vielfalt der Tier- und Pflanzenarten zu erhalten. Dabei geht es nicht allein darum, daß wir viele von ihnen als Nahrung benötigen. Es geht auch nicht darum, daß wir noch zu wenig über sie und den praktischen Nutzen wissen, den sie in Zukunft vielleicht einmal für uns haben werden. Vielmehr haben wir keinerlei Recht, jene Lebewesen, mit denen wir die Erde teilen, für immer auszurotten. Soweit uns heute bekannt ist, gibt es Leben nur auf der Erde. Wir sind allein im All, und der Fortbestand des Lebens ruht in unseren Händen.

Die alten Gärten der Menschheit

Kairo, die größte Stadt Afrikas, bildet in der Mitte dieses Satellitenfotos einen türkisfarbenen Fleck. Auf der linken Bildhälfte erstreckt sich das Nildelta, ein riesiger Teppich, der sich aus winzigen Feldern zusammensetzt. In der Nähe der Stadt teilt ein Staudamm das Wasser in zwei gewundene Flußarme und drei Kanäle. Rechts wird das angebaute Land schmäler und von der Wüste gegen die Ufer des Nils gedrängt. Weiter flußaufwärts, auf dem Bild nicht sichtbar, liegt der Assuanstaudamm. Da er verhindert, daß der alljährlich über die Ufer tretende Fluß Schlamm auf dem Land verteilt, drohen die Felder im Nildelta, die erstmals vor 6000 Jahren von Menschen kultiviert wurden, unfruchtbar zu werden.

Register

Halbfette Ziffern weisen auf eine Abbildung hin.

Mitarbeiter und Berater

Für ihre Unterstützung bei der Entstehung des vorliegenden Buchs schulde ich vielen Menschen Dank, allen voran meinen Kollegen bei der BBC, mit denen ich die Urmanuskripte besprach. Häufig schlugen sie weniger bekannte Beispiele aus der Tier- und Pflanzenwelt vor, durch die ich die gängigen ersetzen konnte, und wiesen auf Fehler und Lücken in meinen ersten Entwürfen hin. Besonders erwähnen möchte ich jene, die in erster Linie für die einzelnen Fernsehsendungen verantwortlich waren – Richard Brock, Ned Kelly und Andrew Neal –, doch alle haben mir in der einen oder anderen Weise geholfen, und ich möchte ihnen an dieser Stelle meinen Dank aussprechen.

Meine Kollegen und ich stehen natürlich letzten Endes in der Schuld unzähliger Wissenschaftler, die im Lauf ihres Lebens sorgfältig Steinchen um Steinchen Erkenntnisse über das Zusammenleben von Tieren in den verschiedenen Lebensräumen zusammengefügt und einleuchtend erklärt haben, wie alles ineinandergreift. Von ihren Forschungsergebnissen erfuhren wir hauptsächlich aus den Artikeln, die sie in Fachzeitschriften veröffentlicht haben, doch in einigen Fällen hatten wir das Glück, mit den Wissenschaftlern selbst zusammenarbeiten zu können. Dabei wurde uns stets ihre uneingeschränkte und großzügige Hilfe zuteil. Mein persönlicher Dank gebührt vor allem Dr. Jim Stevenson auf Aldabra, Dr. Nigel Bonner und Peter Prince in der Antarktis, Dr. Norman Duke in Australien, Dr. Francis Howarth auf Hawaii, Dr. Putra Sastrawan in Indonesien, Truman Young in Kenia, Dr. Mary Seely in Namibia, Dick Veitch in Neuseeland, Dr. Felipe Benevides in Peru sowie Gary Alt, Prof. John Edwards, Prof. Charles Lowe und Prof. Robert Paine in den Vereinigten Staaten von Amerika.

Dr. Robert Attenborough, Dr. Humphrey Greenwood, Dr. Andrew Laurie, Gren Lucas und Dr. L. Harrison Matthews lasen freundlicherweise einzelne Abschnitte und bewahrten mich vor Irrtümern. Crispin Fisher vom Collins-Verlag sowie Stephen Davies und Susan Kennedy vom BBC-Verlag sorgten für die Genauigkeit und bessere Lesbarkeit des Textes. Die Grafiker und Redakteure der Reader's Digest Association in London fügten die zahlreichen Fotos und Illustrationen hinzu, die diese Ausgabe erweitern und bereichern. Ihnen allen bin ich zu Dank verpflichtet.

Bildnachweis

Umschlagvorderseite: Günter Ziesler/Toni Angermayer Insert: Toni Angermayer
Umschlagrückseite: Loren McIntyre

Innenteil:
1 Georg Gerster/Anne Hamann 2/3 Teiji Saga/Rex Features 4/5 Reinhard Künkel 6/7 Neville Fox-Davies 8/9 Robert Hernandez/Photo Researchers Inc.

PROLOG
10/11 John Cleare/Mountain Camera 11 Rajesh Bedi 12 R. van Nostrand/Frank Lane Picture Agency 13 Varin-Visage/Jacana 15 John Cleare/Mountain Camera 16 Neville Fox-Davies 17 David Attenborough

DIE SCHMELZÖFEN DER ERDE
18/19 Soames Summerhays/Biofotos 20 Krafft (2) 21 Krafft/Photo Researchers Inc. 22. 22/23 Krafft 24/25 Krafft/Explorer 26/27 Keith Gunnar/Bruce Coleman Inc. 28/29 Fr. Valla/Pitch 29 Gianni Tortoli/Photo Researchers Inc. 30/31 Krafft 32 o.l.: Antje Gunnar/Bruce Coleman Inc 32 o.r.: Chris Newbert/Bruce Coleman Inc. 32 u.l., u.r.: Heather Angel/Biofotos 33 David Cavagnaro 34/35 Brian Delf 36 Loren McIntyre 37 Gary Rosenguist/Earth Images (3) 38 Krafft 38/39 Tom Stack & Associates 40 l.: John Edmond/Woods Hole Oceanographic Institution 40 o.r.: Woods Hole Oceanographic Institution 40 u.r.: Planet Earth Pictures 41 l.: Jim Childress/Woods Hole Oceanographic Institution 41 r.: Al Giddings/Ocean Images. Inc. 42/43 Michael Freeman/Bruce Coleman Inc. 43 Kenneth W. Fink 44 o., u.l.: Krafft 44 u.r.: Fr. Valla/Pitch 45 l.: Farrell Grehan/Photo Researchers Inc. 45 r.: Georg Gerster/Photo Researchers Inc. 46/47 Günter Ziesler 48/49 Golt/Photo Researchers Inc. 50 A. C. Waltham/Trent Polytechnic. Nottingham (2) 52/53 Georg Gerster/Anne Hamann 53 Krafft 54/55 George Holton/Photo Researchers Inc.

DAS REICH DER KÄLTE
56/57 John Cleare/Mountain Camera 58/59 Heather Angel/Biofotos 60/61 M. P. Kahl/Bruce Coleman Ltd. 61 o.l.: M. P. Kahl/Bruce Coleman Inc. 61 o.r.: Günter Ziesler/GDT 61 u.r.: M. P. Kahl/Bruce Coleman Inc. 62. 63 Charles Pickard 64 o.l. Georg Gerster/Photo Researchers Inc. 64 u.l.: Kevin Schafer/Tom Stack & Associates 64 r.: Stephen J. Krasemann/DRK Photo 65 o.: John Cleare/Mountain Camera 65 u.: Fr. Valla/Pitch 66/67 Colin Monteath 67 Flip Nicklin/© 1984 National Geographic Magazine (2) 68 Julian Hector/Planet Earth Pictures 68/69 Carleton Ray 69 Günter Ziesler/GDT 70/71. 72/73 Andrej Reiser/Bilderberg 74/75 Colin Monteath 76 Flip Nicklin/© 1984 National Geographic Magazine 76/77 Colin Monteath 78 l., u.r.: D. Allan 78 o.r., M.r.: D. Parer 79 D. Parer (2) 80/81 Francisco Erize/Bruce Coleman Ltd. 82/83 George W. Calef/Photo Researchers Inc. 84/85 Co Rentmeester/Life Magazine © 1970 Time Inc/Colorific! 85 Dan Guravich/Photo Researchers Inc. 86/87 John Lythgoe/Planet Earth Pictures 87 J. Terhune/Biofotos 88 o.l., o.r., M., 89 u.: B. & C. Alexander/© 1981 Time-Life Books B. V., aus „The Peoples of the Wild series" 88 u., 89 o.: B. & C. Alexander 90/91 Entheos 91 Stephen J. Krasemann/DRK Photo 92. 93 Michael Wotton (4) 94/95 Rod Allin Photos/Tom Stack & Associates

WÄLDER DES NORDENS
96/97 H. W. Silvester/Photo Researchers Inc. 98 Heather Angel/Biofotos (2) 98/99 Tom Stack & Associates 100 Brinsley Burbidge/Nature Photographers 101 Fred & Dora Burris (4) 102 Stouffer Productions/Bruce Coleman Ltd. 103 Günter Ziesler 104/105 Sam Abell/© 1984 National Geographic Magazine 106 Fero Murtomaki/NHPA 107 Pekka Helo/Bruce Coleman Ltd. 108 Richard Revels 108/109 Robin Fletcher/Bob Gibbons 109 o.: N. A. Callow/NHPA 109 u.: R. A. Preston-Mafham/Premaphotos 110 Leonard Lee Rue III 111 l.: Bob & Elsie Boggs/Photo Researchers Inc. 111 r.: J. L. Blanchet/Pitch 112 Craig Aurness/Woodfin Camp Inc. 112/113 Günter Ziesler 114/115 Gary Milburn/Tom Stack & Associates 115 o.: Owen Newman/Nature Photographers 115 u.: Wayne Lankinen/Bruce Coleman Inc. 116 l., u.r.: J. P. Ferrero/Nature 116 o.r.: Agenzia Fotografica Stradella 117 o.l.: Jen & Des Bartlett/Bruce Coleman Inc. 117 o.r.: Hans & Judy Beste/Tom Stack & Associates 117 u.l.: J. P. Ferrero/Ardea 117 u.r.: A. Young/National Geographic Archive of Australian Wildlife 118/119 Nino Cirani/Agenzia Fotografica Stradella 120/121 Dewitt Jones/Woodfin Camp Inc.

DER REGENWALD
122/123 Shostal Associates 124/125 Günter Ziesler 125 Neil Rettig 126. 127 Charles Pickard 128 Wolfgang Bayer 129 o.: F. Gohier/Photo Researchers Inc. 129 u.: Merlin D. Tuttle 130. 131 Michael Fogden/Bruce Coleman Ltd. 132 Adrian Warren/Ardea 132/133 Claude Hladik/Jacana 133 l.: Eric Lindgren/Ardea 133 r.: Michael Fogden/Oxford Scientific Films 134 Michael Fogden/Bruce Coleman Ltd. 135 o.: Michael Fogden/Oxford Scientific Films 135 u.: Michael Fogden/Bruce Coleman Ltd. 136/137 Dieter Plage/Survival Anglia 137 o.: Michael Fogden/Oxford Scientific Films 137 u.: Kjell B. Sandved/Photo Researchers Inc. 138 o.l.: A. Blank/Bruce Coleman Inc. 138 o.r.: Jack Fields/Photo Researchers Inc. 138 u.: John Visser/Bruce Coleman Ltd. 139 o.l.: Jen & Des Bartlett/Bruce Coleman Inc. 139 o.r.: Leonard Lee Rue III/Bruce Coleman Inc. 139 u.l.: Francisco Erize/Bruce Coleman Ltd. 139 u.r.: Shostal Associates 140/141 Jacana 141 Tom McHugh/Photo Researchers Inc. 142 Herve Chaumeton-Bassot/Nature 142/143 K. G. Preston-Mafham/Premaphotos 144 l.: Brian J. Coates/Bruce Coleman Inc. 144 r.: Kenneth W. Fink/Photo Researchers Inc. 145 Pepper W. Trail 146. 147 John Wright/Aspect Picture Library Ltd. (3) 148 M. P. Price/Bruce Coleman Ltd. 148/149 Loren McIntyre

DIE GRASLÄNDER
150/151 Ernest Haas/Magnum/The John Hillelson Agency Ltd. 152/153 P. W. Ward/Oxford Scientific Films 154/155 David Scharf 156 Jen & Des Bartlett/Bruce Coleman Inc. 156/157 Varin Visage/Jacana 157 l.: Francisco Erize/Bruce Coleman Ltd. 157 r.: Shostal Associates 158 R. L. Mathews 158/159 Jen & Des Bartlett/Bruce Coleman Ltd. 160 Michael Freeman/Bruce Coleman Ltd. 161 Michael Fogden/Bruce Coleman Ltd. 162 Adrian Warren 162/163 Sven-Olof Lindblad/Photo Researchers Inc. 164/165 Jeff Foott/Bruce Coleman Ltd. 166 Leonard Lee Rue III 167 Tom McHugh/Photo Researchers Inc. 168 Jeff Foott 168/169 o.: Mark Newman/Tom Stack & Associates 168/169 u.: Budd Titlow/Tom Stack & Associates 170 o.: Hans & Judy Beste/Ardea 170 u.: Dr. Mazza 171 o.l.: J. P. Ferrero 171 u.l.: Douglas Baglin/NHPA 171 u.r.: Jacana 172. 173 Charles Pickard 174 Karl Ammann/Bruce Coleman Inc. 174/175 Hugo van Lawick 175 o.: J. Scott/Planet Earth Pictures 175 u.: Günter Ziesler 176/177 J. Scott/Planet Earth Pictures 178/179 Grospas/Nature 180/181 R. L. Mathews 181 R. L. Mathews/BBC Enterprises 182/183 Arthus Bertrand/Jacana

GLÜHENDHEISSE WÜSTEN
184/185 Carol Hughes 186 o.r.: D. F. E. Russell/Nature Photographers 186 M.l.: O. Langrand/Bruce Coleman Ltd. 187 u.l.: G. Leroy/Pitch 186/187 Shostal Associates 187 David Attenborough 188 Vautier-de Nanxe 188/189 Loren McIntyre 189 Robin Smith 190 o.l., r.: Georg Gerster/Anne Hamann 190 u.l.: W. Schmidt/Bruce Coleman Ltd. 191 l.: Vautier-de Nanxe 191 o.r.: Anthony Bannister 191 M.r.: David Attenborough 191 u.r.: Stewart M. Green/Tom Stack & Associates 192. 192/193 Anthony Bannister 194 Varin Visage/Jacana (3) 195 Jim Frazier/Mantis Wildlife Films 196 o.: David Hughes 196 u.: David Hughes/Bruce Coleman Ltd. 197 o.l.: Jean-Philippe Varin/Jacana 197 u.l.: David Cavagnaro 197 r.: Anthony Bannister/NHPA 198 Bob & Clara Calhoun/Bruce Coleman Inc. 199 o.: Clem Haagner/Ardea 199 u.l.: Anthony Bannister 199 u.r.: Jen & Des Bartlett/Survival Anglia 200/201 A. G. Neal 201 Stephen J. Krasemann/DRK Photo 202 Prof. William J. Hamilton III. Institute of Ecology. University of California 202/203 Georg Gerster/Anne Hamann 204/205 David Muench 206/207 GEOPIC. Earth Satellite Corporation 208 Anthony Bannister 208/209 Carol Hughes 210/211 Georg Gerster/Anne Hamann

DER LUFTRAUM
212/213 Günter Ziesler 214 David Scharf 215 o.: David Cavagnaro 215 u.: Günter Ziesler 216/217 Günter Ziesler/Toni Angermayer 218 Stephen J. Krasemann/DRK Photo 218/219 Jeff Foott 220 Wolfgang Bayer 220/221 M. P. Kahl/DRK Photo 222 Jen & Des Bartlett/Bruce Coleman Ltd. 223 Seitre/Pitch 224 Russ Kinne/Photo Researchers Inc. 224/225 G. D. Plage/Bruce Coleman Ltd. 226/227 Tsuno Hayashida/Imperial Press 228/229 Stephen Dalton/NHPA 230/231 Alvin F. Staffan 232/233 Jeff Foott 234/235 Tom Blagden jr.

FLÜSSE UND SEEN
236/237 H. Gritscher/Aspect Picture Ltd. 238/239 Günter Ziesler 239 Frieder Sauer/Bruce Coleman Ltd. 240/241 Jeff Foott/Bruce Coleman Inc. 242/243 Jim Brandenberg/Woodfin Camp Inc. 243 Jeff Foott 244/245 Jane Burton/Bruce Coleman Ltd. 246 Loren McIntyre 246/247 Wolfgang Bayer 247 Tom Stack & Associates 248. 249 Dr. Nicole Duplaix (3) 250. 251 Heintges/ZEFA (4) 252 Merlin D. Tuttle/National Audubon Society Collection/Photo Researchers Inc. 253 T. N. Liversedge/Photo Researchers Inc. (2) 254 Wolfgang Bayer 255 G. D. Plage/Bruce Coleman Ltd. 256/257 Jean-Paul Ferrero 258 Kim Taylor/Bruce Coleman Ltd. 259 L. M. Myers/Bruce Coleman Ltd. 260 l.: Chip Clark 260 r.: Dick George/Tom Stack & Associates 261 o.: Alan Blanck/Bruce Coleman Inc. 261 M.: Phil Chapman 261 u.: Gary Milburn/Tom Stack & Associates 262/263 H. W. Silvester

DIE KÜSTENZONEN
264/265 H. W. Silvester/Rapho 266/267 Charles Krebs 268/269 Ivan Polunin 269 Peter Parks/Oxford Scientific Films 270/271 Peter Ward/Bruce Coleman Inc. 271 James H. Carmichael/Bruce Coleman Inc. 272 o.: C. B. Frith/Bruce Coleman Ltd. 272 u.: Ivan Polunin/NHPA 272/273 Densey Clyne/Mantis Wildlife Films 274 l.: Cordier/Pitch 274 r.: Ivan Polunin 274/275 Keith Scholey/Planet Earth Pictures 276 o.: Lanceau/Nature 276 u.: Alain Compost/Bruce Coleman Ltd. 277 F. Gohier/Photo Researchers Inc. 278/279 Entheos 280 Jen & Des Bartlett/Bruce Coleman Inc. 280/281 G. J. Bernard/Oxford Scientific Films 281 o.: Michael Fogden/Bruce Coleman Ltd. 281 u.: Jeff Foott 282 David Cavagnaro (2) 283 o.: Adrian Warren/BBC Enterprises 283 u.: Loren McIntyre/Woodfin Camp & Associates 284/285 David Hughes/Bruce Coleman Ltd. 286. 287. 288 David Hughes 288/289 Loren McIntyre

EINSAME INSELN
290/291 Tui de Roy 292 David Hughes/Bruce Coleman Ltd. 293 W. Pfunder/Oxford Scientific Films 294. 295 Charles Pickard 296/297 Tui de Roy/Bruce Coleman Inc. 298/299. 300 David Attenborough 300/301 Heather Angel/Biofotos 302 l.: Alain Root/Bruce Coleman Ltd. 302 r.: Robert J. Western 303 Robert J. Western (3) 304. 305 W. P. Mull (7) 306/307 Fritz Prenzel/Bruce Coleman Ltd. 307 Geoff Moon/Bruce Coleman Inc. 308/309 Heather Angel/Biofotos

DAS OFFENE MEER
310/311 Entheos 312 o.l.. Al Giddings/Ocean Images. Inc. 312 o.r.: Dr. G. Mazza 312 M.l.: Peter Parks/Oxford Scientific Films 312 M.r.: Al Giddings/Ocean Images. Inc. 312 u.l., u.M.: Dr. G. Mazza 312 u.r.: Heather Angel/Biofotos 313 Douglas Faulkner 314/315 E. Parer-Cook 316/317 Tom Stack & Associates 318/319 Ed Robinson/Tom Stack & Associates 320/321 John Ford/Nicklin Associates 322/323 D. Parer 324 o.r.: Chesher/Photo Researchers Inc. 324 M.l.: Jon Kenfield/Planet Earth Pictures 324 M.r.: D. Parer 324 u.l.: Bill Wood/Bruce Coleman Ltd. 325 M. Timothy O'Keefe/Bruce Coleman Ltd. 326 o.r.: Z. Leszczynski/Animals Animals/Oxford Scientific Films 326 M.l.: Ed Robinson/Tom Stack & Associates 326 u.l.: Lanceau/Nature 326 u.r.: Brian Parter/Tom Stack & Associates 327 o.l.: Carl Roessler/Tom Stack & Associates 327 o.r.: Fredrik Ehrenstrom/Oxford Scientific Films 327 u.l.: Ed Robinson/Tom Stack & Associates 327 u.M.: Allan Power/Photo Researchers Inc. 327 u.r.: Fredrik Ehrenstrom/Oxford Scientific Films 328/329 Jim Frazier/Mantis Wildlife Films 330/331 Soames Summerhays 332/333 Carl Roessler/Tom Stack & Associates 334 G. I. Bernard/Oxford Scientific Films 335 Douglas Faulkener 336 M.: H. Chaumeton-Bassot/Nature 336 u.: Peter Parks/Oxford Scientific Films 336/337. 337 H. Chaumeton-Bassot/Nature 338 Claude Carre/Jacana 338/339. 339 Peter David/Planet Earth Pictures 340 l.: Douglas Faulkner 340 r.: David Shale/Oxford Scientific Films 341 Peter Parks/Oxford Scientific Films 342 Al Giddings/Ocean Images. Inc. 342/343 Rosemary Chastney/Ocean Images. Inc

SCHÖNE NEUE WELT
344/345 Georg Gerster/John Hillelson Agency 346/347 H. W. Silvester/Rapho 348/349 Wendell Metzen/Bruce Coleman Inc. 350/351 Georg Gerster/John Hillelson Agency 351 o.: T. Nebbia/Susanne Schapowalow 351 u.: Georg Gerster/Anne Hamann 352. 352/353 Georg Gerster/John Hillelson Agency 354/355 Tom McHugh/Photo Researchers Inc. 356. 357 David Scharf (3) 358/359. 359 Loren McIntyre 360 Tony Morrison 360/361 Landsat/Eros Data Center 362/363 GEOPIC. Earth Satellite Corporation